AF402318

BIBLIOTHÈQUE COLONIALE INTERNATIONALE
Institut colonial international. — Bruxelles

7ᵐᵉ SÉRIE

Les
différents systèmes
d'Irrigation

Documents officiels précédés de notices historiques

Tome III

ESPAGNE

INSTITUT COLONIAL INTERNATIONAL
36, RUE VEYDT, BRUXELLES

BRUXELLES	PARIS	LONDRES
Établissements Généraux d'Imprim., successeurs de Ad. Mertens. 14, rue d'Or, 14.	Augustin CHALLAMEL rue Jacob, 17.	LUZAC & Cᵒ Great Russel street, 46, W. C.

BERLIN	LA HAYE
A. ASHER & Cᵒ 13, Unter den Linden, W.	BELINFANTE (Frères) Tweede Wagenstraat, 100-102.

1908

PUBLICATIONS

DE

L'INSTITUT COLONIAL INTERNATIONAL

36, rue Veydt, à Bruxelles.

---

15 fr. le volume.

Compte rendu des séances tenues à Bruxelles les 28 et 29 mai 1884. — Discussion de la question : « **De l'influence du c'imat sur les progrès de la colonisation.** » — Mémoire de Sir William Moore. — (*Epuisé.*)

Compte rendu de la session tenue à La Haye en septembre 1895. — Suite de la discussion de la question : « **De l'influence du climat sur les progrès de la colonisation.** » — « **La main-d'œuvre, le contrat de travail et le louage d'ouvrage aux Colonies.** » Rapports de S. Ex. M. le Dr Herzog pour les Colonies allemandes, de M. J. Chailley pour les Colonies françaises, de M. van der Lith pour les Indes orientales néerlandaises. Discussion de cette question. — « **Du recrutement des fonctionnaires coloniaux.** » Rapport de M. J. Chailley : France, Grande-Bretagne, Hollande. Discussion de cette question.

Compte rendu de la session tenue à Berlin en septembre 1897. — « **La Main-d'œuvre aux Colonies** » Discussion de cette question. — « **Le recrutement des fonctionnaires coloniaux.** » Discussion de cette question. — **Rapport sur le travail dans les possessions espagnoles d'outre-mer,** par Don Antonio Maria Fabié. — « **Des relations financières entre la Métropole et les Colonies.** » — Rapport sur l'**organisation du Protectorat de la Compagnie de la Nouvelle-Guinée,** par S. Ex. M. le Dr Herzog. — Rapport sur l'**organisation financière des Protectorats allemands du Kamerun, du Togo, de l'Afrique du Sud-Ouest, de l'Afrique orientale et des Iles Marshall,** par S. Ex. M. R. Kraetke. — **Relations financières entre la Belgique et l'Etat Indépendant du Congo.** — **Régime foncier : Organisation agraire du Turkestan,** par M. Serge de Proutschenko.

Compte rendu de la session tenue à Bruxelles en mai 1899. — Discussion de la question de « **La main-d'œuvre aux Colonies** ». — « Projet d'un règlement adopté par l'Institut Colonial International en vue de l'utilisation de la main-d'œuvre exotique dans les colonies ». — Discussion de la question « **Les Protectorats** ». Rapport sur les **Protectorats dans l'Inde britannique,** par M. J. Chailley. — Discussion de la question « **Les Chemins de fer aux Colonies et dans les pays neufs.** » Rapport de la commission chargée d'étudier cette question. — Rapport sur le **Régime foncier** aux Indes orientales néerlandaises, par M. le Dr G.-K. Anton.

Compte rendu de la session tenue à Paris en août 1900. — Discussion de la question de « **l'Éducation professionnelle des indigènes dans les colonies de fondation récente.** » Rapport de Mgr A. Le Roy sur cette question. — Discussion de la question : « **Les Chemins de fer aux Colonies et dans les pays neufs.** » — Discussion de la question : « **Les Sanatoria.** » Rapport de M. le Dr Dryepondt sur cette question. — **Le Régime foncier dans l'Etat Indépendant du Congo,** par M. le Dr G.-K. Anton. — **Le Régime foncier dans les Colonies françaises,** par M. le Dr G.-K. Anton.

Compte rendu de la session tenue à La Haye en mai 1901. — Discussion de la question du « **Régime foncier aux Colonies** ». — Discussion de la question « **Des Rapports financiers entre la Métropole et les Colonies** ». — Rapport de M. M. Chotard sur cette question. — Discussion de la question « **l'Enseignement Colonial** ». — Rapport de M. J. Chailley sur la « **Meilleure manière de légiférer pour les Colonies** ».

— Rapport sur l'**Utilisation des organismes politiques indigènes
pour l'administration des colonies intertropicales**, par M. F. Cattier.
— **Note sur l'utilisation des organismes politiques indigènes
aux Indes orientales Neerlandaises**, par M. J. C. Van Eerde. — Rapport
sur l'**Utilisation des organismes politiques indigènes pour l'administration de l'Etat Indépendant du Congo**, par M. C. Janssen. —
Rapport sur l'**Enseignement colonial général**, par M. Henri Froidevaux.

Publications éditées sous les Auspices de l'Institut Colonial International

M. le professeur Dr **G. K. Anton** : « **LE RÉGIME FONCIER AUX
COLONIES**, précédé d'une préface de M. **J. Chailley**. — **Indes Orientales néerlandaises**. — **Politique domaniale et agraire dans
l'Etat Indépendant du Congo**. — **Colonies françaises**. — **Colonies
anglaises**. . . . . 1 vol., 415 pages, fr. 10.00.

PUBLICATIONS

DE

L'INSTITUT COLONIAL INTERNATIONAL

36, rue Veydt, à Bruxelles.

BIBLIOTHÈQUE COLONIALE INTERNATIONALE

20 fr. le volume.

1re Série. — **La Main-d'œuvre aux Colonies.** Documents officiels sur le contrat de travail et le louage d'ouvrage aux Colonies.

    Tome I. — Colonies allemandes. — État Indépendant du Congo. — Colonies françaises. — Indes orientales néerlandaises. — 1895.

    Tome II. — Inde britannique. — Colonies anglaises. — 1897.

    Tome III. — Colonies françaises (*suite*). — Surinam. — 1898.

2e Série. — **Les Fonctionnaires coloniaux.**

    Tome I. — Espagne. — France. — 1897.

    Tome II. — Pays-Bas. — État Indépendant du Congo. — Inde britannique. — 1897.

3e Série. — **Le Régime foncier aux Colonies.**

    Tome I. — Inde britannique. — Colonies allemandes. — 1898.

    Tome II. — État Indépendant du Congo. — Colonies françaises. — 1899.

    Tome III. — Tunisie. — Érythrée. — Philippines. — 1899.

    Tome IV. — Indes orientales néerlandaises. — 1899.

    Tome V. — Lagos. — Sierra-Leone. — Gambie. — Natal. — Bornéo septentrional britannique. — Cap de Bonne-Espérance. — Rhodésia. — Basutoland. — Iles Salomon. — Iles Fidji. — Côte-d'Or. — 1902.

    Tome VI (Premier supplément). — Colonies françaises. — Indes orientales néerlandaises. — Colonies allemandes. — 1905.

4e Série. — **Le Régime des protectorats.**

    Tome I. — Indes orientales néerlandaises. — Protectorats français en Asie et en Tunisie. — 1899.

    Tome II. — Les protectorats français en Afrique et en Océanie. — 1899.

5e Série. — **Les Chemins de fer aux Colonies et dans les pays neufs.**

    Tome I. — Rapport de la Commission spéciale nommée à Berlin. Conclusions des rapporteurs. — Questionnaire. — Réponses au questionnaire. — 1900.

    Tome II. — Congo. — Indian Midland Railway. — The Southern Mahratta Railway. — Usambara. — Sud-Ouest Brésilien. — Chili. — Transsibérien. — Inde portugaise. — 1900.

    Tome III. — Tunisie. — Algérie. — Sénégal. — Soudan. — Indes orientales néerlandaises. — Transvaal. — Angola. — 1900.

6e Série. — **Le Régime minier aux Colonies.**

Tome I. — Indes orientales néerlandaises. — Surinam. — Guyane française. — Guyane britannique. — 1902.

Tome II. — Madagascar. — Nouvelle-Calédonie. — Annam-Tonkin. — Algérie. — Tunisie. — Afrique Continentale française. — Guyane française. — Côte-d'Ivoire. — Côte-d'Or. — The British South Africa. — Rhodésia. — 1903.

Tome III. — Colonies allemandes. — Canada. — État Indépendant du Congo. — Cap de Bonne-Espérance. — Natal. — 1903.

7e Série. — **Les différents systèmes d'Irrigation.**

Tome I. — Inde Septentrionale, Punjab, Provinces - Unies, Oudh et Provinces Centrales. — Loi sur les canaux secondaires du Punjab. — Birmanie. — Bombay. — Madras. — Les Irrigations en Extrême-Orient. — 1906.

Tome II. — Canada. — États-Unis de l'Amérique du Nord. — 1907.

Tome III. — Espagne.

8e Série. — **Les Lois organiques des Colonies.**

Tome I. — Colonies Britanniques : Australie. — Nouvelle-Zélande. — Victoria. — Nouvelle-Galles du Sud. — Confédération Australienne. — Canada. — Nigerie Septentrionale. — Nigerie Méridionale. — Sierra-Leone. — Côte-d'Or. — Territoires du Nord de la Côte-d'Or. — Ashanti. — Afrique Orientale. — Uganda. — Iles Leeward. — Wei-hai-Wei. — 1906.

Tome II. — Colonies françaises : Antilles et Réunion. — Guyane. — Inde. — Sénégal. — Saint-Pierre-et-Miquelon. — Nouvelle-Calédonie. — Établissements français de l'Océanie. — Nouvelles Hébrides. — Afrique occidentale française. — Dahomey. — Congo français. — Madagascar et dépendances. — Indo-Chine. — Cochinchine. — Tonkin. — Établissements français de la côte des Somalis. — 1906.

Tome III. — Colonies françaises (*suite*). — Colonies néerlandaises : Indes orientales néerlandaises ; Surinam. — Colonies allemandes. — Colonie italienne de l'Erythrée. — État Indépendant du Congo. — 1906.

PUBLICATIONS

DE

L'INSTITUT COLONIAL INTERNATIONAL

36, rue Veydt, à Bruxelles.

15 fr. le volume.

Compte rendu des séances tenues à Bruxelles les 28 et 29 mai 1884. — Discussion de la question : « **De l'influence du climat sur les progrès de la colonisation.** » — Mémoire de Sir William Moore. — (*Epuisé.*)

Compte rendu de la session tenue à La Haye en septembre 1895. — Suite de la discussion de la question : « **De l'influence du climat sur les progrès de la colonisation.** » — « **La main-d'œuvre, le contrat de travail et le louage d'ouvrage aux Colonies.** » Rapports de S. Ex. M. le Dr Herzog pour les Colonies allemandes, de M. J. Chailley pour les Colonies françaises, de M. van der Lith pour les Indes orientales néerlandaises. Discussion de cette question. — « **Du recrutement des fonctionnaires coloniaux.** » Rapport de M. J. Chailley : France, Grande-Bretagne, Hollande. Discussion de cette question.

Compte rendu de la session tenue à Berlin en septembre 1897. — « **La Main-d'œuvre aux Colonies.** » Discussion de cette question. — « **Le recrutement des fonctionnaires coloniaux.** » Discussion de cette question. — **Rapport sur le travail dans les possessions espagnoles d'outre-mer,** par Don Antonio Maria Fabié. — « **Des relations financières entre la Métropole et les Colonies.** » — Rapport sur l'organisation du **Protectorat de la Compagnie de la Nouvelle-Guinée,** par S. Ex. M. le Dr Herzog. — Rapport sur l'organisation **financière des Protectorats allemands du Kamerun, du Togo, de l'Afrique du Sud-Ouest, de l'Afrique orientale et des Iles Marshall,** par S. Ex. M. R. Kraetke. — **Relations financières entre la Belgique et l'État Indépendant du Congo.** — Régime foncier : Organisation agraire du **Turkestan,** par M. Serge de Proutschenko.

Compte rendu de la session tenue à Bruxelles en mai 1899. — Discussion de la question de « **La main-d'œuvre aux Colonies** ». — « Projet d'un règlement adopté par l'Institut Colonial International en vue de l'utilisation de la main-d'œuvre exotique dans les colonies ». — Discussion de la question « **Les Protectorats** ». Rapport sur **les Protectorats dans l'Inde britannique,** par M. J. Chailley. — Discussion de la question « **Les Chemins de fer aux Colonies et dans les pays neufs.** » Rapport de la commission chargée d'étudier cette question. — Rapport sur le **Régime foncier** aux Indes orientales néerlandaises, par M. le Dr G.-K. Anton.

Compte rendu de la session tenue à Paris en août 1900. — Discussion de la question de « **l'Éducation professionnelle des indigènes dans les colonies de fondation récente.** » Rapport de Mgr A. Le Roy sur cette question. — Discussion de la question : « **Les Chemins de fer aux Colonies et dans les pays neufs.** » — Discussion de la question : « **Les Sanatoria.** » Rapport de M. le Dr Dryepondt sur cette question. — **Le Régime foncier dans l'État Indépendant du Congo,** par M. le Dr G.-K. Anton. — **Le Régime foncier dans les Colonies françaises,** par M. le Dr G.-K. Anton.

Compte rendu de la session tenue à La Haye en mai 1901. — Discussion de la question du « **Régime foncier aux Colonies** ». — Discussion de la question « **Des Rapports financiers entre la Métropole et les Colonies** ». — Rapport de M. M. Chotard sur cette question. — Discussion de la question « **l'Enseignement Colonial** ». — Rapport de M. J. Chailley sur la « **Meilleure manière de légiférer pour les Colonies** ».

Compte rendu de la session tenue à Londres en mai 1903. — Discussion de la question du « Régime foncier aux Colonies ». — Discussion de la question « Des Rapports Politiques entre la Métropole et les Colonies ». — Discussion de la question « De l'Enseignement Colonial ». — Rapport de M. G. K. Anton : « **Le régime foncier aux colonies anglaises** ». — Rapport de M. Arthur Girault : « **Des rapports politiques entre Métropole et colonies** ». — Rapport de M. J. Chailley : « **La législation qui convient aux colonies** ».—Rapport de M. Henri Froidevaux : « **L'enseignement colonial général. Constitution, organisation, état actuel** ». — Rapport de Sir Alfred Lyall : « **Rapport sur l'irrigation dans l'Inde** ». — Rapport de M. Paul de Valroger : « **Régime minier des Guyanes anglaise, française et hollandaise** ».

Compte rendu de la session tenue à Wiesbaden en mai 1904. — Discussion de la question : « **La meilleure manière de légiférer pour les colonies** ». — Discussion de la question : « **Le régime minier aux colonies** ». — Discussion de la question : « **Les différents systèmes d'irrigation aux colonies** ». — Discussion de la question : « **De la constitution et de l'organisation du capital aux colonies** ». — Rapport de M. Paul de Valroger : « **Les législations minières des colonies anglaises, françaises et allemandes d'Afrique et de l'Etat Indépendant du Congo** ». — Rapport de M. J. W. Post : « **L'irrigation aux Indes orientales néerlandaises** ». — Rapport de M. le Dr Julius Scharlach : « **La constitution et l'organisation du capital aux colonies** ». — Note sur l'hydraulique en Algérie et en Tunisie.

Compte rendu de la session tenue à Rome en avril 1905.— Discussion de la question : « **Des Irrigations** ». — Discussion de la question : « **Le Régime minier aux Colonies** ». — Discussion de la question : « **De l'Enseignement colonial** ». — Discussion de la question : « **L'Emigration** ». — Résumé du **Rapport de la Commission Anglo-Indienne sur les irrigations**. — Rapports : 1º **Sur l'utilisation de l'eau dans les pays sous-tropicaux**; 2º **Sur les modes d'irrigation dans les parties arides de l'Afrique du Sud**, par M. Th. Rehbock. — Rapport sur **Les irrigations aux Etats-Unis d'Amérique et aux îles Hawaï**, par M. O. P. Austin. — Rapport sur le **Régime des irrigations en Extrême-Orient**, par M. A. de Pouvourville. — Note sommaire sur les **Irrigations en Italie**, préparée par les soins du Ministère de l'Agriculture. — Rapport sur l'**Enseignement colonial italien**, par M. L. Nocentini. — Rapport sur l'**Enseignement colonial en Belgique**, par M. F. Cattier. — Notes sur la **Législation et les statistiques comparées de l'émigration et de l'immigration**, par M. L. Bodio. — Rapport sur les **Lois organiques des Colonies néerlandaises**, par M. le Dr C. Th. van Deventer. — Note sur le **Décret organique du Gouvernement local de l'Etat Indépendant du Congo**, par M. C. Janssen. — Rapport complémentaire sur la **Constitution et l'organisation du capital pour les colonies**, par M. le Dr J. Scharlach. — Rapport sur le **Crédit à accorder aux indigènes**, par M. A. Zimmermann. — Note sur la **Formation des fonctionnaires de l'ordre judiciaire dans les Indes Orientales néerlandaises**, par M. le Dr C. Pijnacker-Hordijk.

Compte rendu de la session tenue à Bruxelles en juin 1907. — Discussion de la question : **Les différents systèmes d'Irrigation**. — Discussion de la question : **De l'assistance intercoloniale au point de vue du maintien de l'ordre**. — Discussion de la question : **Recrutement des magistrats de l'ordre judiciaire aux colonies**. — Discussion de la question : **Constitution et organisation du capital aux colonies**. Discussion de la question : **Le crédit à accorder aux indigènes**. — Discussion de la question : **De l'utilisation des organismes politiques indigènes pour l'administration des colonies intertropicales**. — Rapport sur les **Mesures à employer par l'Etat pour développer le crédit, l'industrie et le commerce chez les indigènes des Indes Néerlandaises**, par M. J. H. Abendanon. — Rapport sur l'**Assistance intercoloniale au point de vue du maintien de l'ordre**, par M. Enrico Catellani.

— Rapport sur l'**Utilisation des organismes politiques indigènes
pour l'administration des colonies intertropicales**, par M. F. Cattier.
— **Note sur l'utilisation des organismes politiques indigènes
aux Indes orientales Néerlandaises**, par M. J. C. Van Eerde. — Rapport
sur l'**Utilisation des organismes politiques indigènes pour l'administration de l'Etat Indépendant du Congo**, par M. C. Janssen. —
Rapport sur l'**Enseignement colonial général**, par M. Henri Froidevaux.

Publications éditées sous les Auspices de l'Institut Colonial International

M. le professeur Dr **G. K. Anton : « LE RÉGIME FONCIER AUX
COLONIES**, précédé d'une préface de M. **J. Chailley. — Indes Orientales néerlandaises. — Politique domaniale et agraire dans
l'Etat Indépendant du Congo. — Colonies françaises. — Colonies
anglaises.** . . . . 1 vol., 415 pages, fr. 10.00.

LES
DIFFÉRENTS SYSTEMES D'IRRIGATION

BIBLIOTHÈQUE COLONIALE INTERNATIONALE
Institut colonial international. — Bruxelles

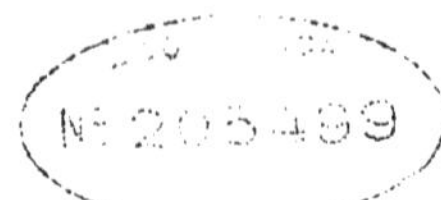

7ᵐᵉ SÉRIE

Les
différents systèmes
d'Irrigation

Documents officiels précédés de notices historiques

Tome III

ESPAGNE

INSTITUT COLONIAL INTERNATIONAL
36, RUE VEYDT, BRUXELLES

BRUXELLES	**PARIS**	**LONDRES**
Établissements généraux d'imprim., successeurs de Ad. Mertens. 14, rue d'Or, 14.	Augustin CHALLAMEL rue Jacob, 17.	LUZAC & Cᵒ Great Russel street, 46, W. C.

BERLIN	**LA HAYE**
A. ASHER & Cᵒ 13, Unter den Linden, W.	BELINFANTE (Frères) Tweede Wagenstraat, 100-102.

1908

INTRODUCTION

Sens et valeur sociale de quelques règlements d'irrigation de la Péninsule ibérique.

Depuis la session de Londres (mai 1903) où l'Institut Colonial International s'est pour la première fois occupé de l'important problème économique et technique de l'irrigation (1), ce problème est resté à l'ordre du jour des trois sessions de Wiesbaden (mai 1904), de Rome (avril 1905) (2) et de Bruxelles (juin 1907). A côté des rapports présentés au cours des séances de ces diverses sessions et qu'on trouvera reproduits dans les volumes des *Comptes rendus* sténographiés, l'Institut a tenté l'heureuse expérience et réalisé l'utile projet de publier un certain nombre de textes législatifs et de règlements se référant aux irrigations. Cette 7me série, intitulée *les Différents systèmes d'Irrigation*, a débuté par un tome I contenant surtout des documents de l'Inde anglaise, recueillis, traduits et publiés grâce à l'infatigable activité de notre Secrétaire-Général, M. Camille Janssen. Le tome II a

---

(1) Rapport de Sir ALFRED LYALL sur l'*Irrigation dans l'Inde.*

(2) Empêché pour raison de santé de prendre part à la session de Rome, j'ai adressé à mes collègues une petite étude publiée au même moment dans *la Géographie*, de Paris, du 25 mars 1905, p. 161-184, et 4 fig., sur l'*Irrigation en Egypte depuis l'achèvement du réservoir d'Assouan* (1902).

publié les lois essentielles du Canada, de la Colombie britannique et des États-Unis et il est dû à notre si compétent collègue hollandais, M. van Sandick.

Voici le tome III qui est consacré à l'Espagne et qui contient un certain nombre de règlements d'eau dont je voudrais indiquer brièvement la signification locale et la portée générale.

** **

L'Espagne est très décriée et passe pour un pays où personne ne travaille. Il n'en est rien. Il y a là des oasis d'irrigation qui représentent certainement l'un des points du monde où le travail est le plus soigné et le plus parfait.

Dans cette Espagne si superficiellement et mal jugée, les oasis d'irrigation représentent des chefs-d'œuvre de culture et d'organisation économique. C'est un des vieux pays de l'Europe où les irrigations sont les plus anciennes. Il est donc assez intéressant pour nous de savoir comment sont traitées les eaux dans ce pays de vieille culture.

En Espagne, il faut considérer deux séries de faits différents. Il y a d'abord la législation de 1879, dont M. van Sandick a fait connaître les principes essentiels. J'ai sous la main un petit volume (1) qui comprend préci-

(1) *Novisima Legislación de aguas. Leyes de 13 de Junio de 1879 (sobre las aguas terrestres) y de 7 de Mayo de 1880 (sobre las aguas del Mar y Puertos) concordadas con la de aguas de 3 de Agosto de 1866 y decretos sobre puertos de 17 de Diciembre de 1851 y 30 de Enero de 1852, anótadas con las disposiciones de otras leyes que les son aplicables, Sentencias del Tribunal Supremo, Decisiones del Consejo de Estado, Resolutiones Administrativas, motivos et observaciones, y seguidas de un extenso Apendice que contiene mas de 50 importantes piezas legales, entre ellas la Ley y Reglamento de Canales y Pantanos de Riego y la Legislacion de Colonias agricoles con la Instruccion de los expedientes de exencion de tributos à los riegos y artefactos y aprovechamientos de aguas, y una indicacion de las disposiciones solre las mismas, contenidas en nuestra antigua legislacion general y foral, por* D. José Maria Ros Biosca. J'ai reproduit ce titre dans toute sa longueur, parce que c'est un titre qui est une table des matières et qu'il indique aisément par lui-même que l'on trouvera là tout ce qu'il est essentiel de connaître sur la législ-

sément le texte et le commentaire de cette législation, qui est évidemment inspirée de l'opinion qu'on a de l'eau sur cette terre hispanique, où il y a eu des irrigations prospères et en pleine activité depuis des siècles. Mais à côté de cette loi générale, il existe un fait plus important, plus fondamental, dont le retentissement vague se trouve dans la loi de 1879. Il y a de vieilles associations dont l'organisation est d'autant plus intéressante qu'elle est encore en vigueur aujourd'hui ; la loi de 1879 s'applique à l'ensemble de l'Espagne, mais n'a en rien modifié ce qui se fait dans ces petites oasis de culture qui vivent encore selon leurs coutumes traditionnelles, et où l'eau est toujours traitée comme jadis. Les usages traditionnels de ces petits coins de culture tout à fait exceptionnels peuvent nous servir d'enseignement au point de vue de l'histoire et de la géographie humaines. Ce vieux droit coutumier n'est pas du tout codifié et, à part un grand travail entrepris par Joaquín Costa, il n'existe que peu d'ouvrages qui en parlent. Malgré ce travail important et considérable de M. Costa, on peut dire que tout le droit coutumier espagnol est encore à recueillir. Il y a déjà cependant dans cet ouvrage de précieux documents que je me permets de signaler à tous ceux qu'intéresse le droit coutumier (1).

Trois ou quatre des monographies faites par des juristes et des professeurs espagnols se rapportent à la question de l'eau et des irrigations ; citons, entre toutes,

lation et la jurisprudence générales des eaux en Espagne. Il a été édité à Valencia en 1882, à la Libreria de Pascual Aguilar, Caballeros, 1.

(1) *Derecho consuetudinario y Economia popular de España*, por JOAQUIN COSTA, etc. Deux vol. in 8º, Barcelona, Manuel Soler, 1902.

celle d'un professeur de l'Université d'Oviedo, M. Rafael Altamira, sur le marché d'eau d'Alicante; nous en reparlerons tout à l'heure.

Ayant été envoyé en mission scientifique par le gouvernement français dans le sud de l'Espagne, une première fois en 1894-95 et une deuxième fois en 1900, j'ai recueilli sur place quelques-uns de ces règlements authentiques se rapportant au régime des eaux.

En une oasis, on m'a même autorisé à emporter le seul exemplaire qui fût connu. D'ailleurs, il semble que dans ce pays, l'habitude de disposer de l'eau et de régler les conflits est si traditionnelle que l'on n'a pas toujours besoin de règlement écrit. Comme il est assez difficile de se procurer le texte de ces règlements, j'ai proposé à M. le secrétaire général de notre Institut d'en publier quelques spécimens typiques, avec la traduction. Cette proposition ayant été accueillie, cette matière qui est encore inédite fait l'objet du présent volume, auquel je me permets de joindre cette petite note explicative, appuyée d'une carte.

Avant d'en arriver à l'explication de chacun de ces documents et, pour les comprendre, il convient de rappeler quels sont les traits essentiels de l'Espagne au point de vue géographique. Sur la petite carte qui se trouve reproduite à la page 36, on remarque vers le milieu de la péninsule une ligne un peu sinueuse séparant d'une manière générale l'Ibérie sèche de l'Ibérie humide. Dans le nord-ouest, la chute de la pluie est de $1^{m}60$, ce qui correspond à la quantité d'eau qui tombe dans l'Europe centrale. D'ailleurs, toute la physionomie de cette partie de l'Espagne rappelle l'Europe centrale. Au contraire, dans la partie sud-est se trouvent des régions qui rappellent tout à fait l'Afrique, c'est-à-dire des steppes semblables aux steppes de l'Algérie. Entre les régions sèches et les régions humides, il y a une série de zones de transition.

C'est, en effet, dans la région sud-est que se trouve la zone la plus sèche, celle qui est indiquée sur la carte par le chiffre II. Là se trouve ce que j'appellerai par excellence l'Espagne africaine.

Dans toute l'Espagne sèche, les steppes sont recouvertes sur une grande étendue d'*esparto*, c'est-à-dire d'une plante qui est la même à peu près que l'*alfa* de l'Algérie. Ces steppes couvrent, dans la Péninsule tout entière, 35,000 kilomètres carrés, c'est-à-dire 7 p. c. de la surface totale du pays et l'on n'y trouve que quelques arbres isolés. Les pluies ne sont pas suffisantes pour y permettre la culture de céréales ou d'arbres fruitiers en pleine terre. C'est tout le long de la côte méditerranéenne que, par une bonne fortune exceptionnelle, se trouve le débouché des grands cours d'eau qui viennent du plateau central de l'Espagne et qui roulent irrégulièrement, mais toujours de l'eau, parce qu'ils bénéficient des pluies d'orages et d'autres précipitations. Et grâce à ces cours d'eau il est possible de faire de l'irrigation dans la région du sud-est. Toute l'irrigation est subordonnée à l'emploi des eaux des cours d'eau. Il y a aussi quelques puits artésiens, mais ils constituent une exception.

A Valence, dans la région indiquée sur la carte par le chiffre I, se trouve une magnifique oasis, un immense jardin, alimenté par les eaux du Turia, qui vient des hauts plateaux situés au delà vers l'intérieur. C'est là, tout le long de cette grande zone littorale, que se trouvent les *Huertas*, la véritable culture telle que nous la trouvons dans les belles oasis d'irrigation. Les cours d'eau de cette bande valencienne prennent leur source dans une région qui est en somme assez septentrionale et ils ont un débit plus régulier que dans la zone II, à tel point que c'est dans cette région que se trouve la bande la plus continue de jardins et qu'on constate l'utilisation la plus régulière et la plus normale de l'eau en vue de l'irrigation. Nous y trouvons aussi les types les plus parfaits d'irrigations.

Le type est beaucoup moins homogène dans la zone II, parce qu'elle est alimentée par des cours d'eau situés à une latitude plus méridionale et ayant dès lors un débit tout à fait irrégulier. Quel est le résultat de ce débit plus irrégulier? C'est qu'en général le cours d'eau ne suffira pas, ne suffira plus ou ne suffira que d'une manière incomplète et trop variable d'une année à l'autre pour l'irrigation, et les hommes seront conduits tout naturellement à rechercher les moyens de tirer le plus grand parti possible de toutes les eaux disponibles.

Nous constatons alors, au point de vue du travail humain, une assez grande différence entre la zone I et la zone II. Dans la zone I, il n'y a pas de barrages-réservoirs, ni de grands travaux en maçonnerie pour amasser les eaux; on s'est contenté de petits barrages de dérivation en plein cours de rivière. Des dérivations de ce genre sont, en effet, les seules qui existent dans la zone de Valence laquelle, je le répète, représente le type parfait des oasis hispaniques.

Au contraire, dans la zone II, nous voyons partout ou presque partout se construire de grands travaux en maçonnerie qui constituent ces réservoirs que l'on a depuis lors admirés et imités en tant d'autres régions de la terre.

L'Espagne a construit de magnifiques travaux en maçonnerie de cet ordre, notamment le barrage de Tibi, le barrage de Puentes, etc. Ces barrages sont tous de construction relativement récente; ils ne remontent qu'à trois ou quatre siècles, quelques-uns même datent du siècle dernier. Ces travaux sont très remarquables et ils ont attiré l'attention des ingénieurs. Un de ces ingénieurs, Aymard, a fait surtout porter ses études sur ces grandes digues en maçonnerie destinées à amasser l'eau pour la mettre à la disposition des irrigants pendant les périodes de disette.

J'ai rapporté de mon voyage en Espagne une impression tout à fait opposée à l'optimisme des ingénieurs concernant ces digues. Je ne dis pas qu'il ne fallait pas les établir là où elles ont été placées, mais ce qui m'a le plus frappé dans mon enquête, c'est d'avoir à constater que là où l'on rencontre la perfection la plus grande dans l'utilisation de l'eau, il n'y a pas de barrages-réservoirs et qu'on en a construit au contraire là où l'organisation est moins parfaite, où l'on remarque souvent une situation bien voisine de l'anarchie.

L'oasis de Valence tire toute sa prospérité de sa distribution d'eau et de sa très sage organisation économique de l'eau. Dans cette zone, il n'y a que les eaux du Turia et non d'immenses réserves, mais les hommes ont imaginé un système économique, une organisation excellente de la propriété et de l'usage de l'eau, à laquelle Valence doit sa légitime renommée.

Je voudrais en quelques mots vous résumer les principes essentiels de l'organisation de Valence, principes que nous retrouverons plus ou moins développés en d'autres oasis ressemblant à celle-là.

A Valence, qui est pris ici comme type de cette région hispanique, nous trouvons d'abord que l'eau est attachée à la terre et que la terre est liée à l'eau. Tout propriétaire de terres a droit à une certaine quantité d'eau et l'on ne peut acheter l'eau à part. Ainsi, l'on constate à Valence le principe qui est le principe fondamental de

législations du Canada et du Wyoming, principe qui a suggéré à M. van Sandick l'idée de libeller comme suit sa troisième thèse :

« Dans les nouveaux pays arides, où la terre ne devient capital que par l'emploi de l'eau, les droits sur l'eau (water-rights, wasserrechten) doivent être inséparables de ceux sur les parcelles de terre irriguées ou irrigables. » (Voir également ci-après, le règlement d'Almeria, art. 92, p. 186).

Dans les règlements valenciens, c'est la collectivité qui possède les eaux d'une façon imprescriptible et tous les participants à l'eau sont des usagers de l'eau.

On le voit, telle est bien la déduction logique du principe général posé tout à l'heure. Une autre idée répond encore à cette même conception : c'est que l'eau est gratuite et qu'elle est mise à la disposition du public, mais à une condition *sine qua non*, c'est qu'elle soit utilisée pour la culture de la terre. Enfin, l'eau est distribuée selon une mesure qu'on appelle en espagnol *hilo*, qu'on pourrait traduire en français par filet d'eau. Ces *hilos* ou *hilas*, à quoi correspondent-ils? Cette question a fait l'objet de longues discussions entre juristes et économistes espagnols. On prétendait qu'il s'agissait d'une mesure de x litres ou mètres cubes. En réalité, ce n'est pas une mesure absolue, c'est une mesure proportionnelle. L'on a droit à tant de *hilas* ou *hilos*, c'est-à-dire à tant de « pour cent » de la quantité d'eau disponible (voir, par exemple, ci-après, le règlement d'Almeria, chap. III, p. 150; ou encore le règlement d'Elche, art. 5, 6 et 7 p. 351 et art. 84 et suiv., p. 401 et suiv.). L'eau appartenant à la collectivité, un certain nombre d'irrigants ont droit à une certaine partie, et tout naturellement cette eau n'est pas distribuée jusqu'à concurrence d'une quantité absolue, mais en parts proportionnelles suivant les disponibilités de chaque période de l'année; et les appareils dits « partiteurs » sont établis pour répondre à cette fin.

Examinons maintenant une deuxième partie de l'organisation dans la région de Valence. C'est l'organisation proprement dite, issue de cette conception que l'eau est la chose de tous, qu'elle n'appartient à personne en particulier. Il y a une organisation collective très forte qui devient même, en temps de sécheresse, draconienne, césarienne, et qui représente les intérêts de la collectivité. C'est l'incarnation de ce pouvoir discrétionnaire sur l'eau, pouvoir qui tantôt est l'État, tantôt la commune, tantôt, au contraire, comme ici, le syndicat irrigant. Dans la région de Valence, c'est l'association des irrigants qui élit un chef appelé « syndic ». Cette association constitue un véritable syndicat d'exploitation, un syndicat de propriétaires de terres, puisque tous les propriétaires sont par là même usagers de l'eau. Ce syndicat, cette organisation d'hommes en petites communes collectivistes, cette communauté d'irrigants se charge de la surveillance et de la direction de tous les travaux. Dans la plupart des oasis espagnoles du type de Valence, on ne peut déplacer une motte de terre sans que l'ordre à cet effet n'ait été donné par le syndic. A côté de cette direction des travaux, il y a une organisation financière qui est conçue sur le même type. Les travaux sont exécutés sur l'ordre de la collectivité et à ses frais, c'est-à-dire aux frais de tous : c'est le communisme financier qui vient s'ajouter au communisme administratif.

Enfin, comme dernière conséquence de cette organisation, nous trouvons un tribunal spécial, *tribunal de las aguas*, qui représente le corps judiciaire chargé de faire observer et exécuter les lois, les règlements traditionnels et aussi les ordres des syndics. Ce sont donc de petites formes de communes collectivistes qui disposent d'une organisation financière et même d'une organisation judiciaire *ad hoc.*

Tel est en quelques mots le système de Valence, dont je ne rappellerai que les principes généraux dans le volume de l'Institut, parce que je l'ai déjà exposé avec plus de détails dans mon livre sur l'*Irrigation* (Paris, Masson, 1902) (1). Aucun des documents que je publie dans le volume de l'Institut n'a été publié dans mon livre et je ne les publierai nulle part ailleurs. C'est donc un apport assez nouveau et qui, je l'espère, paraîtra de quelque intérêt. La plupart des documents qui sont ici publiés se rapportent à la zone II, la région la plus sèche de toute l'Espagne et où se rencontrent les plus nombreuses déformations du type d'organisation de Valence.

Je vais noter en peu de mots quel a été le principe de classification de ces différents documents et quel est le sens de chacun d'eux.

(1) JEAN BRUNHES, *Étude de géographie humaine. L'irrigation, ses conditions géographiques, ses modes et son organisation dans la Péninsule Ibérique et dans l'Afrique du Nord,* in-8°, XVII-580 pages, 7 cartes et 63 fig. — Cet ouvrage contient spécialement un index bibliographique et des appendices documentaires auxquels nous nous permettons de renvoyer.

A la bibliographie de mon livre manque un ouvrage que je ne connaissais pas, qui m'a été signalé — et très gracieusement offert — par mon collègue, M. VAN SANDICK; c'est l'ouvrage *en hollandais,* de l'ingénieur PLAAT, qui, après avoir été ingénieur en chef du *Waterstaat,* aux Indes Néerlandaises, est maintenant chargé du cours d'hydraulique tropicale et d'irrigation à l'école supérieure technique de Delft (Hollande). Son ouvrage, publié en 1895 aux frais de l'État, se compose d'un volume in-4° de 411 pages, avec de nombreuses figures et d'un très bel atlas de 21 planches. Voici le titre exact : P. GRINWIS PLAAT, *Bevloeiingen in Noord-Italië en Spanje.* Autant que j'ai pu en prendre ·perficiellement connaissance, sans savoir malheureusement le hollandais, mais avec l'aide d'un de mes élèves, cette enquête générale sur les zones et les procédés d'irrigation de l'Italie du Nord et de l'Espagne, m'a paru être une des plus riches en informations de détail et une des plus personnelles comme vues d'ensemble.

Encore une fois, la géographie humaine est avant tout le domaine de la variété — il n'y a pas deux *huertas* exactement semblables — et c'est précisément cette variété qui fera l'intérêt de ces documents et qui permettra de constater comment le travail de l'homme modifie les termes géographiques du problème et comment se transforment les conditions géographiques dans lesquelles se trouve englobée la géographie humaine.

Le premier de ces règlements est celui de la huerta de Murcie, située au milieu de la zone II et constituant une magnifique oasis de 25 kilomètres de longueur sur 7 kilomètres de largeur en moyenne. Cette oasis est un jardin incomparable au point de vue des soins et de la perfection du travail. La zone de Murcie doit ses eaux aux cours d'eau. Le principal est le Segura, qui reçoit un peu en amont de Murcie le Sangonera, qui est aussi un cours d'eau assez important. C'est l'oasis de la zone la plus sèche qui dispose du volume d'eau courante le plus abondant et c'est presque la seule oasis de cette région qui ressemble sous ce rapport à l'oasis de Valence.

Or, dans l'oasis de Murcie, il n'y a pas non plus de barrages-réservoirs, il n'y a que de simples dérivations en cours de rivière qui permettent cette magnifique distribution de l'eau dans les canaux et cette belle culture dans toute la région. Le régime que nous y observons diffère très peu de celui de Valence, mais il n'est pas aussi parfait, aussi draconien et aussi rigoureux que ce dernier. Nous y remarquons le même esprit, la même conception pour l'utilisation de l'eau. Il y a même un article, l'article 152, qui est ainsi libellé : « Celui qui n'utilise pas l'eau à laquelle il a droit aux heures qui lui sont attribuées, ne peut la céder à autrui et doit la laisser couler comme un excès d'eau. » (Voir p. 115). C'est dire que toute l'eau qu'on n'utilise pas appartient à la collectivité et doit revenir à la collectivité (1). D'autre part, c'est l'usage de l'eau qui en limite l'appropriation temporaire. De même, nous trouvons à Murcie un conseil de prudhommes, *Consejo de hombres buenos*, c'est-à-dire un tribunal analogue à celui de la zone de Valence et jouant le même rôle. (Voir chap. XVII, art. 164 et suiv., p. 123 et suiv.).

Il est intéressant de constater que cette organisation est née pour ainsi dire des nécessités locales, car au lieu de trouver une terminologie équivalente avec des différences profondes, nous trouvons, au contraire, des formes analogues qui portent des noms différents.

Le premier des sept types de règlements que nous publierons est donc le règlement de Murcie, qui représente le type de Valence en cette zone la plus sèche. J'ajouterai cependant que ce type n'est pas aussi parfait que le type de Valence et que la nécessité d'avoir plus d'eau, parce que la zone est plus sèche et l'eau plus rare, a influé sur l'organisation.

Le Segura est un fleuve à débit très irrégulier, qui tantôt roule des eaux abondantes et tantôt est à sec. Dans la région de Murcie on a cherché à se procurer l'eau par tous les moyens possibles ; on a construit des puits dont on tire l'eau par des *norias* et l'on a essayé de forer des puits artésiens. On en a fait 35 à 40, il y a trente à quarante ans, et l'on a assez bien réussi. La création de ces nouvelles sources d'eau a eu pour résultat de rendre l'organisation collectiviste un peu moins sévère, un peu moins exigeante dans sa surveillance et dans sa disci-

---

(1) Il en est autrement à Almeria, voir ci-après art. 55, p. 169 et art. 79, p. 180. Toutefois, des réserves expresses sont faites (art. 83, p. 182), et surtout pour les mois où l'eau est la plus précieuse (art. 82, p. 18)1.

pline qu'elle ne l'est encore à Valence. L'eau que chacun tire de son puits n'est pas réglementée et l'introduction de ce nouveau moyen de se procurer de l'eau a déterminé un léger fléchissement dans l'organisation communiste des eaux. Toutefois, en cas de disette d'eau, tous les droits de la collectivité s'expriment encore par des mesures exceptionnelles, à Murcie comme à Valence (voir pour Valence, dans mon livre sur l'*Irrigation*, p. 71, 72, et pour Murcie, ci-après, p. 131-134.

Le second règlement publié est celui de la Vega d'Almeria, tout à fait au sud de l'Espagne. C'est encore un règlement local, et c'est sous sa forme ancienne que je le reproduis dans le volume de l'Institut Colonial.

A Almeria, il y a donc un règlement local, qui s'applique non seulement à Almeria, mais encore à sept villages voisins. C'est en cet endroit qu'il m'a été permis de prendre le seul exemplaire du règlement qui fût connu dans le pays. Le règlement nous montre la solidarité établie entre les huit villages échelonnés le long du même cours d'eau, le Rio Almeria. Ces villages, réunis par une communauté d'intérêts, ont entre eux le même type d'organisation que celui que nous avons observé à Valence et à Murcie. Il y a là un *tribunal de aguas* pour les huit villages (voir ci-après, chap. XXII, p. 222 et suiv.). C'est, en un mot, l'organisation du type Valence étendue à plusieurs villages qui tirent toute leur eau d'un même cours d'eau.

Nous publions ensuite deux règlements d'une même oasis, celle d'Alicante, située vers le nord de la zone II. Dans cette région, on cultive non seulement la vigne, mais encore les oliviers, les céréales, les fèves et tous les produits maraîchers des oasis hispaniques. Pour l'oasis d'Alicante, la question est très compliquée, à tel point que nous donnons deux règlements successifs, l'un de 1849 et l'autre de 1865. Cette oasis nous montre précisément comment les données du problème se sont transformées par le travail de l'homme et comment l'homme lui-même a subi les conséquences de ces transformations. L'oasis d'Alicante a été jadis une oasis d'irrigation alimentée par les eaux du Rio Monegre, mais pour avoir plus d'eau, on a construit le barrage de Tibi, à environ 30 kilomètres d'Alicante, à l'endroit où le fleuve s'échappe de la zone montagneuse. La création de ce réservoir a tout compliqué dans cette oasis. On a voulu et prétendu distinguer l'eau du réservoir et l'ancienne eau du Rio Monegre.

L'on a ainsi vu se superposer dans les règlements d'une même oasis ce qu'on appelle l'*eau vieille, agua vieja,* et l'*eau neuve, agua nueva.* Qu'est-il alors arrivé? Toute l'organisation a été altérée à cause de sa complication même. Ce barrage a été établi pour avoir plus d'eau, ce qui n'était pas un mal, mais on a trop cru, sans se préoccuper d'une manière assez rigoureuse de la distribution et de l'organisation économique de l'eau, que le seul fait d'avoir plus d'eau aurait pour résultat de résoudre le problème.

Les irrigants de l'oasis se trouvent en face de complications dont les deux règlements successifs, ainsi que les *Appendices* qui suivent le premier de ces deux règlements, montrent la nature beaucoup mieux que je ne puis le faire. C'est ainsi qu'un décret royal de 1877 a fini par enlever, pour ainsi dire, toute l'eau du barrage de Tibi aux propriétaires qui avaient fait les frais de la construction, en la faisant rentrer dans le domaine public.

Ce phénomène économique et social est très digne d'attention et d'intérêt, à titre de commentaire positif de ce que M. van Sandick a exposé, lors de la session de Bruxelles, à propos de la législation des eaux en pays néerlandais et anglo-saxons.

D'autre part, comme résultat de la complication, on a organisé ce qu'on appelle là-bas *un marché d'eau :* l'eau est vendue aux enchères. A ce propos, je me permets de renvoyer au très intéressant article de M. Rafael Altamira : « Marché d'eau dans la Huerta d'Alicante » (1). J'aurai l'occasion de revenir tout à l'heure sur ces marchés d'eau, quand je parlerai des centres irrigués où ils ont pris le plus de développement.

Lorsqu'on a construit le barrage auquel je viens de faire allusion, on s'imaginait que parce qu'on allait avoir plus d'eau, le problème serait résolu. Comme on le voit, c'est le contraire qui s'est produit. Il aurait fallu établir, dès l'origine, une très forte organisation s'appliquant tout à la fois aux eaux neuves et aux eaux vieilles.

Nous donnons ensuite les règlements de la Huerta d'Elche et de la Huerta de Lorca. Ces règlements sont, en vérité, très curieux.

En ces deux points de l'Espagne, par la construction de barrages-réservoirs, on en est arrivé à une combinaison tellement opposée à la vieille organisation, que celle-ci est complètement tombée en désuétude et qu'elle a été supprimée. On en est venu à vendre aux enchères les eaux, à les vendre tous les jours, ce qui me paraît le comble de l'anarchie. Tous les matins, l'eau est mise à la disposition du plus offrant, et l'on comprend combien est

______

(1) RAFAEL ALTAMIRA, *Mercado de Agua en la Huerta de Alicante;* cette étude est un des chapitres du tome II du *Derecho consuetudinario y Economia popular de Espana,* por JOAQUIN COSTA, etc. (Barcelona, 1902) et elle s'étend de la p. 133 à la p. 164 ; elle est très remarquable en toutes ses parties, extrêmement précise, riche en informations personnelles de l'auteur et en précieuses références bibliographiques.

illogique un système de ce genre, qui fait dépendre les récoltes, fruit de tout le travail agricole d'une région, du hasard de ces ventes quotidiennes.

A Elche, on a construit un barrage avec la conviction qu'on aurait plus d'eau. Les cultivateurs manquant parfois d'eau, se sont plus ou moins découragés, se sont montrés hostiles à la vieille organisation et finalement on s'est décidé à vendre tous les jours aux enchères les eaux disponibles qui sont dans chacun des canaux. J'ai assisté à ces ventes et je les ai décrites dans mon livre sur l'*Irrigation*. Le président met aux enchères les différentes quantités d'eau de chaque canal et celui qui offre le prix le plus élevé est déclaré adjudicataire. (Voir chap. XIII, p. 401 et suiv. et pour la vente des eaux de Maschena, chap. XVI, p. 429 et suiv.).

On devine aisément les inconvénients d'un tel système. Au moment des surenchères, un gros propriétaire peut accaparer toute l'eau au détriment de tous les autres.

Ce qui corrige le système d'Elche dans une certaine mesure, c'est que le nombre de propriétaires de terres n'est pas très élevé et que ce sont à peu près les mêmes qui sont propriétaires des terres et propriétaires des eaux. Ce sont donc les mêmes personnes qui sont intéressées à la vente de l'eau et à la productivité des terres. (Voir aussi les réserves que constituent les art. 100, p. 407, 102, p. 408; et surtout 104, p. 409; ou encore 155 et 156, p. 431).

Que nous sommes loin ici du régime de Valence! Autrefois l'oasis d'Elche était régie par un système semblable à celui de Valence. En temps de sécheresse, c'est-à-dire en temps de basses eaux, le pouvoir, la collectivité étaient représentés par le syndic et par le conseil des syndics des divers canaux. Et ce pouvoir central avait alors plus d'autorité que jamais; il était libre même d'appliquer toutes les eaux du Rio à une seule région de la Huerta, pour en sauver une petite partie au profit de la collectivité.

A Lorca, les inconvénients du système des enchères sont encore beaucoup plus grands, parce que là ce sont les enchères dans ce qu'elles ont de plus radical. Une entreprise à la fin du siècle dernier a reconstruit le barrage de Puentes dans la gorge du Guadalentin. Cette entreprise ne possède pas de terres. Elle appartient à des capitalistes qui n'ont pas d'intérêts à Lorca, mais qui vendent l'eau tous les matins à l'ensemble des paysans de la huerta. La vente se fait dans une petite salle basse où les cultivateurs se tiennent debout sur la terre battue, et il est poignant de constater que le travail de toute une année et les ressources alimentaires de ces pauvres gens sont à la merci des enchères. Lorqu'il y a beaucoup d'eau, l'entreprise perd son argent parce que les gens n'achètent pas son eau ou ne l'achètent qu'à bas prix. Au contraire, lorsque la sécheresse survient, lorsqu'il y a peu d'eau au moment où le besoin s'en fait le plus vivement sentir pour le bien de tous, l'entreprise fait monter l'eau à des prix tels que ceux mêmes qui l'achètent ne sont pas certains de retrouver dans le produit des récoltes de quoi couvrir leurs frais.

C'est donc ici le régime anarchique complet.

Les difficultés d'exécution résultant de ce système anarchique, qui est enveloppé et comme dissimulé, d'ailleurs, dans une organisation administrative très compliquée, se manifestent par toutes les modifications et dérogations que nous avons soigneusement notées à la suite de chaque article (voir pages 453 à 520).

Tel est le sens de ces deux règlements, dont on pourra

examiner et étudier les détails publiés *in extenso* dans le volume de l'Institut.

Enfin, n septième et dernier règlement se réfère à la haute région de l'Andalousie, indiquée sur la carte par le chiffre V. Cette région bénéficie des eaux des hauts reliefs de la Sierra Nevada, dont l'altitude maximum atteint 3500 mètres. Sur ces hauts reliefs viennent se condenser non seulement les pluies, mais aussi les neiges qui sont précieuses pour les cultures au printemps et en été. Les neiges fondent précisément au moment où les chaleurs surviennent et où les rios seraient sans cela presque à sec. C'est à cause de ces circonstances que dans la Vega de Grenade, qui est située à 600 mètres d'altitude, les cours d'eau ont généralement de l'eau en abondance au moment où le besoin s'en fait sentir. Et c'est parce que l'eau y est abondante que nous n'y trouvons pas un système du même type que celui du type Valence. Il n'y a pas là d'organisation collectiviste proprement dite, puisque les conditions géographiques n'en imposent pas la nécessité. Dans la région de Grenade, on trouve un mélange extraordinaire d'eaux publiques et d'eaux privées (voir art. 3, p. 535; fin art. 27, p. 558; art. 49, p. 574; art 72, p. 591), d'irrigation proprement dite et de submersion (art. 90), de règles presque contradictoires (voir art. 13, 14, 16, 23, 35, 70, surtout art. 18, 34 et art. 81), en d'autres termes, on y trouve le régime presque normal, parce que l'eau y est abondante. Dans la région de la Sierra Nevada, il n'y a pas non plus de *tribunal de la aguas*, et cette absence de tribunal a paru un petit problème historique (1). Il n'y en a pas, parce que la relative abon

(1) Au chap. III, art. 124, p. 634 et suiv., il est bien question d'un « Jury »; mais ce « Jury » n'est à Grenade qu'un organe secondaire entre le syndicat et les tribunaux ordinaires : quelle différence avec le pouvoir souverain et l'autonomie complète du « Tribunal » de Valence ou

dance des eaux supprime en général les conflits d'eau
(voir art. 82 et 83, p. 601), et partant on n'avait pas
besoin de cette organisation draconienne en temps de
sécheresse qui est née tout naturellement dans la région
de Valence. On se réserve seulement de l'instituer dans
les cas exceptionnels d'exceptionnelle sécheresse (voir
art. 84 et suiv., voir aussi art. 94 et 97).

Ces divers documents représentent la variété et la
variabilité qui doivent être celles de l'organisation de
l'eau dans les régions de différents types géographiques.

Il faut toujours examiner ce que devient l'eau lorsqu'elle est très peu abondante, ou lorsque, étant très
abondante, elle devient pour ainsi dire peu abondante
pour l'homme, parce qu'on en fait un usage très déve-
loppé. Au moyen de ces règlements, nous saisissons dans
quelle mesure l'homme peut changer les conditions naturelles. Un fort volume d'eau est exploité par un grand
nombre de cultivateurs pendant toute l'année; mais un
accroissement, un développement, un perfectionnement
des cultures peuvent transformer une région où l'eau
était surabondante en une région où l'eau n'est plus que
suffisante ou même insuffisante.

Au cours de cette étude, nous avons pu constater
l'instabilité, qui n'est pas un signe de déchéance, mais
qui résulte du jeu normal du travail de l'homme aux prises
avec la terre, de ce fait que les hommes, en développant la
culture sur certains points du sol, développent l'accroissement de la population, la situation économique de la

---

de Murcie! Voir notamment à ce point de vue l'art. 36 (p. 688) du
règlement sur le fonctionnement du syndicat et du Jury que nous
avons à dessein donné comme complément d'une des nombreuses
ordonnances d'invention de la Vega du Grenade, celle de l'Aceguia
Corda du Genil!

région, et modifient par suite les rapports entre le cadre géographique et leur propre activité.

La deuxième conclusion à tirer de cette étude comparative, c'est qu'elle semble bien nous montrer que ce n'est pas l'eau qui est tout, mais que c'est la distribution de l'eau et la réglementation de cette distribution de l'eau qui assurent le bonheur matériel et la prospérité stable des groupes humains : par ce moyen seulement, les hommes, groupés en associations économiques, sont capables de tirer des ressources naturelles tout le parti possible. Il importe au plus haut point aux membres de l'Institut de constater que cette œuvre d'organisation prime jusqu'à un certain point la quantité d'eau mise à la disposition de l'homme. Dans tel ou tel cas, c'est, en définitive, la sagesse, l'habileté avec laquelle nous saurons employer cette richesse primordiale qui aura plus de valeur et d'efficacité économiques que le mode de fourniture naturelle et la quantité même de l'eau.

Cette thèse (spécialement appuyée sur les faits hispaniques) que les grands travaux de maçonnerie ne doivent pas constituer la seule ni même parfois la principale tâche des hommes qui veulent organiser l'irrigation en pays aride, a rencontré nécessairement des contradictions ; et plus souvent encore elle n'a pas été interprétée avec autant de mesure et de réserve que je l'eusse souhaité. Parmi les membres de l'Institut Colonial International, quelques-uns de fort compétents (et notamment mes collègues hollandais) ont bien voulu appuyer ma manière de voir ; d'autres ont manifesté quelque hésitation, provenant sans doute de l'insuffisance de mes propres explications. C'est pourquoi j'ai pensé qu'il y aurait quelque intérêt à publier ici la lettre ci-jointe : c'est là réponse que j'ai adressée en 1903 à un ancien ministre espagnol, M. Gasset, qui avait discuté mes conclusions dans un grand discours public prononcé à Jerez de la Frontera (Andalousie).

A. M. Gasset, Madrid,

Très distingué et très honoré Monsieur,

Si je n'ai pas eu le plaisir d'être parmi vos auditeurs à Jerez, je m'inscris du moins au nombre de ceux qui ont lu votre très beau et très substantiel discours avec le plus d'attention et le plus d'intérêt. Je suis très flatté et même très honoré d'avoir vu mes idées discutées par un ancien ministre tel que vous ; vous me permettrez du moins de répondre à vos objections, et comme l'impartialité est le nom même de votre journal (1), je m'en remets à vous pour faire connaître ma défense.

Ceux qui vous ont entendu ou qui vous ont lu sans avoir eux-mêmes étudié mon récent ouvrage sur l'*Irrigation dans la Péninsule ibérique et dans l'Afrique du Nord*, auront pu me prendre, je le crains, pour un ennemi de la « politique hydraulique », et même pour un ennemi de l'irrigation.

Avouez que si telle peut être l'interprétation de ceux qui vous écoutent ou vous lisent, j'ai quelques raisons de protester. Les citations que vous avez vous-même faites de mon livre et que vous paraissez représenter comme des aveux qui m'auraient çà et là échappé, fournissent au contraire le *leitmotiv* de mon travail et c'est une œuvre non seulement SUR, mais POUR l'irrigation que j'ai pré-

(1) *El Imparcial.*

tendu faire et que j'ai faite. Je suis un admirateur passionné de cette conquête progressive des territoires arides par l'irrigation, et personne ne peut affirmer que telle ne soit pas la conclusion générale de mes longs voyages, de mes enquêtes et de mes écrits.

Mais comment opérer cette conquête? Non seulement il est des modes variés pour recueillir et pour distribuer l'eau, mais il est des problèmes divers dans une seule et même entreprise d'irrigation : ces problèmes divers, je les ai groupés en deux parts pour simplifier la question et je les ai appelés : l'œuvre technique (construction de travaux d'art, creusement de canaux, etc.) et l'œuvre administrative (réglementation de la distribution et de l'usage de l'eau).

Or, je puis bien affirmer que tous mes prédécesseurs avaient plus ou moins sacrifié la partie administrative à la partie technique. Et je me suis efforcé de montrer que c'était jusqu'à un certain point renverser les rôles. On a le droit de penser que dans ma réaction contre l'opinion et le jugement courants, j'ai commis quelque exagération (ce n'est d'ailleurs pas mon avis), mais si l'on discute mes affirmations, c'est sur ce point précis que doit porter la discussion.

Il se trouve que l'Espagne présente à l'observateur d'admirables types de travaux et de « communes hydrauliques ». L'Espagne, qui est un pays classique pour l'étude de l'irrigation, fournit donc un théâtre exceptionnel pour la comparaison entre ces deux séries de faits. Les ingénieurs ont depuis longtemps vanté les grands *pantanos* (barrages-réservoirs espagnols). Tout en admirant comme il convient ces modèles de l'art, j'ai constaté dans votre pays même que ces constructions coûteuses, quelque utiles qu'elles aient pu être, ne suffisent pas ; j'ai observé notamment l'exemple de Lorca; et j'ai montré comment il importait non seulement de construire, mais d'organiser. En jetant les yeux sur votre patrie, j'ai dit : « Voyez ici Lorca, et voyez là Valence et Murcie; ici un barrage-réservoir et même deux barrages-réservoirs, mais la vente aux enchères, là au contraire pas de barrage-réservoir, mais une admirable organisation! Qui osera préférerLorca à Valence ou à Murcie? Sans grand barrage-réservoir une organisation parfaite peut donc assurer une prospérité durable. Même avec un grand barrage-réservoir, si l'on ne s'est pas préoccupé suffisamment de l'organisation administrative, la décadence peut survenir. » Or, ce sont là des faits et des avertissements suggérés par des observations malaisément discutables. Encore un coup, je ne dis pas : « Ne construisez pas de barrages-réservoirs, » mais je déclare : « Si vous construisez des barrages-réservoirs, ne croyez pas que votre œuvre soit terminée lorsqu'après de longs et coûteux efforts vous avez posé la dernière pierre de la corniche supérieure de votre énorme maçonnerie. »

Et je prends la liberté de recopier une phrase textuelle de ma conclusion sur la Péninsule ibérique :

« L'Espagne possède de nombreux spécimens, parfaits et complets, d'organisations syndicales fondées sur le principe de la propriété collective des eaux; tel est bien le principal bénéfice dont elle jouisse encore maintenant; et de telles organisations seraient précieuses et désirables, *même et surtout* lorsque l'irrigation *exige*, comme dans la vallée de l'Ebre, de colossales entreprises » (p. 142). J'ai souligné à dessein dans mon livre les quatre mots *même et surtout* et *exige*, afin de donner à ma pensée toute sa force; je reconnais par là qu'il y a des régions où de colossales entreprises » sont « exigées » par les conditions naturelles; mais elles ne doivent pas faire négliger les mesures administratives; au contraire.

Et puisque vous avez parlé dans votre discours de mon opinion sur les irrigations dans la dépression de l'Ebre, permettez-moi de rappeler et d'invoquer ici tout ce que j'ai dit de cette dépression et de la politique hydraulique; si je n'avais craint d'abuser de votre obligeance, j'aurais été tenté de reproduire dans cette lettre mes pages 120 et 121; et personne n'aurait pu se tromper ni sur mes intentions ni sur la précise portée de mes réserves.

Parmi ceux qui vivent au delà de vos frontières, il en est peu, j'ose le dire, qui aiment votre Espagne avec autant d'enthousiasme et de sympathie raisonnée que celui qui écrit ces lignes. J'ai à cœur d'être de vos amis, de vos amis du premier degré, de ceux qui admirent tout ce que votre terre d'Espagne offre d'admirable. Mais, résistant même à la séduction enchanteresse de votre soleil, de vos merveilles artistiques et du charme naturel et conquérant de votre peuple, je me suis toujours efforcé de rester un juge impartial. J'ai eu, en fin de compte, l'ambition d'observer les œuvres et les institutions de votre pays avec autant d'indépendance que je l'aurais pu faire pour les œuvres et les institutions de ma propre patrie.

Agréez, Monsieur, etc.

Jean Brunhes.

* * *

Lors de la discussion qui a eu lieu à la session de Bruxelles, le 17 juin 1907, et dont on trouvera la sténographie dans le volume du *Compte rendu*, pages 99 à 135, j'ai exposé l'ensemble de ces mêmes faits qui sont indiqués dans cette introduction; mais je les ai fait précéder de quelques considérations plus spécialement adaptées aux préoccupations qui s'étaient manifestées au cours même de la session. De plus, j'ai répondu à diverses questions complémentaires qui m'ont été posées et non seulement au sujet de l'irrigation en Espagne mais encore au sujet de l'irrigation dans le Sud-Algérien ; c'est ainsi que j'ai été amené à citer un passage caractéristique d'une lettre d'un très remarquable officier et explorateur, le lieutenant-colonel Laperrine, qui commande les oasis sud-algériennes (voir pages 122 et 123 du volume du *Compte rendu de la session de Bruxelles*). Le colonel Laperrine signale un fait se rapportant à l'oasis d'In-Salah, et qui prouve comment la surabondance de l'eau *douce* a ruiné l'oasis, parce que l'on n'avait pas pris les mesures et les dispositions pratiques pour en assurer le bon effet. C'est une nouvelle et éclatante confirmation de ma thèse générale qu'il ne suffit pas d'avoir de l'eau pour opérer et maintenir par la culture la transformation et la conquête des territoires arides, mais qu'il faut encore savoir déterminer, appliquer et faire respecter le principe d'une sage distribution et d'une forte réglementation des eaux disponibles.

Jean BRUNHES,
Professeur de géographie
aux Universités de Fribourg et de Lausanne.

I.

HUERTA DE MURCIE.

ORGANISATION TYPIQUE D'UNE HUERTA ESPAGNOLE SANS BARRAGE-RÉSERVOIR.

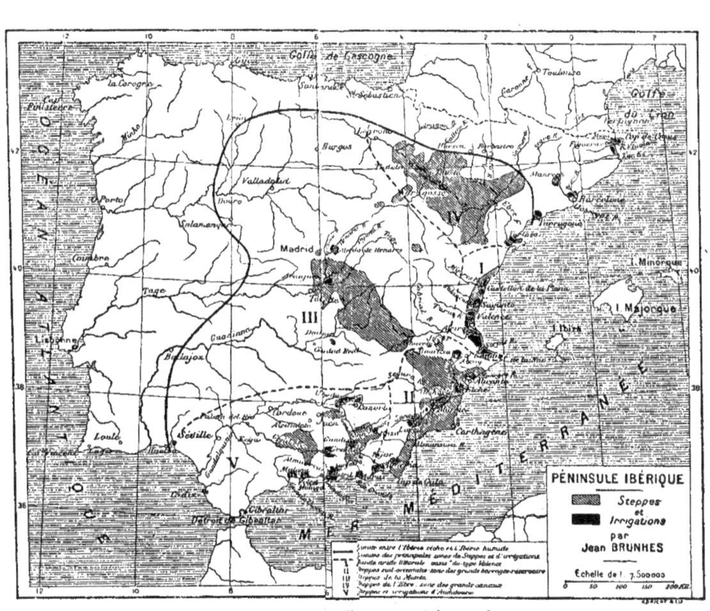

PÉNINSULE IBÉRIQUE
Steppes et Irrigations
par Jean BRUNHES
Echelle de 1:7.500000
Golfe de Gascogne
Golfe du Lion
OCÉAN ATLANTIQUE
MER MÉDITERRANÉE
la Corogne
Cap Finistère
O. Porto
Coïmbre
Lisbonne
Loulé
Séville
Gibraltar
Détroit de Gibraltar
Badajoz
Madrid
Valladolid
Salamanque
Tolède
Burgos
Carthagène
Valence
Castellon de la Plana
I. Minorque
I. Majorque
I. Ibiza
Tage
Guadiana
Douro
Ebre
Limite entre l'Ibérie sèche et l'Ibérie humide
Limite des principales zones de Steppes et d'irrigations
Bande aride littorale "oasis" du type Valence
Steppes sud-orientales : zone des grands barrages-réservoirs
Steppes de la Mancha
Steppes de l'Ebre : zone des grands canaux
Steppes et irrigations d'Andalousie

I.

Organisation typique d'une HUERTA espagnole sans barrage-réservoir.

HUERTA DE MURCIA.

Ordonnances et Coutumes de la Huerta de Murcie.

CHAPITRE PREMIER.

De la Huerta et de ses divisions et mesures.

ARTICLE 1.

La Huerta de Murcie comprend les terres irriguées par l'eau de la rivière Segura et de ses infiltrations, depuis la retenue majeure de la Contraparada, où prennent

1.

HUERTA DE MURCIA.

Ordenanzas y Costumbres de la Huerta de Murcia

CAPÍTULO PRIMERO.

De la Huerta y de sus divisiones y medidas.

ARTÍCULO 1.

La Huerta de Murcia comprende las tierras que se riegan con el agua del rio Segura y sus filtraciones desde la presa ó azud mayor de la Contraparada en donde toman las dos acequias mayores y la

naissance les deux canaux principaux, et par l'eau de Churra la Neuve, jusqu'au sentier dit du Reino qui sépare cette Huerta de celle d'Orihuela. Elle comprend également les terres arrosées par les Norias, en amont de la Contra-parada et situées dans l'ancienne juridiction de Murcie (1).

ARTICLE 2.

La rivière partage la Huerta en deux domaines princi-paux, l'un au nord et l'autre au midi ; ces domaines se subdivisent en sections (2) particulières qui prennent les noms des canaux par lesquels elles reçoivent l'eau.

(1) Je me rappelle ce chant que je n'ai plus entendu depuis bien des années.
Ma Huerta commence à la Contraparada de Murcie et au sentier du Reino on passe à celle d'Orihuela. Ma huerta renferme dans ses limites une ville, deux bourgs et vingt villages.

(2) Le texte espagnol porte : *Herediamentos*, héritages, dans le sens que chacun représente l'ensemble des terres irriguées par un même canal, et par extension la communauté des propriétaires de ces terres.

---

de Churra la nueva, hasta la vereda llamada del Reino, que divide esta Huerta de la de Orihuela. También pertenecen á ella las tierras que riegan con las Ceñas ó Norias que toman del rio, á la parte arriba de la Contraparada, dentro de la antigua jurisdiccion de Murcia (1),

ARTÍCULO 2.

El rio divide la huerta en dos heredamientos generales, uno al lado del Norte y otro al Mediodia ; los cuales se subdividen en heredamientos particulares, que toman el nombre de las acequias de que se riegan.

(1) De un cantar que no he oido hace muchos años, recuerdo :
Contrapará de Murcia — Güerta escomienza — y en la berea der reino — entra Origüela — Mi güerta dentro tiene ciudó, dos villas — y beinte puebros.

Article 3.

Celles du nord sont : Aljufia, Churra la Neuve, Churra la Vieille, Alfatego, Beniscornia, Bendamé, Algualeja, Caravija, 1er 1/3 de Zaraiche, 2e 1/3 de Zaraiche, Santamera ou 3e 1/3 de Zaraiche, Zaraichico Cateliche, Nelva, Benetucer, Raal ancien, Aljada, Azarbe de Monteaguda, Azarbe Mayor, Pitarque et Raal nouveau.

Article 4.

Au sud on trouve : Barreras, Dava, Turbedal, Benialé, Raya, Almoajar, Herrera et Condomina, Beniajan, Batan ou Alcatel, Alquibla, Alguaza, Aljorabia, Junco, Alfande, Alarilla, Azarbe de Beniel, Riacho, Zeneta, Parras et Carcanox.

Article 5.

Les terres de la Huerta se mesurent en tahullas, cuar-

Artículo 3.

Los del lado del Norte son : Aljufia, Churra la Nueva, Churra la Vieja, Alfatego, Beniscornia, Bendamé, Algualeja, Caravija, primer tercio de Zaraiche, segundo tercio de Zaraiche, Santomera ó último tercio de Zaraiche, Zaraichico, Casteliche, Nelva, Benetucer, Raal Viejo, Aljada, Azarbe de Monteagudo, Azarbe Mayor, Pitarque y Raal Nuevo.

Artículo 4.

Los heredamientos del lado del Mediodia son : Barreras, Dava, Turbedal, Benialé, Raya, Almoajar, Herrera y Condomina, Beniaján, Batan ó Alcatel, Alquibla, Alguaza, Aljorabia, Junco, Alfande, Alarilla, Azarbe de Beniel, Riacho, Zeneta, Parras y Carcanox.

Artículo 5.

Las tierras de la Huerta se miden ó cuentan por tahullas, cuartas, ochavas et brasses. — La tahulla vaut 1,600 vares carrées ou, ce qui est équivalent, 256 brasses de 10 palmes castillans ; la cuarta contient 400 vares ou 64 brasses ; l'ochava, 200 vares ou 32 brasses ; la brasse vaut 6 vares et un quart (1).

CHAPITRE II.

Du Quijero ou Braza de la rivière.

Article 6.

Le Quijero ou Braza de la riviére, sur l'un et l'autre bord, constitue les rives (margenes) qui maintiennent les eaux dans le lit. Ces rives, selon la pratique ancienne,

(1) Un pauvre maître d'école qui tenait classe tout près du quai composa en vers moins que médiocres les ordonnances de la Huerta de Murcie et rima cet article de la manière suivante :

Un carré de quarante vares forme la tahulla. Chacune se subdivise en cuartas et ochavas. La brasse est une subdivision formée de six vares un quart en carré.

---

tas, ochavas y brazas. Una tahulla tiene mil y seiscientas varas cuadradas ó superficiales, ó lo que es lo mismo, doscientas cincuenta y seis brazas de diez palmos castellanos. Una cuarta tiene cuatrocientas varas, ó sesenta y cuatro brazas. Una ochava doscientas varas ó treinta y dos brazas. Una braza seis varas y cuarta superficiales (1).

CAPÍTULO SEGUNDO.

Del quijero ó braza del rio.

Artículo 6.

El quijero ó braza del río á uno y otro lado, son los márgenes que contienen las aguas en el cauce, y se extienden según práctica

(1) Un pobre maestro de escuela que la tuvo junto al Malecón, compuso en menos que medianos versos las ordenanzas de la Huerta de Murcia, y rimó éste artículo de la manera siguiente :

Cuadra cuarenta varas—y es la *tahulla,*—*cuartas* y *ochavas* partes—tiene cada una.—*Braza* es retal—que seis varas y cuarta—coge al cuadrar.

s'étendent à 40 palmes en partant de la verticale du bord liquide quand les eaux coulent naturellement.

ARTICLE 7.

Personne ne' peut élever une construction d'aucune sorte, ni cultiver, ni irriguer sur ces francs bords. — Il est interdit également d'y ouvrir des fossés pour eaux vives ou mortes et lorsque la rivière se rapproche d'un fossé, les intéressés doivent éloigner celui-ci ou faire des rigoles maçonnées pour éviter les filtrations. Seul le pro-priétaire du terrain à front de rivière pourra planter des roseaux, des tamaris, des osiers ou autres arbres qui consolident le Quijero et dont les produits lui appartiendront. Le bétail ne pourra paître dans ces plantations, sous peine de 75 réaux d'amende, plus les frais et dommages (1).

(1) Sur quarante palmes près de la rivière, ni maison, ni fossé, ni fouilles, ni plantations, disait un refrain du siècle dernier : et un autre dit : ni cultures maraîchères à l'ombre, ni construction près de l rivière.

---

antigua á cuarenta palmos, contados desde la perpendicular levantada en la orilla del agua, cuando el rio está natural.

ARTÍCULO 7.

En este espacio nadie puede hacer edificio de ninguna clase, ni regar, ni librar. Tampoco podán hacerse cauces de aguas vivas ni muertas; y cuando el Rio se aproxime á alguno de estos cauces, deberán retirarse por los interesados en ellos, ó formar canales de obra para evitar las filtraciones. Solo el dueño de las tierras confrontantes podrá plantar cañas, taray, mimbres ú otros árboles que fortifiquen el quijero, haciendo suyos los productos. En dichos plantios no podrán pastar los ganados, bajo la multa de setenta y cinco rs.., pago de costas y perjuicios (1).

(1) En cuarenta palmos junto al rio, casa, cauce, labores ni plantio, decia un refran del siglo pasado, y otro que, ni hortaliza en lo umbrio, ni obra junto al rio.

ARTICLE 8.

Lorsque, par suite des crues ou d'autre cause, le lit de la rivière se déplace lentement, les terres riveraines s'accroissent et leurs limites se continueront en ligne droite jusqu'à la rivière, de façon à conserver chacune son bout dé rive. — Le Quijero conserve sa largeur de 40 palmes aussi bien sur la rive gagnante que sur la perdante.

ARTICLE 9.

La digue de défense, élevée sur le Quijero ou à proximité, et destinée à contenir les eaux des crues dans les endroits où c'est nécessaire, doit être entretenue et réparée par les propriétaires dont les terres sont exposées à l'inondation. Ces propriétaires s'assembleront tous les deux ans et nommeront, pour chaque tronçon de digue. un commissaire et un suppléant chargés de la surveillance et jouissant des mêmes facultés que le procureur

---

ARTÍCULO 8.

Cuando el Rio en las avenidas ó por otro motivo retire su cauce lentamente, acrece el terreno que deja á la tierra ó tierras confinantes, cuyas lindes deberán prolongarse en línea recta hacia la corriente del Rio, bajo la direccion que tenian las márgenes, procurando conservar las confrontaciones adquiridas al Rio, y quedando siempre el quijero de carenta palmos; lo mismo debe quedar en el lado á donde se aproxima.

ARTÍCULO 9.

La mota que hay sobre el quijero del Rio ó en su inmediación para contener las avenidas en los puntos en que no tiene la profundidad necesaria, debe conservarse y rehacerse por los hacendados cuyas tierras pueden inundarse, quienes en juntamento particular cada dos años nombrarán un Comisario y un suplente en cada trozo, que cuidará de la mota bajo las mismas reglas y con las

d'un canal ou fossé en ce qui concerne les soins et inter-
ventions.

ARTICLE 10.

Le commissaire de chaque tronçon veillera à ce que la
digue ait toujours la hauteur et l'épaisseur voulues, à ce
que les détériorations et dommages soient réparés
d'urgence aux frais de qui les a causés ou à frais communs
des intéressés, s'ils proviennent de l'action du temps ou
des crues. — La digue devra être plus solide là où elle
sert de chemin.

ARTICLE 11.

Il ne sera permis à personne, sous aucun prétexte, de
prendre de la terre à la digue, ni d'y faire une coupure pour arroser les terres au delà. Cette irrigation ne
pourra se pratiquer que par un conduit carré d'une palme de
côté, en maçonnerie de pierre ou briques sur toute

---

mismas facultades que tiene el Procurador de una acequia ó
azarbe, en cuanto á su cuidado é intervencion.

ARTÍCULO 10.

El Comisario de cada trozo cuidará de que la mota tenga siempre la altura y grueso correspondiente y de que se reparen pronta-
mente los daños ó deterioros á costa del que los hubiere causado, ó
del común de interesados, si proviene del transcurso de tiempo, ó
de alguna avenida. En los puntos en que sirva la mota de camino,
deberá tener mayor solidez.

ARTÍCULO 11.

No podrá persona alguna quitar tierra de la mota con ningún
pretexto, ni hacer cortadura ó portillo para regar tierras que
estén á la parte opuesta, las cuales solo podrán regarse por conductos de un palmo en cuadro de luz, hechos de obra de piedra ó

l'épaisseur de la digue, afin que l'eau ne puisse pas enlever de la terre à l'entrée ou à la sortie et afin de pouvoir fermer facilement ce conduit en cas de débordement de la rivière.

CHAPITRE III.

Des Margenes et divisions des propriétés.

ARTICLE 12.

Le *margen* (bordures) mitoyen est celui qui divise les (levées) de terres qui sont à un même niveau. Il doit mesurer trois palmes en largeur et il appartient par moitié aux deux levées.

ARTICLE 13.

Le *margen* (bordures) (Valladar) est celui qui sépare deux levées de terres à niveaux différents. Il appartient

---

ladrillo en todo el grueso de la mota, de modo que el agua no pueda robar la tierra á la entrada ni á la salida y que puedan taparse con facilidad en caso de riada.

CAPÍTULO TERCERO.

De las márgenes y divisiones de las Heredades.

ARTÍCULO 12.

El margen medianero que es el que divide los bancales quo están á un mismo nivel, debe tener tres palmos de ancho y es la mitad de cada bancal.

ARTÍCULO 13.

El margen valladar que es el que separa dos bancales, de los cuales el uno está más alto que el otro, debe tener de ancho por el pié, tanto como tiene de alto, y pertenece todo al bancal de arriba.

tout entier à la levée supérieure et son épaisseur à la base
doit être égale à la hauteur.

ARTICLE 14.

Personne ne peut couper le *margen*, mitoyen ou bordures, par la charrue, par la bêche ou tout autre instru-
ment (1), ni le recharger de terre. La diguette ou cavalier
de tenue des eaux d'irrigation ne peut toucher le *margen*.

ARTICLE 15.

Chacun peut clôturer sa terre par un mur, à la condition de laisser à l'extérieur tout le *margen* mitoyen et

(1) Au « *margen* » et à la femme honnête il ne faut pas toucher ; refrain qui, dans les temps anciens, a été exprimé de différentes façons,
faisant toujours allusion à l'antique coutume d'aborder publiquement
les femmes perdues, en leur coupant les jupons à l'endroit innomable,
ainsi que le Cid menaça de les couper à Chimène, après le romancero. Ce
châtiment était encore en usage au temps où Lope de Vega et Mateo
Aleman écrivaient l'un sa « Feria de Madrid » l'autre son « Guzman de
Alfareche ».

ARTICULO 14.

Nadie puede recortar el margen sea medianero ó valladar con
arado, azada ú otra herramienta (1), ni recargarlo volcando la
tierra sobre él. La mota ó caballón para contener el agua debe
hacerse sin que llegue al margen.

ARTICULO 15.

Cualquiera puede cerrar sus tierras con una pared construida de
modo que por la parte de afuera deje libre todo el margen medianero y sin que caigan sobre él las aguas de la cubierta de la pared

(1) Al margen y á la mujer honrada,— no hay qué llegarle á la falda.
— Refrán que, en antiguos tiempos, se dijo de diferente manera, alu-
diendo siempre á la antigua costumbre de afrentar públicamente á las
mujeres perdidas, cortándoles las *sus haldas por vergonzoso lugar*,
como el romancero dice que amenazó *mio Cid* con cortárselas á la *su
Ximena*: todavia se usaba este castigo en los tiempos en que Lope de
Vega y Mateo Alemán escribieron su « Feria de Madrid» y su « Guzmán
de Alfarache ».

que l'eau de pluie du couronnement du mur ne tombe pas
sur lui (1). Sans le consentement du voisin, les maisons
ne pourront se construire à moins de 12 vares de la limite
du terrain. Il en sera de même des hangars et encore
pour ceux-ci le propriétaire doit posséder au moins 6
tahullas.

ARTICLE 16.

Dans les mêmes conditions tout propriétaire peut
clôturer en planches, en piquets ou roseaux secs. Il faut
le consentement du voisin pour employer des roseaux ou
autres plantes vivaces.

(1) Mur qui clôture pleut sur le bien de son maître.

en tiempo de lluvia (1). Las casas no podrán construirse sin
consentimiento del vecino á menos de doce varas de distancia del
linde, y lo mismo las barracas, aunque para establecer estas, ha
de tener el dueño lo menos seis tahullas.

ARTÍCULO 16.

En la misma forma puede cualquiera cerrar sus tierras con
maderas, estacas ó cañas secas, mas no con árboles cañares, ú otras
plantas vivas, á no ser con consentimiento del colindante.

(1) Pared que cierra—en lo de su amo llueva.

CHAPITRE IV.

Des améliorations et des moins-values qui doivent être payés ou retenues aux Colons qui quittent la Huerta (Dérogé) (1).

ARTICLE 17.

Le cultivateur qui quitte une propriété doit laisser le tiers des terres préparées pour deux labours, sans y avoir semé cette année ni froment, ni orge, ni autres céréales; mais il peut récolter du lin, des fèves ou des fourrages.

ARTICLE 18.

Pour chaque tahulla de luzerne, semée en septembre dans une jachére aprés 6 ou 7 labours et avec au moins 60 charges de fumier, le propriétaire de la terre ou le

(1) Le commentateur dit que ces prescriptions ont été mal reçues de prime abord et non appliquées.

CAPÍTULO CUARTO.

De los mejoros y menoscabos que deben cobrar y abonar los colonos que salen de una hacienda. — (DEROGADO).

ARTÍCULO 17.

El labrador que sale de una hacienda debe dejar la tercera parte de la tierra laboreada con dos rejas, sin haber sembrado en ellas aquel año trigo, cebada, ni cosa que grane; pero puede poner lino, habas ó verdes.

ARTÍCULO 18.

Cada tahulla de alfalfa sembrada en el mes de Septiembre en barbecho de verano de seis ó siete rejas y con 60 cargas de estiércol

fermier entrant devra payer la valeur totale des 60 charges de fumier mises sur la terre et y incorporées si
la luzerne est de première année ; les deux tiers de cette
valeur si la luzerne est de 2 ans ; un tiers si elle est de
3 ans ; et un sixième si elle est de 4 ans.

ARTICLE 19.

La même indemnité sera due si la luzerne a été semée
après une récolte de melons faite avant le 15 août et pour
laquelle on a fumé avec au moins 60 charges de fumier,
30 autres charges ayant été dépensées pour la luzerne. Si
ces dernières charges n'ont pas été ajoutées, il y aura à
payer seulement 40 charges si la luzerne est de 1 an,
20 charges si elle est de 2 ans, 15 charges si elle est de
3 ans et 8 charges si elle est de 4 ans.

ARTICLE 20.

La règle prescrite à l'article 18 est encore applicable si

---

de medida por lo menos, tiene de mejoros, que debe abonar el
dueño de la tierra ó el labrador entrante, el valor de 60 cargas de
estiércol, puesto y envuelto en la tierra, si la alfalfa es de primer
año ; dos terceras partes de dicho valor, si es de segundo ; una
tercera parte si es de tres, y la sexta parte si es de cuatro años.

ARTÍCULO 19.

Lo mismo se abonará si la alfalfa se puso en rastrojo de
melones, estercolados con 60 cargas de medida por lo menos, y
echándole otras 30 cargas más para sembrarla, habiéndose levan-
tado los melones para el día 15 de Agosto del año en que se sembró
la alfalfa; pero si no se añadieran les 30 cargas de estiércol, se abonará el valor de 40 cargas, si la alfala es de primer año; 28, si
es de dos; 15, si es de tres, y 8 cargas si es de cuatro años.

ARTÍCULO 20.

Si la alfalfa se puso en rastrojo de pimientos, añadiéndole 50

la luzerne est semée après une récolte de piment avec adjonction de 50 charges de fumier. Si la luzerne a été semée sans nouvel engrais on ne payera que 20 charges de fumier pour une luzerne d'un an et 10 charges si elle est de 2 ans.

ARTICLE 21.

Le fermier entrant ne devra rien payer pour les tahullas qui ont donné du piment l'avant dernière année et du froment la dernière ; mais si le froment a succédé à une récolte de melons, il y aura lieu de payer la valeur de 12 charges de fumure, c'est-à-dire le cinquième de la fumure des melons.

ARTICLE 22.

L'indemnité équivaudra à 8 charges de fumier par tahulla lorsque la récolte de froment aura succédé à une autre de panis (1), laquelle a reçu une fumure de 40 charges.

(1) Espèce de millet.

---

cargas de estiércol para sembrarla, se observará la misma regla establecida en el art. 18 ; pero si solo se recubrió con el beneficio que dejaron los pimientos, se abonará el valor de 20 cargas de estiércol, si la alfalfa es de primer año, y 10 cargas si es de dos años.

ARTÍCULO 21.

Por las tahullas que en el penúltimo año estuvieron de pimientos, y en el último de trigo, no tiene que abonarle el entrante beneficio alguno ; pero si el trigo se sembró en rastrojo de melones, deberá abonar el valor de 12 cargas de estiércol, que es la quinta parte del que se echó para los melones.

ARTÍCULO 22.

Por la tahulla que, habiendo llevado un panizo de barbecho estercolado con 40 cargas, después lleva un trigo, se abonará al saliente el valor de 8 cargas.

ARTICLE 23.

Pour chaque tahulla qui, ayant été plantée de choux ou autre plante légumineuse semblable, n'aura pas porté ensuite d'autre récolte et sera préparé pour le panis, le cultivateur sortant aura droit à la moitié de la fumure et du labour dépensé pour les choux ou légumes. Si, au contraire, le terrain a donné, en outre, une récolte légère qui ne demande pas d'irrigation, tels des radis, l'indemnité ne sera que le tiers de la fumure et du labour.

ARTICLE 24.

Le fermier sortant est tenu, selon l'usage et la coutume de tout bon cultivateur, de conserver les plantations de mûriers, au complet et dans l'état où il les a reçus. Si les sujets manquants sont de la dernière année, il suffira de combler les vides par des plants de bonne qualité. Mais si les arbres manquent depuis plus d'un an, le sortant

---

ARTÍCULO 23.

Por cada tahulla que, habiendo estado plantada de coles ó de otra berza semejante, no hubiese llevado después cosa alguna y estuviese dispuesta para panizo, abonará el entrante la mitad del estiércol y de la labor que se gastó en poner las coles ú otra berza; pero si después hubiese llevado algún otro esquilmo ligero y que no se riegue, como rábanos, etc., se abonará la tercera part del estiércol, y labor ninguna.

ARTÍCULO 24.

El labrador que sale, está obligado á dejar completo el plantío de moreras, á uso y costumbre de buen labrador ó en los términos que lo hubiese encontrado. Si las faltas que se notan son del último año, cumplirá con reemplazarlas con plantones de buena calidad; pero si son de más tiempo, además del plantón abonará

devra, outre le remplacement, payer 3 réaux pour chacune des 6 dernières années, et 5 réaux par année au delà de six.

ARTICLE 25.

Le nombre des sujets manquants résultera de la disposition des arbres dans le restant de la propriété, ou à raison de 9 mûriers par tahulla, à moins qu'il n'existe une convention stipulant une autre règle.

ARTICLE 26,

Le curage des fossés et rigoles intérieurs de la propriété — pour autant que celle-ci ne soit pas exploitée par le propriétaire même, — incombe au locataire dont le bail finit, selon la coutume, le jour de la Saint-Jean. Le curage général des canaux et fossés doit être et est à charge du fermier entrant.

---

tres reales por cada uno de los años hasta el sexto, y cinco reales por cada uno de los años que pasen de seis.

ARTÍCULO 25.

El número de faltas se graduará por el orden con que esté plantado el resto del bancal ó de la hacienda, ó al respecto de nueve árboles por cada tahulla, á no ser que tenga contratado otra cosa; pues entonces, deberá estarse á la contrata.

ARTÍCULO 26.

La monda de los escorredores y brazales interiores de la hacienda, siempre que estos no sean de herederos, debe hacerla el labrador que ha de salir el día de San Juan, en que suele cumplir el año de arriendo; pero la monda general de las acequias y azarbes debe ser y es de cuenta del entrante.

Article 27.

Le cultivateur pourra élaguer chaque année le quart des mûriers et des oliviers, et ceci au su du propriétaire. Si le fermier sortant a dépassé la proportion, il devra restituer le bois prélevé en trop et payer 20 réaux pour chaque arbre élagué en plus du quart.

Article 28.

Le locataire sortant ne peut arracher les arbres morts dans l'année ; il ne suffira pas de les remplacer ou de payer la valeur des plants et de la main-d'œuvre ; ces arbres seront taxés comme vivants.

Article 29.

Si ce locataire avait enlevé, sans l'autorisation du propriétaire, des arbres verts, il aurait à payer la valeur du bois à brûler et de charpente, plus une indemnité de

---

Artículo 27.

Cada año podrá escardar la cuarta parte de las moreras ú oliveras, y esto con conocimiento del dueño. Si es labrador que sale y se hubiese excedido escardando mayor número, debe abonar veinte reales por cada árbol de los del exceso, además de entregar la leña que produjeron.

Artículo 28.

El labrador que sale no puede arrancar los árboles que haya muertos de aquel año, y no cumple con replantarlos ó abonar el valor de los plantones correspondientes y el gasto de plantarlos, sino que se considerarán como árboles vivos ó verdes para su tasación.

Artículo 29.

Si hubiese arrancado algún árbol verde sin licencia del dueño de la hacienda, deberá abonar á este la leña y madera y además

30 réaux pour chaque arbre de moins de 3 palmes de circonférence, dé 40 réaux pour ceux de moins de 4 palmes et ainsi proportionnellement pour ceux plus gros.

ARTICLE 30.

Le cultivateur qui abandonne une ferme la quittera du 24 au 30 juin, soit que le propriétaire le congédie, soit qu'il renonce lui-même moyennant préavis d'une année agraire, celle-ci commence à la même date que celle qui a été fixée pour la sortie. On s'en tiendra au contrat particulier, quand il y en a un. Le successeur bonifiera immédiatement au sortant les améliorations apportées au bien : fumures, récoltes en herbe, labours et autres dépenses. Les fruits resteront pour lui à moins de convention ou accord autre entre le partant et l'entrant. Quant à la *trajilla*, ce dernier ne devra payer que celle de la dernière année agraire.

---

30 reales por cada árbol que no llegue á tres palmos de circunferencia; 40 reales por los que tengan tres palmos y no lleguen á cuatro; 50 por los que sean de cuatro palmos, y así proporcionalmente por los que pasen de este grueso.

ARTÍCULO 30.

El labrador que sale de una hacienda lo efectuará en los dias desde el 24 al 30 de Junio, habiéndosele despedido por el dueño, ó bien se despida él con la anticipación del año agricolar, que se contará desde los mismos dias del año anterior que se han fijado para la salida; pero si hubiere contrato particular se estará á lo estipulado. El entrante abonará al saliente en el acto las mejoras de la hacienda, ya sean estiércoles, esquilmos pendientes, labores y demás gastos, haciendo suyos los frutos, á no ser que medien pactos ó convenios entre los mismos. En cuanto á trajilla solo deberá abonarse la del último año agricolar.

ARTICLE 31.

Le propriétaire peut congédier en tout temps et sans égard à l'année agraire, tout fermier qui néglige le bien loué et ne le soigne pas suivant les us et coutumes d'un bon colon. Le même droit existe envers le locataire qui refuse de payer le prix du loyer.

ARTICLE 32.

Lorsque les circonstances différeront de celles prévues, les améliorations ou les moins values seront fixées, proportionnellement aux règles établies, par des experts nommés par les parties et par un tiers arbitre en cas de désaccord.

ARTÍCULO 31.

El labrador que tenga abandonada la hacienda y no la cuide á uso y costumbre de buen colono puede ser despedido por el dueño en cualquier tiempo, y sin la consideración del año agrícolar. Lo mismo podrá hacer el dueño cuando sea contumaz en pagar el rento.

ARTÍCULO 32.

Faltando ó variando alguna ó algunas de las circunstancias referidas, se graduarán los mejoros ó desmejoros en proporción á estas reglas por los peritos nombrados por las partes, y tercero en caso de discordia.

CHAPITRE V.

Des Chemins.

ARTICLE 33.

Les chemins ou routes générales, qui conduisent de Murcie à Madrid par Espinardo, à Valence par Santa-Cruz et Monteagudo, à Grenade par Alcantarilla et à Carthagène par le Palmar, doivent avoir 12 yares de largeur, selon les instructions en vigueur sur les chemins. Ceux de traverse ou qui vont d'un village à l'autre, auront 8 vares; le *carril* (chemin à simple voie) public aboutissant à un chemin ou à un *raiguero* 5 vares ; le carril pour chars desservant un ou plusieurs fonds, 10 palmes; le sentier public pour cavaliers, 6 palmes; celui des piétons, 5 palmes.

Lorsqu'un chemin longe le canal, fossé ou rigole, on

CAPÍTULO QUINTO.

De los caminos.

ARTÍCULO 33.

Los caminos ó carreteras generales, que son las que van de esta capital á Madrid, por Espinardo; á Valencia, por Santa Cruz y Monteagudo; á Granada, por Alcantarilla, y á Cartagena, por el Palmar, deben tener de ancho doce varas, con arreglo á la instrucción vigente de caminos. Los de travesía ó que van de un pueblo á otro, ocho varas; el carril público que da salida á camino ó raiguero, cinco varas; el carril ó entrada de carruaje para uno ó más herederos, diez palmos; la senda pública de herradura, seis palmos; la de herederos, cinco palmos.

Si alguno de estos caminos sigue la dirección de cauces, de

ajoutera la largeur du *quijero* (franc bord) correspondant.

ARTICLE 34.

Il est défendu de construire des édifices ou des murs et de planter des arbres au bord des carrils et sentiers, à moins de 10 palmes de distance. Le long des routes générales et des chemins de traverse, on pourra planter des mûriers à 3 palmes de distance, si on leur donne la hauteur nécessaire au passage des charrettes chargées. En compensation de cet avantage, les propriétaires des terrains abandonneront le quart des feuilles pour la réparation du chemin. Si le chemin longe un canal, le propriétaire du terrain contigu plantera sur les deux rives sous la même réserve.

ARTICLE 35.

Les ponts qui livrent passage aux canaux et fossés sous

---

acequia ó azarbe, además de la anchura señalada deberán tener la que corresponda al quijero de dicho cause.

ARTÍCULO 34.

No pueden construirse edificios ó tapias ni plantar árboles en la confrontación de ca ril ó senda pública ó de herederos, sino á la distancia de 10 palmos, desde el perfil del carril ó senda. En las orillas de los caminos generales y de travesía, se plantarán moreras á tres palmos de distancia del camino, dándoles la altura necesaria para que quede expedito el tránsito de carruajes cargados; y por el beneficio que reportan los dueños de estas tierras serán suyas solo tres cuartas partes de la hoja, pues la restante cuarta parte será para la reparación del camino. Si el camino linda con una acequia, plantará el dueño de la tierra confinante en las dos orillas con la misma reserva.

ARTÍCULO 35.

Los puentes de las acequias, brazales y regaderas que atraviesan

les chemins et sentiers seront construits en moellons ou en briques et on leur donnera une longueur égale à la largeur du chemin ou sentier. La construction et l'entretien sont à charge des propriétaires qui irriguent leurs terres par ces ouvrages. La même règle est applicable aux ponts sur les divers fossés et rigoles (*azarbes, landronas, azarbetas* et *escorredores*) d'écoulement ; ils seront construits et entretenus par les propriétaires dont les terres déversent leurs eaux dans ces ouvrages. Cependant et dans les deux cas, si le pont traverse une route ou un chemin public, la municipalité intéressée devra intervenir pour un tiers dans la dépense, à moins que quelque particulier ne soit tenu à l'entretien. On procédera toujours avec l'autorisation de la municipalité.

ARTICLE 36.

Il est interdit, sous peine des mesures les plus efficaces

---

los caminos, carriles ó sendas, deberán ser tan anchos como el carril, camino ó senda que cruzan, y deben estar hechos de piedra ó rosca de ladrillo. Su construcción y conservación es de cuenta de los dueños de las tierras que por allí se riegan. La misma circunstancia deben tener los puentes de los azarbes, landronas, azarbetas y escorredores, construyéndolos y manteniéndolos los dueños de las tierras que avenan á aquellos cauces : unos y otros tendrán derecho á reclamar la tercera parte del gasto de la municipalidad respectiva, cuando el puente esté en camino público ó de travesía, á no ser que alguno venga obligado á su conservación, y procediendo en todo caso el permiso de la misma municipalidad.

ARTÍCULO 36.

No podrá barrerse ni recogerse por los basureros ni otra persona tierra ni polvo de los caminos, carriles, ni sendas públicas de herederos, bajo las penas más eficaces á juicio de la municipalidad, ni se permiten depósitos de basuras ó estiércoles en ellos ni en su

et dont la municipalité reste juge, de balayer et de recueillir la poussière des chemins et sentiers publics. Il est défendu également de déposer du fumier ou des balayures sur ces chemins ou sur les bords immédiats ; jusqu'à 2,000 vares de distance de la ville, ces dépôts ne seront pas tolérés dans une zone de 20 vares de part et d'autre des routes royales.

CHAPITRE VI.

Des fossés d'eaux vives et d'eaux mortes.

ARTICLE 37.

Les fossés d'eaux vives servent ou sont destinés à irriguer les terres. On distingue les fossés d'adduction (1), ceux de dérivation et les rigoles de distribution.

(1) *Acequia* en castillan et en portugais, *Cequia* en Valencien, catalan, en galicien et en Majorquaia, a pour origine le mot arabe (acequia) que R. Martin traduit par aqueduc et Pedro de Alcalá par : lieu où on arrose. — Les acequias majeures sont des canaux d'amenée ; les mineures sont des canaux de dérivation ; les *brazales* et *regaderas* sont des rigoles de distribution.

---

inmediata confrontación ; debiendo hasta la distancia de 2,000 varas de esta ciudad situarse dichos depósitos à más de 20 varas de la confrontación de los caminos reales.

CAPÍTULO SEXTO.

De los cauces de aguas vivas y muertas.

ARTÍCULO 37.

Los cauces de aguas vivas sirven ó están destinados para regar las tierras, y son las acequias (1) mayores, las menores ó particu-

(1) *Acequia* en castellano y portugués, *cequia* en valenciano, catalán, gallego y mallorquín, es en su origen la palabra árabe (acequia) que traduce R. Martin aquæductus, y Pedro de Alcalá « lugar por do riegan ». — Las acequias mayores son cauces de *conducción*, las menores de *derivación*, los brazales y regaderas de *distribución*.

Les premiers sont ceux de Aljufia sur la rive Nord et de Barreras au Sud ; ils prennent naissance à la rivière à la Contraparada. Les fossés de dérivation portent les noms des propriétés énumérées aux art. 3 et 4. Les rigoles de distribution reçoivent l'eau des fossés ; elles ont elles-mêmes des branchements ou dérivations.

ARTICLE 38.

Les fossés d'eaux mortes sont les collecteurs qui recueillent les eaux d'irrigation et délivrent les terres d'une humidité excessive et nuisible. On distingue : les *escorredores*, qui reçoivent les eaux de 1 ou 2 propriétaires; les *azarbetas*, qui en embrassent 3 ou plus ; les *azarbes* (1) ou *landronas*, qui absorbent les eaux de 2 ou plusieurs

(1) Certains font dériver *Azarbe* du mot arabe *açarb*, dont la signification principale est *égout* ; d'autres y voient la racine arabe *azarb*, canal par lequel l'eau coule, selon Marina.

lares, los brazales y regaderas. Las acequias mayores son las de Aljufía en el lado del Norte y la de Barreras en el lado del Mediodia y nacen del Rio en la Contraparada. Las acequias menores son las que dan nombre á los heredamientos expresados en los artículos 3.º y 4.º Los brazales toman el agua para regar de las acequias mayores y menores, y las regaderas de los brazales.

ARTÍCULO 38.

Los cauces de aguas muertas sirven para recibir los avenamientos ó escurrimbres de las tierras, descargándolas de la excesiva humedad que les perjudica. Estos son los escorredores, las azarbetas y los azarbes ó landronas. Los escorredores reciben los avenamientos de uno ó de dos herederos ; las azarbetas los

azarbetas. On les désigne aussi par *Meranchos* ou *Meran-chones* (1).

ARTICLE 39.

Il est interdit de retenir les eaux mortes par un barrage (2) ou un obstacle dans les fossés ; celui qui le ferait payera, outre le dommage causé, une amende de 200 à 500 réaux. La même peine sera appliquée à chacun de ceux qui bénéficieront en quelque manière des eaux retenues, s'il y a complicité.

ARTICLE 40.

Lorsque la différence de hauteur entre le niveau liquide et le terrain inférieur à assécher est assez grande pour

(1) *Merancho* vient de l'arabe *merach*, qui veut dire laisser couler librement dans Kazimiriki et Regador (qui arrose) dans Marcel.
(2) *Parada* est un réservoir permanent ou temporaire destiné à retenir ou détourner la direction d'un courant.

---

de tres ó más herederos y los azarbes (1) ó landronas son los cauces en que se reunen dos ó más azarbetas. También suelen llamarse meranchos ó meranchones (2).

ARTÍCULO 39.

Nadie podrá hacer parada (3), ni rafa, en estos cauces de aguas muertas, y el que lo verificare pagará el daño, é incurrirá en la multa de 200 á 500 reales. Igual pena sufrirá cada uno de los que se aprovechen de cualquier manera del agua retenida, si aparece complicidad.

(1) *Azarbe* hacen venir algunos de (*açarb*) cuya principal acepción es la de cloaca, y otros de (*azarb*), *canalis quo aqua fluit*, según Marina.
(2) *Merancho* viene de (*merach*) dejar correr libremente en Kazimirski, y regador en Marcel.
(3) Parada es, represa hecha, permanente ó transitoriamente, para detener y cambiar la dirección de una corriente.

n'avoir à craindre aucun préjudice de la retenue, le Conseil municipal pourra l'autoriser, après consultation des intéressés.

ARTICTE 41.

Moyennant la même formalité, le municipe pourra également concéder l'usage et l'utilisation de ces eaux au moyen de Norias (1).

ARTICLE 42.

Quelques Azarbes deviennent à leur tour canal ou fossé d'irrigation pour les terrains plus bas, tels l'Azarbé Mayor de la ville, ceux de Monteagudo, du Riacho et de Beniel.

ARTICLE 43.

Le Quijero des deux rives des canaux et fossés de dis-

(1) Roue garnie de godets servant à élever l'eau : c'est l'équivalent de la *Saquich* égyptienne.

ARTÍCULO 40.

Cuando la diferencia del nivel de la superficie de la corriente y del terreno avenante más abajo sea tan considerable, que no pueda ocasionar perjuicio la dispensa del artículo anterior, lo acordará el Ayuntamiento de esta capital, previa audiencia de los interesados.

ARTÍCULO 41.

También podrá concederse por el Ayuntamiento el uso y aprovechamiento de estas aguas por medio de ceñas, previa la misma formalidad.

ARTÍCULO 42.

Algunos de estos azarbes vienen luego á convertirse en acequias, dando riego con sus aguas á otras tierras más bajas. Así se verifica en el azarbe mayor de la ciudad, en el de Monteagudo, en el del Riacho y en el de Beniel.

ARTÍCULO 43.

El quijero á cada lado de las acequias, brazales y regaderas,

tribution servent au dépôt des produits du curage et au passage des propriétaires pour prendre l'eau ; la largeur est fixée à 15 palmes pour les canaux d'amenée, à 10 palmes pour ceux de dérivation, à cinq palmes pour les fossés de distribution et à trois palmes pour les rigoles.

ARTICLES 44.

La hauteur des berges des canaux ne doit pas surpasser de quatre palmes les terres riveraines les plus élevées ou le niveau correspondant au relèvement des eaux (1) pour irriguer les terres les plus hautes.

ARTICLE 45.

Les Quijeros des collecteurs doivent avoir une largeur de dix palmes, de cinq palmes et de trois palmes, suivant qu'il s'agit de canaux, fossés ou rigoles. On y dépose la boue provenant des curages et ils servent aussi pour le

(1) Regolfo (reflux, gonflement) se dit de tout coude ou retour imposé à l'eau.

---

sirve para depositar el barro de las mondas y para que los herederos pasen á buscar el agua, y debe tener de ancho : el de las acequias mayores, quince palmos ; el de las menores, diez palmos; el de los brazales, cinco palmos, y el de las regaderas, tres.

ARTÍCULO 44.

La altura de los quijeros de las acequias no debe pasar de cuatro palmos sobre el bancal más alto de los dos confinantes, ó de lo que exijan los regolfos (1) que haya que hacer para regard las tierras más altas.

ARTICULO 45.

Los quijeros de los azarbes ó landronas deben tener de ancho diez palmos; los de las azarbetas, cinco ;. los de los escorredores, tres. Sirven para depositar el barro de las mondas y para el paso

(1) Regolfo es toda vuelta ó retroceso del agua.

trafic des personnes. Les bestiaux ne peuvent passer dans les fossés d'eaux vives ou mortes, sans exposer leur maître aux peines que, suivant les circonstances du délit, le municipe infligera.

ARTICLE 46.

Le lit du canal majeur de Aljufia aura au moins vingt palmes de largeur jusqu'au moulin de Mora et seize palmes depuis ce point jusqu'à l'entrée en ville. Près des moulins la largeur sera celle que ceux-ci exigent et cette même règle s'appliquera au canal majeur de Barreras.

ARTICLE 47.

Le canal majeur de Barreras aura une largeur d'au moins vingt palmes jusqu'au répartiteur de la prise d'eau du canal Beniaján et seize palmes de là jusqu'au Barrau-mal.

---

de los herederos. En estos cauces y en los de aguas vivas no pueden entrar ganados, bajo las penas que, con arreglo á las circunstancias del caso, determinare el Ayuntamiento.

ARTÍCULO 46.

El cauce de la acequia mayor de Aljufia debe tener por lo menos veinte palmos de ancho hasta el molino de la Ñora, y desde allí hasta su entrada en la ciudad, diez y seis palmos. En la immediación de los molinos, tendrá la anchura que estos necesiten : esto mismo se observará en la acequia mayor de Barreras.

ARTÍCULO 47.

Lo acequia mayor de Barreras debe tener de ancho por lo menos veinte palmos hastà el partidor donde toma la acequia de Beniaján, y diez y seis palmos desde dicho partidor hasta Barraumal.

Article 48.

Les canaux mineurs ou particuliers auront au minimum de six à dix palmes de largeur, suivant la quantité d'eau. Aux fossés et rigoles de distribution on donnera cinq et trois palmes.

Article 49.

On conservera la largeur actuelle au collecteur majeur du **Nord** ou de la ville, qui prend ce nom à partir du moulin de Batán, et au collecteur majeur du Midi, ainsi dénommé à partir de San Juan el Viejo dans la section de Beniaján.

Article 50.

Les canaux collecteurs seront larges de six à dix palmes selon leur débit; les fossés et rigoles-collecteurs auront cinq et trois palmes.

Artículo 48.

Las acequias menores ó particulares deben tener de ancho, por lo menos, desde seis hasta diez palmos, según el caudal de agua de su dotación. Los brazales, cinco palmos, y las regaderas, tres.

Artículo 49.

El azarbe mayor del Norte ó de la ciudad, que empieza á llamarse asi en el molino del Batán, y el azarbe mayor del Mediodía, que empieza á tener este nombre en San Juan el Viejo en el partido de Beniaján, debe conservar la anchura que actualmente tiene.

Artículo 50.

Los azarbes ó landronas deben tener desde seis hasta diez palmos de ancho, según su caudal de agua; las azarbetas, cinco palmos, y los escorredores, tres.

Article 51.

La largeur se mesure au plafond ; elle augmente **en** gueule d'après les talus.

Article 52.

Le Reguerón, ou canal de décharge destiné à écouler les crues de la rivière Sangonera et à les détourner de la ville en évitant leur confluent avec le Segura, pénètre dans la Huerta au Palmar avec une largeur de 25 vares qu'il doit conserver sur toute sa longueur.

Article 53.

Personne ne peut faire de coupure dans les Quijeros des canaux. Les propriétaires qui y prennent directement l'eau pour irriguer doivent le faire au moyen d'une prise en maçonnerie dont le seuil ne peut être plus bas que celui du répartiteur et muni d'une vanne en bois avec cadenas.

Artículo 51.

La anchura de todos los cauces se mide por la parte inferior, debiendo tener por arriba el aumento correspondiente á su altura.

Artículo 52.

El Reguerón que está destinado á recibir las avenidas del río Sangonera, y separarlas de la ciudad, evitando su reunión con el Segura, entra en la huerta junto al lugar del Palmar, y tiene de ancho y debe conservar en toda su longitud, veinte y cinco varas.

Artículo 53.

En los quijeros de las acequias nadie puede abrir portillos, y los que inmediatamente tienen riego de ellas, deben tener sus ventanas ó tomas hechas de piedra ó ladrillo con su solera, que no esté más baja que la del partidor, y con tablacho de madera y candado.

Article 54.

Les répartiteurs des canaux particuliers doivent être larges de cinq palmes, construits en maçonnerie de pierre ou briques, le seuil de chacun étant plus bas que celui du précédent proportionnellement à la distance, afin de ne pas gêner le cours de l'eau.

Article 55.

Il est défendu de changer, déplacer ou agrandir une vanne, une prise d'eau ou un répartiteur ou d'en construire un où il n'y en a pas, sans l'autorisation du municipe. Celui-ci pourra le concéder ou le refuser, après avoir entendu en conseil les intéressés du canal que concernent le changement ou l'innovation sollicités. Le municipe transmettra sa résolution au Conseil des prud'hommes.

Article 56.

Les mêmes formalités sont requises pour creuser de

Artículo 54.

Los partidores que hay en las acequias particulares deben tener de ancho cinco palmos y estar hechos de piedra ó ladrillo, y la solera de cada uno debe estar más baja que la del que le precede, en proporción á la distancia, para que no se entorpezca el curso del agua.

Artículo 55.

Ninguno puede mudar, remover ni agrandar boquera, toma ó partidor, ni hacerlos de nuevo donde no los habia, sin permiso del Ayuntamiento, que podrá concederlo ó negarlo oyendo previamente en juntamento á los interesados de la acequia en que se solicite la variación ó novedad, dando noticia de su resolución al Consejo de hombres buenos.

Artículo 56.

Tampoco podrán hacerse canales nuevas ni variar las que

nouveaux canaux, pour modifier ceux qui existent en vue de passer l'eau par-dessus des fossés, pour déverser l'eau d'une propriété sur une autre.

ARTICLE 57.

Les fossés de distribution doivent finir là où l'eau se déverse sur la dernière parcelle de terre à irriguer ; de façon qu'ils n'aient pas de prolongement par où l'eau déboucherait dans un collecteur ou canal. Sont exceptés les fossés qui aboutissent au canal lui-même et interviennent dans son débit. Aux fossés distributeurs dont on ne peut, à cause de leur éloignement et au jugement du municipe, supprimer le prolongement, on fermera l'extrémité par une planche ayant un trou de 2 pouces pour laisser écouler les eaux de filtration, tout en empêchant des abus courants ; des peines sévères seront appliquées aux propriétaires qui négligeront de se conformer à cette prescription.

---

actualmente hay para pasar el agua sobre las acequias, sin que precedan las mismas formalidades que en el artículo anterior, ní echar el agua de un heredamiento á otro.

ARTÍCULO 57.

Los brazales deben acabar en el punto en que entra el agua á el último bancal ó en la última tabla de tierra que por él se riega ; de modo, que no tengan cola por donde pueda el agua salir á ningún camino escorredor, acequia ni á otra parte, excepto los que vuelven á la misma acequia ó hacen parte de su dotación. En los brazáles que por su distancia, á juicio de la municipalidad, no puedan cortarse las colas, se establecerán unos contratablachos á su final con un agujero de dos pulgadas, para que dando salida á las filtraciones, impida ó corte los abusos que se notan, imponiendo penas severas á los que dejen de cumplirlo.

Article 58.

Il est défendu de rouir le lin, le chanvre et le sparte dans la rivière, dans les canaux et fossés ni dans la vallée. Cette opération ne pourra se faire que dans des mares créées ou à créer à cette fin, moyennant autorisation préalable de la municipalité qui concédera ou non, après avoir entendu les propriétaires du canal correspondant et moyennant l'autorisation du Conseil de salubrité, pour autant que l'eau de ces mares ait un écoulement libre aux fossés d'évacuation.

Article 59.

Dans aucun canal il n'est permis de laver la laine et les articles de la teinturerie. On pourra laver les draps, les étoffes teintes et autres dans les fossés d'évacuation et dans le canal de Carabija, à l'extrémité de la ville, pour autant qu'il ne soit fait ni barrage, ni retenue, ni rien qui puisse nuire au libre cours de l'eau. Aucun obstacle

---

Articulo 58.

Ni en el rio, ni en ninguna de las acequias y azarbes, ni en el val de la lluvia, se podrá curar lino, cáñamo, ni esparto. Solo podrá hacerse esto en las balsas dispuestas para este objeto ó que en adelante se ejecutaren, con previa licencia del Ayuntamiento, que podrá negar ó conceder después de oir al juntamento de la acequia respectiva y hallarse autorizado por la Junta de Sanidad, cuidando sus dueños de que el agua tenga expedita su salida al escorredor ó azarbe á que corresponda.

Articulo 59.

En ninguna acequia pueden hacer lavaderos de lana y tintes: en los azarbes y en la acequia de Carabija al extremo de la ciudad, podrán lavarse los paños, tintes y demás, pero sin hacer paradas ó rafas, ni impedir en manera alguna el libre curso del agua.

n'est permis non plus dans les canaux, fossés ou rigoles d'évacuation.

ARTICLE 60.

Les ponts formés de troncs d'arbres couverts de brousse et de terre sont défendus. Si, pour quelque construction, pour conduire du fumier ou pour **tout** autre but de quelque importance, quelqu'un veut établir provisoirement un tel ouvrage, il aura à demander la permission au municipe. S'il s'agissait d'un pont permanent, l'autorisation serait subordonnée à la condition de maintenir le lit du canal libre et les berges consolidées. Tout pont construit en dehors de ces règles sera démoli aux frais de son auteur, lequel sera passible en plus d'une amende de 50 à 200 réaux.

Tampoco pueden hacerse paradas de ninguna especie en los escorredores, azarbetas y azarbes en general.

ARTÍCULO 60.

Se prohiben los puentos de palos, inbroza y tierra, y si con motivo de alguna obra, conducción de estiércol ú otras ocurrencias considerables, se necesitare hacerlo provisionalmente, deberá el interesado pedir permiso al Ayuntamiento, como también si quisiere verificarlo de obra permanente, y deberá acordarse con las condiciones de dejar el cauce limpio y el costón reforzado, y si alguno lo contrario hiciere se le exigirá la mula de cincuenta á doscientos reales, y se demolerá á su costa.

CHAPITRE VII.

Des curages.

ARTICLE 61.

Les canaux et fossés seront curés tous les ans au mois de mars, d'un côté de la Huerta d'abord, puis de l'autre en commençant une année par le nord et l'année suivante par le sud.

ARTICLE 62.

Le premier dimanche de mars on coupera l'eau du côté où doit commencer le curage. Celui-ci devra être terminé à temps pour commencer le travail de l'autre côté le troisième dimanche de mars ; le curage sera fini dans la quinzaine.

ARTICLE 63.

A l'exception des deux canaux majeurs de Aljufia et

CAPÍTULO SÉPTIMO.

De las mondas.

ARTÍCULO 61.

Las acequias y brazales se mondarán todos los años en el mes de Marzo, primero las de un lado de huerta y luego las del otro, empezando un año por el lado del N., y otro por el de M.

ARTÍCULO 62.

El primer domingo del mes de Marzo, se cortará el agua en el lado en que haya de principiar la monda, la cual deberá estar acabada al tiempo de que pueda empezarse en el otro lado el domingo tercero de Marzo quedando concluida á los quince dias.

ARTÍCULO 63.

El cauce de cada acequia, exceptuando las dos mayores de

Barreras, le cours de chaque canal sera réparti entre tous ceux qui en utilisent les eaux, proportionnellement aux volumes qui leur sont attribués ; chacun curera la section qui lui est assignée, dans le délai fixé par le procureur pour la visite. Les meuniers auront à curer un lot résultant du nombre de tahullas leur revenant dans la répartition des eaux.

ARTICLE 64.

Si, pour des causes particulières, le curage d'un canal ou de quelque partie de fossé ne pouvait être répartie, le travail se fera pour compte commun et on répartira la dépense, ; il en est de même pour les vannages et autres travaux communs à une section.

ARTICLE 65.

On conservera l'usage d'imposer le curage aux colons ou fermiers, tandis que les dépenses d'ouvrages nouveaux

---

Aljufia y Barreras, estará repartido entre todos los regantes de ella, con proporción á sus tahullas y cada uno mondará la parte que le está asignada dentro del término que prefije el procurador para la visita: los molinos tendrán señalada su monda con proporción al número de tahullas que se les considera para los repartos.

ARTÍCULO 64.

Si en alguna acequia, por circunstancias particulares, no pudiese estar repartida la monda ó alguna parte del cauce, se mondará el que fuere de cuenta de todos, repartiendo su coste entre ellos, lo mismo que el de tablachos ú otras cosas comunes á todo el heredamiento.

ARTÍCULO 65.

Continuará la costumbre de que la monda sea de cuenta de los colonos ó labradores, y los gastos entendidos por obras nuevas, de

sont à charge des propriétaires de la terre, à moins qu'un contrat explicite n'en stipule autrement. La même règle est applicable aux moulins. Au canal de Churra la Nueva, la pratique ancienne sera maintenue de compter comme ouvrage nouveau le curage, les vannages et le désensablement de la prise d'eau.

Article 66.

Après la visite faite par lui-même ou par son remplaçant avec les inspecteurs le jour qu'il a désigné, le Procureur ordonne de curer immédiatement les parties qui ne l'ont pas été, de repasser celles qui n'ont pas été bien nettoyées jusqu'au fond et il exige le remboursement des frais à ceux qui sont en faute ; de même il fait payer les frais de la visite aux propriétaires en retard ou en défaut dans la proportion qui incombe à chacun et, s'il n'y en a qu'un, celui-ci payera seul la totalité.

---

cuenta de los dueños de las tierras ; á no ser que sobre ello tengan contrato expreso, y lo mismo en los molinos. En la acequia de Churra la Nueva, continuará también la práctica antigua de contarse como obra nueva la monda, tablachos y desarenos de la toma.

Artículo 66.

Hecha la visita de la monda por el procurador ó su encargado con los veedores en el dia que aquel haya designado, dispondrá que inmediatamente se monde lo que no esté mondado, ó que se remonde lo que no se haya mondado bien hasta las soleras, exigiendo el coste del regante á quien corresponda, y además pagarán entre todos los morosos ó defectuosos en proporción, los gastos de la visita, y si fuere uno solo los pagará todos.

Artículo 67.

Las ribas que se caigan entre año hará el procurador que se saquen inmediatamente por el que deba hacer la monda en aquel

Article 67.

Là où les talus s'éboulent au cours de l'année, le Procureur fera enlever les terres immédiatement par celui qui doit curer en ce point ou par celui qui a causé le mal. Si le déblai à enlever est important et exige la mise à sec, le Procureur fera couper l'eau pendant le temps nécessaire.

Article 68.

Le curage des deux canaux majeurs s'effectue sous la direction de la commission des canaux, aidée par les surveillants et avec le produit des taxes établies ou à établir la municipalité fera la distribution. Les meuniers et les locataires ou représentants des fabriques continueront à curer, comme par le passé, leurs canaux d'amenée.

Article 69.

Le Procureur et les inspecteurs de chaque canal mineur

---

sitio, ó por el que haya causado el daño, y si la riba fuese de consideración y no pudiese sacarse de otro modo, dispondrá que se corte el agua en aquella acequia por el tiempo necesario.

Artículo 68.

Las dos acequias mayores se mondarán bajo la dirección de la comisión de acequias, auxiliada por los sobreacequieros, con el producto del arbitrio establecido ó el que en adelante se estableciere, cuya inversión estará á cargo del Ayuntamiento. Los molineros y arrendadores ó encargados de las fábricas continuarán mondando sus cajas como hasta aqui.

Artículo 69.

El procurador y veedores de cada acequia menor reconocerán precisamente el cauce luego que se corte el agua para la monda, y cuidarán de que se reformen los defectos que haya en los dias que

profiteront de la mise à sec pendant le curage pour faire les réparations nécessaires; ils veilleront à ce que le curage soit bien fait et terminé dans le délai prescrit.

ARTICLE 70.

Toutes les levées qui servent de limites, de chemins ou sentiers devront être nettoyés tous les ans en même temps et par les personnes qui font le curage des fossés, de façon que la viabilité soit rétablie dès que le curage est fini.

ARTICLE 71.

Le curage du canal majeur de Aljufía commencera par la levée de la vanne, en laissant couler l'eau librement dans la vallée durant vingt-quatre heures sans fermer les répartiteurs. Pendant ce temps, de même que pendant les vingt-quatre heures qui suivent l'adduction de l'eau après curage, les fabriques restent arrêtées et les meuniers

---

esté cortada. También cuidarán de que se haga bien la monda en el término señalado.

ARTÍCULO 70.

Todos los quijeros que sean linderos á caminos ó veredas, deberán limpiarse todos los años por los mismos que hayan verificado las mondas en aquellos cauces, de forma que quede expedito el tránsito luego que aquella se concluya.

ARTÍCULO 71.

La monda de la acequia mayor de Aljufía se empezará levantando el tablacho del canalado, y dejando correr el agua libremente al Val por espacio de veinticuatro horas, sin entablar ningún partidor, en cuyo tiempo, lo mismo que en las primeras veinticuatro horas que corra el agua después de practicada la monda, no andará ninguna fábrica, y los molineros tendrán quitados y fuera del molino todos los tablachos, bajo las panas que estime le

doivent enlever tous les vannages, sous les peines que fixera le municipe; ces peines seront de 200 à 500 réaux pour toute infraction au présent article, sans préjudice d'une instruction spéciale du cas, si les dommages sont plus élevés.

ARTICLE 72.

Le jour suivant on coupera le collecteur de la Mora, nommé « el Apurador » et celui de la Olla; puis chaque jour et successivement on coupera les autres fossés d'évacuation jusqu'à atteindre le plus grand.

ARTICLE 73.

Le même procédé sera suivi au canal majeur de Barreras : on laissera couler librement l'eau, pendant les vingt-quatre heures, par le collecteur de Barraumal, qui sera le premier coupé et celui de Valladolid sera le dernier coupé.

Ayuntamiento, que serán de 200 à 500 reales por cualquiera infracción de las disposiciones que contiene este artículo, sin perjuicio de la instrucción del oportuno expediente, si los daños que resultasen fueren mayores:

ARTÍCULO 72.

Al dia siguiente se cortará el escorredor de la Nora, llamado el Apurador, y también el de la Olla, y sucesivamente se irán cortando uno, cada dia, de los demás escorredores hasta llegar al mayor.

ARTÍCULO 73.

El mismo método se observará en la acequia mayor de Barreras, dejando correr el agua libremente las primeras veinticuatro horas por el escorredor de Barraumal, que es el primero que se cortará, y el último será el de Valladolid.

6

Article 74.

Durant ces vingt-heures et les durant premières vingt-quatre après le curage, on ne fermera aucun répartiteur et les meuniers enlèveront toutes les retenues sous les mêmes peines qu'à l'art. 71.

Article 75.

Le curage des canaux terminé, on ramène l'eau et on la laisse couler pendant vingt-quatre heures sans boucher aucun répartiteur ; à cet effet, on s'efforcera de finir le curage à temps, pour amener l'eau dans les canaux vingt-quatre heures avant que ne commence le roulement de l'irrigation.

Article 76.

Les procureurs des fossés et canaux-collecteurs veilleront à ce que ceux-ci soient curés soigneusement dans le

---

Artículo 74.

En dichas veinticuatro horas, y lo mismo en las primeras veinticuatro que corra el agua después de la monda, no deberá entablar ningún partidor, y los molineros tendrán todos sus tablachos quitados y fuera del molino, en la misma forma y bajo las mismas penas que se dicen en el art. 71.

Artículo 75.

Acabada la monda de las acequias y echada el agua en ellas, se dejará correr en las primeras veinticuatro horas sin entablar ningún partidor, á cuyo fin se procurará que la monda esté concluida á tiempo de que se pueda echar el agua un día antes de que haya de empezar la tanda.

Artículo 76.

Los procuradores de los azarbes ó landronas cuidarán de que estos, las azarbetas y escorredores se monden precisamente en el

.courant de mai, émondés et nettoyés aussi souvent qu'il est nécessaire au cours de l'année. Pour ce motif, les fossés seront répartis entre tous les propriétaires dont les terres écoulent leurs eaux vers ces fossés et proportionnellement au nombre de tahullas de chacun.

ARTICLE 77.

Bien que ces fossés d'écoulement ne réclament pas de répartiteurs d'irrigation, il convient pourtant d'en placer à l'occasion du curage, pour retenir les eaux avec des planches au lieu de terre. A cette fin ils seront construits en bonne maçonnerie, aux frais de tous les intéressés et aux endroits indiqués par le Procureur et les inspecteurs avec approbation du Municipe. Le Procureur veillera à ce que le seuil soit au niveau voulu.

ARTICLE 78.

Le Procureur indiquera pour chaque répartiteur le jour

---

mes de Mayo, y que entre año se desbrocen y remonden las veces que sea necesario ; para lo cual estarán repartidos los cauces entre todos los que tengan tierras que avenen á ellos, con proporción al número de tahullas.

ARTÍCULO 77.

Aunque en los azarbes ó landronas no se necesiten partidores para el riego, conviene que los haya para detener el agua con tablas, y no con tierra, para hacer la monda. Á este fin se construirán de piedra ó ladrilo, á costa de todos los que avenen á cada azarbe en los puntos que señale el procurador con los veedores y apruebe el Ayuntamiento, cuidando de que las soleras se fijen á la profundidad correspondiente.

ARTÍCULO 78.

El procurador señalará el dia en que se ha de entablar en cada partidor, empezando por el de abajo, y en él concurrirán precisa-

où il devra être fermé, en commençant par celui d'aval. Ces jours sont ceux du curage auquel doivent concourir tous les propriétaires intéressés ; à leur défaut, le Procureur fait faire le curage au jour dit en exigeant des défaillants le remboursement des frais et une somme égale au profit des frais communs incombant à ce fossé.

ARTICLE 79.

Pour assurer la bonne exécution du curage, on placera sur le fond des canaux et fossés d'eaux vives ou mortes et à des distances de 100 vares au plus, des pierres-repères au nombre desquelles seront les répartiteurs.

CHAPITRE VIII.

Des Bestiaux.

ARTICLE 80.

Les bestiaux ne pourront circuler que par les chemins

---

mente á mondar á los que corresponda aquel trozo, y en su defecto los hará mondar el procurador aquel dia, exigiendo de los interesados su coste y otro tanto más á beneficio de los gastos comunes de aquel cauce.

ARTÍCULO 79.

Para que la monda se haga bien, se pondrán en el suelo de los cauces de aguas vivas y muertas, hitas ó soleras de piedra cuya distancia de unas á otras no excederá de 100 varas, sirviendo de tales hitas las de los partidores.

CAPÍTULO OCTAVO.

De los Ganados

ARTÍCULO 80.

Los ganados solo podrán transitar por los caminos generales,

généraux, provinciaux, municipaux ou de traverse et par les sentiers créés à cette fin.

ARTICLE 81.

Les troupeaux de chèvres, qui existent en cette ville, peuvent aussi circuler par les chemins et sentiers publics, mais jamais par les levées des canaux.

ARTICLE 82.

Les bestiaux pourront entrer dans les biens irrigués moyennant permission expresse des propriétaires; dans le cas contraire, comme en cas d'infraction aux articles antérieurs, le maître des animaux payera le dommage causé et une amende de 2 à 9 réaux par tête de gros bétail, cheval, mule ou âne, et de 1 à 3 réaux par chèvre ou mouton.

---

provinciales y municipales ó de travesía y por las veredas establecidas al efecto.

ARTÍCULO 81.

Los hatajos de cabras que suele haber en esta ciudad podrán ir también por los carriles y sendas públicas y de ningún modo por los quijeros de las acequias.

ARTÍCULO 82.

Los ganados podrán entrar en los bancales ó heredades con expreso permiso de sus dueños ; en otro caso y cuando se infrinja alguno de los artículos anteriores, además del daño que causaren pagarán la multa por cada cabeza : 1.º, de 2 á 9 reales si fuere vacuno, caballar, mular ó asnal ; 2.º, de 1 á 3 reales si fuere cabrío ó lanar.

CHAPITRE IX.

Des moulins et fabriques.

ARTICLE 83.

Tous les moulins des deux canaux majeurs et les biens en dépendant dont les titres de concession ne portent pas la hauteur à laquelle l'eau peut être refoulée, devront la laisser couler librement sans surélévation aucune.

ARTICLE 84.

En présence de documents stipulant une retenue des eaux, le niveau de celles-ci sera marqué sur la face supérieure d'une pierre taillée, de une palme de large et 8 à 10 de longueur, posée horizontalement sur la levée du canal, en saillie de une palme et à l'endroit le plus en vue à toute heure du jour et de la nuit.

CAPÍTULO NOVENO.

De los molinos y fábricas.

ARTÍCULO 83.

Todos los molinos de las dos acequias mayores y sus hijuelas que no tengan marcada en los títulos de pertenencia la altura á que deban regolfar el agua, deberán dejarla correr libremente sin regolfo alguno.

ARTÍCULO 84.

Con presencia de dichos documentos se marcará la altura del agua á la cara superior de un sillar de un palmo de ancho y ocho ó diez de largo, que se pondrá horizontal en el quijero de la acequia, sobresaliendo de ella un palmo en el sitio que esté más á la vista de todos á cualquiera hora del día ó de la noche.

ARTICLE 85.

Les meuniers disposeront les vannes d'écoulement de telle manière que le niveau de l'eau ne dépasse pas la hauteur précisée dans l'acte de concession.

ARTICLE 86.

La fouille ouverte dans la levée pour placer la pierre-repère de l'article 84, sera comblée avec de la maçonnerie, de façon que sur le repère et sur toute son étendue il y ait une vare de mur, afin de rendre difficile tout déplacement.

ARTICLE 87.

Lorsque les meules travaillent, leurs vannes seront levées au-dessus de l'eau d'une demi-palme au moins, de façon à laisser du jour entre elles et le niveau liquide. Dans ce seul cas la vanne du fossé d'évacuation sera baissée complétement.

ARTÍCULO 85.

Los molineros deben tener los tablachos de los escorredores y canalados en disposición de que no suba el agua de la altura que en la respectiva licencia tuviere señalado.

ARTÍCULO 86.

La zanja ó cortadura que se haga en el quijero para colocar el sillar del marco de que habla el art. 84 se macizará con piedra y cal de modo que por lo menos haya sobre él en toda su extensión una vara de pared, á fin de que no pueda removerse con facilidad.

ARTÍCULO 87.

Los tablachos de las piedras, cuando estas muelan estarán levantados lo menos medio palmo sobre el agua, de forma, que por entre esta y el tablacho pase la luz. En solo este caso el tablacho del escorredor estará calado enteramente.

Article 88.

Lorsque, pour un motif quelconque, quelque meule du moulin cessera de moudre, on devra lever la vanne d'évacuation d'un cran ou, ce qui est la même chose, on la lèvera d'une planche de 1/3 de vare pour chaque meule arrêtée. On la lèvera et on l'assujettira à une palme au-dessus de l'eau lorsque toutes les meules du moulin sont à l'arrêt.

Article 89.

Les meuniers, dont l'usine est à l'aval et à proximité d'une prise d'eau pour canal, en forme d'anneau fermé et placé au niveau du liquide, en conformité de l'ordonnance áncienne n° 36, feront en sorte que ces anneaux restent noyés sans que le niveau de l'eau les dépasse, à moins que, toutes les meules travaillant, les vannes soient levées comme il est dit ci-dessus. Si alors le niveau s'élevait, ce

---

Artículo 88.

Cuando por cualquier motivo dejase de moler alguna piedra de las que tenga el molino, deberá levantarse el tablacho del escorredor un escalón, ó lo que es lo mismo la altura de una tabla de tercialeta por cada piedra parada. Si el molino solo tuviere una piedra y dejase de moler, ó todas estuvieren paradas si tiene más, entonces el tablacho del escorredor se levanta á un palmo sobre el agua asegurándolo debidamente.

Artículo 89.

En los molinos que tengan próximas á la parte superior tomas de acequias, en forma de anillos cerrados y colocados al nivel del agua, con arreglo á la ordenanza antigua núm, 36, procurarán los molineros conservar dichos anillos solo cubiertos de agua, pero de ninguna manera elevada á mayor altura, á no ser estén moliendo todas las piedras y puestos sus tablachos como se ha

serait dû à un accroissement de volume dans le canal d'amenée.

ARTICLE 90.

Le meunier qui tiendra le niveau au-dessus de la jauge payera pour chaque paire de meules ou machine montée dans l'usine, qu'elle fonctionne ou non à ce moment, une amende de 100 à 500 réaux, en proportion des circonstances aggravantes à apprécier par le Conseil des Prudhommes. S'il **y** a plusieurs moulins, l'amende se répartira entre les meuniers, proportionnellement au nombre de meules, sans qu'aucun puisse invoquer la faute du voisin qui aurait levé ou abaissé les vannes.

ARTICLE 91.

L'amende ne sera pas applicable lorsque la surélévation du niveau est causée par une plus grande abondance d'eau dans le canal, c'est-à-dire lorsque toutes les vannes

---

dicho ; en cuyo caso la mayor elevación será por aumento de agua en el cauce.

ARTÍCULO 90.

El molinero que tenga levantada el agua sobre el marco pagará por cada una de las piedras ó máquinas que haya en el molino, aunque á la sazón todas ó alguna estuviesen paradas, una multa de ciento á quinientos reales según las circunstancias que lo agraven á juicio del Consejo de hombres buenos. Si hubiese más de un molinero, entre todos pagarán la pena á proporción de las piedras que cada uno tenga, sin que pueda excusarse uno porque el otro haya bajado los tablachos ó no haya cuidado de levantarlos.

ARTÍCULO 91.

Si el agua subiese á mayor altura estando levantados todos los tablachos y no habiéndose alterado la altura, nivel y anchura de

sont levées et qu'on n'a pas touché à la largeur, à la hauteur et au niveau des fossés d'évacuation.

Article 92.

Les meuniers, dans les moulins desquels est établie une retenue pour irriguer certaines terres les dimanches, continueront à faire les manœuvres *ad hoc* ; ces manœuvres consistent à abaisser les vannes et à fermer le passage de l'eau pendant les heures concédées en ce point. Passé ce temps, ou plus tôt si l'irrigation finit avant, on devra laisser couler l'eau en levant les vannes de toutes les meules et en suivant les autres prescriptions si quelque paire de meules ne peut moudre.

Article 93.

Au canal majeur de Barreras, le tour commence le premier dimanche de l'eau nouvelle, venant du répartiteur construit parallèlement à la prise du canal de Beniaján.

---

los canalados y escorredor, será por mayor caudal de agua en la acequia y no deberán pena.

Artículo 92.

Los molineros en cuyos molinos esté consignada rafa para el riego de algunas tierras en los dias de domingo, continuarán esta operación, que consiste en calar los tablachos que haya levantados y cerrar el paso á el agua durante las horas que tienen de tanda en aquel punto. Mas concluidas dichas horas ó antes si acabaren el riego de sus tierras, deben dejarla correr levantando los tablachos de todas las piedras, ó lo demás que queda establecido cuando alguna piedra no pueda moler.

Artículo 93.

En la acequia mayor de Barreras da principio la tanda el primer domingo de agua nuéva con la rafa del partidor construido en la

Le deuxième dimanche de l'eau nouvelle on commencera au moulin des Abades et on continuera au susdit répartiteur ; on s'en tiendra, pour celui-ci et pour les moulins, à ce qui a été exposé antérieurement et aux ordonnances particulières non contraires à ce règlement. En outre, le moulin des Abades doit avoir constamment trois vannes levées sur six qu'il possède, ainsi que le prévoit l'ancienne ordonnance.

ARTICLE 94.

Il est absolument interdit d'établir des parapets, de hausser les seuils ou de placer un obstacle quelconque dans les canaux d'amenée et d'évacuation des moulins, comme aussi d'apporter aucune modification à leurs ouvrages. En cas d'infraction, les choses seront remises en leur état primitif aux frais du délinquant, qui payera en plus une amende de 500 réaux.

---

misma paralelo á la toma de la acequia de Beniaján. El segundo domingo de agua nueva principiará en el molino de los Abades y continuará en el expresado partidor, atemperándose este y los molinos, á lo prevenido anteriormente y lo que tengan prefijado en sus ordenanzas particulares que no sea contrario á esta. Además el molino de los Abades debe tener constantemente levantados tres tablachos de los seis que hay en él, como prevenía la ordenanza antigua.

ARTÍCULO 94.

Se prohibe absolutamente todo parapeto, sobre solera, ó cualquier obstáculo en los canalados y escorredores de los molinos, como también toda alteración en su obra. Si en alguno ocurriese deberán reponerse las cosas á su verdadero estado á costa del molinero y además pagará una multa de quinientos reales.

Article 95.

La déclaration sous serment du chef surveillant ou celle d'un intéressé avec deux témoins suffira pour établir l'infraction aux articles relatifs aux moulins.

Article 96.

Ce qui est dit des moulins s'applique également à toute machine ou fabrique déjà établie ou qui s'établira dans l'avenir avec l'autorisation nécessaire et l'assentiment des propriétaires.

Article 97.

La fabrique de poudre ne pourra retenir les eaux pendant plus d'une heure, les jours où elle ne travaille pas, et ce pour mouiller et conserver les machines si la chose était nécessaire (1).

(1) Cette fabrique peut utiliser l'eau deux jours par semaine.

Artículo 95.

La declaración jurada del sobreacequiero ó la de un interesado y dos testigos será bastante para justificar la infracción de estos artículos sobre molinos.

Artículo 96.

Lo que se dice de los molinos se entiende igualmente de otra cualquiera máquina ó artefacto que se halle establecido, o que con la correspondiente licencia y anuencia del heredamiento se establezca en adelante.

Artículo 97.

La fábrica de la pólvora no podrá hacer mayor regolfo que el de una hora en los días en que no se trabaje en ella, con el objeto de humedecer y conservar las máquinas si lo necesitasen.

ARTICLE 98.

Désormais personne ne pourra sous aucun motif construire de moulin sur les canaux d'amenée ou d'évacuation des eaux, et la municipalité ne concédera plus aucune permission ou licence, alors même que tous les intéressés des canaux y consentiraient.

CHAPITRE X.

Des moulins à huile.

ARTICLE 99.

On ne recevra, dans les machines à huile, que les olives présentées par les propriétaires d'un champ d'oliviers, ou par des personnes notoirement connues comme possédant des olives, sous peine pour le meunier de 50 à 500 réaux d'amende.

ARTÍCULO 98.

Nadie podrá construir en lo sucesivo molino alguno sobre las acequias y azarbes bajo ningún pretexto ni motivo, ni el Ayuntamiento concederá permiso ni licencia para ello, aun cuando estén conformes todos los interesados de las acequias y azarbes de esta huerta.

CAPÍTULO DÉCIMO.

De las almazaras.

ARTÍCULO 99.

En las almazaras no recibirán aceituna de quien no tuviere el fruto legítimo de algún olivar ó de quien no les constare ser su verdadero dueño, bajo la multa de cincuenta á quinientos reales.

CHAPITRE XI.

Des Procureurs et autres employés.

ARTICLE 100.

Les canaux d'amenée et d'écoulement auront chacun un procureur et deux inspecteurs élus par les propriétaires en assemblée ordinaire. Là où l'importance du lot l'exige, le nombre de ces agents pourra être augmenté et on leur adjoindra un trésorier là où les procureurs et le trésorier doivent être propriétaires ou fondés de pouvoir.

ARTICLE 101.

Le maire, sur la proposition du Conseil municipal, nommera pour chaque canal majeur un chef surveillant et un suppléant, renouvelés chaque année et non rééligibles. Leur mission est de veiller à ce que l'eau coule toujours librement dans le canal, de signaler les particu-

---

CAPÍTULO UNDÉCIMO.

De los procuradores y demás empleados.

ARTÍCULO 100.

Cada acequia y cada azarbe tendrá un procurador y dos veedores elegidos todos por el heredamiento en juntamento ordinario. En los cauces donde por su importancia se crea necesario á juicio del mismo heredamiento, podrá aumentarse el número de aquellos y nombrar un depositario. El procurador ó procuradores y depositario serán precisamente hacendados ó apoderados de estos; pero los veedores bastará que sean medieros ó arrendadores. También se podrá elegir un cobrador en los mismos juntamentos.

ARTÍCULO 101.

También habrá en cada acequia mayor un sobreacequiero y un suplente nombrados por el alcalde á propuesta del Ayuntamiento de esta capital. El nombramiento se hará todos los años y recaerá

larités qui se présentent aux commissaires du Municipe et d'aider ceux-ci au temps du curage.

Les inspecteurs peuvent n'être que métayers ou locataires. L'assemblée peut aussi nommer un receveur.

ARTICLE 102.

En cas d'absence ou de maladie du procureur, le suppléant en sera averti et il le remplacera. Si tous deux font défaut, le premier inspecteur d'abord, le second au besoin remplacera le procureur.

ARTICLE 103.

Aucun propriétaire ou fondé de pouvoirs ou administrateur résidant en ville ou dans la Huerta ne pourra refuser les fonctions de procureur, suppléant ou trésorier, sans un empêchement légitime, tel l'investiture d'une charge analogue dans un autre lot.

---

en persona distinta del año anterior. Su encargo es cuidar de que la acequia esté siempre corriente y dar parte de lo que en ella ocurra á los comisarios del Ayuntamiento, á los que auxiliará en el tiempo de la monda.

ARTÍCULO 102.

En ausencia ó enfermedad del procurador hará sus veces el segundo ó suplente, para lo que deberán avisarse ; en defecto de ambos hará de procurador el veedor primero y en su caso el segundo.

ARTÍCULO 103.

Ninguno de los hacendados residentes en la capital ó en su huerta, y lo mismo un apoderado ó administrador podrá excusarse de ser procurador, suplente ó depositario sin legítimo impedimento, como será tener alguno de dichos encargos en otro heredamiento.

Article 104.

Les procureurs suppléants, trésoriers et inspecteurs ne jouissent d'aucun traitement ni gratification. Les surveillants et les inspecteurs sont payés à raison de 10 réaux par jour par l'intéressé qui réclame leurs services. La communauté du lot leur bonifie le même salaire pour les visites de curage.

Article 105.

Les procureurs, suppléants, trésoriers et inspecteurs pourront être réélus, s'ils réunissent les deux tiers des votes ; mais s'ils refusent, on ne pourra pas les contraindre avant quatre ans révolus.

Article 106.

Le procureur veillera à ce que l'eau soit courante dans le canal, que le curage soit fait jusqu'au fond et dans les

---

Articulo 104.

Ni los procuradores, suplentes, depositarios, ni veedores tendrán sueldo ni gratificación alguna. A los sobreacequieros y veedores se les abonará diez reales á cada uno en los días que se ocupen á instancia de algún interesado, debiendo este pagar las dietas. El heredamiento les abonará la misma cantidad en la visita de las mondas.

Artículo 105.

Los procuradores, suplentes, depositarios y veedores podrán ser reelegidos reuniendo las dos terceras partes de votos ; pero si no quieren aceptar, no se les podrá obligar hasta que hayan pasado cuatro años.

Artículo 106.

El procurador cuidará de que la acequia esté siempre corriente, y que se monde hasta las soleras, como también los brazales que

délais prévus; qu'il en soit ainsi dans les fossés dérivés
du canal. Il agira sur les propriétaires dans la forme
indiquée à l'article 66 et par les moyens que formulent
les articles 120 et 121.

Article 107.

Le procureur d'un fossé d'évacuation veillera également à ce que ce fossé et les rigoles affluentes soient
curés aux époques voulues : il aura au besoin recours
aux mêmes procédés pour contraindre les propriétaires à
qui le curage ou tout autre travail incombe.

Article 108.

S'il survient, dans un canal, une rupture ou un incident
de quelque importance, le procureur prendra sur l'heure
les mesures propres à réparer le mal ou à éviter qu'il
continue et s'aggrave : il demandera qu'on convoque de

---

toman de ella en los tiempos señalados, compeliendo á los regantes
que deban ejecutarlo en la forma que se previene en el art. 66 y
por los mismos medios que se establecen en los artículos 120 y 121.

Artículo 107.

El procurador de un azarbe ó landrona cuidará igualmente de
que este cauce y las azarbetas y escorredores que avenan á él se
monden como corresponde en tos tiempos señalados, compeliendo
bajo las mismas reglas á los que deban ejecutar la monda ú otra
obra.

Artículo 108.

Si ocurriese en una acequia rotura ó alguna otra novedad de
consideración, dará el procurador por sí mismo las providencias
que sean del momento para reparar el daño ó evitar su continuación y aumento; pidiendo que en seguida se cite á juntamento
extraordinario para determinar lo que convenga.

suite une assemblée extraordinaire pour déterminer ce qu'il convient de faire.

Article 109.

Dans les circonstances sans gravité, le procureur, d'accord avec les inspecteurs, avisera aux réparations nécessaires. Dans tous les cas, celui qui contreviendrait aux ordres du procureur ou rendrait illusoires les mesures prescrites, serait responsable de tous les dommages causés.

Article 110.

Le procureur dressera le rôle exact des terres ou tahullas de son canal; il marquera les terres arrosées par chaque fossé de distribution en donnant à celui-ci le nom sous lequel il est communément désigné, avec en plus un numéro d'ordre, premier, second, etc., en commençant à partir de la tête du canal.

Artículo 109.

En las ocurrencias que no sean de gravedad providenciará el procurador con acuerdo de los veedores lo que sea necesario, y en todos casos el que contraviniere ó haga ilusorias las providencias del procurador, será responsable á todos los daños que se ocasionen.

Artículo 110.

El procurador hará un padrón exacto de las tierras ó tahullas de su acequia, con expresión de las que riegan por cada brazal, dando á estos la denominación con que comunmente se entiendan, y además la de primero, segundo, etc., empezando por la cabeza de la acequia.

Artículo 111.

En la misma forma el procurador de cada azarbe hará el padrón de las tahullas que avenan á él, y así en las acequias como en los

Article 111.

Il sera procédé de même pour les canaux ou fossés d'évacuation. Les procureurs feront approuver ces rôles successivement en en soumettant une copie à l'assemblée générale ordinaire qui a lieu chaque année, cette copie est déposée aux archives.

Article 112.

Quiconque vend des terres doit, dans les quinze jours, en faire part par écrit au procureur du canal, en indiquant la personne à qui la propriété est transférée. Pour tout ce qui concerne les répartitions, on s'adressera exclusivement au propriétaire inscrit sur les listes de ce domaine, lequel est obligé de satisfaire à ces exigences, sans préjudice de son droit de réclamer le remboursement à son acheteur.

Article 113.

Les procureurs comme les trésoriers, là où il en existe,

---

azarbes cuidará el procurador de ratificarlo sucesívamente, presentando una copia en el juntamento general ordinario que ha de celebrarse cada año, para que se archive.

Artículo 112.

Todo el que vendiere tierras deberá dar parte por escrito dentro del término de quince días al procurador de la acequia expresando el sujeto en quien ha transferido la propiedad ; en inteligencia de que todo reparto que se haga se entenderá exclusivamente con el poseedor inscripto en las listas del heredamiento, viniendo obligado á satisfacerlo sin perjuicio de su derecho para reclamar privativamente de la persona á quien vendió.

Artículo 113.

Así los procuradores como los depositarios, donde los hubiere, y ualesquiera otra persona ó comisionado que con autorización del

ainsi que toute personne ou commissionné qui, avec l'autorisation de l'assemblée, ont manié ou manieront des fonds de la communauté, sont obligés de rendre et de justifier les comptes de leur administration devant la même assemblée qui les a autorisés. La reddition se fera soit à la cessation du mandat de la commission ou délégation, soit à l'époque fixée d'avance, soit enfin à la demande des intéressés ou de l'assemblée, quand on le juge nécessaire.

Article 114.

Les inspecteurs de chaque lot accompagneront le procureur ou son remplaçant dans les visites des curages ; ils décideront si le travail est bien ou mal fait et en cas de désaccord, le procureur nommera comme tiers-arbitre le chef surveillant du canal qui correspond au même côté de la Huerta.

---

respectivo juntamento haya manejado ó manejare fondos del mismo, están obligados á rendir cuentas justificadas de su administración ante el mismo juntamento que los autorizó ; ya al tiempo de su cesación en la procura, comisión ó encargo, ya á la época que se haya fijado previamente, ya, en fin, cuando se considere necesario á solicitud de los mismos ó á la del juntamento.

Artículo 114.

Los veedores de cada heredamiento acompañarán al procurador ó su encargado, en las visitas de las mondas, y decidirán si están bien ó mal hechas, y en caso de discordia nombrará el procurador por tercero el sobreacequiero del lado de huerta que corresponda.

CHAPITRE XII.

Des Répartitions.

ARTICLE 115.

Les cotisations qui sont nécessaires pour des ouvrages ou autres objets communs à un ou plusieurs lots, seront décrétées en assemblée générale ou particulière avec les formalités et dans les conditions qui seront indiquées plus loin.

ARTICLE 116.

Lorsque l'assemblée générale ou particulière décrétera un ouvrage ou une dépense à la charge de la communauté de toute la Huerta, ou d'un côté de la Huerta ou d'un domaine en particulier, elle pourra en même temps nommer une ou plusieurs commissions pour exécuter ce qu'elle a décidé.

CAPÍTULO DUODÉCIMO.

De los repartos.

ARTÍCULO 115.

Los repartos que sean necesarios para obras ú otros objetos de utilidad común de uno ó más heredamientos, se acordarán en juntamentos generales ó particulares, bajo las formalidades y requisitos que se expresan en su lugar.

ARTÍCULO 116.

Cuando por los juntamentos, asi generales como particulares, se acuerde alguna obra ó gasto perteneciente al común de toda la huerta ó de un lado de ella, ó bien de un heredamiento en particular, podrá nombrarse por los mismos una ó más comisiones para llevar á efecto lo resuelto.

Article 117.

Après avoir arrêté la répartition de la dépense, on affichera des avis sur les places publiques de cette capitale, des bourgs et des villages de toute la Huerta si la répartition est générale; dans la capitale, les bourgs et villages dépendant du canal ou fossé auquel correspond la répartition : ces avis, signés par qui de droit, signaleront la cotisation appliquée à chaque tahulla et le jour ou commencera la perception.

Article 118.

Le jour indiqué, qui devra être fixé deux semaines après la date des avis, la personne autorisée à cette fin invitera les propriétaires ou leurs délégués à payer leurs cotes respectives. S'ils ne le font pas où s'ils ne se trouvent pas à la maison, on s'adressera au locataire qui payera et le paiement sera déduit du loyer dû au propriétaire du bien.

Artículo 117.

Hecho el reparto en cualquiera de los casos referidos se fijarán carteles firmados por quien corresponda en los sitios públicos de esta capital y de los partidos y villas de toda la huerta si el reparto es general, ó en la capital y en los partidos y villas por donde pase la acequia ó azarbe á que corresponda el reparto, señalando la cantidad repartida por cada tahulla y el día que se principiara la cobranza.

Artículo 118.

En el día señalado que deberá ser dos semanas posterior á la fecha de los carteles, se requerirá por la persona autorizada al efecto á los hacendados ó sus apoderados para que paguen sus cuetas respectivas, y no verificándolo ó no hallándolos en sus casas, se entenderá esta diligencia con el arrendador, quien verificará el

ARTICLE 119.

Il en sera de même si le propriétaire ou son délégué ne réside ni dans la ville ni dans la Huerta : le locataire sera requis de payer sous les conditions stipulées à l'article précédent.

ARTICLE 120.

Si, après les réquisitions sus-indiquées, le paiement n'a pas lieu, on fera appel au Conseil de prud'hommes qui autorisera, s'il y a lieu, la perception du capital et des frais par voie de contrainte contre le propriétaire et le locataire suivant les responsabilités respectives.

ARTICLE 121.

On procédera de même vis-à-vis des locataires qui ne payent pas la cotisation qui leur incombe pour le curage ou autres dépenses mises à leur charge, soit par ces ordonnances, soit par l'usage admis dans la Huerta et

---

pago, que le será admitido por el dueño de las tierras á cuenta del rento que deba satisfacer.

ARTÍCULO 119.

Si el hacendado ó su apoderado no reside en esta capital ni en la huerta, será requerido el arrendador, que verificará el pago bajo las reglas establecidas en el artículo anterior.

ARTÍCULO 120.

Si hechos los requerimientos expresados en los artículos anteriores no se verificase el pago, se acudirá al Consejo de hombres buenos el que acordará en su caso se proceda á la cobranza del principal y costas por la via de apremio y pago contra el propietario y arrendador en sus casos respectivos.

non contraires à celles-là, soit par des conventions particulières avec les propriétaires.

ARTICLE 122.

On continuera à observer la pratique très ancienne de
diviser les tahullas en trois classes pour la répartition :
elles seront de une, de deux ou de trois *tarjas* (1); c'est-à-
dire que les unes payeront une, d'autres deux et d'autres
trois parts. Cependant, il sera permis, pour certains terrains de qualité inférieure, d'établir une nouvelle catégorie dite de demi-tarja, si l'assemblée le juge utile.

ARTICLE 123.

Chaque paire de meules d'un moulin sera taxée pour

(1) Au seizième siècle il y avait en circulation une monnaie de cuivre
portant au recto un lion et au revers un château qui valait la quatrième
partie du réal actuel de billon et on s'habitua à dire : « tahulla de une,
deux ou trois *tarjas* », parce que c'étaient les monnaies à l'aide desquelles chacun payait sa cote-part dans les répartitions au xviime siècle.

ARTÍCULO 121.

Del mismo modo se procederá con los arrendadores que no paguen lo que les corresponda por mondas ú otros gastos que sean de
su cargo, ya por lo dispuesto en estas Ordenanzas, ya por la práctica no contraria á ellas observada en la huerta, ó por los contratos
particulares con los propietarios.

ARTÍCULO 122.

Se continuará la práctica que de muy antiguo está establecida
de dividir las tahullas para los repartos en tres clases, considerando unas de tres tarjas (1), otras de dos y otras de una. Es decir
que unas tahullas pagarán tres tantos, otras dos y otras uno ; esto
sin embargo, si por la calidad especial ó inferior de algunos terre,
nos conviniere y lo acordare así el juntamento respectivo, podrán

(1) En el siglo xvi corría una moneda de cobre con un león en el an-
verso y un castillo en el reverso, que valía la cuarta parte de nuestros
reales de vellón, y empezó á decirse tahullas de una, dos ó tres tarjas,
porque eran las monedas con que contribuyó, cada una, en los repartos del siglo xvii.

cent tahullas de la catégorie correspondante au canal sur lequel le moulin est situé. Il est fait exception pour le moulin de Nelva, dont les meules sont taxées à 75 tahullas. On compte 1,000 tahullas à la fabrique de poudre, 300 à celle de salpêtre et 100 à la filature de laine. Quant aux autres fabriques qui utilisent les eaux, le procureur et les inspecteurs proposeront à l'assemblée, qui décidera, le nombre de tahullas qu'il convient d'appliquer.

ARTICLE 124.

Les répartitions relatives aux canaux d'évacuation continueront à se faire conformément à la pratique suivie jusqu'à ce jour en tenant compte des tahullas de 2 tarjas, de 1 et de 1/2 tarja.

ARTICLE 125.

Les quittances seront signées par le procureur ou le trésorier, suivant les cas.

---

establecerse para dichos terrenos otra clase ó categoria que se denominará de media tarja.

ARTÍCULO 123.

Cadra piedra de molino se considerará para los repartos por cién tahullas de la clase ó tarja de las acequias en que esté situado, excepto las piedras del molino de Nelva que se considerarán por setenta y cinco. A la fábrica de la pólvora se le cuentan mil tahullas. A la fábrica de salitres trescientas. A la de hilar lana ciento; y á las demás fábricas que disfruten aguas, se propondrá al juntamento por el procurador y veedores el número que deba señalárseles para que por este se apruebe.

ARTÍCULO 124.

Para los repartos que haya que hacer en los azarbes y sus hijuelas, se continuará considerando las tahullas de dos tarjas y de una ó de tarja entera y media tarja, según la práctica observada hasta el día.

Article 126

Lorsque l'ouvrage ou la dépense, autorisé par l'assemblée générale de toute la Huerta ou d'une rive, sera terminé, le compte en sera dressé par la commission qui a pris l'opération à sa charge et il sera soumis à la plus prochaine assemblée. Si l'ouvrage ou la dépense se rapporte à un canal ou à un collecteur particulier, les intéressés seront convoqués pour le même objet dans le délai obligatoire d'un mois.

CHAPITRE XIII.

Des Assemblées.

Article 127.

Une assemblée est la réunion des propriétaires ou de leurs représentants de toute la Huerta, ou d'un côté de

---

Artículo 125.

Los recibos estarán firmados por el procurador ó depositario en su caso respectivo.

Artículo 126.

Concluida la obra ó gasto acordado en juntamento general de toda la huerta ó de un lado de ella, se formará la cuenta de la inversión por la comisión á cuyo cargo hubiese estado y se presentará precisamente en el júntamento inmediato. Si la obra ó gasto fuese de una acequia ó azarbe particular, se citará á su juntamento respectivo para el mismo objeto en el término improrrogable de un mes.

CAPÍTULO DÉCIMOTERCERO.

De los juntamentos.

Artículo 127.

Juntamento es la reunión de los hacendados ó sus representantes de toda la huerta ó de un lado de ella, ó de alguna ó algunas de las

celle-ci, ou encore de un ou plusieurs canaux ou collecteurs ; ils sont convoqués et présidés par le président du Municipe de la capitale ou son délégué. L'assemblée, suivant l'étendue des terrains représentés, est dite : générale, générale du côté nord ou du côté sud, ou particulière.

ARTICLE 128.

L'assemblée générale se composera des procureurs et suppléants de tous les canaux de la Huerta. L'assemblée générale d'un côté de la Huerta réunira les procureurs et suppléants des canaux de ce côté. L'assemblée particulière comprendra les représentants de tous les domaines qui dépendent des canaux objet de la réunion. Les propriétaires intéressés, par eux-mêmes ou par représentants, pourront assister aux assemblées générales et prendre part aux discussions et aux votes.

acequias ó azarbes, convocados y presididos por el presidente del Ayuntamiento de la capital ó por quien delegue. En el primer caso se llama juntamento general ; en el segundo, juntamento general del lado del norte ó el mediodia, y en el tercero juntamento particular.

ARTÍCULO 128.

El juntamento general se compondrá de los procuradores y suplentes de todas las acequias de la huerta. El juntamento general de un lado de huerta de los procuradores y suplentes de todas las acequias de aquel lado ; el juntamento particular de todos los heredados de una ó más acequias ó de uno ó más azarbes. A los juntamentos generales podrán asistir los propietarios interesados ó sus representantes con voz y voto.

ARTÍCULO 129.

Cuando se hubiese de tratar un asunto que interese á todos los heredamientos de la huerta, se hará en juntamento general ; si solo

Article 129.

L'assemblée générale s'occupe des affaires qui intéressent tous les domaines de la Huerta. Les questions qui ont trait aux propriétés d'un même côté de la Huerta sont soumises à l'assemblée générale de ce côté. L'assemblée particulière résout les points qui intéressent un ou plusieurs domaines.

Article 130.

Pour représenter un propriétaire à l'assemblée, il suffit de produire une autorisation écrite sur papier libre et signée. Si le propriétaire ne sait signer, il pourra faire signer la procuration par une personne de responsabilité incontestée et connue de l'assemblée. Le procès-verbal signalera les procurations présentées.

Article 131.

Pour délibérer valablement et prendre des résolutions, l'assemblée générale doit réunir au moins les procureurs

---

interesa á un lado de la huerta, se hará juntamento general de aquel lado, y si interesa á uno ó más heredamientos, se tratará en juntamentos particulares.

Articulo 130.

Para representar á los propietarios interesados en un juntamento, bastará la autorización de aquellos por escrito en un papel simple con su firma; si no supiese escribir el propietario podrá este autorizar al sugerente por persona que firme á su ruego, siendo de responsabilidad conocida é indubitada en el juntamento, y en uno y otro caso se anotará en el expediente haberlo presentado.

Articulo 131.

Para resolver ó acordar alguna cosa en un juntamento general,

et suppléants de la moitié plus un des canaux ou domaines de toute la Huerta. Dans les assemblées d'un côté de la Huerta, il faudra la présence des procureurs et suppléants de la moitié plus un des canaux de ce côté. Si l'assistance ne réunit pas cette majorité, on tiendra une deuxième réunion qui pourra valablement voter avec la présence à l'assemblée des procureurs ou des suppléants de la moitié plus un des canaux intéressés. Aux assemblées particulières doivent être présents au moins 5 propriétaires ou fondés de pouvoirs.

Article 132.

Le procureur de un ou de plusieurs domaines n'aura qu'une voix ; il en sera de même de la personne représentant plusieurs propriétaires et du propriétaire ayant la procuration d'autres votants.

Article 133.

Dans toutes les assemblées les résolutions sont prises à

---

se necesita la concurrencia á lo menos de los procuradores y suplentes de la mitad y uno más de las acequias ó heredamientos de toda la huerta. En los juntamentos de un lado de esta, la asistencia de los procuradores y suplentes de la mitad y uno más de las acequias de aquel lado. Cuando por no haber asistido el número anteriormente prefijado se tuviere segunda reunión, podrán válidamente acordar hallándose presentes los procuradores ó suplentes de la mitad y uno más de las acequias, según la clase de juntamento que se celebre. En los juntamentos particulares han de concurrir á lo menos cinco propietarios ó sus apoderados.

Artículo 132.

Aunque uno sea procurador de uno ó más heredamientos no tendrá más que un voto, lo mismo sucederá á los que representen á dos ó

la majorité des voix, c'est-à-dire la moitié plus un des
votants présents à l'assemblée. Les décisions lient la
minorité et les absents. En cas de parité le président
décidera ; en dehors de cette éventualité, le président ne
vote pas s'il n'est propriétaire.

Article 134.

Si par quelque éventualité il était impossible de rédiger
le procès-verbal de l'assemblée, d'en donner lecture et de
l'approuver avant de lever la séance, on nommera, à la
pluralité absolue des voix, deux à cinq membres ayant
concouru à la réunion pour examiner et approuver le
procès-verbal. Celui-ci, lorsqu'il est approuvé par l'assemblée, est signé par le président et tous les membres présents ; dans le cas contraire, il est signé par le président
et les personnes nommées et commissionnées à cette fin.

---

más hacendados y á los que sean hacendados y á la vez sean
apoderados de otros.

Artículo 133.

En todos los juntamentos se tendrá por acuerdo lo que determine
el mayor número de votos ; esto es, la mitad y uno más de los que
en aquel juntamento se hallen presentes, lo que se acuerde obli-
gará á los que hayan sido de contraria opinión y á los que no hayan
asistido. En caso de empate decidirá el presidente, en cuyo
solo caso tendrá voto si no es hacendado.

Artículo 134.

Si por algún evento no fuese posible extender en limpio el acta
del juntamento que se celebrare, para que esta sea leída y aprobada por el mismo antes de su disolución, se autorizará y nombrará
á pluralidad absoluta de votos un número que no bajará de dos ni
excederá de cinco de los que hayan concurrido al acto, para su examen y aprobación : en el primer caso, el acta, una vez aprobada
por el juntamento, se firmará por el presidente y los individuos que

ARTICLE 135.

Les assemblées se tiennent à la maison de ville ou dans un autre local selon ce que décrète le président du Conseil communal ou son délégué. (1)

ARTICLE 136.

Aux assemblées de toute la Huerta ou d'un côté de celle-ci, les procureurs et suppléants sont convoqués par lettres signées du secrétaire; à cet effet, il sera tenu au secrétariat la liste de tous ces intéressés avec leurs domicile et résidence. Les propriétaires seront avisés par édits et par le bulletin officiel.

ARTICLE 137.

Pour les assemblées particulières, on convoquera par lettre, comme ci-dessus, les propriétaires ou les fondés

(1) Ces avis doivent être donnés au moins 15 jours d'avance.

---

se hallen presentes ; y en el segundo lo será por dicha autoridad y las personas nombradas y comisionadas según queda dicho.

ARTÍCULO 135.

Los juntamentos se celebrarán, previo decreto del presidente del Ayuntamiento ó del que haga sus veces, en las Casas consistoriales ú otro local que por el mismo se designe.

ARTÍCULO 136.

Para los juntamentos generales de toda la huerta ó de un lado de ella se citará á los procuradores y suplentes de las acequias por medio de esquelas firmadas por el secretario, á cuyo fin habrá en la Secretaría una lista de todos con expresión de su domicilio y residencia. A los propietarios se les avisará por edictos y por el Boletín oficial (1).

(1) Debe hacerse por lo menos con quince dias de anticipation.

de pouvoirs connus et résidant dans la capitale ; les autres
le seront par édits affichés en ville et dans les bourgs et
villages par où passe le canal ou collecteur.

ARTICLE 138.

Pour chaque assemblée générale, on payera au secrétaire 200 réaux pour son assistance, la rédaction du
procès-verbal et des convocations et le papier ; le portier
recevra 60 réaux pour son assistance et la répartition
des convocations. Pour une assemblée particulière, ces
indemnités seront réduites à 80 et 40 réaux.

ARTICLE 139.

Les expéditions originales des procès-verbaux, avec les
minutes respectives, s'il en existe, seront classées en dos-
siers distincts pour chaque groupe de domaines et conservés aux archives de la municipalité sous la garde du
secrétaire.

ARTÍCULO 137.

Para los juntamentos particulares se citará por medio de iguales
esquelas á los heredados ó sus apoderados conocidos residentes en
la capital, y á los demás por edictos que se fijarán en la misma y en
los partidos ó villas por donde pase la acequia ó azarbe.

ARTÍCULO 138.

En la celebración de un juntamento general se darán al secretario
doscientos reales por su asistencia, extensión del acta y de las
esquelas y el papel ; al portero por repartirlas y asistir sesenta.
Si el juntamento es particular se darán ochenta al secretario y
cuarenta al portero.

ARTÍCULO 139.

Los expedientes originales de los juntamentos á los cuales se uni-
rán sus respectivos borradores, cuando los haya, se conservarán á

ARTICLE 140.

Les propriétaires de chacune des deux zones tiendront, tous les deux ans, une assemblée particulière ordinaire, ceux de la rive nord une année et ceux du midi l'année suivante. Le procureur veillera à ce que ces assemblées se tiennent en novembre ou en décembre, afin que pour le 1er janvier les nouveaux employés de toutes les sections à renouvellement soient déjà nommés et puissent entrer en fonctions.

ARTICLE 141.

L'assemblée générale ordinaire se tiendra chaque année la deuxième semaine de janvier et la commission des propriétaires prendra soin qu'il en soit ainsi. Si, dans le cours de l'exercice, il survient une circonstance qui le demande, on convoquera extraordinairement.

---

cargo del secretario del Ayuntamiento en el archivo de la misma corporación y en legajos separados de cada uno de los heredamientos.

ARTÍCULO 140.

Cada dos años habrá juntamento particular ordinario de cada una de las acequias y azarbes, celebrándose un año los del lado del Mediodía y otro año los del lado del Norte. El procurador cuidará y pedirá que se celebre el año que corresponda en uno de los días del mes de Noviembre ó Diciembre, de modo que para el primero del año estén ya nombrados los nuevos empleados de todos los heredamientos que deban renovarse, en cuyo primer día tomarán posesión y entrarán en ejercicio.

ARTÍCULO 141.

En la segunda semana del mes de Enero de cada año se celebrará el juntamento general ordinario, cuidando la Comisión de Hacen-

ARTICLE 142.

Tout propriétaire peut demander que l'on convoque à ses frais une assemblée extraordinaire. Le procureur peut la demander aux frais de la communauté lorsque cinq propriétaires la réclament ou lorsqu'il y a quelque affaire intéressante à traiter.

CHAPITRE XIV.

De la distribution et de l'utilisation de l'eau.

ARTICLE 143.

Aussi longtemps qu'il ne paraîtra pas un nouveau règlement de distribution d'eau, approuvé par l'autorité compétente, la pratique observée jusqu'ici et conforme aux antécédents que renseignent les archives du Municipe de la capitale sera maintenue en ce qui concerne les

---

dados de que así se verifique, y si entre año ocurriese algún motivo se celebrarán los extraordinarios que convengan.

ARTÍCULO 142.

Todo hacendado podrá pedir que se cite á su costa á juntamento extraordinario, y el procurador podrá también pedirlo á costa del heredamiento, cuando haya que tratar algún negocio de interés ó sea invitado á ello por cinco propietarios.

CAPÍTULO DÉCIMOCUARTO.

De la distribución y aprovechamiento del agua.

ARTÍCULO 143.

Mientras no se haga con la competente aprobación un nuevo reglamento ó distribución de agua, continuará en cuanto á las dotaciones y tandas la práctica hasta aquí observada, conforme á los antecedentes que existen en el archivo del Ayuntamiento de la

dotations et les tournées. Les terres qui sont arrosées par retenue dans les deux canaux majeurs ont leur tour de 6 h. du matin, le dimanche, jusqu'au lundi à la même heure, en observant ce qui est prévu par l'ordonnance de 1842 pour Barreras et en continuant la distribution établie pour Aljufia.

Article 144.

Les altérations, ruptures et autres abus qui se remarqueraient aux prises d'eau des canaux seront immédiatement corrigés et les choses remises en leur état normal aux frais des intéressés utilisant le canal qui a bénéficié de l'irrégularité commise. S'il y a des moulins alimentés par ce canal, les meuniers payeront les 2/3 de la dépense et les irrigants un tiers. Si un préjudice a été causé à des tiers, les mêmes bénéficiaires payeront l'indemnité correspondante et, en plus, ils seront passibles d'une amende s'élevant de 1 à 3 fois cette indemnité, suivant

---

capital. Las tierras que riegan con las rafas en ambas acequias mayores, tienen su tanda desde las seis de la mañana de todos los domingos hasta igual hora de la mañana del lunes, observándose lo prevenido en la Ordenanza del año 1842 para la de Barreras y continuando la distribución establecida para la de Aljufia.

Artículo 144.

Las alteraciones, roturas y demás abusos que se cometan ó notaren en las tomas de las acequias, serán inmediatamente repuestas á su verdadero estado á costa de los interesados regantes de la acequia que reciba el beneficio ó aumento de sus aguas á virtud de aquella novedad, y si hubiese molinos en el cauce, pagará el molinero dos terceras partes y una los regantes ; si se causare perjuicio á tercero, se abonará por los mismos y además incurrirán en la multa del tanto al triplo del daño que causaren á juicio del Con-

le jugement du Conseil des prud'hommes. Les condamnés conservent le droit de recours contre l'auteur du délit, si on venait à le découvrir plus tard.

ARTICLE 145.

Lorsque l'irrigation est finie, on doit fermer la vanne sur le canal et laisser ouverte la coupure de déversement par où s'écoulera, sans préjudice pour personne, l'eau qui, pour une cause quelconque, s'échapperait du canal. Lorsque ensuite un autre propriétaire doit prendre l'eau par le même fossé, il fermera la coupure laissée ouverte et ouvrira celle qui amènera l'eau sur ses terres. Chacun doit ainsi fermer la coupure de celui qui a irrigué avant lui, quand il ouvre la vanne pour commencer lui-même à irriguer.

ARTICLE 146.

Il ne suffit pas, pour ne pas perdre de l'eau, que les rigoles de distribution se terminent à point, il faut encore

---

sejo de hombres buenos, quedándoles salvo su derecho para repetir contra el causante si apareciere ó resultare despues.

ARTÍCULO 145.

Cuando se acaba de regar debe taparse bien la ventana de la acequia dejando abierto el portillo del bancal para que entre en él toda el agua que por cualquier motivo salga de la acequia y no perjudique á nadie. Si después otro tiene que aprovechar el agua por el mismo brazal, tapará este el portillo anterior y dejará el suyo abierto con el mismo objeto ; cuidando siempre cada uno de cerrar el portillo del que regó antes, cuando quite la parada para empezar á regar.

ARTÍCULO 146.

Para que no se extravíe el agua no basta que los brazales no tengan cola ; deben también estar recargados ó levantados los már-

relever les bords des levées de terre, de façon que l'eau ne puisse s'écouler par les chemins, les ramifications des collecteurs ou autres.

Article 147.

Celui qui irrigue indirectement des terres d'autrui, ou quelque chemin, ou détourne l'eau d'une manière quelconque, payera, outre les dommages et préjudices, une amende de 40 à 500 réaux, à fixer par le Conseil des prud'hommes.

Article 148.

Sera seul exempté de l'amende celui qui pour la première fois aura indirectement irrigué par quelque fuite d'eau ; il ne le sera plus à la récidive parce qu'il aurait pu et dû faire disparaître la fuite.

Article 149.

La peine stipulée à l'article 147 sera appliquée à tous

---

genes de los bancales, de modo que por encima no salte el agua á los caminos, escorredores ni á otra parte.

Artículo 147.

El que sonriegue bancal ajeno ó algún camino ó de cualquier modo extravíe el agua pagará el daño ó perjuicios y además una multa de cuarenta á quinientos reales á juicio del Consejo de hombres buenos.

Artículo 148.

De esta multa solo se eximirá el que por primera vez haga el sonriego por algún ratonero, mas no á la segunda porque ya deberá haberlo remediado cavando el margen ó de otro modo.

Artículo 149.

La pena que se establecé en el art. 147 se entiende establecida

les cas de manquement aux présentes ordonnances et pour lesquels il n'y a rien de spécialement prévu.

Article 150.

Celui qui, usurpant l'eau qui ne lui appartient pas, arrose pendant le temps attribué à un autre, sera condamné à payer les dommages et préjudices, lesquels seront taxés par deux experts nommés par les parties et, en cas de désaccord, par un troisième désigné par le Conseil des prud'hommes. Il encourra, en outre, une amende s'élevant de 1 à 3 fois le montant du préjudice, au jugement du dit Conseil.

Article 151.

La preuve du vol de l'eau s'établira par deux témoins qui auront vu entrer l'eau sur les terres de l'usurpateur ou par trois témoins qui auront vu ces terres irriguées. Si, en vue de la gravité du cas, le Conseil croit devoir prendre

---

para todos los casos en que se quebrante cualquier artículo de estas Ordenanzas que no tenga pena determinada.

Artículo 150.

El que riegue en la tanda de otro usurpando el agua, además de pagar los daños y perjuicios que causare, según tasación de peritos nombrados por cada parte y tercero en caso de discordia, que será nombrado por el Consejo de hombres buenos, incurrirá en una multa del tanto al triplo del daño que causare á juicio del referido Consejo.

Artículo 151.

Para acreditar el hurto del agua bastarán dos testigos que hayan visto estar entrando el agua en el bancal del usurpador, ó tres que hayan visto el bancal regado. En los casos en que por la gravedad del asunto, á juicio de Consejo deba tomarse precauciones para que

des précautions et éviter que les témoins se concertent, il ordonnera que ceux-ci soient tenus dans un local séparé de la salle d'audience et qu'ils comparaissent un à un ; l'interrogatoire aura toujours lieu en présence des parties et du public. S'il se présentait des contradictions dans les témoignages, le Conseil des prud'hommes tranchera le cas en se rendant sur les lieux. Les frais seront à charge du condamné.

ARTICLE 152.

Celui qui n'utilise pas l'eau à laquelle il a droit aux heures qui lui sont attribuées, ne peut la céder à autrui ; il doit la laisser couler comme un excès d'eau. Toute eau qui a déjà franchi la vanne, le portillon ou le répartiteur qui correspond à la tournée constitue de l'eau en excès.

ARTICLE 153.

Ceux qui irriguent par l'amont pourront préparer leurs

---

los testigos no se confabulen, deberá disponerse que estos esperen en un local apartado de la sala de la Audiencia, y que sean llamados uno tras otro ; pero siempre serán examinados á presencia de las partes y del público. Si se presentase contradicción testifical se resolverá el asunto por medio de la vista ocular que determinará y dispondrá el Consejo de hombres buenos á costa del que resulte condenado.

ARTÍCULO 152.

El que no utilice el agua de su dotación en las horas de su tanda no puede cederla á otro y debe dejarla correr como de sobra. Es agua de sobras la que ya ha pasado del portillo, ventana ó partidor á que corresponde la tanda.

ARTÍCULO 153.

Los que rieguen por alto podrán hacer sus entables veinticuatro

barrages, en planches et non en terre, 24 heures avant leur tour. Toutefois, ceux qui arrosent le premier jour ne peuvent fermer avant l'heure où commence le tour à la tête du canal.

ARTICLE 154.

En hiver, soit du 1er octobre au 31 mars, pendant les venues d'eaux troubles, il ne sera pas permis de faire des barrages pour irriguer, sans laisser un vide de 1/4 de palme entre le seuil et le bord inférieur du vannage, afin d'éviter l'ensablement des fossés. Celui qui arrosera, même son bien, sans prendre cette précaution, sera passible d'une amende de 100 réaux.

---

horas antes de su tanda, no con tierras sino con tablas ; advirtiéndose que los que rieguen en el primer día de la tanda, no pueden entablar hasta la hora en que esta principia en la cabeza de la acequia.

ARTÍCULO 154.

En los meses de invierno, ó sea desde el 1.º de Octubre hasta fin de Marzo, durante las avenidas de aguas turbias, no se podrán hacer paradas para regar, sin dejar un claro de una cuarta de palmo entre la solera y la primera tabla que se coloque, á fin de evitar los enrunes de los cauces : el que riegue aunque sea su tanda sin esta precaución, incurrirá en la multa de cien reales.

CHAPITRE XV.

Des roues hydrauliques (1).

ARTICLE 155.

Aussi longtemps que le système actuel de répartition et distribution d'eau reste en vigueur, les canaux d'eaux vives continueront à alimenter les roues qui ont été dûment autorisées par la municipalité et celles qui, sans cette autorisation, ont une existence ininterrompue de plus de vingt ans, sans avoir été contestées d'une façon formelle par les propriétaires des domaines irrigués par les mêmes canaux.

ARTICLE 156.

Les titres ou les justifications mentionnés à l'article précédent seront présentés au Municipe qui en prendra

(1) *Ceña* signifie *Noria* ou roue à godets : cette dernière traduction répond mieux au texte.

CAPÍTULO DÉCIMOQUINTO.

De las ceñas.

ARTÍCULO 155.

En los cauces de aguas vivas, interin no se realice nuevo reparto y distribución de las aguas, continuarán las ceñas que tengan la autorización competente de este Ayuntamiento, y las demás que aun cuando no aparezca su concesión se hallen establecidas sin interrupción por más de veinte años, y no hayan sido contrariadas formalmente por los heredamientos respectivos.

ARTÍCULO 156.

En el término de dos meses después de la publicación de estas Ordenanzas se presentarán al Ayuntamiento los títulos ó justificaciones de que habla el articulo anterior para su toma de razón.

note dans les deux mois qui suivront la publication de ces ordonnances.

Article 157.

Les roues qui ne rempliront pas les conditions imposées ci-dessus et celles dont les titres ne seront pas présentés dans le délai de deux mois, seront détruites immédiatement par les propriétaires ou, à leur défaut, d'office et à leurs frais; ces propriétaires payeront, en outre, une amende de 500 réaux.

Article 158.

Les roues qui sont conservées et autorisées à continuer leur fonction devront se soumettre aux régles suivantes, sans excuse ni tergiversation d'aucune sorte : 1°) L'ouverture ou portillon par où elles prennent l'eau dans le canal devra être en maçonnerie de pierre ou briques, avec seuil en pierre ; 2°) Dans chaque ouverture on placera une

---

Artículo 157.

Las ceñas que no lleven más de veinte años en la forma referida y las que no se hubieren presentado en el término de los dos meses para la toma de razón, serán destruidas desde luego por sus dueños, ó de oficio en su caso á costa de los mismos y con la multa de quinientos reales.

Artículo 158.

Las ceñas que hayan de subsistir y continuar por la toma de razón, han de cumplir sin excusa ni tergiversación ninguna, las reglas siguientes: 1.ª El portillo del cauce por donde toman el agua se ha de construir de piedra ó ladrillo y solera de piedra. 2.ª En cada uno de estos portillos se ha de colocar bien ajustado un tablacho con candado. 3.ª Solamente podrán utilizarse del artefacto

vanne bien ajustée, avec un cadenas ; 3°) Le maître de la roue n'utilisera celle-ci qu'aux heures d'irrigation qui lui sont assignés et pour le nombre de tahullas qui lui sont attribuées.

Les propriétaires ou exploitants de roues qui ne jouissent pas d'autre concession, doivent s'en tenir à pratiquer leur industrie aux heures de la tournée et pendant que l'eau est coupée au répartiteur qui suit immédiatement, sans préjudice pour qui croit avoir un droit de priorité de présenter ses titres.

Article 159.

Quiconque négligera d'observer toutes les prescriptions ci-dessus signalées, payera l'amende de 5 à 15 duros pour la première et la deuxième fois. S'il récidive une troisième fois, la roue sera dénoncée comme préjudiciable pour la section où elle est située et dès ce moment son emploi sera interdit.

---

en las horas de riego que correspondan al dueño de la ceña por el número de tahullas que tuviere con riego de aquel cauce.

Las tenedores ó dueños de ceña que no tengan concedido otro derecho, deben concretarse á hacer uso del artefacto solo en las horas de su tanda y durante esté cortada el agua en el partidor inmediato que le subsiga, sin perjuicio de que el que se considere con más derechos presente sus títulos ó concesiones.

Artículo 159.

Cualquiera que dejare de observar alguna de las reglas anteriormente señaladas pagará la multa de cinco á quince duros por la primera y segunda vez, y si reincidiese la tercera, será denunciada la ceña como dañosa y perjudicial para el heredamiento en que está situada, quedando suspendido su uso desde aquel acto.

CHAPITRE XVI.

De la Commission de propriétaires de la Huerta.

Article 160.

La Commission de propriétaires de la Huerta se composera de six personnes possédant toutes des terres de cette Huerta. On pourra également nommer des fondés de pouvoirs, mais seulement pour deux des six membres. L'élection appartient à l'assemblée générale et la moitié de la Commission est renouvelée chaque année par l'assemblée ordinaire annuelle. Il sera nommé aussi deux suppléants pour parer aux cas de mort, absence ou incapacité des membres.

Article 161.

La charge de membre de la Commission est honorifique, gratuite et obligatoire. Les membres sont rééligibles, mais

---

CAPÍTULO DÉCIMOSEXTO.

De la comisión de hacendados de la huerta.

Artículo 160.

La comisión de hacendados de la huerta se compondrá de seis individuos todos con propiedad en ella ; podrán también nombrarse de la clase de apoderados, pero en este caso nunca entrarán á formar parte de la misma más que dos de los seis que han de componerla. Su elección corresponde al juntamento general y en el ordinario de cada año se renovará alternativamente la mitad : también se elegirán dos suplentes para los casos de muerte, ausencia ó enfermedad de cualesquiera de los propietarios.

Artículo 161.

El cargo de individuo de la junta de hacendados es honorífico, gratuito y obligatorio, pueden ser reelegidos, pero en este caso no

à l'expiration de leur mandat, et pendant deux ans ils
ne sont plus obligés d'accepter. Le procureur ou le suppléant d'un canal ou collecteur peut être membre de la
Commission.

ARTICLE 162.

Les membres de la Commission désignent parmi eux un
président et un secrétaire-comptable. L'assemblée générale nommera, en outre, un trésorier qui recevra et admi-
nistrera tous les fonds appartenant à la communauté, avec
l'intervention du service de la comptabilité. Tous les
paiements devront être justifiés par un mandat du président et l'autorisation du secrétaire-comptable.

ARTICLE 163.

Les attributions de la Commission sont : 1º) l'administration générale des fonds appartenant à la communauté,

---

estarán obligados à aceptarlo hasta que hayan transcurrido dos
años del en que hubieren cesado en el referido cargo. El ser procurador ó suplente de alguna acequia ó azarbe, no es obstáculo ni
circunstancia precisa para ser nombrado.

ARTÍCULO 162.

La comisión de hacendados nombrará entre sus individuos un presidente y secretario-contador; habrá adémas un depositario nombrado por el juntamento general, que recibirá y administrará todos
los fondos pertenecientes al mismo con la intervención de la contaduria; no siéndole admitida cantidad alguna en su descargo que
no vaya justificada con libramiento expedido por el señor presidente
de la Comisión y autorizado por el secretario-contador.

ARTÍCULO 163.

Corresponde á la comisión de hacendados :1.º La administración
general de los fondos pertenecientes á los hacendados de esta

avec charge d'en rendre compte en temps opportun ; 2°) Le soin des intérêts et des droits des propriétaires en général, la représentation légale en justice et dans tous les actes nécessaires à la conservation et à la garde de leurs intérêts, privilèges et usage des eaux ; 3°) L'indication, à ceux que la chose concerne, des mesures qu'il convient d'adopter pour améliorer les services, pour la meilleure utilisation et distribution des irrigations, pour les curages et tous autres travaux destinés à perfectionner le système distributif et économique des irrigations ; 4°) Remettre au Municipe et aux autorités les rapports qui sont demandés sur les affaires confiées à ses soins.

---

huerta, rindiendo sus cuentas en su oportuno tiempo. 2.º Vigilar por los intereses y derechos de los hacendados en general, representándolos legalmente en juicio, y en todos cuantos actos sean necesarios para la conservación y guarda de sus intereses, privilegios y utilidad de sus aguas. 3.º Exponer á quien corresponda las medidas que convenga adoptar para mejorar los servicios, aprovechamiento y buena distribución de los riegos, mondas y demás objetos que conduzcan á perfeccionar el sistema distributivo y económico de los mismos. Y 4.º Evacuar los informes que se pidan por el Áyuntamiento y autoridades sobre los asuntos y negocios encargados á su cuidado.

CHAPITRE XVII.

Du Conseil des Prud'hommes.

ARTICLE 164.

C'est le Conseil des prud'hommes qui résoud et juge toutes les questions et réclamations que soulèvent les dommages causés à des tiers et tous abus et infractions déterminés dans ces ordonnances. Est nulle et illégale toute résolution qui sort des facultés accordées au Conseil par ces ordonnances.

ARTICLE 165.

Le Conseil tiendra ses audiences tous les jeudis et dimanches, de neuf heures à midi, à l'hôtel de ville, dans la salle qui lui sera réservée par la municipalité. Les audiences seront publiques; les jugements se rendront et les résolutions se prendront à la majorité absolue des

---

CAPÍTULO DECIMOSÉPTIMO.

Del Consejo de hombres buenos.

ARTÍCULO 164.

El Consejo de hombres buenos es el que falla y resuelve todas las cuestiones y demandas que se presenten sobre los perjuicios que se causen á tercero y demás abusos é infracciones determinadas en estas Ordenanzas, siendo nulo é ilegal todo cuanto acuerde, que no esté comprendido en las facultades que se le señalan por las mismas.

ARTÍCULO 165.

El Consejo de hombres buenos celebrará sus audiencias en público en las casas consistoriales en el local que se le destine para este objeto por el Ayuntamiento, todos los jueves y domingos de cada semana desde las nueve hasta las doce de la mañana : sus

voix, après avoir entendu les parties et examiné les preuves présentées. On inscrira dans un livre, tenu en forme légale, un résumé des questions et les résolutions du Conseil ; le livre, ainsi que les expéditions demandées par les parties, seront signés par le président et le secrétaire.

Article 166.

Le maire ou son délégué présidera le Conseil ; il ne prendra part au vote que pour décider en cas de partage des voix. La même autorité sera chargée de faire exécuter les résolutions du Conseil par voie de contrainte et de paiement, lorsqu'aucune des parties n'oppose une réclamation.

Article 167.

La réclamation ne sera admise que si elle vise une cause de nullité ou une injustice notoire et, dans ce cas,

---

fallos y resoluciones se harán de plano y por mayoría absoluta de votos, después de haber oído á las partes y examinado las pruebas que presenten, extendiéndose en un libro, que se llevará en forma legal, el extracto de la cuestión y la resolución del Consejo, que se firmará por el presidente y secretario. Asimismo se expedirá certificación á las partes si la pidieren.

Artículo 166.

El alcalde ó su delegado presidirá el Consejo y solo tendrá voto en él para decidir en caso de empate : la misma autoridad queda encargada de llevar á efecto sus resoluciones por la vía de apremio y pago cuando no se haya interpuesto reclamación por alguna de las partes.

Artículo 167.

La reclamación solo podrá admitirse cuando se interponga por causa de nulidad ó injusticia notoria, y en este caso deberá some-

elle devra être soumise au Conseil municipal. La réclamation, pour être valable, doit être formulée dans les trois jours qui suivent le jugement des Prud'hommes.

Article 168.

Le Conseil municipal déclarera si, dans la cause qui lui est soumise, il y a ou non nullité ou injustice et il renverra le dossier avec sa résolution au Conseil des Prud'hommes. S'il y a lieu, celui-ci examinera à nouveau l'affaire avec l'assistance d'un nombre de membres double, en s'adjoignant les personnes qui formaient le Conseil le mois précédent.

Article 169.

Le Conseil des Prud'hommes est composé de sept membres : cinq sont pris parmi les procureurs des canaux de la Huerta et deux parmi les inspecteurs. Ils sont renouvelés tous les mois, et la même personne ne peut remplir les fonctions deux fois en la même année. Le

---

terse á la deliberación del Ayuntamiento; no tendrá tampoco lugar dicha reclamación pasado el término de tercero dia del en que se haya fallado la cuestión por el Consejo.

Artículo 168.

El Ayuntamiento declarará si hay ó no nulidad ó injusticia en la cuestión reclamada, y con su resolución se devolverá el expediente al Consejo para que se abra de nuevo el juicio, en su caso, con la asistencia de un doble número de vocales, que lo serán los que compusieron dicho Consejo en el mes anterior, á más de los que dictaron el fallo recurrido.

Artículo 169.

El Consejo de hombres buenos lo componen cinco individuos que sean procuradores de las acequias de esta huerta y dos veedores de las mismas, los cuales se renovarán todos los meses, no

Conseil est légalement constitué lorsque quatre membres sont présents.

Article 170.

A l'assemblée générale qui doit se tenir la deuxième semaine de janvier chaque année, on placera dans une urne autant de boules qu'il y a de procureurs de chacun des canaux, les billets portant le nom du canal et l'indication procureur 1º, procureur 2º. Les boules sont ensuite mises dans une urne et celle-ci est fermée à double clef dont l'une est remise au président du Municipe, l'autre au président de la commission des propriétaires. L'urne est gardée au secrétariat de la ville. La même opération sera répétée en ce qui concerne les inspecteurs avec une deuxième urne. Dans sa dernière réunion ordinaire de chaque mois, le Conseil municipal, en présence du président de la commission des propriétaires et du public, tire cinq boules de la première urne et

---

pudiendo ejercer este cargo los que lo hayan desempeñado una vez en el año; y se considera legalmente constituido cuando se hallen presentes cuatro de sus individuos.

Artículo 170.

En el juntamento general que debe celebrarse en la segunda semana del mes de Enero de cada año, se insacularán tantas bolas cuantos sean los procuradores de cada una de las acequias, escribiendo en papeletas el nombre de la acequia con la adición de procurador 1.º, 2.º, etc.; dichas bolas quedarán depositadas y encerradas en un globo con dos llaves, de las cuales tendrá la una el presidente del Ayuntamiento y la otra el de la comisión de hacendados, custodiándose en la secretaría de Ayuntamiento. Igual operación se practicará con el número de veedores depositados en otro globo bajo iguales reglas y formalidades. En la última sesión ordinaria de cada mes reunido el Ayuntamiento con la asistencia

deux de la seconde. Il fait savoir aux intéressés que le sort les a désignés pour composer le Conseil des Prud'hommes pendant le mois qui va suivre.

Article 171.

Pour éviter que, pour une cause quelconque, le Conseil néglige de se constituer les jours signalés pour les audiences, l'assemblée nommera trente propriétaires de la Huerta, résidant en cette ville pour suppléer au besoin les manquants. Des billets portant leurs noms seront mis dans une urne fermée et déposée dans la salle d'audience ; le président du Conseil des Prud'hommes conservera la clef. Si, à l'heure fixée pour l'audience ordinaire, il manquait un ou plusieurs membres pour constituer le Conseil, on tirera de l'urne le nombre de boules nécessaires et l'on avisera les personnes que le sort a désignées d'avoir à se présenter à l'audience et de faire partie du Conseil comme suppléants, pour cette seule séance. Les

---

del presidente de la comisión de hacendados, se sacarán públicamente cinco bolas del globo de procuradores y dos del de veedores á quienes se les comunicará haberles cabido por la suerte el nombramiento de vocales del Consejo de hombres buenos para el mes inmediato.

Artículo 171.

Para evitar que por cualquier circunstancia ó motivo deje de constituirse el Consejo en los días de audiencia que quedan señalados, se nombrarán por el juntamento treinta propietarios de esta huerta residentes en esta ciudad, los cuales colocados en otro globo cerrado y cuya llave tendrá el presidente del Consejo, quedará depositado en su sala de audiencia ; si dada la hora señalada para la audiencia ordinaria faltase alguno ó algunos de los individuos propietarios para constituir el Consejo, se sacarán de dicho globo la bola ó bolas que sean precisas para completar el que se requiere,

suppléants peuvent être appelés à siéger autant de fois que le sort les désignera.

ARTICLE 172.

Le secrétaire du Conseil sera celui du Municipe et à son défaut il sera remplacé par le secrétaire de l'Alcadie.

ARTICLE 173.

Pour son assistance aux séances du Conseil, le secrétaire ne recevra que six réaux pour chaque dénonciation, cette somme étant payée par la partie succombante. Il percevra, en outre, six réaux pour le papier des certificats demandés par les intéressés et si ces pièces comportent plus d'une feuille, il recevra deux réaux en plus pour chaque page. A la fin de chaque année il sera fait un inventaire des papiers du secrétariat avec l'intervention de deux membres du Conseil de décembre ; le secrétaire sera responsable des manquants.

---

avisando á los que les haya cabido la suerte para que se presenten á formar parte de él como suplentes para aquel solo acto. Los suplentes podrán serlo tantas cuantas veces les toque por la suerte.

ARTICULO 172.

El secretario del Consejo lo será el del Ayuntamiento y en su defecto hará sus veces el que lo sea de la alcaldia.

ARTCÍULO 173.

Por su asistencia á las sesiones del Consejo no cobrará más derechos que seis reales de cada denuncia que hubiere, los que pagará aquel contra quien se diere decisión, y otros seis reales además del papel por las certificaciones que pidan los interesados, y si estas pasan de un pliego cobrará dos reales más por cada llana. En fin de cada año se hará un inventario de los papeles de la secretaría intervenido por dos individuos del Consejo del mes de Diciembre y el secretario responderá de los que falten.

Article 174.

Toute personne peut dénoncer les infractions aux ordonnances qui portent préjudice à la communauté et le Conseil devra procéder d'office quand le dénonciateur fait défaut ; mais l'intéressé seul est autorisé à réclamer pour des dommages absolument particuliers.

Article 175.

Les réclamations pour usurpation ou détournement des eaux doivent être présentées dans les trois jours au secrétaire du Conseil, sur papier signé par l'intéressé ou par un autre, à sa demande, s'il ne sait signer. Le secrétaire donnera un reçu, si on le désire ; il convoquera les parties par deux bulletins qu'il signe : celui qui sera laissé à l'intéressé indiquera le jour et l'heure de la comparution et l'objet de la citation ; l'autre constatera que la citation a été faite, il sera signé par l'intéressé ou par un

---

Artículo 174.

Cualquiera persona está facultada para denunciar toda infracción de Ordenanza que redunde en perjuicio del común de la huerta, y el Consejo deberá también en su caso proceder de oficio á falta de denunciador ; pero los daños absolutamente particulares no los podrá reclamar más que el interesado.

Artículo 175.

Las quejas de usurpación ó extravío de agua, deben presentarse dentro de tres días al secretario del Consejo, en papel firmado por el interesado ú otro á su ruego si no sabe. De su entrega dará recibo el secretario si se le pide y citará á las partes por medio de dos papeletas firmadas por el mismo, una que se dejará al interesado consignándose en ella el día y la hora en que ha de concurrir y el objeto de la citación, y en la otra se extenderá la diligencia de haber sido citado, uniéndose después de firmada por el intere-

témoin à sa demande s'il ne sait signer, ou par deux témoins au cas où il refuserait de signer. Ce dernier bulletin sera joint au dossier. Les convocations spécifieront aussi que les intéressés doivent comparaître avec les témoins qu'ils entendent produire. Le Conseil rendra la sentence dans la séance même où l'affaire est examinée, ou, au plus tard, à la séance suivante.

ARTICLE 176.

Les autres plaintes ou dénonciations, pour infraction à un article quelconque des ordonnances, peuvent être produites au Conseil à telle époque que l'on veut, en observant la marche et les formalités indiquées à l'article précédent.

ARTICLE 177.

Le concierge du Conseil percevra deux réaux pour chaque citation faite en ville et quatre pour chacune de

---

sado ó un testigo á su ruego, si no sabe, ó dos si se negara á hacerlo, al expediente de su referencia. En las papeletas se consignará también que los interesados deben concurrir con los testigos de que intenten valerse. El Consejo fallará cada juicio en la misma sesión en que se vea ó en la siguiente á más tardar.

ARTÍCULO 176.

Las demás quejas ó denuncias sobre infracción de cualquiera otro artículo de las Ordenanzas pueden producirse en cualquier tiempo al Consejo, observando los mismos trámites y formalidades que se señalan en el artículo anterior.

ARTÍCULO 177.

El portero del Concejo percibirá dos reales por cada citación que verifique dentro de la ciudad y cuatro siendo fuera de ella, siempre

celles faites hors ville, pourvu qu'elle soit demandée par une des parties; le paiement est à charge de la partie défaillante.

ARTICLE 178.

Le procureur ou l'inspecteur qui, ayant été convoqué à siéger au Conseil, ne serait pas présent dans la salle des sessions aux jour et heure fixés, et ce, sans motif plausible et prouvé par avance, sera passible d'une amende de 1 à 50 pesetas que lui infligera le président.

APPENDICE

Régime d'étiage. — Durant les longs et brûlants étés de Murcie, comme dans tout le S.-E. de l'Espagne, — *région sèche de l'Espagne sèche*, — le volume d'eau que dérive la retenue de la Contraparada, toujours précaire,

---

que se haga á petición de parte, viniendo obligado á su pago la persona contra quien se falle el asunto que motive la cita.

ARTÍCULO 178.

El procurador ó veedor que citado para constituir el Consejo, sin causa justa y probada con anterioridad deje de asistir al salón de sesiones en el día y hora designados, incurrirá en la multa de una á cincuenta pesetas que le será impuesta por el alcalde que presida.

APÉNDICE

Régimen de estiaje. — Durante los estíos, largos y abrasadores en Murcia como en todo el S.-E. de España, *región seca de la*

laisse un déficit énorme dans l'irrigation des 100,000 tahul-
tas de Murcie. Les prises d'eau n'arrivent plus à la partie basse de la Huerta ; en même temps que l'eau d'irrigation, l'eau vive pour l'alimentation est insuffisante et on
y supplée par de l'eau morte des fossés et des puits ordinaires ; la fièvre paludéenne règne sur la moitié de la
vallée ; dans le cerveau de nos agriculteurs, surexcité
par la perspective de la misère et sur leurs lèvres des-
séchées par la fièvre, il n'y a plus qu'une pensée et une
parole : *l'eau !* Le mal a existé de tout temps et depuis
très longtemps on y a paré par des remèdes qui sont deve-
nus une véritable ordonnance coutumière jusqu'en 1827.
En cette année, la municipalité, sur l'initiative et avec
l'approbation de l'Intendant-Corregidor, en fit une ordonnance écrite qui non seulement est de rigueur comme
suite à la loi des eaux, mais qui est sanctionnée par celle-ci
en son art. 237, n° 6 et qui est exigée par la circulaire du
25 juin 1884, art. 33. Les règles prescrites en 1827 sont

España seca, el caudal de agua que deriva la presa de la Contraparada, escaso siempre (§ 204), salda con déficit enorme su cuenta
y cargo de regar las 100.000 ths. de Murcia. Las tandas no llegan
á la parte baja de la huerta, escasea con el agua para regar, el agua
viva para beber, se suple la falta de esta última con el agua *muerta*
de los azarbes y pozos ordinarios, el paludismo se enseñorea de la
mitad del valle y en el cerebro de nuestros labradores enardecido
por la perspectiva de la miseria, y en sus bocas desecadas por la
fiebre, no hay más que un pensamiento y una voz, la de *¡agua!* El
mal ha sido de siempre, aplicósele desde muy antiguo remedios que
constituyeron una verdadera ordenanza consuetudinaria hasta
1827, que se escribió en dicha fecha por el Ayuntamiento á iniciativa
y con la aprobación del Intendente Corregidor; y esta O. no solamente rige después de la Ley de agus, sino que la sanciona su
art. 237, núm. 6, y la exige el modelo circulado en 25 de Junio de

diverses (1) et d'application graduelle suivant que le manque d'eau est plus ou moins accentué.

(1) 1º ou *régime d'été*. — Surveiller les moulins et empêcher qu'ils ne relèvent le niveau au-dessus des limites consenties par les ordonnances. — Intéresser le directeur de la fabrique de poudre à ce qu'il suspende, si possible, ou qu'il réduise la fabrication durant l'été, pour diminuer ainsi, en hauteur et en durée, la retenue des eaux à la fabrique. — Surveiller le point terminus des rigoles et faire que l'on observe toutes les prescriptions des ordonnances concernant la meilleure et la plus économique utilisation de l'eau.

2º ou *régime d'étiage*. — Soumettre au régime de la rotation les propriétés arrosées par des canaux libres en temps normal ; réduire à la moitié ou au tiers la durée des rotations sur les canaux à rotations. — Défendre absolument aux participants aux eaux de l'une et l'autre catégorie d'arroser des terres sans culture ou des terrains cultivés qui ont reçu de l'eau moins de huit jours auparavant et n'autoriser l'irrigation que sur les champs de panic, de luzerne et de produits maraîchers.

Appliquer et renforcer, si possible, les mesures du premier régime ci-dessus.

3º ou *régime extraordinaire d'étiage*. — Application scrupuleuse du régime d'étiage et demande au gouverneur de concéder l'eau dite *eau de grâce*.

A cette fin, ce haut fonctionnaire ordonne aux alcaldes des localités où sont situées les prises d'eau des huertas contiguës et à l'amont de celle de Murcie, d'avoir à boucher toutes ces prises certains jours qu'il fixe et pendant trois ou plus de jours, suivant la distance. Par ce moyen on amène un grand coup d'eau à la contraparada de Murcie pendant les derniers jours de la tournée et le courant parvient jusqu'aux extrémités des fossés en nettoyant ceux-ci, entraînant les eaux stagnantes et

---

1884, por su art. 33. Las reglas escritas en 1827 son varias (1) que se aplica gradualmente según la escasez sea menor ó mayor.

(1) 1.º ó sea *régimen de estio*. — Vigilar los molinos á fin de que no eleven el regolfo á más de lo que les consienten las OO. — Interesar del Sr. Director de la Fábrica de la Pólvora que suspenda, si es posible, ó aminore la fabricación durante el estío, para que disminuyan los regolfos de la fábrica en altura y duración. — Vigilar las colas y cuidar de que se cumplan todos los artículos de las OO. encaminados al mejor y más económico aprovechamiento del agua.

2.º ó sea *régimen de estiaje*. — Sujetar á turno á los regantes de las acequias sin tanda ; y rebajar á la mitad ó á la tercera parte la duración de la tanda de cada regante en las acequias que la tienen. — Prohibir en absoluto que los usuarios de unas ú otras acequias rieguen tierras sin cultivo, ó con cultivos que estén regados de menos de ocho dias, consintiendo únicamente el riego de panizos, hortalizas y alfalfas. Sostener y reforzar si es posible las medidas del primer grupo.

3.º ó sea *régimen extraordinario de estiaje*. — Práctica escrupulosa del régimen de estiaje y petición al Gobernador de la llamada *agua de gracia*, que se obtiene oficiando dicha autoridad á los alcaldes de los términos en que están situadas las tomas de las huertas ribereñas anteriores á la de Murcia, á fin de que, en dias que se les fija, atendida la

permettant aux nombreux habitants des parties moyenne et basse de la Huerta de s'approvisionner du précieux liquide.

— La venue des eaux de grâce est toujours annoncée par un ban du maire qui recommande en même temps le respect des rigueurs imposées par le régime d'étiage ; il répète que pour se dénommer *de grâce* ce sera une erreur de croire que cette eau puisse être utilisée par tous les propriétaires ; il ordonne que toutes les prises d'eau de la Huerta, en partant de l'amont, soient fermées à mesure que les terres, sans eau depuis plus de huit jours, sont arrosées ; il prescrit aussi à tous les meuniers de lever leurs vannes, jusqu'à ce que, par l'accomplissement rigoureux de ces dispositions et de celles du 2e régime, surtout par l'augmentation du débit produite par l'eau de grâce, le courant atteigne les extrémités des fossés.

---

distancia, tapen por tres ó más todas las tomas, con lo que se consigue que llegando gran golpe de agua á la contraparada de Murcia durante los últimos dias de la tanda, pueda alcanzar la corriente al extremo de los cauces, los limpie arrastrando las aguas encharcadas y permita que se aprovisionen del precioso líquido los muchos habitantes de la parte media y baja de la huerta. — La llegada de las aguas de gracia va siempre precedida de un bando del alcalde, en el que, al mismo tiempo que anuncia la venida, reencarga el cumplimiento de las prevenciones que entrañan el régimen de estiaje, repite que es un error el de que, por llamarse de *gracia*, pueda utilizar las aguas todo regante, dispone que se vaya cerrando todas las tomas de la cabeza de la huerta á medida queden regadas de ocho días todas las tierras que lo estuvieran de más tiempo, y que vayan levantando sus tablachos todos los molinos, hasta que mediante el cumplimiento riguroso de estas disposiciones y de las del segundo grupo y merced también al aumento de caudal que produce el agua de gracia, llegue la corriente hasta las colas.

II.

ALMERIA.

**ORGANISATION DE L'IRRIGATION SANS BARRAGE
RÉSERVOIR POUR PLUSIEURS VILLAGES**

II.

RÈGLES pour l'irrigation de la VEGA d'AL-
MERIA et des VEGAS des sept villages voisins ; — type d'organisation pour plusieurs
villages dans l'Espagne sèche et en des terres
irriguées qui n'ont pas de barrage-réservoir.

Ordonnances d'irrigation de 1853 pour les terres d'Almeria et des sept villages de la même rivière.

Le 18 juin 1853 se sont réunis dans la ville d'Almeria,
capitale de la province, les propriétaires cultivateurs qui
composent le syndicat représentant les cultures de cette

II.

Ordenanzas de Riegos, para las vegas de Almeria y siete Pueblos de su Rio, en 1853.

En la Ciudad de Almeria, Capital de su provincia, á diez y ocho
de Junio de mil ochocientos cincuenta y tres. Los Sres. Terrate-

ville et de sept villages dans la même vallée : Directeur, M. Joaquin de Vilchez, chef politique sortant ; sous-directeur, M. Francisco Jover ; M. José Jover, secrétaire honoraire de S. M., MM. Manuel de Castro, Francisco Orozco, Bernardo de Campos, député provincial, le licencié Antonio Pérez, avocat de l'illustre Collège de cette capitale, Antonio Maria Aguilar, secrétaire honoraire de S. M., Pedro Lledó, syndics ; M. Mariano José de Toro, secrétaire ; M. Xavier de Leon Bendicho, auditeur militaire honoraire, étant absent, retenu par la session des Maisons Capitulaires (*Casas Capitulares*), tous ayant été convoqués dans le délai habituel, en vue d'arrêter l'Ordonnance qui, pour les irrigations, sera appelée à régir tout le territoire soumis à ce syndicat.

Vu la brochure intitulée : *Ordonnances et distribution des eaux de la campagne et des villages sur la rivière d'Almeria*, imprimée en cette ville le 30 juin 1827 et se

---

nientes Labradores, que componen el Sindicato, con representacion cada cual de las vegas de la misma, y siete pueblos de su Rio. Director, D. Joaquin de Vilchez, Gefe político cesante ; Sub-Director, D. Francisco Jover ; D. José Jover, Secretario honorario de S. M., D. Manuel de Castro, D. Francisco Orozco, D. Bernardo de Campos, Diputado provincial, el Licenciado, D. Antonio Perez, Abogado del Ilustre Colegio de esta Capital, D. Antonio Maria Aguilar, Secretario honorario de S. M., D. Pedro Lledó, Síndicos ; y D. Mariano José de Toro, Secretario, siendo ausente el Sr. D. Javier de Leon Bendicho, Auditor de Guerra honorario, estando en plena Sesion en estas Casas Capitulares, prévia la acostumbrada citacion, à fin de establecer la Ordenanza que para los riegos haya de regir en todo el territorio sugeto à este Sindicato.

Visto el folleto cuyo título dice *Ordenanzas y distribucion de las aguas del campo y pueblos del Rio de Almeria*, impreso en esta Ciudad el treinta de Junio de mil ochocientos veinte y siete, con

référant au livre des ordonnances de cet illustre Municipe du 27 juin 1502.

Vu le règlement ou les statuts formés en 1755 par les députés des chapitres ecclésiastique et séculier de cette capitale, pour l'administration des sources Redonda et Larga, c'est-à-dire de Alhadra, dont les 8/9 des eaux sont destinées à l'irrigation de la moitié de la campagne de cette ville et de ses jardins.

Vu les documents dénonçant expressément le mauvais état du service des irrigations, tant sous le rapport des personnes que sous le rapport matériel ; dénonçant aussi les abus graves et continuels qui se commettent à l'abri du pouvoir ou en profitant de l'indolence de tiers. Considérant que le projet des présentes ordonnances a été imprimé, publié et distribué, le 16 octobre 1852, aux autorités supérieures, aux municipalités, aux corporations, aux propriétaires, colons et personnes notables de

---

referencia al libro de Ordenanzas de este Ilustre Ayuntamiento, de veinte y siete de Junio de mil quinientos dos.

Visto el reglamento ó estatutos formados en mil setecientos cincuenta y cinco, por los Diputados de los Cabildos eclesiástico y secular de esta Capital, para el gobierno de las fuentes Redonda y Larga, ó sea de Alhadra, de cuyas aguas vienen las ocho novenas partes con destino al riego de la mitad de la vega de esta Ciudad y de sus huertas.

Vistos los documentos que determinadamente denuncian el mal estado del servicio de los riegos, tanto en el personal como en lo material, y los graves y contínuos abusos, que á la sombra del poder ó con aprovechamiento de la indolencia de otros se cometen. Teniendo presente el proyecto de estas Ordenanzas que fué impreso, publicado y circulado en diez y seis de Octubre del año anterior de mil ochocientos cincuenta y dos, á las Autoridades superiores, Ayuntamientos, Corporaciones, Terratenientes, Colonos, y personas notables de esta Capital, y pueblos del Sin-

cette capitale et des villages du syndicat et sur le contenu desquelles il n'a été présenté aucune observation, correction ni addition, objet principal de notre sollicitude.

Considérant que le livret des ordonnances de 1502 ne comprend que des feuilles volantes qui se trouvent, sans autorisation aucune, dans un ancien dossier des archives de l'illustre municipalité, qui fut invitée par ordre royal, en 1675, à les réformer ou à les remplacer par d'autres, parce qu'elles étaient très anciennes et en caractères inintelligibles. Considérant qu'on n'avait pas connaissance de la plupart de ces ordonnances, qui n'étaient ni observées, ni respectées et qu'il aurait fallu, avec le temps, les supprimer, les compléter, les modifier ou en faire de nouvelles pour être soumises à l'approbation de S. M. Considérant que le dit livret, bien qu'il eût l'autorité voulue, serait tout à fait inutile, d'abord parce qu'il s'applique au mesurage fait en 1502, lequel, par la rébellion des Maures en 1569, par le recensement de 1571 et la Provi-

---

dicato, sobre cuyo contenido no se ha presentado observacion, enmienda ni adiccion alguna, objeto principal de nuestra solicitud.

Considerando que el folleto de Ordenanzas de mil quinientos dos és un compuesto sacado de fojas sueltas, que sin autorizacion alguna se hallan en un antiguo legajo del archivo del Ilustre Ayuntamiento, que en mil seiscientos setenta y cinco fué prevenido de Real órden, se reformasen, ó hiciesen otras de nuevo, por ser muy antiguas, de letras ininteligibles ; que no se tenia noticia de las mas de ellas, no se observaban ni guardaban, y que con la mudanza de los tiempos, seria necesario quitar, añadir, enmendar ó hacer otras nuevas, y presentarlas á la aprobacion de S. M. Que aunque dicho folleto tuviese la correspondiente autoridad, seria enteramente inútil, porque comprende el apéo individual hecho en mil quinientos dos, el cual por la rebelion de los moriscos, en mil quinientos sesenta y nueve, cédula de Poblacion de mil quinientos

sion Royale de 1573, demeura de nulle valeur et sans effet;
parce que le mode et l'ordre de répartition des irrigations
ayant subi des modifications en 1688 et 1689, ne sont
plus observés en rien aujourd'hui; enfin, parce que les
employés qui y sont désignés n'existent plus et qu'elles ne
contiennent pas de dispositions pénales, de sorte qu'elles
sont tombées complètement en désuétude.

Considérant que le règlement ou les statuts de 1755
constituent l'ensemble des conditions sur lesquelles les
chapitres ecclésiastique et séculier se sont mis d'accord
par transaction dans les procès où ils se disputaient l'administration des sources de Alhadra; attendu que ce
règlement ne peut être considéré comme régulièrement
établi ni comme étant applicable aux irrigations des
parcelles dont les propriétaires possèdent aussi le volume
d'eau correspondant, parce qu'il n'a pas reçu l'approbation
et la confirmation prévues par les lois du royaume, par
les décisions et les sentences du Conseil et parce qu'il

---

setenta y uno y Real Provision de mil quinientos setenta y tres,
quedó de ningun valor ni efecto: porque la distribucion y órden de
los riegos, sobre haber tenido alteracion en mil seiscientos ochenta
y ocho y mil seiscentos ochenta y nueve, en nada se observa
actualmente; y porque ni existen los empleados que designa, ni
contiene disposiciones penales, hallándose en fin en completo estado
de caducidad.

Considerando que el reglamento, ó estatutos de mil setecientos
cincuenta y cinco, es el pacto de condiciones en que se convinieron
los Cabildos eclesiástico y secular, para la transaccion del pléito
en que se disputaban la Administracion de las fuentes de Alhadra;
que como Ordenanza no puede dicirse competentemente establecido,
ni tiene validéz en el pequeño terreno de los regantes, propietarios
de sus aguas, por carecer de la aprobacion, y confirmacion, prevenidas por las leyes del Reino, acuerdos y ántos del Consejo, y que

n'est pas en harmonie avec la législation en vigueur, indépendamment des prescriptions essentielles tombées en désuétude.

Considérant la nécessité : 1º d'assurer d'une manière solennelle et stable la propriété individuelle des eaux de la riviére et des sources pour l'irrigation, ainsi que la manière de pratiquer celle-ci et l'ordre à suivre; 2º d'arrêter un régime pour le tracé, la construction et le service de tous les fossés dans leurs diverses applications ; 3º d'instaurer une surveillance assidue qui empêche les abus, réalise les améliorations en connaissance de cause, veille à ce que les dépenses, quelles qu'elles soient, ne soient pas exagérées, qu'elles soient faites au grand jour et qu'elles se répartissent avec égalité et justice ; 4º de formuler, pour le tribunal des eaux, la règle à suivre dans l'application des dispositions pénales aux cas ressortissant de ses attributions.

Considérant que les irrigants intelligents manifestent

---

sin embargo de estár en desuetud lo mas esencial, no tiene cosa que esté en armonia con la legislacion vigente.

Considerando la necesidad que hay de asegurar de una manera solemne é inalterable, la pertenencia individual de las aguas del Rio y Fuentes para los riegos, su método y órden. De establecer un régimen en la Fábrica, construccion, y servicio de todos los cáuces en sus diversas aplicaciones. De plantear una asidua vigilancia que evite abusos, y proporcione mejoras, conacierto y conocimiento, procurando que los gastos, cualquiera que fuéren, sobre no esceder á los que vienen sufriéndose lleven el sello de la igualdad, de la justicia y de la publicidad. Y de dar una pauta al Tribunal de aguas para sus disposiciones penales en los casos de sus atribuciones.

Considerando : que aunque en la parte de regantes de una sana inteligencia, se agita vivamente el deséo de que desaparezcan las preocupaciones que ha venido sosteniendo un azaroso y tradicional

le vif désir de voir disparaître les préoccupations causées
par un empirisme traditionnel et malfaisant ; considérant
toutefois qu'il faudrait attendre longtemps encore avant
que l'instruction naissante fasse disparaître la déplorable
situation créée par cet empirisme qui séduit le laboureur
simple autant qu'infatigable et avant que, par voie administrative ou judiciaire, il soit pris une résolution à l'égard
de certaines coutumes qui se contrarient et prétendent
exister de temps immémorial ; que dès lors il est plus
opportun, pour le moment, de maintenir ce qu'il y a de
bon dans l'ancien règlement et d'emprunter au nouveau
ce qui est expérimenté, ce qui est possible et ce qui ne
répugne pas trop à nos usages surannés, afin d'arriver
ainsi, par une prudente constance et le désir du bien, à
baser complétement le système des irrigations sur les
connaissances lumineuses d'une administration sévère,
régulière et méthodique.

Aprés délibération et discussion sur le contenu des

---

empirismo ; como séa preciso esperar á que la naciente illustracion
derribe la fatal situacion de ha creado, y fascina al infatigable y
sencillo labriego, y á que por la via administrativa ó judicial se
determine sobre algunas prácticas que se disputan ó se pretenden,
en el concepto de inmemoriales, y por consiguiente séa mas oportuno por ahora salvar lo apreciable de lo antiguo y adelantar de lo
moderno, lo verdadero, lo posible, y menos repugnante á nuestros
ráncios hábitos, para llegar con prudente constancia y buen
ánimo al término de asentar completamente el sistema de riegos,
bajo los luminosos conocimientos de una severa, regular y métó-
dica administracion.

Habiendo conferenciado y discutido el contenido de las cuatro
Secciones de que consta esta Ordenanza :

ACUERDA EL SINDICATO

Se extienda á continuacion, y pase la Sr. Gobernador de esta

quatre sections de cette ordonnance, le Syndicat décide
que le texte sera soumis au Gouverneur pour approbation,
afin de pouvoir légalement mettre le règlement en exécution.

V° B°

VILCHEZ.   (*Signé*) MARIANO JOSÉ DE TORO.

Provincia, á fin de que obtenida al aprobacion correspondiente,
pueda legalmente llevarse á efecto su ejecucion y cumplimiento.

V.° B.°

VILCHEZ.   MARIANO JOSÉ DE TORO.

ORDONNANCE

*arrêtée par le Syndicat pour les irrigations et distri-
bution des eaux du fleuve et des sources dans les
campagnes et jardins d'Almeria et des sept villages
de la vallée, Huercal, Benahadux, Gador, Santa-
Fé, Rioja, Péchina et Viator.*

PREMIÈRE SECTION.

Chapitre 1. des eaux du fleuve.
       2. du canal Olla.
       3. des hilas.
       4. des rotations de l'eau de la rivière.
       5. des canaux à l'ouest.
       6. du canal du Levant.
       7. de la distribution des eaux.
       8. des rotations perpétuelles.

ORDENANZA

*que forma el Sindicato, para los riegos y distribucion de las aguas
del Rio y Fuentes, en las vegas y huertas de Almeria y siete
pueblos de su Rio, Huercal, Benahadux, Gador, Santa-Fé, Rioja,
Pechina y Viator.*

SECCION PRIMERA.

Capitulo 1. de las aguas del Rio,
       2. de la Acequia Olla.
       3. de las Hilas.
       4. de las Tandas del Rio.
       5. de la Acequia de Poniente.
       6. de la Acequia de Levante.

(1) *Fuente* paraît être une source captée et un aqueduc maçonné, tantôt voûté et tantôt ouvert.
C'est une galerie ou tranchée de captation.

Chapitre 19. des ouvrages.
> 20. des experts.
> 21. des contributions.

QUATRIÈME SECTION.

Chapitre 22. du tribunal des **eaux** et des **dispositions**
pénales.

Première Section.

CHAPITRE PREMIER.

*Des eaux de la rivière et des galeries de captation
des répartiteurs.*

ARTICLE PREMIER.

Répartition. — Les eaux de la rivière Andarax ou

Capitulo 19. de las Obras.
> 20. de los Peritos
> 21. de los Repartimientos.

SECCION CUARTA.

Capitulo 22 : del Tribunal de aguas, y sus disposiciones penales.

SECCION PRIMERA.

CAPÍTULO I.

De las aguas del Rio y Fuentes de los Partidores.

ARTÍCULO 1.

Apéo. — Las aguas del Rio Andaráx, ó séa de Almeria, y las
de la fuente de los Partidores, tienen un apéo especial para el

d'Almeria et celles de la galerie de captation (fuente) des répartiteurs ont une canalisation spéciale pour l'irrigation des terres riveraines des villages de Santa-Fé, Gador, Benahadux, Huercal, Rioja, Pechina et Viator.

ARTICLE 2.

Continuation. — L'horaire des irrigations actuellement appliqué à ces villages, selon l'ordonnance de cette ville du 27 juin 1502 et les dispositions de 1688 et 1689 restera en vigueur dans la forme qui sera prescrite.

ARTICLE 3.

Commencement. — Le mesurage commence dès que l'eau arrive sur le territoire d'Almeria ou celui de Santa-Fé, à l'endroit de la Rambla de Gergal.

ARTICLE 4.

Division. — Sur le territoire de Santa-Fé les eaux se divisent en 9 parts : l'une est dite *Olla,* quatre s'ap-

---

riego de las tierras riveriegas de los pueblos de Santa Fé, Gador. Benahadux, Huercal, Rioja, Pechina y Viator.

ARTÍCULO 2.

Continuacion. — Las horas de aguas que riegan actualmente dichos pueblos, con referencia á la Ordenanza de esta Ciudad, de 27 de Junio de 1502 y disposiciones de 1688 y 1689, continuará en la forma que se prescribirá.

ARTÍCULO 3.

Principio. — El apéo principia desde que el agua llega al término de Almeria, ó sea al de Santa Fé, en el sitio de la rambla de Gergal.

ARTÍCULO 4.

Division.—En dicho término de Santa Fé se dividen las aguas

pellent *Hilas* et quatre sont communes pour la tournée des villages, comme il sera dit plus loin.

CHAPITRE II.

Du canal Olla.

ARTICLE 5.

Part de la Olla. — La *Olla* possède l'entièreté du 1/9 de l'eau pendant 12 heures chaque jour et 1/5 de cette part pendant les autres 12 heures.

ARTICLE 6.

Les heures. — La part du 1/5 commence à 3 heures du soir, lorsque finissent les hilas, jusqu'au moment où celles-ci reprennent le jour suivant à 3 heures du matin.

ARTICLE 7.

Rotation. — La part d'eau appelée *Olla* a une rotation

---

en nueve partes: una que se dice *Olla*, cuatro que se llaman *Hilas*; y cuatro de comunidad para la tanda de los pueblos, segun se dirá.

CAPÍTULO II.

De la Acequia Olla.

ARTÍCULO 5.

Parte de la Olla. — La *Olla* tiene en cada dia toda la novena parte del agua, doce horas, y la quinta parte las otras doce.

ARTÍCULO 6.

Sus horas. — La quinta parte de la *Olla* principia á las tres de la tarde, en que cesan las hilas, hasta que se cargan de nuevo á otro dia, y hora de las tres de la mañana.

de 16 jours naturels, qui commencent à courir le lendemain du jour où on lâche le répartiteur ; l'eau est destinée à irriguer les districts nommés *Jacarrata, Altos de la Venta Zarzosa, Pantaléo* et *Altos de Jacalgarin.*

CHAPITRE III

Des Hilas.

ARTICLE 8.

Parts. — Chacune des 4 hilas prend une des 9 parts en lesquelles les eaux sont divisées ; elle commence à recevoir l'eau le jour qui suit l'ouverture du répartiteur.

ARTICLE 9.

Heures. — Les 4 hilas prennent l'eau à 3 heures du matin jusque 3 heures du soir, heure à laquelle l'eau passe aux 4/9 attribués à la communauté des villages,

---

ARTÍCULO 7.

Tanda. — La parte de agua llamada *Olla,* tiene la tanda de diez y seis dias naturales : empieza à correr à otro dia del en que se echa el Partidor, y su destino és hacer el riego de los pagos nombrados de *Jacarrata, altos de la Venta Zarzosa, Pantaléo y Altos de Jacalgarin.*

CAPÍTULO III.

De las Hilas.

ARTÍCULO 8.

Partes. — Cada una de las cuatro hilas toma una parte de las nueve, en que se dividen las aguas : ellas empiezan à recibirlas à otro dia del en que se echa el Partidor.

ARTÍCULO 9.

Horas. — Las cuatro hilas toman el agua à las tres de la

excepté Santa-Fé et une partie de Gador qui ne la reçoivent pas.

ARTICLE 10.

La section du Gador qui ne possède pas l'eau va de la Rambla dite du Ciscarejo jusqu'au village.

ARTICLE 11.

Leur irrigation. — Les 4 hilas arrosent les districts de Santa-Fé, Gajar, Pantaléo et Jacalgarin.

CHAPITRE IV.

Des rotations de l'eau de la rivière.

ARTICLE 12.

Eau des répartiteurs. — L'eau qui se distribue dans les répartiteurs comprend : 1°) l'eau de la galerie de

---

mañana, hasta las tres de la tarde, en que sus aguas se cargan á las cuatro nove nas partes de la comunidad de los pueblos, escepto Santa Fé y parte de Gador, que no la tiene.

ARTÍCULO 10.

No laz tiene. — La parte de Gador, que no la tiene és la que hay desde la Rambla llamada del *Ciscarejo* hasta el Pueblo.

ARTÍCULO 11.

Su riego. — El agua que las cuatro hilas riegan, son los pagos de Santa Fé, Gajar, Pantaléo y Jacalgarin.

CAPÍTULO IV.

De las tandas del Rio.

ARTÍCULO 12.

Agua de los Partidores. — El agua que se distribuye en los

captation (fuente) de ce nom ; 2°) les 4/9 de l'eau de la rivière revenant à la communauté ; 3°) les 4/9 de la *Olla* pendant les 12 heures où la dotation est réduite au 1/5 suivant les articles 5 et 6 ; 4°) les 4/9 des *hilas* conformément à l'article 9.

ARTICLE 13.

Division. — Les eaux étant parvenues au répartiteur, lequel est dans la tranchée de captation (fuente) de ce nom, près de Gador, elles se divisent par moitié entre deux canaux, l'un à l'ouest et l'autre à l'est de la rivière.

Partidores se compone : primero del agua de la fuente de este nombre ; segundo, de las cuatro novenas partes del agua de la comunidad del Rio ; tercero, de las cuatro novenas partes de la *Olla*, en las doce horas en que queda reducida á la quinta, segun los articulos 5 y 6 ; y cuarto, de las cuatro novenas partes de las hilas conforme al articulo noveno.

ARTÍCULO 13.

Su division. — Luego que las aguas vienen al Partidor, que es en la fuente de este nombre, cerca de Gador, se dividen en dos acequias, de por mitad : la una és al Poniente y la otra és al Levante del Rio.

CHAPITRE V.

Des canaux à l'ouest.

ARTICLE 14.

Rotation. — L'eau d'irrigation fournie par le canal du couchant a une rotation de 7 jours ou 168 heures ; elle se répartit ainsi : 22 heures au village de Gador ; 22 heures à Ruini ; 52 heures à Benahadux ; 14 heures à Viator ; 58 heures à Huercal. Total 168 heures.

ARTICLE 15.

Gador. — La campagne de cette ville reçoit l'eau pendant 22 heures, depuis 4 heures du matin, le lundi, jusqu'à 2 heures du matin, le mardi.

ARTICLE 16.

Ruini. — Roainin, aujourd'hui Ruini, district appar-

CAPÍTULO V.

De las Acequias de Poniente.

ARTÍCULO 14.

Tanda. — El agua de riego que viene por la acequia de Poniente és en tanda de siete dias, que componen ciento sesenta y ocho horas; y se distribuye, en los pueblos y horas á saber : Pueblo de Gador, 22 horas. — De Ruini, 22 idem. — De Benahadux, 52 idem. — De Viator, 14 idem. — De Huercal, 58 idem. — Total 168 horas.

ARTÍCULO 15.

Gador. — La vega de esta Villa tiene el agua de la acequia de Poniente, veinte y dos horas, desde las cuatro de la mañana del lúnes, hasta las dos de la madrugada del dia siguiente mártes.

ARTÍCULO 16.

Ruini.— Roainin, ahora Ruini, pago perteneciente á la vega

tenant à la campagne de Gador, jouit de l'eau depuis 2 heures du matin, le mardi, jusqu'à minuit suivant.

Article 17.

Benahadux. — La campagne de cette localité dispose de l'eau depuis minuit, le mardi, jusqu'à 4 heures du matin, le vendredi.

Article 18.

Viator. — Les 14 heures appartenant à Viator vont de 4 heures du matin, le vendredi, à 6 heures du soir.

Article 19.

Huercal. — Cette campagne prend l'eau le vendredi à 6 heures du soir jusqu'à 4 heures du matin, lundi.

Article 20.

Chuche. — La fin de chaque rotation, depuis 4 heures du matin le lundi, correspond à Chuche.

---

de Gador, goza veinte y dos horas de agua, desde las dos de la madrugada del mártes, hasta las doce de la noche del mismo dia.

Artículo 17.

Benahadux. — Su vega tiene cincuenta y dos horas, desde las doce de la noche del mártes hasta las cuatro de la mañana del viérnes.

Artículo 18.

Viator. — Esta vega goza catorce horas, desde las cuatro de la mañana del viérnes, hasta las seis de la tarde del mismo dia.

Artículo 19.

Huercal. — Su vega tiene cincuenta y ocho horas, desde las seis de la tarde del viérnes, hasta las cuatro de la mañana del lúnes.

CHAPITRE VI.

Du canal du Levant.

ARTICLE 21.

Rotation. — Le débit du canal du Levant est aussi réparti en tournées de 7 jours où 168 heures de la manière suivante : 22 heures à Mondujar, juridiction de Santa-Fé ; 22 heures à Quiciliana, juridiction de Gador ; 60 heures à Rioja ; 14 heures à Viator ; 50 heures à Pechina. Total 168 heures.

ARTICLE 22.

Mondujar. — Cette campagne reçoit l'eau durant 22 heures, du lundi à 4 heures du matin au mardi à 2 heures du matin.

ARTICLE 23.

Quiciliana. — Les 22 heures d'eau revenant à ce

ARTICULO 20.

Chuche. — El córte de cada tanda, desde las cuatro de la mañana del lúnes corresponde al Chuche.

CAPÍTULO VI.

De la Acequia de Levante.

ARTÍCULO 21.

Tanda. — El agua de riego que corre por la acequia de Levante es en tanda de siéte dias, que componen ciento sesenta y ocho horas, y se distribuyen en los pueblos y horas, á saber : Mondújar, jurisdiccion de Santa Fé, 22 horas. — Quiciliana, jurisdiccion de Gador, 22 horas. — Rioja, 60 horas. — Viator, 14 horas. — Pechina, 50 horas. — Total 168 horas.

district vont du mardi 2 heures du matin à minuit le même jour.

ARTICLE 24.

Rioja. — Les terres de Rioja reçoivent l'eau du mardi minuit au vendredi midi pour ses 60 heures.

ARTICLE 25.

Viator. — Les 14 heures de Viator vont du vendredi midi au samedi 2 heures du matin.

ARTICLE 26.

Pechina. — L'eau irrigue Pechina du samedi 2 heures du matin au lundi 4 heures du matin; soit 50 heures.

ARTICLE 27.

Pechina. — Ce village reçoit aussi la queue de chaque tournée.

ARTICULO 22.

Mondujar. — La vega de este pago tiene veinte y dos horas de agua, la cual recibe el lúnes á las cuatro de la mañana, y deja á las dos de la madrugada del mártes.

ARTICULO 23.

Quiciliana. — La vega de este pago goza veintidos horas de agua, que percibe á las dos de la madrugada de mártes, y deja á las doce de la noche del mismo dia.

ARTICULO 24.

Rioja. — Su vega tiene 60 horas, que percibe desde las doce de la noche del mártes, hasta las doce del dia del viérnes.

ARTICULO 25.

Viator. — Esta vega goza catorce horas, desde las doce del dia del viérnes hasta las dos de la madrugada del sábado.

CHAPITRE VII.

De la distribution des eaux.

ARTICLE 28.

Distribution des eaux de la rivière. — La distribution des heures d'eau pour l'irrigation de chaque zone par les eaux du canal *Olla*, des hilas et de la rotation dans la galerie de captation (fuente) des répartiteurs, fera l'objet d'un règlement qui sera joint à cette ordonnance et en sera partie intégrante. Ce règlement indiquera les répartitions (*lotissements*, *apéos*) respectives telles qu'elles auront été approuvées par le syndicat et consignées au livre de la statistique tenu par lui.

ARTICLE 29.

Lotissements (apéos). — Chaque dossier à instruire pour les lotissements dont il est question à l'article pré-

---

ARTÍCULO 26.

Pechina. — Su vega tiene cincuenta horas, desde las dos de la madrugada del sábado, hasta las cuatro de la mañana del lúnes.

ARTÍCULO 27.

Pechina. — El córte de cada tanda lo aprovecha Pechina.

CAPÍTULO VII.

De la distribucion de las aguas.

ARTÍCULO 28.

Distribucion del Rio. — La distribucion de las horas de agua para el riego de cada vega, que procedan de la Acequia *Olla*, *Hilas* y tanda en la Fuente de los partidores, constará con toda espresion en sus respectivos *Apéos*, que prévio espediente serán aprobados por el Sindicato, dándoles asiento en su libro de Estadística, y adicionándose á esta Ordenanza como parte integrante de ella.

cédent, contiendra le plan du canal, de ses digues et des terres à irriguer avec l'indication du volume d'eau, des propriétaires et des colons. Ce document sera exposé pendant douze jours à la maison communale du village sur le territoire duquel se trouvent les biens ; s'il s'agit de la capitale, l'affichage aura lieu au secrétariat du syndicat. On recueillera les observations pour ou contre présentées par les intéressés ; sur le vu de celles-ci et sans préjudice de toute autre formalité qu'il jugerait utile, le syndicat procédera à l'approbation d'une règle définitive, comme cela a eu lieu déjà pour les canaux et les fossés de prise d'eau des villages de Huercal et Viator.

ARTICLE 30.

Égalité. — On respectera autant que possible l'égalité dans la distribution des eaux et, à cette fin, les tournées de la rivière commenceront toujours des deux côtés, le lundi de chaque semaine.

ARTÍCULO 29.

Apéos. — Cada expediente de los que habrán de instruirse para los apéos de que trata el artículo antérior, contendrán el plano de la acequia, sus paradas, porcion de agua, y tierra de su riego, sus propietarios y colonos; el cual se espondrá al público en el Ayuntamiento del pueblo, á cuya vega correspondiere, escepto en esta Capital, que será en la Secretaría del Sindicato, por el término de doce dias, y admitiéndose las reclamaciones que en pró ó en contra se hicieren por los interesados, para que en su vista y sin perjuicio de cualquier otra formalidad, que creyere el Sindicato, proceda en fin á su aprobacion de un modo definitivo, como ha sucedido ya con las acequias y boqueras de los pueblos de Huercal y Viator.

ARTÍCULO 30.

Igualdad. — En la distribucion de las aguas se observará la mas

ARTICLE 31.

Division. — Pour les zones qui, sur les rives ouest et est de la rivière, sont irriguées par le canal *Olla* et *Hilas* d'une part et par les rotations de la galerie de captation (fuente) des répartiteurs, d'autre part, la division des eaux continuera à se pratiquer comme par le passé, suivant un calcul approximatif en attendant que l'on construise deux grands répartiteurs, l'un en tête de la rivière et l'autre dans la galerie de captation (fuente) susdite. On pourra alors adopter le système des modules et obtenir une répartition parfaite.

ARTICLE 32.

Premier occupant. — En principe, les eaux de toute crue de la rivière appartiennent au premier qui les prend soit par fossé de prise d'eau (coupe directe), soit par canal en déversoir ou en rigole. La jouissance toutefois ne dure que 24 heures.

---

posible igualdad, á cuyo efecto las tandas del Rio principiarán siempre en ambos lados el lúnes de cada semana.

ARTÍCULO 31.

Division. —La division de las aguas para los riegos, en las partes que componen la Acequia *Olla* é *Hilas*, y las que forman las tandas en la Fuente de los partidores, para las riberas de Poniente y Levante del Rio, continuará egecutándose como viene haciéndose por un cálculo prudencial; entre tanto que se hacen dos grandes partidores, uno en la cabeza del Rio y otro en dicha Fuente y se adopta para una perfecta distribucion el sistema de módulos.

ARTÍCULO 32.

Primer ocupante. — Por punto general, en toda avenida de Rio las aguas son del primero que las ocupa, séa en boquera, ó en acequia, y de ambas en paradas ó brazal; pero este goce cumplirá á las 24 horas.

Article 33.

Rotations sans horaire. — Après ces 24 heures, l'eau débitée par chaque rigole de prise d'eau entrera dans le régime de la rotation, non pas en heures d'irrigation, mais suivant l'ordre des propriétés et pour le nombre de tahullas que chacune représente suivant le lotissement (apéo).

Article 34.

Ordre. — Si l'eau d'une crue était insuffisante pour irriguer toutes les propriétés desservies par une même rigole de prise d'eau (boquera), à la crue suivante et après les 24 heures de l'article 32, l'irrigation de cette tournée commencera par la propriété où s'est arrêtée la précédente. On suivra cet ordre jusqu'à complète irrigation de toutes les terres dépendant de la rigole de prise d'eau (boquera) pour recommencer par la tête.

Dans ces opérations on observera les exceptions et la méthode indiquées aux articles suivants.

Artículo 33.

Tandas sin horas. — Pasadas las 24 horas del artículo anterior, en cada boquera entrará el agua en tanda para su riego no en horas, sino de haciendas, por el órden, y en el número de tahullas del apéo que le fuere propio.

Artículo 34.

Su órden. — Si de una avenida no hubiere agua para regar todas las haciendas de alguna boquera á la avenida siguiente, y despues de las veinte y cuatro horas dichas, principiará el riego de su tanda por la hacienda en que hubiera quedado el riego en la anterior, observándose este órden hasta que hubieren regado todas las tierras de la boquera, para que vuelva á la cabeza; guardándose en ello las escepciones y método de los artículos siguientes.

ARTICLE 35.

Durée. — L'ordre qui vient d'être indiqué pour la rotation d'irrigation par propriétés sera suivi jusqu'au 15 août inclusivement. A la première crue après cette date, la rotation reprendra par la tête pour continuer dans l'ordre ordinaire jusqu'au 15 août suivant.

ARTICLE 36.

Méthode. — L'eau de la rivière destinée à l'irrigation par rotation dans chaque rigole de prise d'eau (boquera), sera employée comme suit :

L'eau ayant pour objet de refroidir ne couvrira pas de plus de 2 palmes la surface irriguée ;

Celle qui servira à irriguer des terres ensemencées, quelles qu'elles soient, atteindra la hauteur d'une palme ;

Sont exceptées les terres touchant à la rivière qui porteraient une récolte en herbes (?).

ARTÍCULO 35.

Duracion. — El órden de tanda que queda designado para el riego por haciendas, será constante hasta el dia 15 de Agosto inclusive, en la primera avenida que ocurriere; despues de este dia la tanda volverá à la cabeza y continuará segun queda espresado, concluyendo en dicho dia 15.

ARTÍCULO 36.

Método. — El agua del Rio para el riego de la tanda referida por boqueras, se usará por el método siguiente :

La que se diere para resfriar no pasará en el bancal que regare de dos palmos de altura.

La que se diere para riego de todo simentero, cualquiera que fuere, de un palmo.

Esceptúase la tierra riveriega de apéo, que estuviere criándose.

Article 37.

Utilisation.—Dans toute rigole de prise d'eau (boquera) dont les eaux, après avoir arrosé les terres de son ressort, s'écouleraient à la mer, dans un creux ou sur des propriétés d'une autre dépendance, on coupera la fin à moins qu'on ne puisse ramener son eau et la rendre à son cours dans le lit de la rivière, afin que la rigole de prise d'eau (boquera) d'aval, qui n'aurait pas reçu d'eau ou pas assez, utilise ce volume à l'irrigation de sa zone suivant l'ordre indiqué.

Article 38.

Bénéfice. — Si, aprés avoir terminé l'irrigation par les rigoles de prises d'eau directes, l'eau devait se perdre à la mer, dans un creux ou sur des terrains non compris dans la communauté, on conduira cette eau par les terres mêmes, dont elle s'écoule comme excédant, jusqu'aux canaux d'eau claire et ceux-ci l'utiliseront sur les propriétés qu'ils desservent et dans l'ordre de situation.

Artículo 37.

Aprovechamiento. — En toda boquera que se hubiese dado riego á las tierras de su apéo y por ello cayesen sus aguas al mar, sima ú otro terreno que no le fuére propio, se cortará la cola, ó abrirán los descargadores de ella, si los tuviere, para que el agua siga su curso por el álveo del rio, á fin de que la boquera que hubiere por bajo y no hubiere recibido agua, ó necesitare además, la tome y aproveche en el riego de sus tierras, bajo el órden que queda significado.

Artículo 38.

Beneficio. — Si cumplido el riego de las boqueras hubiere de perderse el agua en el mar, sima, ó terreno no apeado, se pasará el agua para el riego á las acequias de aguas claras, las cuales la aprovecharán por su órden de primacia en situacion, cuyo paso se hará en la propia vega de la boquera de quien fuere el sobrante.

ARTICLE 39.

Des particuliers. — Les rigoles de prise d'eau particulières sont astreintes, pour l'irrigation, aux règles de l'article 36. Pas plus par ces prises que par celles de la communauté, il ne sera permis à aucun irrigant d'employer plus d'eau que la quantité qui lui est assignée pour la culture. On ne pourra destiner aux tuileries, salines, ou autre fabrication que les eaux fournies par la rigole de prise d'eau (boquera) ou le fossé, après l'irrigation des propriétés auxquelles ces eaux sont destinées.

CHAPITRE VIII.

Des rotations perpétuelles.

ARTICLE 40.

Rotation perpétuelle. — Les eaux de la rivière, seules ou réunies à celles de la galerie de captation (fuente) des

---

ARTÍCULO 39.

De particulares. — Las boqueras de particulares quedan sugetas á hacer su riego, bajo el método del artículo 36; pero ni por ellas ni por las de comunidad será permitido á algun regante usar de mas aguas que las que les scan correspondientes para el cultivo, y solo podrán hacer aplicacion á tejares, salitres, ú otro artefacto, las que corrieren por la boquera ó acequia, concluido que fuere el riego de las haciendas, que estén sugetas á ellas para el beneficio de sus tierras.

CAPÍTULO VIII.

De las Tandas perpétuas.

ARTÍCULO 40.

Tanda perpétua. — Se declara que las aguas del Rio, solas ó

répartiteurs et qui se trouvent soumises à la répartition sont déclarées en rotation constante et perpétuelle.

ARTICLE 41.

La dénomination. — La rotation dont il est question sera appelée générale et spéciale.

ARTICLE 42.

Division. — La rotation générale sera appliquée lorsque l'eau est abondante et non soumise à un horaire. La rotation sera spéciale lorsque l'eau est fournie aux répartiteurs et aux canaux, à des heures déterminées.

ARTICLE 43.

Ordre. —Lorsque l'eau sera soumise à la rotation générale, elle sera distribuée aux villages les mêmes jours et heures prévus au tableau de répartition, avec la différence que l'irrigation se fera, en ordre progresssif, à discrétion de

---

unidas á la Fuente de los partidores, y que se hallan en apéo, son en constante y perpétua tanda.

ARTÍCULO 41.

Su denominacion. — La tanda que se espresa en el artículo anterior, se denominará general y especial.

ARTÍCULO 42.

Division. — La tanda general será mientras el agua esté en abundancia y no se sujete al reloj. La especial cuando se ponga en los partidores y acequias, con aplicacion de horas.

ARTÍCULO 43.

Orden. — Cuando el agua estuviere en tanda general, vendrá á los pueblos en los mismos dias y hora de su apéo, con la diferencia

l'irrigant; celui qui reçoit l'eau à la fin d'une rotation continue à la rotation suivante.

ARTICLE 44.

Utilisation. — Si un village n'utilisait pas, sur ses terres, tout ou partie de l'eau lui revenant pendant les 7 jours de la rotation générale, cette eau passera au village suivant et si, parvenue au dernier, elle restait sans emploi on la fera écouler dans les fossés qui, sans faire partie du système, recueillent les eaux de la campagne irriguée et les conduisent sur les terres en aval jusqu'à la mer.

ARTICLE 45.

Mode. — Le village qui, dans les rotations subséquentes, aurait besoin d'eau sur ses campagnes, pourra la prendre aux jours qui lui sont attribués. L'eau du village qui ne l'utiliserait pas suivra son cours, comme il est dit à l'article précédent.

---

de que el riego será en órden progresivo á placer del regante, continuando el en quien hubiere quedado á la tanda siguiente.

ARTÍCULO 44.

Beneficio. — Si algun pueblo no necesitare en su vega el todo ó parte del agua en los siete dias de la tanda general, correrá al pueblo siguiente, y si llegada al último no la aprovechare, se echará á los cáuces que sin apéo son á continuacion de las riberas para beneficio de las tierras inferiores en situacion hasta el mar.

ARTÍCULO 45.

Método. — El pueblo que en las tandas generales siguientes necesitare agua para su vega, podrá tomarla para el riego en sus propios dias : la del que no la percibiere seguirá el curso y órden establecido en el articulo anterior.

Article 46.

Spéciale. — Dès que l'un des villages de la communauté le demande et que le Directeur le concède, l'eau sera déclarée en rotation spéciale et conséquemment répartie, par moitié, entre les canaux du couchant et du levant ; en cas d'insuffisance, l'un des canaux fonctionnera seul.

Article 47.

Représentation. — La communauté des irrigants d'un village sera représentée pour demander la rotation spéciale, par deux des leurs possédant 4 heures d'eau ou plus.

Article 48.

Pétition. — Les intéressés demanderont, verbalement et 6 jours d'avance, au commissaire (alcalde) des eaux de leur district, que l'eau soit soumise à la rotation spéciale. Le commissaire fera immédiatement rapport au Directeur et celui-ci prendra les mesures en ce qui concerne les canaux

---

Artículo 46.

Especial. — Será tanda especial, luego que por alguno de los pueblos de la comunidad sea pedida, concedida y realizada por disposicion del Sr. Director, por la cual se dividirá el agua con igualdad en las acequias de Poniente y de Levante, ó se reducirá á una, caso de carestia.

Artículo 47.

Representacion. — Representan la Comunidad de regantes de un pueblo, para pedir la tanda especial, dos de los que tuvieren cuatro ó mas horas de agua.

Artículo 48.

Peticion. — Los peticionarios solicitarán seis dias antes verbalmente del Alcalde de aguas de su distrito, que sea puesta el agua

et autres préparatifs nécessaires, pour que la rotation commence le lundi.

ARTICLE 49.

Concentration. — Lorsque, par suite de manque d'eau, il sera impossible d'irriguer par les deux canaux, on concentrera toute l'eau dans un seul.

ARTICLE 50.

Jaugeage. — Pour écarter tout prétexte à la présomption ou à la mauvaise foi, il sera placé dans les répartiteurs une jauge de marbre ou d'acier divisée en pouces et dixièmes qui, par l'indication de la hauteur d'eau, déterminera les villages d'aval où l'irrigation ne pourra arriver.

ARTICLE 51.

Jauge. — La même mesure fera connaître la nécessité de réunir les deux canaux en un seul.

---

en tanda especial; el Alcalde dará parte con informe al Sr. Director inmediatamente y este dispondrá lo conducente á que se alisten las acequias que pasan el Rio, y demás que fuere necesario á que el dia lúnes sea en el que tenga principio la tanda.

ARTÍCULO 49.

Cargue. — Cuando por disminucion del agua no fuere posible hacer riego por las dos acequias, se cargará toda en una.

ARTÍCULO 50.

Medida. — Para evitar todo pretesto á la ambicion ó malicia, se colocará en los partidores una medida de mármol ó acero, dividida en pulgadas ó décimas, que señalando la altura del agua, determine los pueblos bajos á donde no pueda alcanzar el riego.

ARTICLE 52.

Opération. — Comme l'expérience seule fournira la connaissance exacte des débits que requièrent les deux articles précédents, le Directeur fera le nécessaire pour que des jaugeages soient faits fréquemment par des experts et des intéressés; les résultats seront annexés à cette ordonnance.

ARTICLE 53.

Ordre. — Lorsque, par suite de pénurie, l'eau est réunie dans un seul canal, l'irrigation devra commencer par celui du levant pour passer, après la fin de la répartition, à celui du couchant et ainsi successivement.

ARTICLE 54.

Égalité. — Les eaux qui seraient distribuées par les deux canaux ne pourront être réunies dans l'un qu'après avoir irrigué en tournées égales de part et d'autre. De

---

ARTÍCULO 51.

Medida. — Igual operacion deberá acreditar la necesidad de reunir las dos acequias en una.

ARTÍCULO 52.

Operación. — Como la experiencia deba determinar el conocimiento exacto que requieren los dos artículos anteriores, el Director dispondrá lo conducente á que se verifique con proligidad por peritos é interesados, y su resultado será adicion á esta Ordenanza.

ARTÍCULO 53.

Orden. — Cuando las aguas se reunieren por carestia á una acequia, el riego habrá de principiar por la de Levante, viniendo concluido su apéo á la de Poniente y asi sucesivamente.

même, avant de diviser à nouveau, entre les deux canaux, les eaux qui auraient été réunies, il faudra qu'un même nombre de tournées aient été effectuées par chacun d'eux.

Article 55.

Usage. — Les eaux de la rivière, dans ses canaux et en rotation spéciale, appartiennent exclusivement aux propriétaires des terres cadastrées et sont comme inhérentes à celles-ci. En conséquence, ces propriétaires ou ceux qui irriguent en leur lieu et place sont libres de céder d'échanger, de prêter ou vendre l'utilisation de la rotation à un autre, conformément à la cédule royale du 20 janvier 1632.

Article 56.

Irrigation. — Tout irrigant peut prendre les heures d'eau, qui lui appartiennent à quelque titre que ce soit,

---

Artículo 54.

Igualdad. — Ni las aguas que regaren por las dos acequias, podrán cargarse, á una, hasta que hubiere concluido en tanda por partidos iguales. Ni las cargadas á una acequia podrán dividirse en las dos, hasta que ambas gocen igual número de tandas.

Artículo 55.

Uso. — Las aguas del Rio en sus acequias y tanda especial, corresponden esclusivamente á los propietarios de sus tierras apeadas, como inherentes á ellas; por lo tanto éstos ó los regantes en su caso son libres para ceder, cambiar, prestar, y vender el uso de la tanda á otro regante, consiguiente á la facultad concedida por Real cédula de 20 de Enero de 1632.

Artículo 56.

Riego. — Todo regante puede tomar las horas de agua que en

en deux ou plusieurs fois, pourvu : 1º que ce soit dans la tournée de son village ; 2º qu'il use de cette faculté au cours naturel de l'irrigation, et 3º que les frais supplémentaires soient à sa charge.

CHAPITRE IX.

Des fuentes (galeries de captation) et de leurs irrigations.

Article 57.

Huercal. — La galerie de captation (fuente) de Huercal appartient aux propriétaires qui l'ont construite. Elle se trouve dans le lit de la rivière ; sa longueur est de 1735 vares depuis la première digue ; son embranchement qui va au Chuche en compte 93 ; son cycle est de 538 heures 2 quarts et 11 minutes qui font la tournée de 22 jours, 10 heures, 2 quarts et 11 minutes.

L'heure d'eau correspond à 2,3 ou plus tahullas et quelques propriétaires n'ont pas de terres dans le ressort du fossé.

---

cualquier manera le pertenezcan, en dos ó mas porciones y paradas con las cualidades : 1. Que ha de ser dentro de la tanda de su respectivo pueblo. 2. Que ha de usar de este beneficio en el curso natural del riego. Y 3. que el regasto ha de ser de su cuenta.

CAPÍTULO IX.

De las Fuentes y sus riegos.

Artículo 57.

Huercal. — La Fuente de Huercal, es de los propietarios que la han construido : se halla en el álveo del Rio ; su longitud desde la primera parada, es de 1735 varas, y el ramal que se dirije al Chuche de 93 : su apéo es de 538 horas, 2 cuartos y 11 minutos, que hacen la tanda de 22 dias, 10 horas, 2 cuartos y 11 minutos ;

ARTICLE 58.

Peinada. — La galerie de captation (fuente) de la Peinada, à Huercal, appartient à la communauté pour alimenter gens et bêtes. D. Ramon Orozco utilise l'eau en excès sur sa propriété contiguë.

Cette galerie (rigole) de 1,200 vares, est située à l'ouest du village et sur terrain public.

ARTICLE 59.

Pechina. — La galerie de captation (fuente) de Pechina est dans le lit de la rivière ; sa longueur est de 1,653 vares 1/2 depuis la première digue. Elle a été construite par le village pour alimenter les habitants et par les propriétaires pour l'irrigation. Son cycle est de 534 heures et 7 minutes et l'heure correspond à 5 tahullas.

ARTICLE 60,

Benahadux. — La galerie de captation (fuente) de

---

la hora de agua sale à 2 ó 3, ó mas tahullas, y algunos no poséen tierras en su término.

ARTÍCULO 58.

Peinada. — La Fuente de la Peinada, en Huercal, pertenece al comun para su abasto y ganados; su sobrante lo aprovecha D. Ramon Orozco, en su hacienda contigua, y se situa sobre 1,200 varas al Oeste del pueblo en terreno público.

ARTÍCULO 59.

Pechina. — La Fuente de Pechina se halla en el álveo del Rio : su longitud desde la primera parada es de 1,653 varas y media ; fué construida por el pueblo para su abasto, y por los propietarios para el riego ; su apéo es de 534 horas y 7 minutos de tanda, y sale cada hora por cinco tahullas.

Benahadux est dans la rivière ; elle est cintrée et couverte sur 1,194 vares en y comprenant les 3 embranchements qui la terminent : l'un au nord de 10 vares, un à l'ouest de 30 vares et un à l'est de 30 vares ; la partie découverte mesure 289 vares. Elle appartient aux propriétaires terriens ; sa tournée est de 19 jours et les habitants s'approvisionnent au passage quand il y a de l'eau.

ARTICLE 61.

Chuche. — La galerie de captation (fuente) du Chuche à Benahadux est petite ; son débit a servi à deux jardins suivant le cadastre de 1753. Les habitants de Pechina ont contribué à son augmentation et depuis ils prennent l'eau pour leurs besoins.

ARTICLE 62.

Répartiteurs. — La galerie de captation (fuente) des répartiteurs est dans la rivière. Sa longueur est de 1,339

ARTÍCULO 60.

Benahadux. — La Fuente de Benahadux se situa en el Rio : tiene de cimbra cubierta 1,194 varas con inclusion de los tres ramales en que acaba ; uno al Oeste de 30 varas, uno al Norte de 10 y otro al Este de 30 ; su cimbra descubierta és de 289 varas ; pertenece á los Terratenientes ; su tanda es de 19 dias ; el pueblo se surte á su paso cuando tiene agua.

ARTÍCULO 61.

Chuche. — La Fuente del Chuche en Benahadux es pequeña ; su apéo fué para dos huertas, segun el catastro de 1753 ; los vecinos de Pechina toman agua para su abasto, desde que ayudaron á su aumento.

ARTÍCULO 62.

Partidores. — La Fuente de los Partidores es en el Rio ; su lon-

vares, depuis l'endroit où l'eau claire se réunit à celle de la rivière. Elle appartient à la communauté des villages dans la vallée de la rivière et c'est là que se fait la distribution de ses eaux et de celles de la rivière pour les irrigations.

Article 63.

Espiritu-Santo. — La galerie de captation (fuente) de Espiritu Santo, à Gador, a été construite pour alimenter les habitants, mais D. José Ibarra et D. Manuel Trujillo, dont les ancêtres en ont été les constructeurs, prennent l'eau la nuit pour irriguer leurs propriétés, la laissant à la communauté durant le jour ; cette galerie est située dans la Rambla del Marchal.

Article 64.

Rioja. — La galerie de captation (fuente) de Rioja est dans le lit de la rivière ; elle mesure 1,268 vares depuis

---

gitud desde el sitio donde se juntan las aguas claras con las del Rio, es de 1,330 varas ; partence à la comunidad de los pueblos del Rio, y es donde se hace la distribucion de los riegos de sus aguas y las del Rio.

Artículo 63.

Espiritu-Santo. — La Fuente del Espiritu-Santo en Gador, fué construida para el abasto del vecindario; mas habiendo construido los antecesores de D. José Ibarra y D. Manuel Trujillo, aprovechan de noche su agua en el riego de sus haciendas, quedando el dia para el comun; se sitúa en la rambla del Marchal.

Artículo 64.

Rioja. — La Fuente de Rioja se situa en el álveo del Rio; su longitud desde la primera parada es de 1,268 varas: pertenece á los propietarios que la construyeron; sale á media hora por

la première digue. Elle appartient aux propriétaires qui l'ont construite et coresspond à 1/2 heure par tahulla ; sa rotation est de 28 jours. Le collecteur de Pechina fournit 19 heures 1/4 et l'heure de rotation de la rivière correspond à 5 tahullas. Lorsque la galerie de captation a de l'eau, les habitants peuvent en user, parce qu'ils aident au curage et parce que l'on doit céder aux terres que le débit de la galerie ne parviendrait pas à irriguer, les tournées du village en proportion de la valeur relative des débits du fossé et des tournées, de façon que toutes les terres jouissent d'une égale dotation.

ARTICLE 65.

Santa-Fé. — La galerie de captation (fuente) de Santa Fé, dite de la Rambla de Tabernas, appartient aux propriétaires terriens qui l'ont construite ; elle est située dans la rivière et son réservoir est dans la propriété de M. Almansa. Sa longueur est de 1,264 vares 1/2, mesurée à partir de la première digue.

---

tahulla ; su tanda de 28 dias ; dá el escurrial de Pechina 19 horas y cuarto, y cada hora de la tanda del Rio, son á razon de cinco tahullas ; cuando tiene agua, usa el pueblo de ella, por que le ayuda en su limpia, y que á las tierras á que no alcanzare el riego con su agua, se les han de dar las tandas de dicho lugar, haciendo repartimientos á proporcion del caudal de la Fuente y de las tandas, de modo que unas y otras logren con igualdad del beneficio.

ARTÍCULO 65.

Santa-Fé. — La de Santa Fé nombrada de la Rambla de Tabernas, es propiedad de los Terratenientes que la han construido : se situa en el Rio, y ahora su taza en hacienda del Sr. Almansa : su longitud desde la primera parade és de 1,264 varas y media.

Article 66.

Redonda. — La galerie de captation (fuente) de Redonda, à Almeria, est située à l'ouest et sur la **rive** de la rivière. Elle est couverte d'une belle voûte en moellons et chaux en forme de demi-orange ; elle date de l'époque arabe et avait été attribuée à la grande mosquée de cette ville ; elle fut ensuite donnée aux églises par les rois catholiques. Depuis le bassin jusqu'à sa jonction à la Larga il y a 720 vares. Le terrain inculte sous lequel passe l'aqueduc fait partie de la galerie. Elle contient 17 tahullas et 3 quarts et sa valeur est de 7,525 réaux.

Article 67.

Larga. — L'aqueduc (fuente) Larga passait à cette époque sous le Redonda, dans un terrain plat et suivant la même direction ; depuis où a conduit la galerie à la rivière dont on a suivi le lit, ou elle se trouve encore aujourd'hui. Depuis l'entrée voûtée sur Alhadra jusqu'au bassin, l'aqueduc mesure 802 vares ; de là aux répartiteurs

---

Artículo 66.

Redonda. — La Fuente Redonda en Almeria, está situada a Oeste del Rio, en su ribera : se halla cubierta de una hermosa bóveda de cal y canto, en forma de media naranja; viene de la época árabe, siendo dotacion de la Mezquita Mayor de esta Ciudad, y despues donada á las Iglesias por los Sres. Reyes Católicos; desde la taza, hasta el punto donde se une á la Larga : hay 720 varas : el terreno erial, que le es propio, y bajo el cual viene el acueducto, contiene 17 tahullas y tres cuartas, su valor 7,525 reales.

Artículo 67.

Larga. — La Fuente Larga, fué en aquellos tiempos por bajo de la Redonda y en igual terreno y direccion; más despues se llevó

5,258 vares à découvert aboutissant aux citernes de la ville. Le cycle sera comme celui de tous les aqueducs (fuente) mentionnés dans ces ordonnances. Il occupe 8 tahullas de terres incultes et est évalué à 4.125 reaux.

ARTICLE 68.

Alquian. — L'aqueduc (fuente) d'Alquian était de peu d'intérêt à l'époque de la reconquête. Depuis, il a repris faveur par le prolongement de la voûte et aujourd'hui il est un des meilleurs. Il compte 2,429 vares 1/2 entre la fosse de l'ancien moulin du Mami et le réservoir ; il faut y ajouter les 200 vares du nouvel embranchement construit en prolongation en 1850 pour sortir de la propriété de la Juaida, appartenant à Don Manuel Castro, et déboucher dans le lit actuel de la rivière.

ARTICLE 69.

Curage. — Le curage, le bon entretien, le service et

---

su minado al Rio, por cuyo álveo ha corrido, y es en el que hoy se halla ; desde la boca cimbra sobre Alhadra hasta su taza, tiene 802 varas; de ella á los Partidores en descubierto 5,258 varas hasta los aljibes de la Ciudad; el apéo será como el de todas las fuentes en continuacion de estas ordenanzas; tiene de terreno erial ocho tahullas, su valor 4,125 reales.

ARTÍCULO 68.

Alquian. — La del Alquian era en los tiempos de la reconquista de poco interés; despues á consecuencia de las prolongaciones de su cimbra fué en ventaja, y hoy es de las mejores; desde el cubo del antiguo molino del Mami, hasta su taza tiene 2,429 varas y media y mas 200 de que consta el nuevo ramal de prolongacion que se le dió en 1850, para salir de la hacienda de la Juaida de D. Manuel de Castro, al álveo actual del Rio.

autres détails ayant trait à tous les aqueducs (fuentes)
du district sont confiés aux bons soins du syndicat.

ARTICLE 70.

Alimentation. — Pour les aqueducs (fuentes) qui
auraient à fournir l'eau d'alimentation et de service aux
populations, le syndicat s'entendra avec les municipalités
pour que l'eau potable ne manque pas et qu'il ne soit pas
porté préjudice à la communauté des irrigants.

ARTICLE 71.

Tournées. — Les irrigations par les aqueducs (fuentes)
ou par eau claire, comme on dit, se font par tournées
d'heures ou par tournées sans heures.

ARTICLE 72.

Division. — La tournée est d'heures lorsque l'irrigant prend l'eau durant les heures marquées par la répar-

---

ARTÍCULO 69.

Limpieza. — Es al cuidado del Sindicato la limpieza, buen
estado, servicio y demás correspondiente á todas las fuentes de su
distrito.

ARTÍCULO 70.

Abasto. — El Sindicato arreglará con los Ayuntamientos el
abasto y servicio del vecindario, en las fuentes que tuvieren este
cargo, para que ni falte éste, ni se perjudique al de la Comunidad
de regantes.

ARTÍCULO 71.

Tandas. — Los riegos de las fuentes ó como dicen de aguas
claras, son en tanda de horas, ó en tanda sin horas.

ARTÍCULO 72.

Division. — La tanda de horas és cuando el regante hace uso de

tition. La tournée est sans heures lorsque chaque intéressé arrose, sans s'astreindre aux heures, suivant l'ordre progressif des terres rencontrées.

ARTICLE 73.

Méthode. — Si l'irrigation par rotation sans heures doit passer à la rotation horaire, elle continuera son cours et dans l'ordre, à partir du point où elle était arrivée, pour ne reprendre la tête qu'après avoir terminé la série des terres irriguées par le canal.

ARTICLE 74.

Temps. — La rotation horaire des aqueducs (fuentes) commencera le 1er février et finira le 15 novembre, si toutefois des circonstances spéciales n'imposent pas au syndicat l'obligation de changer ces dates. Il faut excepter les aqueducs d'Aca et Alquian qui sont toujours en rotation d'horaire.

---

las que están señaladas por apéo. La de sin horas, cuando cada regante vá regando por el órden de sus paradas progresivamente sin ellas.

ARTICULO 73.

Método. — Si estando el riego en tanda sin horas, fuere puesto en tanda de horas, continuará adelante desde donde quedó por su órden de horas y no vendrá á la cabeza hasta haber concluido la acequia el riego de su apéo.

ARTICULO 74.

Tiempo. — La tanda de horas de las fuentes, principiará el dia 1.º de Febrero y acabará el 15 de Noviembre, si circunstancias especiales no exigiere alguna vez que el Sindicato acuerde alteracion de algunas de estas épocas, esceptuándose las de la vega de Acá y Alquian, que estarán siempre en constante tanda de horas.

Article 75.

Jouissance. — Les heures de tournée de chaque propriétaire commenceront à compter du moment où l'eau pénètre sur la parcelle à irriguer.

Article 76.

Surdébit. — Dans la rotation horaire, il faut considérer : 1° le surdébit naturel du canal ; 2° celui que cause la hauteur des digues.

Article 77.

Ordre. — Pour que le surdébit naturel ne soit pas supérieur à ce qu'il doit être, on veillera à ce que, dans les canaux, il n'y ait ni saletés, ni plantes, ni obstacle quelconque ; que l'eau ne forme pas de mares et que l'irrigant ne détourne pas une partie ou la totalité de l'eau vers une autre retenue. Celui à qui incombera l'obligation

---

Artículo 75.

Goce. — Las horas del apéo del regante principiarán á contarse desde que el agua comienza á entrar en el bancal del riego.

Artículo 76.

Regasto. — En la tanda de horas se consideran : 1. el regasto natural de la acequia ; 2. el que causa la altura de las paradas.

Artículo 77.

Orden. — Para que el regasto natural no séa mas que el preciso, se cuidará que en las acequias no halla suciedad, planta, ni estorbo alguno ; que no haga el agua rebalsos, ni que el regante córte alguna parte de agua, ó el todo para otra parada : el á quien tocare en su parte, esta obligacion, será responsable de su cumplimiento y de los daños que por su falta se irrogaren.

d'empêcher ces abus sera responsable de l'infraction et des dommages qui en seraient la conséquence.

ARTICLE 78.

Irrigation. — Un propriétaire ne pourra irriguer ses terres que par le canal et par le fossé d'amenée de la section où il a sa participation.

ARTICLE 79.

Cession. — Tout irrigant peut donner ou vendre à un autre tout ou partie des heures d'eau qui lui appartiennent dans la rotation ; mais cette cession ne devra donner lieu à aucun surcroît de débit et l'utilisation de l'eau se fera suivant le cours naturel de la rotation.

ARTICLE 80.

Mode. — Comme chacun des aqueducs (fuentes) a son cycle de répartitions et ses conditions spéciales, on s'en

---

ARTÍCULO 78.

Riego.— El regante no podrá dar riego á sus tierras mas que por la sola acequia y por el solo brazal del Partido en que tuviere su apéo.

ARTÍCULO 79.

Cesion. — El regante puede dar, y vender á otro para riego parte ó el todo de las horas de agua de la tanda de su pertenencia; pero esta disposicion no causará regasto alguno, y el aprovechamiento solo tendrá lugar en el curso natural de la tanda.

ARTÍCULO 80.

Método. — Como cada cual de las fuentes tiene su apéo y condiciones especiales, se estará en el riego de sus aguas á lo que de su método tienen ya prescripto y no séa en contradiccion con esta Ordenanza.

tiendra dans le mode d'irriguer à ce qui est déjà prescrit
et qui n'est pas en contradiction avec cette présente
ordonnance.

Article 81.

Usage. — Lorsque le propriétaire qui acquiert ou qui
reçoit par donation de l'eau, se trouve en aval de celui
qui a donné ou vendu, il pourra utiliser cette eau conjointement avec celle de sa dotation. Mais s'il est en amont, il
ne pourra irriguer avec l'eau acquise, qu'après avoir
achevé le cycle jusqu'à la dernière parcelle et, dans le
cas ou il y aurait plusieurs acquéreurs de cette catégorie,
on donnera l'eau par ordre, en allant de l'aval à l'amont.

Article 82.

Prohibition. — Les cessions ne sont pas autorisées
pendant les mois d'avril, mai et juin ; l'eau de celui qui
ne l'emploie pas sur ses terres rentre dans la rotation, au
profit de la communauté.

Artículo 81.

Uso. — Cuando el regante que adquiere agua por dádiva ó
venta, fuere por bajo al que se la dió ó vendió, entonces podrá
regar esta con la de su apéo; pero si fuere por encima no podrá
regar la adquirida hasta finar la última parada, ó séa de salida,
dándola caso de haber otros por su órden de abajo á arriba.

Artículo 82.

Prohibicion. — No se permiten devengos en los meses de Abril,
Mayo y Junio : el agua del que no regare en su tierra, acrecerá
á la tanda en favor de la Comunidad.

Artículo 83.

Beneficio — Ni el comprador, ó adquirente de agua para riego
por cualquier concepto, ni el mismo regante por devengo, podrán

ARTICLE 83.

Bénéfice. — Ni l'acheteur ou acquéreur d'eau d'irrigation par une transaction quelconque, ni celui qui irrigue par substitution, ne pourront passer l'eau d'une tournée à l'autre ; l'eau qui ne serait pas utilisée à sa tournée normale restera au bénéfice de la communauté.

ARTICLE 84.

Réserve. — Au propriétaire qui utiliserait sur ses cultures, ou donnerait à d'autres, l'eau de réserve qu'il retiendrait par la hauteur de ses endiguements, on portera en compte les 2/3 du temps employé à former cette réserve.

ARTICLE 85.

État. — Comme les surdébits sont un mal très grave pour les rotations, il est nécessaire d'y porter remède et d'arrêter leur fatale progression. A cette fin les contrôleurs remettront, en mars et en août de chaque année,

---

pasar el agua á otra tanda, pues la que no fuere aprovechada en la presente quedará á beneficio de lo Comunidad.

ARTICULO 84.

Rebalso. — A el regante que aprovechare en tierra de su cultivo ó diere á otros el agua del rebalso que hubiere causado para el riego, por altura de su parada, le serán cargadas en cuenta dos terceras partes del tiempo de su formacion.

ARTICULO 85.

Estado. — Como los regastos sean un mal gravísimo para las tandas, y séa de necesidad proceder á su remedio, conteniendo además su fatal progreso; los relojeros darán con el V.º B.º del Alcalde de su distrito y por su conducto, un estado en Marzo y otro

avec le visa et par l'intermédiaire du maire de leur district, un état détaillé des heures de surdébit en indiquant les canaux, les propriétaires et les endiguements auxquels elles s'appliquent.

ARTICLE 86.

Rapport. — A l'état dont il est question à l'article 85 sera joint un rapport du contrôleur et du maire établissant si la terre, qui reçoit le surdébit, peut être irriguée sans ce surcroit ou avec une moindre quantité d'eau venant d'un autre côté du même domaine et, dans la négative, à quelle autre source et à quels moyens il conviendrait de recourir pour y remédier.

ARTICLE 87.

Avis — Chaque fois qu'une terre quelconque, provoquant un surdébit, pourra être irriguée par un autre canal sans le même inconvénient, le contrôleur en avisera le maire ; celui-ci transmettra l'avis au syndicat qui prendra les mesures pour reporter la prise d'eau à l'autre

---

en Agosto de cada año, espresivo de las paradas, propietarios, acequias y horas de sus regastos.

ARTICULO 86.

Informe. — Al estado que dispone el artículo anterior acompañará informe del relojero, y del Alcalde, espresivo de si la tierra del regasto puede tener riego sin él, ó con menos cantidad por otro paraje de la misma hacienda, y caso que nó, por cual otro, y de que médios será conveniente usar para su remedio.

ARTICULO 87.

Aviso. — Siempre que hubiere alguna tierra que cause regasto y pueda dársele riego por otra acequia sin él, el relojero lo avisará al Alcalde, y éste lo hará presente al Sindicato, quien acordará lo

canal ou à l'endroit où l'irrigation se fera sans ou avec moins de surdébit et sans préjudice pour la communauté.

ARTICLE 88.

Défense. — Lorsqu'une propriété disposera de plusieurs canaux, l'irrigation ne pourra se faire par un autre canal sans que la tournée soit achevée par le premier.

ARTICLE 89.

Transfert. — Chaque canal doit avoir l'eau et les terres de son lot ; c'est pourquoi est nul et de nul effet tout transfert d'eau en propriété d'un canal ou zone de terrain à un autre, que le transfert soit le résultat d'une cession, d'un héritage ou de tout autre cause.

ARTICLE 90.

Achat. — Lorsque, par vente ou par héritage, tout ou partie de l'eau avec les terres correspondantes passeront

---

conveniente para la traslacion del riego à la otra acequia ó sitio, que con ninguno, ó ménos regasto, haga riego sin perjuicio de la Comunidad.

ARTÍCULO 88.

Prohibicion. — Cuando alguna vega tenga mas de una acequia, no podrá pasar el riego à otra, mientras no hubiere concluido su tanda aquella por donde se estuviere haciendo el riego.

ARTÍCULO 89.

Traspaso. — Cada acequia ha de tener el agua y tierra de su apéo, por lo cual se declará de ningun valor ni efecto todo traspaso de agua en propiedad de una acequia ó pago de tierra de otro, bien proceda de enagenacion, ó ya por herencia, ú otro motivo.

ARTÍCULO 90.

Adquisicion. — Cuando por enagenacion ó herencia pasare el

à un ou plusieurs propriétaires, l'acheteur remettra au Directeur une déclaration authentique adéquate, moyennant quoi celui-ci ordonnera l'inscription du transfert au livre de statistique et lotissement et délivrera au maire du district les instructions nécessaires. Il en sera rendu compte au syndicat dans sa plus prochaine réunion.

ARTICLE 91.

Document. — Seront conservés aux archives du secrétariat du syndicat, les documents relatifs à l'origine des aqueducs (fuentes) avec les contrats de société pour leur construction, leur lotissement et toutes conventions postérieures jusqu'à ce jour ; — les documents sur les canaux, les prises d'eau, les fossés et les brèches (paradas) qui dans un sens ou d'une manière quelconque, se rapporteraient directement ou indirectement au service des irrigations ; — tous écrits enfin, concernant celles-ci et leurs effets, qui auraient exercé une action dans le passé ou le

---

todo á parte del agua con su tierra respectiva á uno, ó mas Terratenientes, el adquirente pasará al Director un certificado fehaciente con la espresion necesaria, por el cual y de su mandato se anotará en el libro de Estadística y apéo, librándose órden al Alcalde del distrito para su efecto, dándose cuenta en la sesion próxima, al Sindicato.

ARTÍCULO 91.

Documento. — Los espedientes relativos al origen de las fuentes, con las escrituras de Sociedad para su formacion, sus apéos y contratos posteriores hasta el dia. Los espedientes sobre acequias, boqueras, brazales y paradas, que en cualquier sentido ó manera tengan relacion directa ó indirectamente con el servicio de los riegos, y en fin cuantos papeles sean concernientes á ellos, y sus consecuencias que hubiere obrado, ó se formaren en adelante, se custodiarán en el archivo de la Secretaría del Sindicato, á cuyo

feraient dans l'avenir. A cette fin, les autorités et les corporations ou particuliers qui détiendraient des documents de l'espèce antérieurs à la constitution du syndicat, les remettront sans excuse aucune et contre due reconnaissance, s'ils l'exigent.

Article 92.

Prohibition. — Il ne sera admis ni donné de l'eau d'irrigation sans adjonction de la terre correspondante. Dès lors, seront nuls toute aliénation ou héritage d'eau sans terrain, et réciproquement.

Article 93.

Sécurité. — En vue de mettre un terme aux abus, d'écarter tout doute sur la provenance des heures d'eau dont jouissent actuellement les propriétaires fonciers et de donner à ceux-ci la complète sécurité dans leur droit légitime, le Directeur remettra, à tout propriétaire qui le

---

efecto las Autoridades, corporaciones, ó particulares, que tuvieren esta clase de documentos anteriores á esta institucion, los entregarán sin escusa alguna, si bien bajo el correspondiente resguardo si lo exigieren.

Articulo 92.

Prohibicion. — No se admitirá ni dará agua de riego que no lleve la tierra que le séa correspondiente : por lo tanto será nula toda enagenacion ó herencia de agua sin tierra y al contrario.

Articulo 93.

Seguridad. — Debiendo ponerse término á los abusos, evitar toda duda sobre la procedencia de las horas de agua que cada Terrateniente goza actualmente, y darles una completa seguridad que les acredite en su legítimo derecho y posesion : el Director espedirá á cada Terrateniente que lo pida un certificado de las

demande, un certificat pour les heures d'eau qui lui appartiennent avec l'indication du canal, du nombre d'heures de la tournée et du rang attribué à sa terre ; ce certificat servira de titre de propriété en due forme.

Article 94.

Titres. — A la première séance du syndicat, le Directeur fera connaître les titres qu'il aura ainsi distribués ; il en sera fait mention au procès-verbal.

Article 95.

Application. — Pour chaque titre remis, il sera perçu deux réaux par heure d'eau ; la recette sera attribuée au fonds de la communauté et employée à son profit.

Article 96.

Déclaration. — Les dommages résultant du manque d'eau pour les récoltes prennent des proportions plus

---

horas de agua de su goce, con espresion de la acequia. número de horas de la tanda, y aplicacion á la tierra de su riego, el cual le servirá de título de propiedad en toda forma.

Artículo 94.

Títulos. — El Director participará al Sindicato en la sesion inmediata, la espedicion de los títulos que hubiese dado, para su conocimiento y anotacion en el acta de la misma.

Artículo 95.

Aplicacion. — Cada título que se espidiere devengará dos reales por hora de agua, cuya cantidad se aplicará al fondo comun para su beneficio.

Artículo 96.

Declaracion. — Como los perjuicios que se notan en las cosechas por la escaséz de las aguas, sean en mayor cuantia por los muchos

grandes sur ce sol ardent, par suite de la longue durée des rotations; c'est pourquoi il est décidé que le nombre d'heures, attribuées aujourd'hui à chaque aqueduc (fuente) pour l'irrigation, reste définitivement arrêté et toute augmentation, quelqu'en soit le motif ou l'objet, sera nulle, de nulle valeur et de nul effet.

CHAPITRE X.

Des eaux libres.

ARTICLE 97.

Eaux libres. — Sont libres, les eaux suivantes :

1° Dans la rivière, les heures d'eau attribuées à des terres qu'une crue aurait dévastées et qui, pour cette raison, ne seraient pas en état de culture ;

2° Les eaux provenant des aqueducs (fuentes) qui ne pourraient irriguer les terres de leur lotissement par suite d'une surélévation du sol ;

3° Les eaux d'aqueducs de propriété particulière, dont

---

dias á que en esta ardiente tierra se han llevado las tandas : se declara que el número de horas que cada fuente tiene hoy apeadas para el riego, és el en que quedan definitivamente constituidas, y que todo aumento en cualquiera que sea et motivo ú objeto será nulo, y de ningun valor ni efecto.

CAPÍTULO X.

De las aguas libres.

ARTÍCULO 97.

Aguas libres. — Son aguas libres: 1.º en el Rio, las horas que alguno gozare en tierras que hubiere arrasado una avenida, y que por ello no estuviere en estado de cultivo; 2.º Las que procediendo de las fuentes no pudieren regarse en las tierras de su apéo por

la jouissance reviendrait à quelqu'un n'ayant pas de terres à irriguer.

ARTICLE 98.

Usage. — Les propriétaires qui disposeraient de ces eaux libres, les emploieront de la manière suivante :

1° Les eaux de la rivière d'Almeria, en régime de rotation, seront utilisées par le propriétaire lui-même ou par d'autres des mêmes zones et canal, suivant l'ordre naturel de la rotation, à titre de compensation et sans provoquer aucun excès de débit ;

2° Celles des aqueducs (fuentes) seront utilisées suivant le cours naturel de la rotation, à partir de la parcelle qui les a refusées et sans surdébit ;

3° Les propriétaires des eaux d'aqueducs (fuentes) en disposeront pour leurs propres irrigations ou pour les vendre dans la même tournée et sur des terres du lotissement correspondant en observant le cours naturel de la rotation. Si ces eaux devaient passer à des terres en dehors

---

haber alzado su superficie; Y 3.° las que goze alguno en las fuentes de propiedad, sin aplicacion á tierras.

ARTÍCULO 98.

Uso. — Los propietarios que gozaren estas aguas libres, las usarán en la manera siguiente :

1.° Los de las del Rio de Almeria en tanda, en su favor, ó en el de otros propietarios de su propia vega y acequia, en el órden natural de la tanda, como devengo, y sin causar regasto alguno.

2° Los de las fuentes en el curso natural de la tanda, desde la parada en que le obtuvo, y sin regasto.

Y 3.° Siendo en riego propio ó venta dentro de la tanda, en las tierras del apéo de la fuente, cuando quisieren, con tal que

du lotissement, on ne pourra le faire qu'après avoir irrigué jusqu'à la dernière parcelle comprise dans la rotation. Si dans l'un quelconque de ces trois cas, le propriétaire de l'eau n'en dispose pas· dans la même tournée où elle est comprise, cette eau restera au profit de la communauté, en reprenant l'irrigation par l'entrée.

SECTION DEUXIÈME.

CHAPITRE XI.

Des canaux.

ARTICLE 99.

Classification. — Les canaux sont les fossés qui conduisent l'eau pour l'irrigation ; ils se divisent en deux classes :

1° ceux de communauté ; 2° ceux de participation.

---

sea en el curso natural de la tanda; pero si las dieren á tierras que estén fuera del término, habrá de usar de ellas despues que hubiere regado la última parada. En cualquiera de estos tres casos, no usando el propietario del agua en la propia tanda, quedará esta á beneficio de la Comunidad, poniéndose el riego en la cabeza.

SECCION SEGUNDA.

CAPÍTULO XI.

De las Acequias.

ARTÍCULO 99.

Clases. — Las acequias son las zanjas que conducen agua para el

Article 100.

De communauté. — Ceux de communauté partent de la rivière d'où l'eau prend sa direction pour l'irrigation, ou bien des aqueducs (fuentes) depuis leur origine ; les uns et les autres terminent comme tels à la première brèche d'irrigation d'une propriété. Toutes les dépenses d'entretien et de curage de ces canaux sont couvertes par la communauté des irrigants.

Article 101.

Dépenses. — Toute dépense pour construction nouvelle, profil ou réparation correspond pour les trois quarts à l'ensemble des propriétaires et pour un quart aux cultivateurs.

Article 102.

De participation. — Le canal de participation commence à la première brèche d'irrigation et se divise en

---

riego y se dividen en dos clases : 1.º de comunidad; 2.º de participacion.

Artículo 100.

De comunidad. — Las de comunidad principian en el Rio, desde donde se dá direccion al agua para el riego, y en las fuentes desde su origen, acabando ambas bajo este respecto en la primera parada de riego de alguna hacienda. Todo costo para su conservacion y limpieza pertenece al comun de regantes.

Artículo 101.

Gastos. — Todo gasto por nueva construccion, forma ó reparacion, corresponde al comun de propietarios, en las tres partes y en la cuarta á los colonos.

Artículo 102.

De participacion. — La de participacion comienza en la parada

autant de tronçons qu'il y a de lots dans les terres irriguées par où il passe. Le redressement et le curage incombent au cultivateur riverain à l'exception de l'ouvrage en
maçonnerie de construction ancienne ou de celui qu'il y
aurait lieu de consruire, lequel incombera aux propriétaires, pour les trois quarts et aux cultivateurs pour un
quart.

ARTICLE 103.

Plans. — Il sera dressé un plan de chaque canal de
communauté ; on y indiquera les brèches et les rigoles, le
nombre de tahullas d'irrigation, les noms des propriétaires
et colons ; on joindra un relevé du lotissement ou cadastre d'irrigation ressortissant au canal. De ce relevé on
transcrira au livre de statistique les éléments qu'il comporte.

ARTICLE 104.

Plantes. — Il sera permis de planter le long des
canaux, des arbres, roseaux ou arbustes, à la condition

---

primera de riego y se divide en tantos trozos, cuantos son los de las
tierras de los regantes por donde pasare ; el aderezo y limpia pertenece al labrador que le es colindante, á escepcion de la obra de
mampostería que viniere de antiguo, ó fuese necesario de nuevo,
por que ella será por cuenta de los propietarios las tres partes y
de los regantes la cuarta.

ARTÍCULO 103.

Planos.—De cada acequia de Comunidad, se levantará un plano,
con espresion de sus paradas y brazales, número de tahullas de
riego, propietarios y colonos, en el cual se fijará una carpeta que
contenga el apéo del riego que le séa respectivo, de cuya carpeta
pasará al libro de Estadistica la parte correspondiente para llevar
el alta y baja.

de le faire sur la moitié extérieure des levées qui forment les côtés du canal.

Article 105.

Prohibition. — Est défendue toute plantation d'arbres ou plantes quelconques à l'intérieur du canal, sur le plafond ou sur les talus.

Article 106.

Prohibition. — Sans autorisation préalable et écrite du syndicat, il est défendu d'arracher un arbre ou une plante et de tirer les racines des roseaux qui existeraient sur les parois extérieures des canaux.

Article 107.

Permis. — Seul le syndicat autorisera la coupe d'un arbre ou des arbustes et l'enlèvement des racines d'une cannaie dans la forme suivante :

S'il s'agit d'un arbre, laisser une souche de 1 vare au

Artículo 104.

Plantas. — En las acequias será permitida la plantacion de árboles, cañares ó arbustos, toda vez que se haga en la mitad esterior de los Caballetes que forman las paredes de ella.

Artículo 105.

Prohibicion. — Se prohibe todo árbol ó planta cualquiera que sea dentro de la acequia, ya en el suelo ó en las paredes por la parte interior.

Artículo 106.

Prohibicion. — Se prohibe el arranque de árbol, ú otra planta, y la saca de raices de los cañares que hubiere en las paredes esteriores de las acequias, sin prévio permiso por escrito del Sindicato.

dessus du sol ; s'il s'agit d'arbustes, les couper à 1 palme
de haut ; s'il s'agit de la cannaie, enlever les racines en
février et rétablir en bon état la paroi du canal, laissant
le tout à la direction du syndic qui représente le district
intéressé.

ARTICLE 108.

Curage. — Tous les ans, en février et en juin, on fera
le curage des canaux. Dans la mesure du possible, le
Directeur indiquera le jour où l'opération devra se faire,
avec les instructions relatives à son exécution.

Le curage se répétera chaque fois qu'une cause extraordinaire le rendra nécessaire.

ARTÍCULO 107.

Permiso. — El Sindicato solo permitirá el corte de un árbol,
roce de arbustos, y saca de raices de un cañar, en la forma
siguiente :

Si fuere árbol, haciendo quedar un tocon de vara sobre la
superficie. Si arbusto un palmo, y la entresaca del cañar en
Febrero, dejándo á su costa en buen estado la pared de la acequia, y todo á satisfaccion del Sindico representante de la vega á
que corresponda.

ARTÍCULO 108.

Limpia. — Todos los años se hará limpia de las acequias en los
meses de Enero y Junio ; siendo posible, señalándose por el Director el dia en que deba practicarse, con lo demás que á su ejecucion
corresponda, y mas toda vez que por algun motivo estraordinario
fuere necesario.

CHAPITRE XII.

Des répartiteurs.

ARTICLE 109.

Répartiteur. — Le répartiteur est le point du canal où les eaux se divisent et se répartissent entre ses divers branchements, canaux ou fossés.

ARTICLE 110.

Continuation. — Les répartiteurs actuels resteront tels qu'ils se trouvent du moment qu'ils fonctionnent à l'entière satisfaction des intéressés.

ARTICLE 111.

Réforme — Lorsqu'un répartiteur devra être reconstruit ou réformé, on procédera comme il est dit au cha-

---

CAPÍTULO XII.

De los Partidores.

ARTÍCULO 109.

Partidor. — Partidor és el punto de la acequia donde se dividen ó reparten las aguas, en porciones para sus respectivas acequias ó brazales.

ARTÍCULO 110.

Continuacion. — Los partidores actuales continuarán cual se hallan, siempre que puedan hacer su servicio á plena satisfaccion e sus interesados.

ARTÍCULO 111.

Reforma. — Cuando algun partidor se hiciere de nuevo, ó se hubiere de reformar, se procederá conforme á lo que previene el apítulo, *de las Obras y su ejecucion* y el artículo siguiente.

pitre : *des travaux et de leur exécution* et en observant l'article suivant.

ARTICLE 112.

Construction. — Le répartiteur devra se construire au centre du canal ou de la prise d'eau sur l'axe d'un ter-re-plein de 40 vares, entre deux murs maçonnés et en ligne droite. Sa hauteur sera celle du canal ou de la prise, son terre-plein sera dallé en pierres s'il s'agit d'eau potable et empierré si l'eau doit simplement servir à l'irrigation, la dénivellation étant celle strictement nécessaire pour donner à l'eau son courant naturel.

CHAPITRE XIII.

Des rigoles de prise d'eau (boqueras).

ARTICLE 113.

Rigole de prise d'eau (boqueras). — Boquera se dit de tout fossé ou rigole qui débouche à la rivière ou dans un

---

ARTÍCULO 112.

Construccion. — Todo partidor habrá de construirse en el centro de la acequia ó boquera y del de un terraplen de cuarenta varas, entre dos caballetes en línea recta de cal y canto : su altura será la de los de la acequia ó boquera y su terraplen de losas de piedra, cuando hayan de tomarse aguas para el servicio de la vida y de empedrado, en las de mero riego, y con el solo desnivel preciso para que el agua pase en su corriente natural.

CAPÍTULO XIII.

De las Boqueras.

ARTÍCULO 113.

Boquera. — Boquera és todo cáuce, ó acéquia que sale al Rio ó rambla, para llevar agua de avenida al riego de las tierras.

thalweg quelconque de ravinement pour amener l'eau des crues sur les terres à irriguer.

ARTICLE 114.

Division. — Les boqueras sont de propriété particulière ou de la communauté d'un district.

ARTICLE 115.

Plans. — On dressera un plan de chaque boquera de communauté de la même manière que pour les canaux, comme il a été prescrit par l'article 103.

ARTICLE 116.

Continuation. — Les boqueras subsisteront telles quelles si elles n'exigent ni modification, ni réparation.

ARTICLE 117.

Inscription. — On inscrira les boqueras particulières

ARTÍCULO 114.

Division. — Las boqueras, ó son de un particular, ó de la Comunidad de un partido.

ARTÍCULO 115.

Planos. — De cada boquera de Comunidad, se levantará un plano, conforme queda dispuesto para las acequias en el artículo 103.

ARTÍCULO 116.

Continuacion. — Las boqueras continuarán tal como se hallan, toda vez que no necesitaren reforma ó reparacion.

ARTÍCULO 117.

Asiento. — De las boqueras particulares, se tomará asiento con

avec indication de leur emplacement, des propriétaires, des colons et du nombre de tahullas à irriguer.

ARTICLE 118.

Prohibition. — Il est défendu d'ouvrir une boquera à la rivière, sans un permis du Syndicat qui, après s'être enquis de son utilité ou nécessité, l'accordera aux conditions exposées dans les articles suivants, là où elles trouvent application, et en conformité avec la législation et les décrets en vigueur.

ARTICLE 119.

Règles. — Dans la réparation d'une boquera ou dans l'ouverture d'une nouvelle, on observera les règles qui suivent :

1º Le fossé, dès sa sortie de la rivière, suivra la rive correspondante ;

2º Le fossé, dans la majeure partie de son cours, aura seulement une largeur double de celle qu'il aurait dans

---

espresion del sitio, propietario, colono, y número de tahullas de riego.

ARTÍCULO 118.

Prohibicion. — Se prohibe abrir boquera al Rio sin permiso del Sindicato, el cual lo concederá con conocimiento de su utilidad y necesidad, y condiciones que se espresarán en los artículos siguientes, en cuanto puedan serles pertinentes y con arreglo á la legislacion y decretos vigentes.

ARTÍCULO 119.

Reglas. — Cuando se reparase, ó de nuevo se abriese alguna boquera, se observarán las reglas siguientes :

1. Que el cáuce desde que saliere al Rio, ha de ir al lado de su ribera respectiva.

les terres irrigables ; sa hauteur dans le cavalier du côté
de la rivière sera égale à celle de son débouché sur les
premières terres à irriguer et sa longueur dans le thalweg
de la rivière sera suffisante pour avoir une vare de dénivellation entre la tête amont de la boquera et le premier
terrain de plus haut niveau à irriguer.

ARTICLE 120.

Curage. — Le désensablement et le curage des boqueras dans toute leur étendue, comme aussi tout ouvrage ou
opération qui devrait être fait à ces fossés depuis la
rive de la rivière, sont à la charge des cultivateurs.

Ceux-ci interviendront suivant le rang qu'ils occupent
dans l'irrigation, le nombre de tahullas et la classe du terrain ; ils pourront effectuer le travail par eux-mêmes
ou par d'autres manœuvres, à la condition que ceux-ci
soient habiles, qu'ils soient munis des outils nécessaires,
qu'ils soient ponctuels aux heures de travail, eux et leurs
attelages.

---

2. Que el cáuce solo ha de tener de anchura en su mayor parte
el doble de la que tuviere en las tierras regables ; de altura el
caballete del lado del Rio igual á la de su embocadura en las primeras tierras de riego ; y de longitud en el álveo del Rio, lo
bastante á una vara de desnivel, desde la boca de la boquera al
primer terreno mas alto que hubiere de regar.

ARTÍCULO 120.

Limpieza. — El desareno y limpia de las boqueras en toda su
estension, y cualquier trabajo ó cosa que se haga en ellas, desde
la ribera del Rio adelante por su álveo, pertenece á los Colonos,
quienes contribuirán en el órden de sus beneficios de tahullas y
clases, pudiendo satisfacer sus cuotas por sí mismos ú otros peones,
con tal que sean hábiles, lleven los útiles necesarios, y sean pun-

Les cultivateurs qui n'accepteraient pas la corvée payeront sa valeur en argent, à l'exception des bois et des roseaux que les propriétaires devront ou fournir ou en payer la valeur.

ARTICLE 121.

Son coût. — Le coût des ouvrages en pierre ou en maçonnerie est à la charge des propriétaires, les cultivateurs faisant le transport des matéraux ; les uns et les autres sont taxés suivant le nombre et la classe des tahullas.

CHAPITRE XIV.

Des rigoles (Brazales).

ARTICLE 122.

Brazal. — Le brazal est un petit fossé ou rigole qui,

---

tuales á las horas del trabajo y tambien con sus carros; pero cuando estos no cumplieren pagarán su valor en dinero, á escepcion de los palos y cañas, que habrán de dar los propietarios, ó su importe en su defecto.

ARTICULO 121.

Su costo. — El costo de toda obra de piedra, ó mampostería, corresponde á los Propietorios, y el porte de materiales á los Colonos, contribuyendo unos y otros segun el número y clase de tahullas.

CAPÍTULO XIV.

De los Brazales.

ARTICULO 122.

Brazal. — Brazal es una pequeña acequia, que como brazo sale de la acequia madre, ó boquera, para el riego de una, ó mas haciendas.

comme embranchement, part du canal principal ou d'un fossé (boquera) pour conduire l'eau à un ou plusieurs domaines.

Article 123.

Continuation. — A moins de défectuosité causant préjudice et à corriger, les brazals existants continueront leur service dans l'état où ils se trouvent.

Article 124.

Propriété. — Les brazals appartiennent à un particulier ou à la communauté de quelques-uns.

Article 125.

Construction nouvelle. — A l'avenir aucun brazal de propriété commune ne pourra se construire sans autorisation préalable du syndicat.

Artículo 123.

Continuacion. — Los brazales en la actualidad continuarán en su servicio como hasta ahora, á menos que tengan algun defecto que séa perjudicial y deba corregirse.

Artículo 124.

Pertenencia. — Los brazales pertenecen á un particular ó á la Comunidad de algunos.

Artículo 125.

Nueva construccion. — En adelante no se construirá brazal alguno comun, sin prévia licencia del Sindicato.

Artículo 126.

Condiciones. — El Sindicato no negará su licencia para la construccion de un brazal, siempre que se llenen las formalidades siguientes :

1. Ser necesario y útil.

Article 126.

Conditions. — Le syndicat ne refusera pas l'autorisation de construire un brazal qui satisfait aux conditions suivantes :

1° Être utile et nécessaire ;

2° Ne pas porter préjudice à un tiers ;

3° Avoir une largeur minima d'une vare et une hauteur de 3/4 de vare ;

4° Ne causer à la rotation aucun surdébit et, s'il y en a, en supporter les conséquences ;

5° Ne tolérer aucune plante sur le plafond et les talus ;

6° Mettre à la charge des bénéficiaires les frais de conservation, réparation et curage.

CHAPITRE XV.

Des paradas (prise d'eau).

Article 127.

Paradas. — La parada est un goulet ou ouverture

---

2. No haber perjuicio á tercero.

3. Que su menor anchura séa de una vara, y su altura de tres cuartas.

4. Que no ha de causar regasto á la tanda, y dado este caso ha de ser por su cuenta sin abono alguno.

5. Que en el suelo y paredes interiores, no ha de haber planta alguna.

6. Y que la conservacion, reparacion y limpia, ha de ser á cargo de los beneficiados.

CAPÍTULO XV.

De las Paradas.

Artículo 127.

Paradas. — Parada es un boqueto que se hace en las acequias

qu'on fait dans les canaux et fossés pour détourner les eaux destinées à l'irrigation de certaines terres; les maraîchers les appellent caños (dallot).

ARTICLE 128.

Permis. — On ne pourra ouvrir aucune parada nouvelle sans la permission du Syndicat.

ARTICLE 129.

Conditions. — Pour que le syndicat autorise l'ouverture d'une parada nouvelle où le déplacement d'une ancienne vers l'amont ou vers l'aval, soit à cause de sa mauvaise disposition, soit à la demande du propriétaire, il sera nécessaire de constater dans l'exposé que :

1° Elle est nécessaire et utile ;

2° Elle ne causera pas de préjudice aux tiers ;

3° Elle ne donnera pas lieu à un surdébit ou, s'il y en a, il sera moindre que par la parada qu'elle remplace ;

4° Substituant une autre parada, elle irriguera au rang

---

y brazales, para desviar de ellos las aguas destinadas al riego de ciertas tierras, al que los hortelanos llaman caños.

ARTÍCULO 128.

Permiso. — No podrá abrirse parada nueva sin permiso del Sindicato.

ARTÍCULO 129.

Condiciones. — Para que el Sindicato conceda permiso de abrir parada nueva, ó haya de mudarse alguna mas arriba ó mas abajo, por su disposicion ó á solicitud del propietario, habrá de hacerse constar en el expediente.

1. Que és de necesidad y utilidad.

2. No haber perjuicio á tercero.

correspondant à l'emplacement de celle-ci sans anticipation de la jouissance de l'eau ;

5° La parada abandonnée sera complètement inutilisée et toute trace de son existence enlevée ;

6° Sa largeur sera d'au moins une vare, sa hauteur celle de la levée du canal. Elle sera construite en pierre et chaux ou en pierre, avec un vannage, et là où ce sera nécessaire, avec un contre vannage.

ARTICLE 130.

Prohibition. — L'usage de toute espèce de fascine dans les paradas est prohibé.

ARTICLE 131.

Construction. — Les digues et remblais à faire pour amener l'eau dans les paradas seront en maçonnerie de moellons ou en pierre et on disposera le terrain de telle manière que le cours de l'eau ne soit pas déplacé.

---

3. Que no causa regasto, ó que es ménos que la que vá á reemplazar.

4. Que siendo para reemplazo, riegue en el turno de su sitio, no pudiendo optar al riego de antelacion, que por la otra venia gozando.

5. Que se inutilice enteramente la que se abandona, quitando toda señal de su existencia.

6. Que séa ancha al ménos de una vara su altura, la del caballete de la acequia, y que séa construida de cal y canto ó de piedra con tablon, y donde fuere necesario con contra.

ARTÍCULO 130.

Prohibicion. — Se prohibe el uso de toda clase de fagina en las paradas.

ARTÍCULO 131.

Contruccion. — Los diques y terraplenes que se formaren para

Article 132.

Réforme. — Les paradas existantes qui ne seraient pas construites suivant les prescriptions précédentes devront, dans le délai de deux ans après la publication de la présente ordonnance, être réparées par leurs propriétaires au su du Syndicat. Celui qui ne s'exécuterait pas sera poursuivi avec rigueur.

Article 133.

Ordre. — Si, en application de l'article 129, le syndicat concédait l'ouverture d'une parada dont l'emplacement précéderait celui d'un autre coparticipant, il n'en résultera pas que la concession entraîne la priorité d'irrigation, mais le concessionnaire devra prendre l'eau à l'heure et pour le temps qui lui correspondait par la parada inutilisée et dans le même ordre, comme s'il s'agissait d'un échange.

---

hacer entrar el agua en las paradas, serán de cal y canto, ó de piedra; haciendo el relleno del suelo de tal manera que quede el curso del agua en su natural corriente.

Artículo 132.

Reforma. — Las paradas actuales que no estuvieron construidas segun el artículo anterior, se arreglarán por sus dueños con conocimiento del Sindicato, en el término de dos años, despues de publicada esta Ordenanza : el que no lo ejecutare queda sugeto á un rigoroso aprémio.

Artículo 133.

Orden. — Cuando en conformidad á lo que dispone el art. 129, se concediere la apertura de una parada en que resulte antelacion á alguna de otro coopartícipe, no se entenderá habérsele concedido anterioridad en el riego, si no que habrá de usarlo en la hora y tiempo en que por la inutilizada le corresponderia y en el órden como si fuera devengo.

14

CHAPITRE XVI.

Des descargadores et des desagües.

ARTICLE 134.

Descargador. — Le descargador est une coupure dans les canaux et fossés de prise d'eau (boquera) pour diminuer le volume d'eau qu'ils débitent. Les déversoirs seron revêtus en pierre ou en maçonnerie.

ARTICLE 135.

Construction. — Leur largeur sera d'une vare au moins et leur seuil sera à mi-hauteur de la paroi du canal ou du fossé de prise d'eau (boquera); ils seront munis d'un vannage pour augmenter ou diminuer le déversement de l'eau ou pour le maintenir au volume nécessaire à une bonne irrigation.

CAPÍTULO XVI.

De los descargadores y de los desagües.

ARTÍCULO 134.

Descargador. — Descargador es un boquete que se hace en las boqueras ó acequias, para aminorar el agua de sus cáuces, que habrá de ser revestido de piedra, ó cal y canto.

ARTÍCULO 135.

Construccion. — Serán de una vara de ancho al ménos y su altura habrá de empezár desde la mitad de la pared de la boquera, ó acequia, con sus tablones para aumentar, ó disminuir la salida del agua, ó sostenerla en la cantidad necesaria para el buen riego.

ARTICLE 136.

Nombre. — Le nombre de descargadores de chaque fossé de prise d'eau (boquera), leur remplacement et leur nature seront déterminés par le Syndicat, sur rapport préalable du corps des experts.

ARTICLE 137.

Desagüe. — On donne ce nom à une *parada* de sortie, une coupure ou pertuis d'évacuation permettant de rejeter d'une terre l'eau qu'elle ne peut contenir.

ARTICLE 138.

Construction.—Dans l'intérêt des cultures et au profit des propriétaires, les pertuis d'évacuation devront être construits dans le délai de deux ans, en maçonnerie et avec vannage.

ARTICLE 139.

Défense. — Il est défendu à tout irrigant de faire usage du pertuis d'évacuation de sa terre, tant que le dernier

---

ARTÍCULO 136.

Número. — El número de descargadores de cada boquera, su fábrica y situacion, se determinará por el Sindicato prévio informe del Cuerpo de Peritos.

ARTÍCULO 137.

Desagüe. — Es un boquete que forma una parada de salida para echar fuera de algun terreno el agua que no pueda contener.

ARTÍCULO 138.

Construccion. — En utilidad de cultivo, y beneficio de los terratenientes, los boquetes de desagüe habrán de hacerse de cal y canto, y con tablon, en el término de dos años.

inscrit du même canal, fossé ou rigole qui donne l'eau à celui-là n'aura pas terminé son irrigation et tant qu'il y aura quelque terre sans autre vannage d'évacuation que celui du propriétaire même dont elle a pris l'eau, à moins que l'écoulement ne puisse se faire à la rivière.

CHAPITRE XVII.

Des moulins.

ARTICLE 140.

Saignée. — Conformément à l'article 5 du règlement organique, les moulins disposeront leurs saignées (ou canal d'amenée) de manière que la hauteur du liquide à la sortie soit de niveau avec celle qu'il aura à l'entrée du coursier maçonné, pour éviter que le remou soit nuisible au cours naturel des eaux.

ARTÍCULO 139.

Prohibicion. — Se prohibe á todo regante use del desagüe de su tierra, hasta tanto que haya regado el último de la acequia, brazal ó ramál, por el cual hayan recibido el riego; y que tierra alguna tenga desagüe, mas que á el del propietario mismo de donde haya tomado el agua, á no ser que pueda hacerlo al rio.

CAPÍTULO XVII.

De los Molinos.

ARTÍCULO 140.

Sangradera. — Consiguiente á lo prevenido en el art. 5.º del Reglamento orgánico, los molinos tendrán sus sangraderas, de manera que la altura del agua en su salida por ellas, sea á nivel, con la que tuviere á la entrada del avanzado de cal y canto, para evitar que el regolfo séa perjudicial al curso natural de las aguas.

Article 141.

Sa forme. — La prise d'eau (sangradera) des moulins sera de 3/4 de vare de large, limitée latéralement par des murs maçonnés de 2/4 de vare, afin que l'eau s'écoule sans jamais occasionner une plus grande surélévation, quelle que soit la hauteur du madrier (vanne).

Article 142.

Nombre.—Les moulins existants dans les deux districts de ce syndicat sont :

9 à Almeria ; 1 à Viator ; 2 à Pechina ; 1 à Rioja ; 4 à Santa Fé ; 6 à Gador ; 4 à Benahadux ; 1 à Huercal.

Ces moulins contribueront, pour le prorata qui leur correspondra, à la dépense de tout ouvrage qui s'exécutera

---

Artículo 141.

Su forma. — La sangradera de los molinos será ancha de una vara y tres cuartas, dos cuartas de cada lado la obra de piedra, ó de cal y canto, para que por ellas vácie el agua y nunca pueda causar mayor represa, cualquiera que sea la altura del tablón.

Artículo 142.

Número. — Los molinos que hay en los dos distritos de este Sindicato son :

Almería, nueve molinos. — Viator, uno idem. — Pechina, dos idem. — Rioja, uno idem. — Santa Fé, cuatro idem. — Gador, seis idem. — Benahadux, cuatro idem. — Huercal, uno idem.

Los cuales contribuirán en los repartimientos que les correspondiere en toda obra que se haga por sobre ellos, y en que

en amont et dont ils bénéficieront. Le taux de contribution se réglera d'après l'échelle suivante :

En considérant 8 tahullas par heure.

	LE PROPRIÉTAIRE.		LE LOCATAIRE.	
	Heures	Tahullas	Heures	Tahullas
Le moulin dont le revenu par paire de meules atteint 13 réaux contribuera pour chacune d'elles à raison de . .	6	48	2	16
Celui qui atteint 9 réaux.	4	32	1 1/4	9
Id. 3 id.	1 1/2	12	3/4	6
Id. 2 id.	1	8	1/2	4
Id. 1 réal .	1/2	4	1/2	2

tengan parte de servicio, por el órden que se espresa en la escala siguiente :

Considerando ocho tahullas por hora.

	EL PROPIETARIO.		EL INQUILINO.	
	Horas.	Tahullas.	Horas.	Tahullas.
El molino, cuya renta por piedra llegue á 13 reales, contribuirá por cada una en razon á	6	48	2	16
El que á nueve reales . .	4	32	1 1/4	9
El que á tres.	1 1/2	12	3/4	6
El que á dos.	1	8	1/2	4
El que á real . . . . :	1/2	4	1/2	2

SECTION TROISIÈME.

CHAPITRE XVIII.

Des visites syndicales.

ARTICLE 143.

Visites. — Outre la surveillance qui incombe à chacun d'eux dans les campagnes des villages qu'ils représentent, les syndics feront personnellement deux visites par an, l'une en mars, l'autre en juin.

ARTICLE 144.

Relation. — Chaque syndic fera au syndicat une relation écrite des visites spécifiées à l'article précédent. Le

---

SECCION TERCERA.

CAPÍTULO XVIII.

De las Visitas Sindicales.

ARTÍCULO 143.

Visitas. — Los Síndicos, además de la vigilancia que les corresponde á cada cual en las vegas de los pueblos que representaren, harán personalmente dos visitas al año, una en Marzo y otra en Junio.

ARTÍCULO 144.

Parte. — De las visitas que cada Sindico hiciere en las épocas espresadas en el artículo anterior, dará parte al Sindicato, por escrito, quien considerando mérito para una memoria, la hará y dará al público.

syndicat appréciera s'il y a lieu de rédiger et publier un mémoire avec la matière de ces rapports.

ARTICLE 145.

Objet. — L'objet de ces visites visera le personnel des maires, contrôleurs, surveillants et gardes ; l'état et le service des aqueducs (fuentes), répartiteurs, rigoles de prise d'eau (boquera), canaux, fossés et pertuis (parada) ; l'exécution et l'observance de tout ce que prescrit l'ordonnance sur ces points particuliers ; les défectuosités à corriger ; les besoins à satisfaire ; les améliorations qui peuvent avantager les cultures.

ARTICLE 146.

- *Attention*. — La relation de ces visites fera l'objet d'une attention spéciale à la première réunion ordinaire ; elle sera recommandée au directeur pour les points qui touchent à ses attributions et le Syndicat prendra les résolutions qui le concernent.

ARTICULO 145.

Objeto. — El objeto de estas visitas recaerá sobre el personal de los Alcaldes, Relogeros, Acequieros y Guardas ; estado y servicio de las fuentes, partidores, boqueras, acequias, brazales y paradas, cumplimiento y observancia de cuanto sobre estos particulares dispusiere la Ordenanza, males que deban remediarse, necesidades que corresponda satisfacer, y beneficios que puedan hacerse con ventaja del cultivo.

ARTICULO 146.

Atencion. — El parte de estas visitas será objeto de primera atencion en la inmediata sesion ordinaria, para su recomendacion al Director, en lo que toque á sus atribuciones, y acuerdo en lo demás que séa respectivo ál Sindicato.

CHAPITRE XIX.

Des ouvrages.

ARTICLE 147.

Procédé. — Lorsqu'il y aura quelque ouvrage à exécuter pour prolonger les aqueducs (fuentes), pour de nouvelles rigoles de prise d'eau (boqueras), pour des canaux, fossés ou répartiteurs, pour réparer ou rectifier ceux existants ou pour tout autre chose qui surviendrait, on procédera dans la forme suivante :

A la demande d'un particulier pour un travail qui le concerne, il faudra l'instance de l'intéressé, le rapport du syndic représentant le village et l'information à donner aux propriétaires riverains.

A l'instance d'une communauté, il faudra la demande signée de deux propriétaires au moins et le rapport du syndic représentant.

De la part d'un syndic ou d'un maire, il y aura la

CAPÍTULO XIX.

De las obras.

ARTÍCULO 147.

Procedimiento. — Cuando acaeciere alguna obra por prolongaciones de fuentes, por nuevas boqueras, acequias, brazales ó partidores, por reparacion ó aderezo de los existentes, ó de cualquier otra cosa que ocurriere, se procederá en la forma siguiente :

A solicitud de un particular en cosa propia, su instancia, informe del Sindico representante y conocimiento de los propietarios colindantes.

A instancia de una Comunidad.

La peticion por lo menos de dos propietarios y el informe del Sindico representante.

demande et l'examen de la question par une commission de deux syndics représentant les deux sections touchant à celle qui doit recevoir l'ouvrage.

ARTICLE 148.

Rapport. — Dans l'un quelconque de ces trois cas et lorsque le syndicat aura pris la demande en considération, les pièces seront transmises aux maîtres experts qui feront un rapport, accompagné du plan et du devis, dans le délai qui leur sera assigné. Ce rapport étant remis, si le cas est urgent, la demande sera soumise pour décision à une assemblée extraordinaire.

ARTICLE 149.

Forfait. — Lorsque l'ouvrage est autorisé, on procédera à son exécution, par forfait si on le juge convenable, et s'il ne s'agit pas d'aqueducs; ceux-ci devront toujours se faire à la journée.

Por parte de un Sindico ó Alcalde.

Su contenido y el exámen de una Comision de dos Sindicos, representantes de las dos vegas que le scan confinantes.

ARTÍCULO 148.

Informe. — En cualquiera de estos tres casos y tomada en consideracion la obra por el Sindicato, pasará el expediente á los Maestros peritos de la corporacion, quienes informarán con levantamiento del plano y presupuesto del costo, en el término que le fuere señalado, y evacuado, siendo urgente, se resolverá en junta extraordinaria.

ARTÍCULO 149.

Destajo. — Acordada la obra, se procederá á su ejecucion á destajo, si pareciere conveniente, siempre que ella no fuere de fuentes, por que las de estas habrán de sér á jornal.

Article 150.

Taxation. — Le montant du devis sera réparti entre les bénéficiaires ; l'état des taxations restera affiché au secrétariat pendant trois jours, de 10 à 12 heures du matin.

Article 151.

Perception. — Passé ces trois jours on fera la recette. Tout bénéficiaire qui ne réclamerait pas dans ce délai de rigueur et refuserait de payer, sera contraint par la voie légale, à moins que le Syndicat ne trouve plus opportun de vendre l'usage de l'eau revenant au débiteur pour une durée qui suffise à couvrir la dette.

Article 152.

Surtaxe. — L'augmentation de taxe qui serait proposée sera résolue par le Syndicat en assemblée extraordinaire ; elle sera appliquée sans autre formalité.

Artículo 150.

Repartimiento. — La cantidad que importare el presupuesto, será repartida entre los beneficiados ; el repartimiento estará de manifiesto tres dias en la Secretaría, de diez á doce de la mañana.

Artículo 151.

Cobranza. — Pasados dichos tres dias, se precederá á la cobranza : el beneficiado que en este perentorio término no reclamare de agravio y faltare al pago, será apremiado por la via legal, á no ser que el Sindicato considere mas oportuno vender el uso del agua del deudor, por el tiempo bastante á satisfacer su deuda.

Artículo 152.

Agravio. — El agravio que fuere propuesto, será resuelto por el Sindicato en junta estraordinaria, y su disposicion será ejecutada sin mas audiencia.

Article 153.

Ouvrage. — Le directeur désignera deux des principaux propriétaires de la communauté intéressée à l'ouvrage, pour concourir, conjointement avec le Syndicat de la section correspondante, à la direction des travaux, à la réception des matériaux, à la fixation du prix et au paiement, à l'admission des ouvriers et au paiement de leur salaire, à toute autre intervention qu'ils croiront utile.

Article 154.

Surveillance.— Si la construction est remise à forfait, la surveillance et l'inspection à exercer par le syndic représentant et les deux intéressés ne porteront que sur l'observance des clauses de l'adjudication, le respect du devis et la bonne qualité des matériaux.

Article 155.

Adjudication. — Les adjudications de travaux à for-

Artículo 153.

Obra. — Dos de los propietarios mayores de la Comunidad interesada en la obra, que designará el Director, concurrirán de consuno con el Síndico representante en la vega en que ocurriere, á regir la obra, contentarse de los materiales, su ajuste y pago, el de los jornaleros, y su admision, con lo demás que creyeren conveniente.

Artículo 154.

Vigilancia. — Si la obra fuere á destajo, ó séa por una cantidad alzada, el Síndico representante, y los dos interesados, solo tendrán la vigilancia é inspeccion, para que el presupuesto y subasta tengan cumplido efecto, y los materiales sean á su contenta.

Artículo 155

Subasta. — Las subastas del destajo y de materiales, si las

fait et de fourniture de matériaux, s'il y en avait, auront lieu devant le syndicat aux jours et heures qu'il fixera; il arrêtera le délai et les conditions qu'il jugera les plus opportunes et notamment celle de garantir l'ouvrage pendant un temps et de la manière qu'il indiquera.

ARTICLE 156.

Présidence. — Le directeur présidera toujours cette commission en ce qui concerne les ouvrages à exécuter; son avis sera prépondérant en cas de désaccord et il délivrera les mandats de paiement.

ARTICLE 157.

Compte. — Dans les six jours qui suivront l'achèvement d'un ouvrage, on présentera au Syndicat le compte certifié par le syndic représentant. Si aucune observation n'est soulevée, le syndicat en ordonnera l'impression avec rubrique voulue et en fera remettre un exemplaire à chacun des bénéficiaires.

---

hubiere, se harán ante el Sindicato, por el término, dia, hora y condiciones que juzgare mas oportunas, habiendo de ser entre ellas la de asegurar la obra por el término y manera que estimare.

ARTÍCULO 156.

Presidencia. — El Director será siempre el Presidente de todos los actos de esta Comision, para la egecucion de las obras; decidirá todo caso de discordia y espedirá los libramientos para los pagos.

ARTÍCULO 157.

Cuenta. — A los seis dias de concluida una obra, se presentará la cuenta justificada por el Síndico representante; el Sindicato acordará, no habiendo reparo, que se imprima con la espresion necesaria y se dé un ejemplar á cada beneficiado.

ARTICLE 158.

Exception. — Sont dispensés de ces formalités, les ouvrages dont la valeur ne dépasse pas 200 réaux ; pour ceux-ci les formalités à remplir sont laissées à la discrétion du syndicat.

CHAPITRE XX.

Des experts-conseils et opérateurs.

ARTICLE 159.

Consultation. — Le syndicat disposera d'un corps d'experts pour les consultations et opérations qu'il jugera utile de lui demander.

ARTICLE 160.

Nombre. — Ce corps se composera d'un arpenteur, d'un expert public d'agriculture et d'un maître-maçon.

ARTÍCULO 158.

Escepcion. — Se esceptuan de estas formalidades, las obras que no pasáren de doscientos reales, porque ellas solo tendrán las que conceptuare el Sindicato, á cuya discrecion quedan sometidas.

CAPÍTULO XX.

De los peritos para consulta y operaciones.

ARTÍCULO 159.

Consulta. — El Sindicato tendrá un cuerpo de Peritos para las consultas y operaciones que le fueren convenientes.

ARTÍCULO 160.

Número. — Este Cuerpo se compondrá de un Agrimensor, un Perito público de Agricultura y un maestro Alarife.

ARTICLE 161.

Leurs honoraires. — Les consultations et opérations pour le syndicat ne donneront pas lieu à honoraires ; mais lorsque les experts opéreront à la demande des parties ou quand il y aura condamnation par le tribunal des eaux, ils percevront les 2/3 des droits tarifés. Dans tous les cas où il y aura un ouvrage à exécuter, ils recevront aussi le prix du travail qui leur serait demandé.

CHAPITRE XXI.

Des contributions.

ARTICLE 162.

Devis. — Les cotisations seront fixées d'après un devis des dépenses préalablement approuvé par le Syndicat.

ARTICLE 163.

Dépenses. — Les dépenses sont ou ordinaires ou accidentelles.

ARTÍCULO 161.

Sus derechos. — Las consultas y operaciones de estos para el Sindicato, no devengarán derechos; pero cuando trabajaren á peticion de parte, ó hubiere condenacion en el Tribunal de aguas, percibirán los derechos de arancél en las dos terceras partes, así como del trabajo que prestaren, en todo caso en que resultare alguna obra.

CAPÍTULO XXI.

De los repartimientos.

ARTÍCULO 162.

Presupuesto. — Los repartimientos se harán prévio presupuesto de gastos aprobados por el Sindicato.

Article 164.

Ordinaires. — Les dépenses ordinaires sont les honoraires du secrétaire et du trésorier, les appointements des maires, des contrôleurs, des surveillants de canaux, des temporaires et du portier.

Article 165.

Accidentelles. — Sont accidentelles : 1° les dépenses faites, par chaque communauté ou particulier, pour les aqueducs (fuentes), les rigoles de prise d'eau (boqueras), les canaux, les pertuis (paradas) et tout autre ouvrage qui s'exécuterait sur le domaine public ou commun ; 2° les dépenses qui peuvent résulter de la défense des droits des cultivateurs.

Article 166.

Perception. — Le Syndicat fixera l'époque et le mode

Artículo 163.

Gastos. — Los gastos, ó son ordinarios ó accidentales.

Artículo 164.

Ordinarios. — Los ordinarios son los honorarios del Secretario y depositario y sueldos de Alcaldes, relojeros, acequieros, temporeros y portero.

Artículo 165.

Accidentales. — Los accidentales son los que se causaren por cada Comunidad, ó particular, en las fuentes boqueras, acequias, paradas y cualquiera otra obra que se hiciere en terreno público ó comun, y las que puedan ocurrir en defensa de los derechos de los Labradores.

Artículo 166.

Cobranza. — El Sindicato determinará el tiempo y forma de la

de la perception des taxes en indiquant les parties à payer en nature, en argent ou en corvée.

ARTICLE 167.

Allègement. — En allègement des contributions en argent et au profit de la masse générale des contribuables, les recettes suivantes feront partie du fond commun :

1° Le produit des titres d'eau ;

2° Celui des certificats qui seront délivrés ;

3° Celui des titres des employés ;

4° La moitié des appointements des employés qui prendront un congé ;

5° La valeur des journées à fournir à la communauté des aqueducs (fuentes) à titre de dédommagement et dont le nombre sera déterminé suivant les cas d'infraction ;

6° **La contribution du quart** que les cultivateurs doivent fournir dans la dépense de prolongation d'aqueducou autre ouvrage, soit pour réparation, soit pour captage de l'eau.

---

cobranza, y de las cantidades que hayan de cubrirla, en especies, en dinero ó trabajo.

ARTÍCULO 167.

Alivio. — En el alivio de los repartimientos á dinero, y á beneficio de la masa general de contribuyentes, entrarán en fondo.

1° El importe de los titulos de aguas.

2° El de los certificados que se libraren.

3. El asignado ó titulos de empleados.

4. La mitad del haber del empleado, mientras usare de licencia.

5. Las peonadas en que por via de resarcimiento al comun de las fuentes, ó de represion en su escala, se determinaren en sus respectivos casos de faltas.

6. La Cuarta parte con que habrán be asistir, ó contribuir los colonos en las prolongaciones de las fuentes, ú otra obra, para su reparacion ó busca de aguas.

Article 168.

Type. — L'impôt spécifié à l'article 13 du règlement organique, pour couvrir les frais de la communauté, servira de type pour la répartition de la somme à laquelle s'élève le budget. On devra s'en tenir au strict indispensable pour satisfaire les obligations inscrites au budget.

SECTION QUATRIÈME.

CHAPITRE XXII.

Du Tribunal des eaux et des dispositions pénales.

Article 169.

Gratuit. — Le tribunal des eaux n'occasionnera aucune dépense. Il connaît exclusivement et sans appel de toutes les questions de fait qui naissent entre personnes intéressées dans les irrigations.

Artículo 168.

Tipo. — El impuesto que designa el artículo 13 del Reglamento orgánico para gastos comunes, solo servirá de tipo para el reparto del importe del Presupuesto, por el cual solo habrá de exigirse lo preciso é indispensable, para cubrir las obligaciones que les sean respectivas.

SECCION CUARTA.

CAPÍTULO XXII.

Del Tribunal de aguas y de las disposiciones penales.

Artículo 169.

Sin costo. — El Tribunal de aguas no causará costas algunas : conoce exclusivamente y sin apelación, de todas las cuestiones de hecho que se susciten entre los interesados en los riegos.

Article 170.

Ordre. — Un règlement d'intérieur désigne l'ordre dans lequel ce tribunal procède ; ses dispositions se réduisent à : 1º la qualification et la classification du fait; 2º la décision ; 3º la réparation du dommage ; 4º l'application des peines pour sa répression.

Article 171.

Qualification. — La qualification aboutit à déclarer, s'il y a lieu, à prendre le fait en considération.

Article 172.

Classification. — Le fait pris en considération sera classé : premièrement de négligence, deuxièmement de malice, troisièmement de malversation, quatrièmement de larcin.

Artículo 170.

Orden. — El órden en los procedimientos de este Tribunal se designa en el Reglamento interior, y sus disposiciones se reducen : 1º á la calificacion y clasificacion del hecho; 2º á su decision; 3º al resarcimiento del daño; y 4º á la aplicacion de penas para su represion.

Artículo 171.

Calificacion. — La calificacion termina á declarar si há lugar á tomarse en consideracion el hecho.

Artículo 172.

Clasificacion. — Tomado el hecho en consideracion, será clasificado.

Primero, de descuido. — Segundo, de malicia. — Tercero, de mala versacion. — Cuarto, de hurto.

ARTICLE 173.

De négligence. — Il y aura négligence au premier degré lorsqu'on constatera une dérivation de l'eau qui pourrait être évitée ; lorsque l'irrigant laissera perdre l'eau par quelque pertuis laissé ouvert ou quelque digue trop basse ou trop peu résistante.

La négligence du second degré correspond au refus de concourir aux dépenses communes des aqueducs (fuentes), prises d'eau (boquera), canaux ou autre ouvrage de la communauté et au non paiement des contributions respectives.

La négligence sera du troisième degré, lorsque l'employé de service ne donnera pas avis d'un dommage causé au canal et aussi quand il donnera l'eau d'irrigation à un nouveau propriétaire sans le vu du titre correspondant.

Il y aura négligence du quatrième degré lorsque, le dommage étant constaté, les employés ne fourniraient aucune preuve contre l'auteur du mal.

ARTÍCULO 173.

De descuido. — Será descuido en primer grado : cuando hubiere sorriego evitable, ó el regante perdiere el agua por alguna parada, ó caballón anterior, por que ella se halle abierta ó ésta no se encontrare con la altura y fuerzas correspondientes.

En segundo, por la falta de asistencia á los comunes de fuentes, boqueras, acequias ú otro trabajo de Comunidad, y del pago de los respectivos repartimientos.

En tercero, cuando el empleado en el servicio no diere parte del daño de la acequia, y segundo, cuando diere riego á nuevo propietario sin el título correspondiente.

En cuarto, cuando habiendo daño no presentaren los empleados alguna prueba del causante.

Article 174.

De malice. — Sera coupable de malice au premier degré, celui qui ferait une dénonciation fausse.

Il y aura malice du second degré quand on fera une coupure de prise d'eau (parada) sans permission.

Elle sera du troisième degré chaque fois que, par suite d'une coupure (parada) mal bouchée, l'eau d'irrigation sera dérivée; en second lieu, si la brèche (parada) étant ouverte, le coupable averti se trouverait en cas de récidive ou serait poursuivi pour quelqu'autre faute.

Article 175.

De malversation. — Sera déclaré coupable de malversation au premier degré celui qui prendrait plus d'eau que celle lui appartenant en faisant un don ou une promesse au contrôleur.

La malversation sera du second degré pour le meunier qui ferait usage des clefs de la vanne pour donner à un

---

Articulo 174.

De malicia. — Será de malicia en primer grado, cuando se hiciere una denuncia falsa.

En segundo, si se hiciere alguna parada sin permiso.

En tercero, toda vez que se estravie el riego por estar tapada débilmente la parada : segundo si estando abierta la parada, resultare reincidencia, haber dado aviso, ó que el causante ha sido apercibido por cualquier falta.

Articulo 175.

De mala versacion. — Será de mala versacion, en primer grado cuando el regante tomare mas aguas que la que le pertenece, mediante alguna dádiva ó promesa al relojero.

En segundo, siempre que el molinero haga uso de las llaves del

tiers ou s'approprier, comme irrigant, le remous du moulin.

Il y aura malversation du troisième degré lorsque, en dehors de l'ordre naturel de la tournée, on déplacera l'irrigation d'un canal à un autre ou d'un district à un autre.

Celui qui, de connivence avec le contrôleur, recevrait plus d'eau que celle qui lui correspond, sera coupable au quatrième degré.

La malversation sera du cinquième degré, chaque fois qu'un propriétaire utilisera une surélévation du niveau avec l'assentiment du contrôleur.

ARTICLE 176.

De larcin. — Lorsque quelqu'un ouvre une prise d'eau (parada) ou une brèche pour arroser avec de l'eau qui ne lui appartient pas.

ARTICLE 177.

Peines. — Les peines qui devront être prononcées pour de tels méfaits sont les suivantes :

Pour négligence. — Pour le premier degré, la peine

---

artefacto, para dar ó apropiarse como regante el regolfo del molino.

En tercero, cuando se mudare el riego de una acequia á otra, ó de un pago á otro, fuera del órden natural de la tanda.

En cuarto, cuando el regante, en connivencia con el relojero recibiere mas agua de la que le corresponda.

En quinto, toda vez que el regante aprovechare algun regolfo, con asentimiento del relojero.

ARTÍCULO 176

De hurto. — Cuando alguno abra ó destape parada, ó algun boquete, y riegue agua que no séa suya.

sera la réparation de la brèche (parada), le paiement de 8 à 12 journées de manœuvre au profit **de l'aqueduc** (fuente) de la section et la réparation du préjudice causé et taxé par expertise.

Au second degré la peine sera le paiement de 1 à 4 journées, pour l'aqueduc (fuente) du district.

Au troisième degré, il sera fait retenue à l'employé fautif et au profit de la communauté, de 6 jours de son traitement dans le premier cas, et dans le second cas, de 4 jours pour chaque infraction.

Au quatrième degré, la retenue à l'employé sera de 5 jours la première fois ; de 10 jours la seconde et pour la troisième fois un mois et la destitution.

Article 178.

Pour malice. — Au premier degré, la peine sera celle correspondante au méfait faussement dénoncé.

Au second degré, on fera fermer la brèche aux frais du coupable, qui payera en outre 80 réaux d'amende.

Au troisième degré, le coupable devra, dans le 1er cas, réparer la brèche et indemniser, à dire d'experts, pour

---

Articulo 177.

Penas. — Las penas que habrán de imponerse á tales hechos serán en la manera siguiente :

A los de descuido. — Al primero, la reparacion de la parada ó caballon, el pago de ocho á doce peonadas en beneficio de la fuente de su vega, y la satisfaccion á perjudicado, á juicio pericial.

Al segundo, con el pago sobre su haber respectivo, de una á cuatro peonadas, para la fuente de su vega.

Al tercero, al primero, seis dias de sueldo en beneficio del comun, y al segundo, cuatro dias por cada vez.

Y al cuarto, cinco dias de sueldo, por primera vez, diez por la segunda, y un mes y exoneracion por la tercera.

le dommage causé ; dans le second cas, la même peine, et payer en plus 10 à 14 journées.

Au quatrième degré, on appliquera la gradation suivante :

Si le dommage causé ne dépasse pas 40 réaux, le délinquant sera puni d'une amende de 20 réaux; quand il y aura dommage, la peine comprendra le paiement du dommage et en plus l'amende, pour chaque animal, de 3 à 9 réaux pour le gros bétail ; de 2 à 6 réaux pour les chevaux, mules ou ânes ; de 1 à 3 réaux pour les chèvres là où il y a des plantations ; de 1 fois à 1 fois 1/3 le dommage pour les moutons et autres bêtes.

Au cinquième degré la peine sera de 4 à 8 journées.

Au sixième degré, la réparation du dommage causé et taxé par l'expertise, avec en plus 8 à 20 journées.

Article 179.

Pour malversation. — Au premier degré, si le dom-

Artículo 178.

A los de malicia. — En primer grado : el tanto que correspondería al dañador.

En segundo, hacerla tapar á su costa y ochenta reales de multa.

En tercero, al primero, reformar la parada y satisfacer el daño á juicio pericial ; y al segundo ; lo dispuesto anteriormente y pago de diez á catorce peonadas.

En cuarto, se observará la escala siguiente :

Si no causare daño que pase de cuarenta reales, será penado con la multa de veinte reales.

Si hicieron daño, el pago de su importe, y mas la multa por cada cabeza ; si fuere vacuno, de tres á nueve reales, si caballar, mular, ó asnal, de dos á seis ; si cabrio y hubiere arbolado, de uno á tres, y del tanto del daño á un tercio mas si fuere lanar ó de otra especie.

mage causé va de 2 douros à 25 douros, le contrôleur sera frappé d'une amende égale au triple du dommage et sera renvoyé. En même temps, le fait sera dénoncé au juge de première instance pour les suites à y donner en justice.

Au second degré, le meunier versera, au profit de la communauté, la valeur du dommage fixée par experts et, comme ci-dessus, une amende égale au triple du dommage.

Au troisième degré, la même amende, la réparation du dommage et 12 à 20 journées.

La même peine sera appliquée à l'employé qui serait complice.

Au quatrième degré, paiement à la communauté du dommage évalué par expertise et l'amende comme au 1er degré, avec réprimande.

Au cinquième degré, paiement au profit de la commu-

En quinto, la pena de cuatro á ocho peonadas.

Y en sesto, el resarcimiento del daño á juicio pericial, y de ocho á veinte peonadas.

Artículo 179.

A los de mala versacion. — En primer grado : si el daño que se causare escede de dos duros y no pasa de veinte y cinco, sufrirá el empleado la multa del tanto triplo del daño, será despedido, y se pasará certificacion expresiva del particular al Sr. Juez de primera instancia, para sus efectos en justicia.

En segundo, el molinero satisfará á beneficio comun, á juicio pericial, el importe del daño inferido, y el triplo de multa, segun el tipo del primer grado.

En tercero, la misma multa, satisfaccion del daño, y de doce á veinte peonadas, y siendo cómplice algun empleado, igual pena.

nauté et à dire d'experts, de la valeur ; amende de 10 à 40 réaux et de 8 à 12 journées.

ARTICLE 180.

S'il s'agit d'une brèche qui serait ouverte à nouveau, l'auteur sera tenu, pour ce seul fait, de la fermer à ses frais et de bonifier à la communauté la valeur de 15 journées. Pour la prise d'eau jusqu'à 1/2 heure, la peine comportera la restitution, le paiement du préjudice et une amende de 120 réaux. Au delà d'une demi-heure d'eau, la peine à prononcer, en plus de la valeur de l'eau et des dommages, sera dévolue au juge compétent qui poursuivra en justice et fera connaître la sentence.

ARTICLE 181.

Celui qui soustraira, détournera ou utilisera l'eau d'irrigation appartenant à autrui, pour un volume représentant plus de 500 réaux, sera condamné à rétablir les choses

---

En cuarto, la satisfaccion del daño al comun, segun juicio de peritos, y la multa conforme al tipo de primer grado, con apercibimiento.

En quinto, el pago del importe al comun á juicio pericial, multa de diez á cuarenta reales y de ocho á doce peonadas.

ARTÍCULO 180.

Si fuere por boquete que hubiere abierto de nuevo, por solo este hecho será penado en cubrirlo á su costa, y en quince peonadas á beneficio del comun : siendo en porcion hasta media hora de agua, á la restitucion y pago de perjuicios, y multa de ciento veinte reales, y demás porcion, al resarcimiento del agua, y daños, pasando el tanto de culpa al Sr. Juez competente, para su procedimiento en justicia; con solicitud de su resultado.

ARTÍCULO 181.

El que distrajere, estraviare ó aprovechare el agua del riego de

dans leur état antérieur, à indemniser sur expertise, pour les préjudices qu'il aura causés, l'affaire étant remise au tribunal de justice pour imposer les autres peines que réclament le vol et le préjudice.

Joaquin de Vilchez — Francisco Jover — Javier de Leon Bendicho — José Jover — Francisco Orozco — Antonio Perez — Pedro Lledó — Manuel de Castro — Antonio Maria de Aguilar Amat — Mariano José de Toro, *secrétaire*.

SÉANCE DU 9 MAI 1855.

En la ville d'Almeria, le 9 mai 1855, le syndicat s'étant réuni sur convocation et sous la présidence du syndic sous-directeur Don Francisco Jover, après lecture et approbation du procès-verbal précédent :

Il a été donné connaissance d'une communication de

ótro, en cantidad mayor de quinientos reales, será condenado á la reposicion del hecho á su estado anterior, y al resarcimiento de los perjuicios que haya originado, prévia tasacion pericial, pasándose el espediente al Tribunal de justicia, para la imposicion de las demás penas que corresponden, por el hurto y daño causado. — Joaquin de Vilchez. — Francisco Jover. — Javier de Leon Bendicho. — José Jover. — Francisco Orozco. — Antonio Perez. — Pedro Lledó. — Manuel de Castro. — Antonio Maria de Aguilar Amat. — Mariano José de Toro, Secretario.

SESION DE 9 DE MAYO DE 1855.

En la ciudad de Almeria, á 9 de Mayo de mil ochocientos cincuenta y cinco, reunido el Sindicato, prévia citacion, siendo su

M. le Gouverneur de cette province, dont suit la teneur textuelle :

« Gouvernement de la province d'Almeria — 1re section.

» Irrigations — N° 414 — Son Excellence le Ministre
» de Fomento, sous la date du 22 courant, me dit ce qui
» suit par ordre royal.

» S. M. la Reine (q. D. g.) vu la proposition de V. S.
» et attendu les circonstances qui concernent D. Fran-
» cisco Jover, a daigné le nommer directeur du Syndicat
» des Irrigations de la Vega de cette ville. — D'or-
» dre royal, je le dis à V. S. pour qu'elle en ait connais-
» sance et pour les autres fins. — Dieu vous garde
» de longues années. — Almeria, 28 mars 1855. —
» Domingo Velo. — M. le directeur du Syndicat des Irri-
» gations de la Vega d'Almeria. »

En conséquence, il a été décidé de donner, comme il fut fait séance tenante, possession dudit poste à M. Francisco Jover, qui occupa le fauteuil présidentiel et présida cette

---

Presidente el Sr. Sindico Sub-Director D. Francisco Jover, y leida el acta precedente, que ha sido aprobada :

Se dió cuenta de una comunicacion del Sr. Gobernador de esta Provincia, cuyo tenor literal és como sigue :

« Gobierno de la Provincia de Almeria. — 1. Seccion. — Rie-
» gos. — Numero 414. — El Excelentisimo Sr. Ministro de Fomen-
» to con fecha 22 del actual, me dice de Real órden lo siguiente.
» — S. M. la Reina (q. D. g.) Vista la propuesta de V. S. y aten-
» diendo á las circunstancias que concurren en D. Francisco
» Jover, se ha dignado nombrarle Director del Sindicato de Riegos
» de la Vega de esa Ciudad. De Real órden lo digo á V. S, para
» su conocimiento y demás efectos correspondientes. — Dios
» guarde á V. muchos años. Almería 28 de Marzo de 1855. —
» Domingo Velo. — Sr. Director del Sindicato de Riegos de la
» Vega de Almeria. »

séance comme directeur du Syndicat ; il a été décidé aussi de faire les communications et donner les ordres nécessaires pour que le Président soit reconnu par les autorités et par le personnel de cette corporation.

Il fut ensuite donné lecture d'une communication de l'Exc^me Députation provinciale qui dit ce qui suit :

Cette Exc^me Députation provinciale, ayant pris connaissance de l'ordonnance des irrigations, formulée par le Syndicat, pour la vega de cette ville et de sept villages dans la vallée, a ordonné la remise du document et autorisé la mise à exécution pendant un an, afin de pouvoir se rendre compte pratiquement des avantages et des défauts qu'il présente. — Dieu vous garde de longues années. Almeria, 2 mai 1855. — Le président, Domingo Velo. — Justo Tovar Y Tovar, secrétaire. — M. le directeur du Syndicat d'Irrigations de cette capitale. — Et ensuite de cette communication de l'Exc^me Députation provinciale concernant l'approbation des ordonnances

---

Y en su cumplimiento fué acordado dar, como en seguida se dió posesion de dicho destino al Sr. D. Francisco Jover, ocupando la silla de la presidencia, y dirigiendo esta Sesion como tal Director del Sindicato, y que para que séa reconocido por las autoridades y dependientes de esta Corporacion, se pasen las comunicaciones y órdenes que sean correspondientes.

En seguida fué leida la comunicacion de la Excma. Diputacion Provincial, que á la letra dice asi :

« Dada cuenta á esta Excma. Diputacion Provincial, de la Ordenanza de Riegos, que para la Vega de esta capital, y siete Pueblos de su Rio, ha formado el Sindicato de riegos, ha acordado su devolucion, y autorizar al mismo para que la ponga en egecucion por espacio de un año, á fin de que puedan conocerse prácticamente las ventajas ó defectos que pueda contener. — Dios guarde á V. muchos años. — Almeria 2 de Mayo de 1855. — El Presidente,

d'irrigations des terres de cette capitale et de 7 villages
de la vallée ;

Considérant que l'objet des dites ordonnances n'est
autre que celui de faire respecter les droits des irrigants ;
de maintenir l'égalité que ces droits ont pour objet d'établir entre tous ; d'instaurer d'une manière efficace l'ordre
et la justice que réclame une bonne administration dans
l'usage et l'utilisation des eaux pour les irrigations ; de
faire qu'il en soit ainsi en vérité pour la satisfaction et le
contentement des intéressés, pour le bien de l'agriculture
et des industries qui en découlent, industries qui ont tant
à souffrir des procès et tant à s'appuyer sur le Syndicat et
qui, grâce à ce réglement, pourront désormais produire
tout le fruit dont elles sont capables.

Considérant que si le système de répartition des eaux
de la rivière est uniforme, il y a eu certaines modifications, les unes de convention, les autres d'usage, dont
l'origine est inconnue ; que les aqueducs (fuentes) de cha-

Domingo Velo. — Justo Tovar y Tovar, Secretario. — Sr. Director del Sindicato de Riegos de esta Capital. » — Y en su cumplimiento fué acordado lo siguiente :

Vista la comunicacion de la Excma. Diputacion Provincial, sobre
aprobacion de las Ordenanzas de Riegos de las Vegas de esta
Capital y pueblos de su Rio.

Considerando que el objeto de dichas Ordenanzas, no es otro
que el de hacer respetar los derechos de los regantes; apoyar y
sostener la igualdad que mútuamente por ellos corresponde á
cada cual; establecer de una manera eficaz el órden de justicia
que en el uso y aprovechamiento de las aguas y sus riegos, demanda
la buena administracion, y que ella séa una verdad á satisfaccion
y contento de sus interesados, para el bien del cultivo y de su
industria, tan lastimada por sus querellas y tan reparada por el
Sindicato, cuyos beneficios por este ordenamiento habrán de con-
seguirse completamente.

que village ont un régime spécial dû tantòt à la tradition,
le plus souvent peu fidèle, tantôt à l'arbitraire des évé-
nements.

Et désirant en finir avec les quelques obstacles qui
ont empêché le fonctionnement de l'institution aussi
rationnelle que sage du Syndicat, la plus utile et nécessaire pour la prospérité de l'agriculture, par la protection
si large qu'elle apporte aux cultivateurs, par le dévouement
et la promptitude avec lesquels le Syndicat remplit ses
fonctions, délivrant les administrés des débours et de la
ruine que leur a valu le manque de toute administration.

LE SYNDICAT DÉCRÈTE :

1° Que la décision de l'Exc^{me} Députation provinciale
soit gardée et observée et qu'à cette fin elle soit imprimée
en 100 exemplaires ;

2° Qu'il en soit remis un exemplaire à chaque syndic
lequel réunira six propriétaires et six cultivateurs des plus

---

Considerando que si bien es uno el sistema de las aguas apeadas
del Rio, ha tenido ciertas alteraciones, ya de convenio, ya de uso,
cuyo principio se desconoce, y que las fuentes de cada pueblo
tienen un método especial, que viene encomendado á la tradicion,
poco fiel las mas veces, ó ya al arbitrio de las circunstancias.

Y deseando en fin, acabar con los pocos estorbos que han impe-
dido la marcha tan racional, como sábia institucion del Sindicato,
la mas útil y necesaria para la prosperidad del cultivo, por la pro-
teccion tan ámplia que dispensa á los labradores, y por el interés y
brevedad con que desempeña sus funciones, libertándolos de los
desembolsos y ruina en que han venido envueltos por falta de toda
Administracion :

ACUERDA EL SINDICATO :

1. Se guarde y cumpla lo dispuesto por la Excma. Diputacion
Provincial, y para su efecto se impriman cien ejemplares.

importants et des plus capables du district à sa charge pour pouvoir avec eux examiner avec soin le texte des ordonnances et exposer, par chapitres et sur feuilles volantes, les modifications et additions qui leur paraîtront devoir favoriser la culture et l'industrie ;

3° Que, en vue d'instruire ces personnes qui seront désignées comme assesseurs, il soit remis 2 exemplaires à chaque syndic ;

4° Que les syndics s'appliquent à ne proposer que des changements ou additions raisonnables ;

5° Que dans chaque section il soit formé un lotissement d'irrigation pour les tournées d'eau de rivière ;

6° Que dans chaque section où il y aurait un aqueduc (fuente) il soit fait un lotissement avec un réglement signalant la marche à suivre et les circonstances spéciales du service ;

---

2. Que se pase oficialmente un ejemplar à cada Sindico, para que reuniendo seis propietarios y seis colonos, de los de más haber y capacidad del Distrito de su cargo ; y prévio un detenido exámen, expongan por capitulos, y en pliegos sueltos, las reformas ó adiciones que séan convenientes, en beneficio del cultivo y de su industria.

3. Que para instruccion de los que nombraren al objeto indicado anteriormente, se remitan à cada Sindico dos ejemplares.

4. Que procuren los Sindicos séan razonadas las alteraciones, ó adiciones que se propongan.

5. Que en cada Vega se forme un apéo del riego de tandas del Rio.

6. Que en cada Vega donde hubiere fuente, se forme un apéo y à continuacion un Reglamento, que exprese el método y especiales circunstancias de su servicio.

7° Que ces travaux doivent être terminés et remis à la fin d'octobre; il en sera rendu compte à la première séance de novembre.

Le Directeur,
FRANCISCO JOVER.

MARIANO JOSÉ DE TORO,
Secrétaire.

---

7. Que en fin de Octubre habrán de presentarse concluidos estos trabajos, de que se dará cuenta en la primera Sesion de Noviembre.

El Director,
FRANCISCO JOVER.

MARIANO JOSÉ DE TORO.
Srio.

III.

ALICANTE.

ORGANISATION DE L'IRRIGATION DANS UNE HUERTA
AVEC BARRAGE-RÉSERVOIR

III.

HUERTA d'ALICANTE dans l'Espagne sèche, et HUERTAS voisines: ancien règlement pour plusieurs villages dans une région irriguée avec le concours d'un grand barrage-réservoir (barrage de Tibi).

Règlement pour l'utilisation des eaux d'irrigation de la Huerta d'Alicante,

Approuvé le 30 avril 1849.

TITRE Ier.

Des eaux.

CHAPITRE Ier.

De l'utilisation des eaux.

ARTICLE PREMIER.

On laissera échapper du réservoir où s'accumulent les

III.

Reglamento para el aprovechamiento de las aguas del Riego de la Huerta de Alicante.

Aprobado en 30 Abril de 1849.

TITULO PRIMERO.

De las Aguas.

CAPITULO I.

Del aprovechamiento de las aguas.

ARTÍCULO 1.

A las aguas que se reunen en el Pantano se las dará salida en

eaux un volume suffisant dans le lit du ruisseau Montnegre pour que les intéressés de son voisinage puissent prendre la dotation qui leur revient, par les 15 vannages dénommés très anciens et pour qu'ensuite l'eau entre dans le canal Mayor de la Huerta avec un débit, au répartiteur principal, de 2 *hilas* ou *dulas* de un pied carré, mesure de Burgos, avec une vitesse de 6 pieds par seconde.

ARTICLE 2.

Ces hilas seront continues et on divisera le temps du débit en tournées ou *martavas* de 21 jours, 15 heures, 7 minutes, 30 secondes en hiver, c'est-à-dire depuis la saint Michel de septembre à la saint Jean de juin, et de 14 jours, 10 heures, 5 minutes en été, de la saint Jean à la saint Michel.

ARTICLE 3.

Les 1,038 heures et 15 minutes d'eau que forme le total

---

cantidad suficiente para que corriendo por el cauce del riachuelo de Montnegre, aprovechen las que les correspondan los interesados de su inmediación por las quince presas denominadas antiquisimas, y entren en la acequia mayor de la huerta las necesarias para formar en el Partidor principal dos hilas ó *dulas* de un pié en cuadro, medida de Burgos, con la velocidad media de seis piés por segundo.

ARTÍCULO 2.

Estas hilas serán continuas y el tiempo de su curso se irá dividiendo en tandas ó *martavas* de 21 dias, 15 horas, 7 minutos y 36 segundos en invierno, esto es, desde San Miguel de Setiembre á San Juan de Junio, de 14 dias, 10 horas y 5 minutos en verano, desde San Juan á San Miguel.

ARTÍCULO 3.

Las 1,038 horas y 15 minutos de agua que forman el total de las

des 2 hilas dans chaque tournée d'hiver et les 692 heures
10 minutes de celle d'été seront réparties entre les ayants
droit, suivant l'ordre établi par le registre ou *giradora*
tenu à la direction et d'après les bases suivantes :

508 heures 15 minutes d'eau dite vieille, entre les propriétaires de 338 5/6 hilos à
raison de 1 heure 30 par hilo.

19 heures — également d'eau vieille, nommée de privilége, entre ceux qui
les possèdent.

511 heures — d'eau dite nouvelle entre les
propriétaires de 30,660 tahul-
las de terres correspondantes à
raison de 1 minute par tahulla.

1,038 heures 15 minutes. En hiver et en été on distribuera aux intéressés les deux tiers des mêmes quantités.

dos hilas en cada tanda de invierno y las 692 con 10 minutos en
las de verano, se distribuirán entre los que tengan derecho á su
disfrute con arreglo á lo que conste en el registro ó *giradora* que
llevará la Dirección y con arreglo á las bases siguientes :

508 horas 15 minutos de agua llamada vieja entre los dueños de
338 5/6 hilos á razon de una hora y
30 minutos por hilo.

19 dichas . . . . . tambien de agua vieja llamada de privilegio, entre los dueños de ellas.

511 dichas . . . . . de agua llamada nueva, entre los propietarios de 30,660 tahullas de tierra que
la tienen anecsa, á razon de un minuto
por tagulla.

1,038 horas 15 minutos en invierno y en el verano se distribuirán
á los interesados las dos terceras partes de lo que quedo dicho les
corresponde.

Article 4.

Les hilas se désigneront par 1ʳᵒ et 2ᵉ et les tournées (révolutions) porteront aussi un numéro d'ordre commençant chaque année.

Article 5.

En commençant chaque tournée, on passera la 1ʳᵉ hila au fossé de l'Alfaz et la 2ᵉ à celui de la Torre, pour suivre ensuite l'ordre indiqué au plan annexé aussitôt que tous les terrains d'un fossé auront été irrigués à tour de rôle, avec cette différence pourtant que l'eau sera donnée au fossé du moulin Gosalves avant d'être versée dans celui de Benasiu. La hila qui termine la 1ʳᵒ l'irrigation qui lui correspond passera dans les fossés vides qui étaient réservés à l'autre hila.

Article 6.

Le tour commencera, suivant la coutume, par le pre-

Articulo 4.

Las hilas se denominarán 1ª y 2ª y las tandas se distinguirán tambien por un número de órden principiando cada año.

Articulo 5.

Al empezar cada tanda se pondrá la 1ª hila en el brazal del Alfaz y la 2ª en el de la Torre, pasándose de un brazal á otro por el órden en que están en el plano adjunto, luego que hayan regado por su turno todos los regantes del brazal, con la diferencia, sin embargo, de que antes que en el de Benasiu debe entrar el agua en el Molino de Gosalves. La hila que concluya primero el riego que le corresponde se pasará á los brazales vacios que convenga de aquellos en que debería correr la otra.

Articulo 6.

El turno comenzará segun costumbre, por el primer regante que

mier terrain rencontré, et lorsque l'eau arrivera à un domaine collectif on arrosera tous les intéressés en suivant le même ordre. On agira de même pour les subdivisions du domaine arrosées par des rigoles branchées sur le fossé.

Article 7.

Pour mesurer le temps, les gardes-canaux seront munis de sabliers faits d'une pièce, très transparents et bien montés. La direction les fournit, à chaque tournée, cachetés et préalablement contrôlés avec des étalons conservés soigneusement.

Ces sabliers seront :

de 1 heure.

de	»	30 minutes.
de	»	15 minutes.
de	»	7 minutes 30 secondes.
de	»	2 minutes.

---

encuentre el agua, y cuando encuentre una hijuela regarán por el mismo órden todos los interesados de ella, haciéndose otro tanto asi que llegue á algun ramal ó suramal de la hijuela.

Artículo 7.

Para medir el tiempo que corre el agua, llevarán los acequieros ampolletas ó relojes de arena hechos de una pieza, muy transparentes, y bien montados, que suministrará la Dirección en cada tanda, sellados y comprobados préviamente con los padrones exactos, que conservará.

Estas ampolletas serán :

de 1 hora.

de	»	30 minutos.	
de	»	15	»
de	»	7	» y 30 segundos.
de	»	2	»

Article 8.

Huit jours avant le commencement de chaque tournée et après avis au public, la Direction distribuera dans ses bureaux, à tous les intéressés, des bons (albalaes) pour la quantité d'eau qui leur revient. Ces bons porteront l'année, le numéro de la tournée, celui du bon et celui de la série ; ils seront timbrés ou marqués différemment pour chaque tournée et on en conservera un talon à la Direction.

Ils se diviseront toujours en ces 12 séries :

1re de 1 heure.		. . . .	couleur rose.
2e de	»	30 minutes	. . . .	cramoisi.
3e de	»	15 minutes	. . . .	citron.
4e de	»	10 minutes	. . . .	paille.
5e de	»	7 minutes 30 secondes		vert d'herbe.
6e de	»	5 minutes	. . . .	vert pomme.
7o de	»	4 minutes	. . . .	bleuciel(céleste).
8e de	»	3 minutes.	. . . .	bleu turquin.

Artículo 8.

En cada tanda se darán en la Dirección, á todos los interesados, albalaes del agua que les corresponda, los cuales se espenderán en los ocho dias anteriores al en que se principie, previo aviso al público. En estos albalaes se espresará el año, el número de la tanda, el del albalá y el de la série : llevarán un sello ó marca differente en cada tanda, se les cortará una contraseña que quedará en la Dirección y se dividirán siempre en las doce séries siguientes :

1a de	1 hora		.	color de rosa.
2a de	»	30 minutos		carmesí.
3a de	»	15		limon.
4a de	»	10		paja.
5a de	»	7	y 30 s/g.	verde de yerba.
6a de	»	5		verde manzana.
7a de	»	4		azul celeste.
de	»	3		azul turquí.

9ᶜ de 1 heure 2 minutes. .   .   .   orange.
10ᵉ de   »   1 minute . .   .   .   violette.
11ᵉ de   »   0   » 40 secondes miel.
12ᶜ de   »   0   » 20 secondes blanche.

ARTICLE 9.

Lorsque son tour est venu, tout participant peut utiliser l'eau qui lui appartient en propre ou qu'il a acquise légitimement, en présentant ses bons au garde-canal ; celui-ci, sur le vu des bons, lui enverra l'eau. Le sablier reste en évidence sur un plan horizontal, tant que dure l'irrigation ; celle-ci finie, l'intéressé remet au garde-canal ses bons dont il enlève le coin inférieur de droite. L'eau est ensuite passée sans interruption au lot suivant.

ARTICLE 10.

Le propriétaire prendra l'eau au répartiteur qui lui cor-

9ᵃ de 1 hora 2 minutos naranja.
10ᵃ de   »   1   violeta.
11ᵃ de   »   0 40 s/g. miel.
12ᵃ de   »   0 20»   blanco.

ARTÍCULO 9.

Todo regante cuando le toque el turno podrá aprovechar el agua que tenga propria ó legitimamente adquirida, presentando todos los albalaes al acequiro, quien en su vista se la dará. Mientras dure el riego estará la ampolleta de manifiesto sobre un plano horizontal, y concluído se entregarán los albalaes al acequiero, cortando el interesado la punta inferior de la derecha, y pasando á regar el que siga, sin intérvalo alguno.

ARTÍCULO 10.

El regante tomará el agua en el partidor que le corresponda según costumbre, y será de su cargo cualquier aumento ó dismi-

respond, suivant l'usage, et toute augmentation ou diminution que subira le débit pendant l'irrigation sera pour son compte. Il en sera de même, lorsque l'usage est tel, du temps que met l'eau pour arriver à sa terre depuis la prise d'eau et que l'on nomme première eau ou *arrosego*.

ARTICLE 11.

Dès que tous les intéressés ont reçu leur irrigation, la tournée est considérée comme terminée, même si toutes les heures n'étaient pas absorbées et la tournée suivante commencera immédiatement. L'inverse se produira de la même façon, si la tournée dépasse la durée normale par suite de manquants.

ARTICLE 12.

Si la pénurie d'eau ne permettait pas de distribuer 2 hilas, mesure ordinaire, on ouvrira complétement la vanne

---

nución que esperimente aquella durante el riego. También irá á cargo suyo, cuando le corresponda con arreglo al uso establecido, el tiempo que tarde el agua en llegar á su propiedad desde el punto en que la toma, que es lo que se llama primer agua ó *arrosego*.

ARTÍCULO 11.

Así que no quede ningun interesado que tenga que regar, se dará por concluida la tanda aunque no se hayan llenado todas las horas de ella, principiándose sin intérvalo alguno la siguiente. Lo mismo se hará cuando la tanda se prolongue por causa de quiebras.

ARTÍCULO 12.

Si la escasez de aguas no permitiese dar las dos hilas de la medida ordinaria, se dejará totalmente abierta la compuerta del pantano, dividiéndose en las dos hilas el agua que dé.

du réservoir et l'eau débitée sera partagée entre les deux hilas.

ARTICLE 13.

Lorsque, malgré cette ouverture, le volume sera trop réduit, on pourra admettre la fusion des deux hilas en une seule, en comptant deux heures pour une (1).

ARTICLE 14.

Dans les deux cas, l'administration pourra bonifier, pour manque d'eau première ou *arrosego*, la différence qui sera constatée entre la dotation ordinaire du tarif et la dotation réelle.

ARTICLE 15.

Si en temps d'abondance, le prix de l'eau entre les particuliers tombe à 10 R.V. l'heure, on pourra ordonner la

(1) Voir appendice **A.**

ARTÍCULO 13.

Siempre que apesar de esto queden muy reducidas en su volúmen, podrá disponerse que se reunan las dos en una, contándose entonces dos horas por una (1).

ARTÍCULO 14.

En ambos casos podrá bonificar la Administracion por quiebras de primer agua ó *arrosego* la diferencia que haya entre la ordinaria que señala la tarifa adjunta y la verdadera que resulte.

ARTÍCULO 15.

Cuando por abundancia de aguas no tuviesen éstas mas precio entre los particulares que el de 10 rs. vn. la hora, podrá mandarse cerrar el pantano, no dejando salir mas agua sin aprovechamiento, que la indispensable para que no se obstruya la compuerta.

(1) Sustiduido segain apéndice Λ.

fermeture du réservoir et ne laisser passer que le volume nécessaire — sans utilisation — pour empêcher l'obstruction de la vanne.

ARTICLE 16.

Si, au lieu de la mesure susdite, on juge plus convenable d'accélérer l'irrigation, ou formera, pour ce faire, une 3ᵉ, une 4ᵉ ou un plus grand nombre de hilas dans les fossés distributeurs de Benitía, Maimona ou suivants (1).

ARTICLE 17.

Lorsque, par suite de débordement du réservoir ou d'averses en aval, les eaux de crue, dites de *Duit*, atteignent la retenue de Muchamiel, on les utilisera en augmentant également, jusqu'à doubler leur débit, les hilas ordinaires, dont bénéficieront gratuitement les propriétés en irrigation à ce moment.

(1) Voir appendice B.

ARTÍCULO 16.

Si en vez de lo prevenido en el articulo anterior se juzgase mas conveniente acelerar el riego, se hará esto formando 3ª, 4ª ó mas hilas en los brazales de Benitía, Maimona ó siguientes (1).

ARTÍCULO 17.

En caso de que por sobresalir del pantano ó por avenidas de la parte de abajo de él llegasen al azud de Muchamiel aguas de avenida llamadas de *Duit*, se aprovecharán aumentando por igual las hilas ordinarias hasta un doble. de cuyo beneficio disfrutarán graciosamente los que estén en turno ordinario.

ARTÍCULO 18.

Si después de dicho aumento de las hilas, sobrase todavía agua,

(1) Sustituido según apéndice B.

ARTICLE 18.

Si, après ce doublement des hilas, il reste un excès d'eau, on formera une ou plusieurs hilas de crue dont l'eau sera envoyée dans les fossés vides et distribuée aux seuls propriétaires d'eau nouvelle, qui l'utiliseront dans la mesure qui leur conviendra. On tiendra un tableau spécial pour les tournées d'eau de crue, afin que tous les ayants droit en profitent également.

Le garde-canal percevra par anticipation une taxe de 2 R.V. pour chaque heure d'eau utilisée. Chaque intéressé lui remettra un bulletin signé renseignant le nombre d'heures inverties et de tahullas irriguées.

ARTICLE 19.

On suivra la même marche aux retenues de San-Juan et de Campello; ceux qui irrigueront au moyen de ces eaux seront considérés comme ayant reçu leur dotation dans la rotation de crues (1).

(1) Voir appendice C.

---

se formarán una ó más hilas de avenida, que se dirigirán por los brazales vacíos, y se darán solamente á los dueños de agua nueva para que aprovechen la que les convenga, llevándose un turno especial de avenidas, á fin de que con igualdad disfruten todos del beneficio.

Se pagará anticipadamente al acequiero un impuesto de 2 reales vellón por cada hora de agua que se aproveche, y se le entregará una papeleta firmada por cada interesado, en que se exprese el número de horas invertidas y el de tahullas regadas.

Artículo 19 (1).

El mismo método se seguirá en las azudes de San Juan y Campello, y á los que regaren por ellas se les dará por cumplidos en el turno de avenidas.

(1) Adicionado según apéndice C.

Article 20.

Avec l'autorisation du syndicat et à la condition de ne pas porter préjudice à l'irrigation, il sera permis d'appliquer la force hydraulique à mouvoir des moulins ou d'autres appareils.

Article 21.

Il est permis de même à chacun de disposer de l'eau qui lui appartient légitimement, pour remplir des citernes ou pour d'autres usages.

Article 22.

Les hameaux de Santa-Faz et Campello, ainsi que les villages de San Juan et Muchamiel, pourront aussi distraire l'eau indispensable aux usages domestiques de leurs habitants, en remplissant des citernes. A cet effet, les maires devront s'entendre avec le directeur, afin d'éviter dans l'irrigation tout préjudice et répartition inégale.

Artículo 20.

Podrá utilizarse la fuerza del agua para dar impulso á molinos ú otras máquinas, pero siempre sin perjuicio del riego, y con el competente permiso del Sindicato.

Artículo 21.

Igualmente podrá aprovecharse el agua para llenar cisternas y otros consumos, disponiendo cada uno de la que legítimamente le pertenezca.

Artículo 22.

Los caseríos de Santa Faz y Campello, así que los pueblos de San Juan y Muchamiel, podrán también aprovechar el agua indispensable para usos domésticos de sus habitantes, llenando cisternas públicas; y para ello se pondrán de acuerdo los Alcaldes con el Director, á fin de que no resulten desigualdades ni perjuicios en el riego.

ARTICLE 23.

Le lavage (blanchissage) sera permis dans les eaux communes, dans la mesure où il n'en résulte aucun préjudice.

CHAPITRE II.

De la police des eaux.

ARTICLE 24.

Sur le vu de documents dignes de foi produits par l'intéressé, il sera fait mention, dans le registre ou *Giradora*, de toute modification survenue dans les droits des particuliers sur les eaux, soit par héritage, donation, vente, permutation ou autrement. Celui qui négligerait de présenter les documents sera privé d'eau jusqu'à ce qu'il s'exécute.

ARTÍCULO 23.

Será permitido lavar en las aguas del común, con tal de que no se cause ningún perjuicio.

CAPITULO II.

De la policia de las aguas.

ARTÍCULO 24.

De toda alteración que ocurra en los derechos de los particulares al aprovechamiento de las aguas por herencia, donación, venta, permuta ó cualquiera otra causa, se tomará razón en el registro ó *giradora* en vista de documentos fehacientes que el interesado presentará, y el que dejare de hacerlo, quedará privado del agua, hasta que lo verifique.

Article 25.

Il est interdit de léguer, donner, vendre, permuter, gager, louer ou transmettre d'aucune façon une quantité quelconque d'eau vieille à une personne qui ne possède pas d'eau nouvelle, ni une quantité quelconque de celle-ci sans les terres auxquelles elle est annexée. Les contrevenants n'auront pas le droit de jouir de l'eau dont ils sont propriétaires, aussi longtemps qu'ils seront dans cette situation.

Article 26.

Le propriétaire qui aura laissé passer son tour perdra le droit d'irriguer par l'endroit où l'eau devait lui parvenir.

Article 27.

L'intéressé qui ne retirera pas ses bons d'eau dans le délai prescrit perdra le droit à cette eau dans la tournée correspondante.

Artículo 25.

No podrá legarse, donarse, venderse, permutarse, empeñarse, arrendarse ni trasmitirse de ningún modo cantidad alguna de agua vieja à persona que no tenga nueva, ni cantidad alguna de ésta separadamente de las tierras que la tienen anexsa. Si se contraviniere à estas disposiciones, no tendrán derecho los poseedores à su aprovechamiento, mientras permanezcan en tal caso.

Artículo 26.

El regante que dejare pasar el turno para regar, perderá el derecho de harcelo por el punto en que lo perdió.

Artículo 27.

El interesado que no concurriese en el tiempo señalado à recojer los albalaes de su agua, perderá el derecho à ella en la tanda à que aquellos correspondan.

ARTICLE 28.

Dans les rotations payantes, on ne remettra pas les bons à celui qui ne paye pas, contre cette remise, la taxe ordinaire ou extraordinaire qu'il doit acquitter et il perdra son droit à l'eau de cette tournée.

ARTICLE 29.

L'impôt ordinaire est perçu sur l'eau privilégiée, dans les rotations franches, et quiconque ne paye pas cette imposition ne recevra pas d'eau dans la tournée correspondante.

ARTICLE 30.

L'intéressé qui ne présente pas au garde-canal les bons pour l'eau lui revenant perd son tour.

ARTICLE 31.

Sous peine d'une amende de 1/4 à 4 duros (monnaie de

ARTÍCULO 28.

En las tandas de pago no se darán los albalaes al interesado que no pague en el acto de recojerlos el impuesto ordinario ó extraordinario que deba satisfacer, perdiendo el derecho al agua en aquella tanda.

ARTÍCULO 29.

El agua de privilegio pagará el impuesto ordinario en las tandas francas, y de no verificarlo se perderá el derecho á ella en la tanda que se deje de pagar.

ARTÍCULO 30.

El regante que no presente al acequiero los albalaes del agua que tenga que regar, perderá el turno.

ARTÍCULO 31.

Nadie podrá vender mas agua que aquella que como propietario,

20 réaux), personne ne pourra vendre plus d'eau que celle lui appartenant en qualité de propriétaire, de colon ou de coassocié.

ARTICLE 32.

Celui qui présentera ou qui vendra de faux bons ou qui falsifiera les véritables, sera puni comme falsificateur de documents publics et officiels, conformément au Code pénal.

ARTICLE 33.

La personne qui, par un moyen quelconque, troublera la marche des clepsydres, sera punie d'une amende allant du simple au double du dommage causé, lorsque celui-ci ne dépasse pas 2 duros et du simple au triple si le dommage est supérieur à 2 duros et moindre de 25 duros.

ARTICLE 34.

La même peine sera appliquée à celui qui utilise l'eau ne lui appartenant pas.

---

colono ó aparcero le pertenezca, bajo la pena de medio á cuatro duros.

ARTÍCULO 32.

La persona que introduzca ó expenda albalaes falsos ó la que en los verdaderos cometa falsedad, será castigado como falsificador de documentos públicos ú oficiales, con arreglo al Código penal.

ARTÍCULO 33.

La que por cualquiera medio altere la marcha de las ampolletas, sufrirá la pena del tanto al duplo del daño que cause, no excediendo éste de dos duros, pero si excediere, sin pasar de veinte y cinco, la pena será del tanto al triplo.

ARTÍCULO 34.

Con la misma pena se castigará á la que aproveche agua que no le pertenezca legítimamente.

ARTICLE 35.

Sera frappé de la même peine, celui qui détournera l'eau de son cours sans l'utiliser, ou qui sera cause de déperdition pour avoir mal fermé ou mal préparé les répartiteurs et les retenues qui sont de son ressort.

ARTICLE 36.

Sera frappé d'une amende de 1/2 à 4 duros, l'intéressé qui, sans utiliser l'eau lui appartenant ou pour l'utiliser d'une manière quelconque, négligera de remplir une des formalités prescrites.

ARTICLE 37.

En règle générale, on nettoiera tous les quatre ans le réservoir ainsi que les canaux, les sources et les fossés en amont du réservoir et de l'origine du canal Mayor. Les réparations et renouvellements nécessaires aux ouvrages et aux appareils se feront en même temps. Néanmoins,

---

ARTÍCULO 35.

En igual pena incurrirá la que distraiga el agua de su curso sin aprovecharla ó sea causa de distracción por no tener bien tapados y dispuestos los partidores y paradas que le correspondan.

ARTÍCULO 36.

La que en el aprovechamiento de las aguas que legítimamente le pertenezcan ó que para utilizarlas de cualquier modo deje de cumplir alguna de las formalidades establecidas, sufrirá la pena de medio á cuatro duros.

ARTÍCULO 37.

Por regla general se limpiará el Pantano cada cuatro años, así que los cauces, vertientes y acequias de la parte superior de él y el de la superior de la boquera de la acequia mayor, haciéndose las

ces opérations pourront être avancées ou retardées, s'il convient de le faire ainsi.

ARTICLE 38.

Les retenues, fossés et sources, comme aussi les canaux Mayor et Gualeró, les fossés de distribution, les embranchements et sous-embranchements, et tous autres ouvrages de la partie en aval de la susdite origine, les vannages, les attirails et autres seront tenus en état permanent de bon usage, en curant, réparant et renouvelant chaque année ou plus fréquemment, s'il y avait urgence. Les débouchés des fossés seront également conservés libres.

ARTICLE 39.

Toute personne qui, sans tirer profit de l'eau et sans la soustraire à autrui, détériorerait le lit des cours d'eau, les sources, canaux, ouvrages ou attirails, ne fût-ce que

---

reparaciones y reposiciones necesarias en sus obras y enseres, pero, no obstante, podrán anticiparse ó retardarse estas operaciones si en ello hubiere conocida conveniencia.

ARTÍCULO 38.

Los azudes, cauces y vertientes, como también las acequias Mayor, Gualeró, brazales, hijuelas, ramales, subramales y otras públicas de la parte inferior de dicha boquera, y las obras, tablachos, enseres y demás, se conservarán siempre en estado de buen uso, limpiándose, reparándose y reponiéndose anualmente, ó antes si hubiese urgencia. Igualmente se conservarán corrientes las salidas al mar, de los brazales.

ARTÍCULO 39.

La persona que sin aprovechar ni distraer el agua altere algo en los cauces, vertientes, acequias, obras ó enseres referidos, aun-

par des semis ou plantations, par de la terre, des pierres, des broussailles, des immondices ou tout autre obstacle, sera passible d'une amende allant du simple au double du dommage causé, si celui-ci ne dépasse pas 2 duros et du simple au triple, si le dommage est supérieur à 2 et inférieur à 25 duros.

Article 40.

L'entrée du bétail et de tout animal est interdite dans les canaux publics d'irrigation ; le contrevenant sera passible d'une amende égale au dommage causé majoré d'un 1/3 ; si le dommage est nul, l'amende sera de 1/2 à 4 duros.

Article 41.

Le meunier ou celui qui a charge de tout autre moteur hydraulique et qui interrompt le cours régulier de l'eau, sera passible d'une amende allant de une à deux fois le

---

que no sea más que sembrado, plantando, echando tierra, piedras, brozas, inmundicias ó cualquiera otra cosa, será castigada con la pena del tanto al duplo del daño causado, no excediendo éste de dos duros, y del tanto al triplo, si excede de dicha suma, sin pasar de veinte y cinco.

Artículo 40.

Se prohibe la entrada de ganados ni de ningún animal en las acequias públicas del riego, y al contraventor se le impondrá la pena del tanto á un tercio más del daño que cause, y de medio á cuatro duros si no le hubiere.

Artículo 41.

El molinero ó encargado de cualquiera otra máquina, que interrumpa ó varie el curso regular del agua, sufrirá la pena del tanto

dommage causé si celui-ci ne dépasse pas 2 duros et de une à trois fois s'il est supérieur à 2 et jusque 25 duros.

ARTICLE 42.

On appliquera la même peine pour tout préjudice non prévu occasionné au débit, aux lits des cours d'eau, aux canaux et autres dépendances.

ARTICLE 43.

Dans l'application des peines établies, le tribunal procédera, dans les limites de chacune, suivant sa conscience et en prenant en considération les circonstances relatives à chaque cas.

ARTICLE 44.

Les complices du délinquant seront passibles des mêmes peines que celui-ci, mais au degré minimum.

---

al duplo del daño causado, pasando de dos duros, y del tanto al triplo si excede de dos duros, no pasando de veinte y cinco.

ARTÍCULO 42.

Con esta pena se castigará cualquier perjuicio no previsto que se ocasione en las aguas ó cauces, acequias y demás referidos.

ARTÍCULO 43.

En la aplicación de las penas establecidas, procederá el tribunal, segun su prudente arbitrio, dentro de los límites de cada una, atendiendo á las circunstancias del caso.

ARTÍCULO 44.

Los cómplices en las faltas, serán castigados con la misma pena que los autores, en su grado mínimo.

Article 45.

Les condamnés insolvables feront un jour de prison pour chaque duro dont ils ont à répondre ; si l'amende n'atteint pas 1 duro, la peine sera néanmoins de 1 jour.

La peine sera de 1 jour par demi-duro, pour la **part de** responsabilité pécuniaire en faveur de tiers.

Article 46.

Le patron sera responsable, civilement et subsidiairement, des fautes commises dans le service par ses employés. Les propriétaires qui auraient donné leurs terres à bail répondront dans la mesure de leur participation aux effets de la faute (1).

(1) Voir appendice D.

Artículo 45.

Los penados con multa que fueren insolventes, serán castigados con un día de arresto por cada duro de que deban responder, pero cuando la responsabilidad no llegare á un duro, serán castigados, sin embargo, con un dia de arresto.

Por la parte de responsabilidad pecuniaria en favor de tercero, serán castigados con un dia de arresto por cada medio duro.

Artículo 46.

Los amos serán responsables civil y subsidiaramente de las faltas en que incurran sus dependientes en el desempeño de su servicio ; y los dueños que tuviesen dadas sur tierras á aparcería ó terraje, responderán hasta la cuantía en que hubieren participado de los efectos de la falta (1).

(1) Adicionado segun apéndice D.

TITRE II.

Des fonctionnaires.

CHAPITRE PREMIER.

Des fonctionnaires en général.

ARTICLE 47.

Tout le personnel de l'administration des eaux sera soumis aux responsabilités que le Code pénal établit pour les fonctionnaires publics.

CHAPITRE II.

Du secrétaire-contrôleur.

ARTICLE 48.

Les attributions de ce fonctionnaire sont :

1. Lorsque le Directeur le demande, l'assister dans l'expédition des affaires ;

TÍTULO SEGUNDO.

De los empleados.

CAPITULO I.

De los empleados en general.

ARTÍCULO 47.

Todos los empleados en la administración de las aguas, estarán sujetos á la responsabilidad que establece el Código penal respecto de los empleados públicos.

CAPITULO II.

Del secretario-interventor.

ARTÍCULO 48.

Corresponde à este empleado :

1. Asistir al Director para el despacho de los negocios, cuando tuviere por conveniente ocuparle.

2. Être au bureau aux heures que fixera le Directeur et y maintenir l'ordre ;

3. Garder tous les livres, documents et objets confiés à ses soins au bureau ;

4. Prendre à sa charge et sous sa responsabilité les archives avec tous les livres, documents et pièces qu'elles renferment ;

5. Tenir le registre ou Giradora, en percevant personnellement pour chaque inscription 6 réaux 18 maravédis ;

6. Délivrer, à la demande des intéressés et sur décret du Directeur, des certificats avec le visa de ce dernier ; il percevra à son profit pour chaque certificat, 12 réaux et la valeur du papier timbré ;

7. Préparer les documents que réclament l'entrée et la sortie des fonds en tenant la comptabilité ;

8. Tenir aussi la comptabilité de l'eau ;

---

2. Permanecer en la oficina las horas que el Director determine, y cuidar del orden en ella.

3. Conservar todos los libros, documentos y efectos puestos á su cuidado en la oficina.

4. Tener á su cargo y bajo su responsabilidad el archivo, custodiando cuantos libros, documentos y efectos haya en él.

5. Tomar razón en el registro ó *giradora*, percibiendo para sí siete reales vellón y diez y ocho maravedises por cada asiento.

6. Librar certificaciones, previo decreto del Director, á la solicitud de los interesados, y con el visto bueno del mismo, cobrando también para sí doce reales vellón por cada una, y el valor del papel sellado.

7. Estender ó intervenir todos los documentos de entrada y salida de caudales que se expidan, llevando la contabilidad de ellos.

8. Llevar así mismo la contabilidad del agua.

9. Préparer les bons et en contrôler la distribution, en liquidant chaque jour le compte des bons sortis.

CHAPITRE III.

Du receveur.

ARTICLE 49.

Les obligations du receveur sont :

1. Distribuer les bons qu'il reçoit du secrétaire-contrôleur et en remettre journellement le produit à la Trésorerie, contre reçus provisoires, en attendant qu'il soit dressé le compte total de la tournée ;

2. Travailler au bureau aux heures que le directeur fixera.

CHAPITRE IV.

Du trésorier.

ARTICLE 50.

Le trésorier a pour charge de :

1. Recevoir et payer les sommes que lui renseigne le

---

9. Preparar los albalaes é intervenir en su expendición, liquidando diariamente la cuenta de los expendidos.

CAPITULO III.

Del recaudador.

ARTÍCULO 49.

Es obligación del recaudador :

1. Expender los albalaes que le entregue el secretario interventor, y entregar diariamente el producto en depositaria, mediante recibos provisionales hasta formar el cargaréme del total de la tanda.

2. Trabajar en la oficina las horas que le señale el director.

directeur dûment autorisé et en observant les formalités prescrites ;

2. Délivrer des mandats de payement avec le visa du directeur et le contrôle requis; signer les quittances des sommes reçues ;

3. Tenir à jour le livre de caisse dans la forme prescrite.

CHAPITRE V.

Du procureur d'eaux.

ARTICLE 51.

Avant de prendre possession de son poste, le Procureur prêtera serment devant le directeur et en présence du syndicat, de remplir bien et fidèlement la charge qui lui est conférée.

ARTICLE 52.

Il incombe à ce fonctionnaire de :

1. Être présent aux répartitions en jeu lorsque les rotations commencent et lorsqu'elles finissent, lorsque l'on

---

CAPÍTULO IV.

Del depositario.

ARTÍCULO 50.

Es de su cargo :

1. Cobrar y pagar las cantidades que debidamente le mande el Director, con las formalidades correspondientes.

2. Dar cartas de pago con el visto bueno del Director y debida intervención, y firmar cargarémes de las cantidades recibidas.

3. Llevar siempre corriente el Libro de Depositaria, en la forma que se le prevenga.

forme, suspend, augmente ou diminue les hilas, pour contrôler l'heure à laquelle chaque opération a lieu et les circonstances qui se produisent ;

2. Remettre aux gardes-canaux et recevoir d'eux les hilas de chaque rotation, en inscrivant dans leur livret l'heure à laquelle elle commence ;

3. Vérifier les manquants de première eau ou *arrosego*, quand on le lui ordonne, et en donner attestation ;

4. Veiller à que le répartiteur, les gardes-canaux et barragistes remplissent leurs devoirs avec ponctualité ;

5. Prendre soin que, en aucune manière, on ne trouble l'ordre régulier des irrigations;

6. Vérifier l'inversion des eaux de crue ;

7. Informer immédiatement et d'une manière circonstanciée de toute innovation qu'il constatera.

CAPÍTULO V.

Del fiel de aguas.

Artículo 51.

El fiel de aguas prestará juramento en manos del director, y en presencia del Sindicato, antes de tomar posesión, de desempeñar bien y fielmente el destino que se le confiere.

Artículo 52.

Tócale á este empleado :

1. Asistir á los partidores que correspoda cuando principien y concluyan las tandas, y cuando se formen, suspendan, aumenten ó disminuyan, las hilas; certificando la hora en que se verifica y las demás circunstancias que se le marquen.

2. Entregar y recibir de los acequieros las hilas de cada tanda, anotando en las libretas de cada uno la hora en que se verifique.

CHAPITRE VI.

Du répartiteur.

ARTICLE 53.

Les devoirs du répartiteur sont :

1. Rester constamment au distributeur principal ;

2. Prendre soin que les hilas soient parfaitement égales ;

3. S'occuper journellement de la conservation des ouvrages et de l'outillage qui sont à sa charge ; curer le canal majeur aux endroits qui lui seront ordonnés (1).

CHAPITRE VII.

Des gardes-canaux.

ARTICLE 54.

Il y aura un garde-canal pour chaque hila. Avant d'en-

(1) Voir appendice E.

---

3. Comprobar las quiebras de primer agua ó *arrosego* cuando se le mande, dando de ello certificaciones.

4. Vigilar que el Repartidor, acequieros y azuteros cumplan puntualmente sus deberes.

5. Cuidar de que no se altere por ningún estilo el orden regular del riego.

6. Certificar la inversión de las **aguas** de avenida.

7. Dar parte circunstanciada inmediatamente de toda novedad que notare.

CAPÍTULO VI.

Del repartidor.

ARTÍCULO 53 (1).

Son deberes del Repartidor :

1. Permanecer constantemente en el Partidor principal.

(1) Adicionado. Véase apéndice E.

trer en fonctions, ces gardes déposeront un cautionnement de 8,000 Rs Vn (1) en biens-fonds de la Huerta ou de 2,000 Rs Vn en espèces, en garantie du bon accomplissement de leur charge.

ARTICLE 55.

Les gardes-canaux ont pour obligation de :

1. Nommer, sous leur responsabilité et avec l'assentiment de la Direction, les adjoints qui doivent les remplacer aux heures de repos ;

2. Veiller à ce que la hila dont chacun est chargé suive le cours régulièrement établi ;

3. Prévenir toujours les trois propriétaires qui suivent, dans la tournée, de celui qui reçoit l'eau ;

(1) Rs Vn = réales vellon.

---

2. Cuidar de que las hilas sean perfectamente iguales.

3. Ocuparse diariamente en conservar las obras y enseres que están á su cargo, y limpiar la acequia mayor en los puntos que se mande.

CAPÍTULO VII.

De los acequieros.

ARTÍCULO 54.

Para cada hila habrá un acequiero, quienes antes de tomar posesión afianzarán el buen desempeño de su empleo con la cantidad de 8000 rs. vn. en bienes raices en la huerta, ó depositarán en Depositaria 2,000 rs. vn. en dinero.

ARTÍCULO 55.

Es obligación de estos acequieros :

1. Nombrar bajo su responsabilidad y con consentimiento de la Dirección el ayudante que le ha de reemplazar en los momentos de descanso.

4. Donner à chaque intéressé l'eau qui lui revient légitimement;

5. Veiller à ce que les sabliers ne soient pas dérangés et les remplacer aussitôt qu'on observe une irrégularité ;

6. Écrire de leur propre main les livrets et les comptes qu'on leur demande ;

7. Rendre compte chaque jour de l'eau utilisée la veille avec accompagnement des bons justificatifs et des certificats des manquants de première eau ou *arrosego* qui ont été bonifiés ;

8. Se présenter à la direction dans les trois jours qui suivent la clôture d'une rotation pour en rendre compte ;

9. Informer immédiatement et en détail de tout événement qu'ils observeraient.

---

2. Cuidar de que la hila que está á su cargo lleve el curso regular establecido.

3. Tener siempre avisados los tres regantes que sigan en turno al que aproveche el agua.

4. Dar á cada interesado. el agua que legitimamente le pertenezca.

5. Cuidar de que en las ampolletas no haya alteración, reemplazándolas inmediatamente si advirtiere alguna.

6. Llevar de su puño y letra las libretas y cuentas que se le manden.

7. Dar parte diario de toda el agua aprovechada en el dia anterior, acompañando los albalaes que lo justifiquen y las certificaciones de las quiebras de primer agua ó *arrosego* que haya bonificado.

8. Presentarse en la Dirección dentro de los tres dias siguientes al en que termine la tanda, á dar cuenta de ella.

9. Dar parte circunstanciado inmediatamente de toda novedad que notare.

Article 56.

Pour les eaux de crues, il y aura également un garde par hila de cette catégorie; sa caution sera le 1/4 de celle exigée du garde-hila ordinaire et il percevra pour toute rémunération 25 maravédis par heure d'eau utilisée (1).

Article 57.

Ces gardes sont astreints aux obligations 1°, 2°, 3°, 4°, 5°, 6° et 9° imposées aux gardes ordinaires ; ils devront en outre :

1. Former, au moment de la crue, la hila qui leur correspond ;

2. Se présenter à la direction, le lendemain du jour où finit l'irrigation de crue, pour rendre compte de celle-ci, indiquer l'intéressé dont le tour était venu avec le nombre de tahullas qu'il lui reste à arroser et le répartiteur par lequel il devra prendre l'eau à nouveau; il joindra les

(1) Voir appendice F.

Artículo 56.

Habrá tambien un acequiero de avenidas para cada hila de esta clase, cuyas fianzas séran la 4.ª parte de las que den los de las hilas ordinarias, y cobrarán por todo sueldo 24 mrs. por hora del agua aprovechada (1).

Artículo 57.

Estos acequieros además de cumplir las obligaciones de los acequieros ordinarios comprendidos en los números 1.°, 2.°, 3.°, 4.°, 5.°, 6.°, 9.°, deberán (2) :

1. Formar la hila que les corresponde en el momento de avenida.

(1) Adicionado véase apéndice F.
(2) Adicionado véase apéndice G.

certificats de l'eau utilisée et les bulletins des intéressés (1).

CHAPITRE VIII.

Des éclusiers.

ARTICLE 58.

Il y aura, à chacune des retenues de Muchamiel, San-Juan et Campello, un éclusier ayant pour devoir :

1. D'être à son poste quand on attend une crue et d'y rester aussi longtemps qu'elle dure ;

2. De veiller à la bonne conservation des retenues et de tout ce qui en dépend, s'occupant constamment de la réparation des ouvrages et appareils confiés à ses soins et de curer les fossés là où on le commande ;

3. De conduire l'eau en vue de la meilleure utilisation possible, sans causer aucun dommage ;

(1) Voir appendice G.

----

2. Presentarse en la Dirección al dia siguiente al en que concluya el riego de avenida, á dar cuenta de él, manifestando al mismo tiempo el interesado en quién ha quedado el turno, el número de tahullas que tiene aunque regar y el partidor por donde deberá tomar nuevamente el agua : y acompañando las certificaciones del agua aprovechada, asi que las papeletas de los interesados.

CAPÍTULO VIII.

De los azuteros.

ARTÍCULO 58.

En cada una de las azudes de Muchamiel, San Juan y Campello habrá un Azutero, cuyos deberes respectivos son :

1. Estar en su puesto si se espera avenida y hasta que concluya.
2. Cuidar de que todo en las azudes se conserve en buen estado

4. De faire immédiatement un rapport circonstancié sur tout ce qui survient.

CHAPITRE IX.

Du barragiste.

ARTICLE 59.

Les attributions de cet employé sont les suivantes :

1. Habiter constamment la maison contiguë au barrage;

2. Veiller à la conservation en bon état du lit et des versants du réservoir, des ouvrages et appareils et nettoyer et réparer journellement tout ce qui est de son ressort ;

3. Livrer ponctuellement les quantités d'eau qui lui sont indiquées ;

---

trabajando constantemente en reparar las obras y enseres que están á su cargo y limpiar los cauces donde se les mande.

3. Dirijir el agua de manera que sin causar daño se aproveche toda la posible.

4. Dar parte circunstanciado inmediatamente de toda novedad que incurra.

CAPÍTULO IX.

Del pantanero.

ARTÍCULO 59.

Corresponde á éste :

1. Habitar constantemente en la casa contigua al edificio.

2. Cuidar de que el cauce, vertiente, obras y enseres se conserven en buen estado, trabajando diariamente en limpiar y reparar todo lo que está á su cargo.

4. Prendre soin qu'il ne se perde aucune partie d'eau;

5. Remettre chaque semaine un état du volume restant;

6. Faire connaître immédiatement et en détail tout incident nouveau qui se produit;

7. Veiller à ce que les gardes remplissent leur devoir.

CHAPITRE X.

Des gardes du réservoir.

ARTICLE 60.

Les obligations des gardes sont :

1. Garder le réservoir en veillant à ce que les eaux ne se perdent ni ne soient volées, à ce qu'aucun dommage ne soit fait au lit, aux versants, aux édifices, aux ouvrages et aux appareils ;

---

3. Dar salida puntualmente á la cantidad de agua que se le marque.

4. Cuidar de que no se pierda ningun agua.

5. Dar parte semanalmente de la que exista.

6. Darlo tambien circunstanciado, inmediatamente, de toda novedad que ocurra.

7. Vigilar que los guardas cumplan con su deber.

CAPITULO X.

De los guardas del pantano.

ARTÍCULO 60.

Es obligación de los guardas :

1. Guardar el pantano cuidando de que no se estravien ni usurpen aguas de las que á él corresponden ni se causen daños en su cauce, vertientes, edificios, obras y enseros.

2. Faire rapport circonstancié aussitôt qu'ils remarquent une chose anormale ;

3. Aider le barragiste dans les travaux de sa charge.

CHAPITRE XI.

Du portier.

Article 61.

Le portier doit :

1. Être à la porte du bureau tant que celui-ci est ouvert, le garder et le nettoyer ;

2. Faire les messages qui lui sont commandés en ville et hors ville ;

3. Remplir toute autre commission qu'on lui ordonne.

---

2. Dar parte circunstanciado inmediatamente de toda novedad que ocurra.

3. Ayudar al pantanero en los trabajos que están á su cargo.

CAPITULO XI.

Del portero.

Artículo 61.

Debe el portero :

1. Estar en la puerta de la oficina mientras esté abierta, guardar esta y cuidar de su limpieza.

2. Hacer los mandados que se le manden dentro y fuera de la ciudad.

3. Desempeñar las demás diligencias que se le mande.

Explication du plan des fossés d'arrosage de la Huerta d'Alicante et tarif des eaux premières ou arrosegos.

		Heures	Min.	Sec.
A	Ruisseau de Monnegre ou du Pantano.			
B	Écluse de Muchamiel.			
C	Canal Mayor.			
	De l'écluse jusqu'au diviseur partiteur principal.	1	»	»
	Du diviseur principal jusqu'au bout du fossé	3	»	»
CH	Ruisseau sec de Campello.			
D	Écluse de San Juan.			
E	Fossé du Gualeró.			
F	Écluse de Campello.			
G	Fossé ou canal du Moulin de Gosalves.			
	1 Propriété du moulin	7	30	

Esplicación del plano de las acequias del riego de la Huerta de Alicante, y tarifa de primeras aguas ó arrosegos.

		Hs.	Mint.	Segs
A	Riachuelo de Monnegre ó del Pantano.			
B	Azud de Muchamiel.			
C	Acequia Mayor.			
	Del azud hasta el partidor principal	1	»	»
	Del partidor principal hasta el fin de la acequia	3	»	»
CH	Riachuelo seco del Campello.			
D	Azud de San Juan.			
E	Acequia del Gualeró.			
F	Azud del Campello.			
G	Brazal ó acequia del Molino de Gosalves.			
	1 Hijuela del molino	7	30	

			Heures	Min.	Sec.
H		Partiteur (diviseur) principal.			
I		Fossé de Alfaz	3		
1	Propriété	des Plans	1	37	30
2	»	du Pañ		7	30
3	»	de Enmedio	2	37	30
4	»	de Lledons		15	
5	»	de Alberoles		7	30
6	»	de Térol ou Arrabal . .		7	30
7	»	de Torregrosas . . .		15	
8	»	de la Torre		15	
9	»	de Rodrigo ou Romano .		15	
10	»	de Señal		30	
11	Embranchement du Salt . . .			15	
12	Sous-embranchement de Mojica .			7	30
13	Propriété de Baladret			15	
14	»	de la Venteta . . .		7	30

			Hs.	Mint.	Segs.
H		Partidor principal.			
1		Brazal del Alfaz	3		
1	Hijuela	de los Plans	1	37	30
2	Id.	del Pañ		7	30
3	Id.	de Enmedio	2	37	30
4	Id.	de Lledons		15	
5	Id.	de Alberoles		7	30
6	Id.	de Terol ó Arrabal		7	30
7	Id.	de Torregrosas		15	
8	Id.	de la Torre		15	
9	Id.	de Rodrigo ó Romano		15	
10	Id.	del Señal		30	
11	Ramal del Salt			15	
12	Subramal de Mojica			7	30
13	Hijuela de Baladret			15	
14	Id.	de la Venteta		7	30

		Heures	Min.	Sec.
15	Propriété de Villafranqueza ou Palamó (1)	6	7	30
16	Embranchement de la Junquera		15	
17	» de la Torre ou Soler		22	30
18	Embranchement de Aguaita ou Foya	1	15	
19	Sous-embranchement de Enmedio		22	30
20	» » de Montecinos ou Azagador		45	
21	Embranchement de los Hoyos ou Moya		30	
22	Sous-embranchement de Sogorb		7	30
23	» » de Marhuenda ou Pintat		15	
24	Embranchement de las Fontetes (2)		30	

(1) Modifié, voir appendice *H*.
(2) Ajouté, voir appendice *I*.

			Hs.	Mint.	Segs.
(1)	15	Hijuela de Villafranqueza ó Palamó	6	7	30
	16	Ramal de la Junquera		15	
	17	Id. de la Torre ó Soler		22	30
	18	Id. de Aguaita ó Foya	1	15	
	19	Subramal de Enmedio		22	30
	20	Id. de Montecinos ó Azagador		45	
	21	Ramal de los Hoyos ó Moya		30	
	22	Subramal de Sogorb		7	30
	23	Id. de Marhuenda ó Pintat		15	
(2)	24	Ramal de las Fontetes		30	
	25	Hijuela de Sempere		15	
	26	Id. de Pelegri		7	30
	27	Id. de Soler y la Blanca		37	30
	28	Id. de Ramos y Riera		15	

(1) Reformado véase apéndice *H*.
(2) Adición véase apéndice *I*.

		Heures	Min.	Sec.
25	Propriété de Sempere		15	
26	» de Pelegri		7	30
27	» de Soler et la Blanca		37	30
28	» de Ramos et Riera		15	
29	» del Baron ou Pobil		15	
30	» de Bonanza		7	30
31	» de la Blanca ou Maltés		15	
J	Fossé de Benasiu		15	
L	Fossé de la Benitia	2	30	
1	Propriété de Montserrat ou Alameda		30	
2	Embranchement de Llacer		7	30
3	» de Garcia ou Colomina		15	
4	Sous-embranchement de Planelles		7	30
5	Propriété del Cañaret		30	
6	Embranchement de Heren ou Casanova		7	30
7	Propriété de Pédrasa		7	30
8	» de Campello	2	52	30

		Hs.	Mins.	Segs.
29	Hijuela del Baron ó Pobil		15	
30	Id. de Bonanza		7	30
31	Id. de la Blanca ó Maltés		15	
J	Brazal de Benasiu		15	
L	Id. de Benitia	2	30	
1	Hijuela de Monserrat ó Alameda		30	
2	Ramal de Llacer		7	30
3	Id. de Garcia ó Colomina		15	
4	Subramal de Planelles		7	30
5	Hijuela del Cañaret		30	
6	Ramal del Heren ó Casanova		7	30
7	Hijuela de Pedrasa		7	30

		Heures	Min.	Sec.
9	Embranchement de Marco ou Ponciano.		15	
10	Embranchement de la Cruz de Marco.	1	15	
11	Sous-embranchement de Valero et Teroles.		15	
12	» » del Tendero et Teroles		7	30
13	» » de Buasa		5	
14	» » de Vera		7	30
15	» » de Riera		15	
16	Embranchement de Baeses ou Tracho		45	
17	Sous-embranchement de Illeta ou Haspicio		30	
18	» » del Illot ou Sarrio.		30	
19	Embranchement des tours de Giner		15	
20	Sous-embranchement des tours de Giner ou Urios		22	30

		Hs.	Mint.	Segs.
8	Hijuela del Campello	2	52	30
9	Ramal de Marco ó Ponciano.		15	
10	Id. de la Cruz de Marco	1	15	
11	Subramal de Valero y Teroles		15	
12	Id. del Tendero y Teroles		7	30
13	Id. de Buasa.		15	
14	Subramal de Vera		7	30
15	Id. de Riera.		15	
16	Ramal de Baeses ó Tracho.		45	
17	Subramal de la Illeta ú Haspicio		30	
18	Id. del Illot ó Sarrió		30	
19	Ramal de las vueltas de Giner		15	

		Heures	Min.	Sec.
21 Embranchement de Serret ou Lledó			22	30
22 Propriété de Cantalar			52	30
23 Embranchement des tours du Cantalar			15	
24 Embranchement de Piteres ou Bernabeu			15	
25 Propriété de Baeses . . .			30	
26 » de Guerri ou Torre . .			7	30
27 » de Guapo ou Rovires .			10	
28 » de Bellon.			22	30
29 » de Abdon ou Vassallo .			15	
30 » de los Frailes y Llosa .			7	30
31 » de Alejos			7	30
32 Embranchement de Sofrá ou Fabrica			15	
LL Fossé de la Cruz ou Fabraquer .	1	49	
1 Propriété de Coves.			7	30
2 » du Valenci			7	30

	Hs.	Mint.	Segs.
20 Subramal de las vueltas de Giner ó Urios. .		22	30
21 Ramal de Serret ó Lledó.		22	30
22 Hijuela del Cantalar.		52	30
23 Ramal de las vueltas del Cantalar		15	
24 Id. de Piteres ó Bernabeu.		15	
25 Hijuela de Baeses		30	
26 Id. de Guerri ó Torre.		7	30
27 Id. de Guapo ó Rovires		10	
28 Id. de Bellon.		22	30
29 Id. de Abdon ó Vassallo		15	
30 Id. de los Frailes y Llosa.		7	30
31 Id. de Alejos.		7	30
32 Ramal de la Sofra ó Fábrica.		15	
LL Brazal de la Cruz ó Fabraquer	1	49	
1 Hijuela de Coves..		7	30

		Heures	Min.	Sec.
3	Propriété de Cartucho.		7	30
4	» de Lagier		7	30
5	» du Berganti ou Peñetes.		7	30
6	» de Abril.		37	30
7	Embranchement de Ronda.		22	30
8	» du Docteur Marco		7	30
9	» du Docteur Mas.		15	
10	Propriété de Gosalves et Soler.		10	
11	Embranchement de Lledó		7	30
12	» de Saludas ou Morales.		7	30
13	Propriété de Cañot, Saludas et Planelles.		7	30
14	Propriété de Pastor ou Pardo.		15	
15	» de Pavía. » .		52	30
16	Embranchement de Paravecino ou Soler		15	

		Hs.	Mins	Segs.
2	Hijuela del Valenci		7	30
3	Id. de Cartucho.		7	30
4	Id. de Lagier		7	30
5	Id. del Berganti ó Peñetes		7	30
6	Id. de Abril.		37	30
7	Ramal de Ronda.		22	30
8	Id. del Doctor Marco		7	30
9	Id. del Doctor Mas.		15	
10	Hijuela de Gosalves y Soler		10	
11	Ramal de Lledó		7	30
12	Id. de Saludas ó Morales		7	30
13	Hijuela de Cañot, Saludas y Planelles.		7	30
14	Hijuela de Pastor ó Pardo		15	
15	Id. de Pavía.		52	30
16	Ramal de Paravecino ó Soler		15	

		Heures	Min.	Sec.
17	Embranchement de la Higuera Honda		34	
18	Embranchement de Codol . .		15	
19	» de Ferrandiz ou Curat		8	30
M	Fossé de Murteretes	1	22	30
1	Propriété de Portelles		22	30
2	Embranchement de Rioflorido (1) .		9	
3	Propriété de Alberoles		7	30
4	» de la Fabrica . . .		7	30
5	Embranchement de Subiela . .		5	
6	Propriété de Riso et Campos . .		7	30
7	» de Loustau ou Santa Maria		7	30
8	Propriété de Ansaldo		15	
N	Fossé du Albercoquer	4	52	30
1	Propriété du Convento		15	

(1) Supprimé, voir appendice *J*.

		Hs	Mint.	Segs.
17	Ramal de la Higuera Honda		34	
18	Id. del Codol		15	
19	Id. de Ferrandiz ó Curat		8	30
M	Brazal de Murteretes	1	22	30
1	Hijuela de Portelles		22	30
(1) 2	Ramal de Rioflorido		9	
3	Hijuela de Alberoles		7	30
4	Id. de la Fábrica		7	30
5	Ramal de Subiela		5	
6	Hijuela de Riso y Campos		7	30
7	Id. de Loustau ó Santa Maria		7	30
8	Id. de Ansaldo		15	
N	Brazal del Albercoquer	4	52	30
1	Hijuela del Convento		15	

(1) Suprimido, véase apéndice *J*.

			Heures	Min.	Sec.
2	Propriété	de Blanco		15	
3	»	du Chorro Fonsot		30	
4	»	de Mosen Pastor ou Blay		7	30
5	»	de Giner		15	
6	»	de la Cisterna de la Costera		15	
7	»	du Caballo ou Bremon		30	
8	»	de Riera et Ravel ou du Cirer		7	30
9	»	de Paulines		7	30
10	»	de Llopera	1	15	
11	»	de Calpena et Server		15	
12	»	de Colomina et Servor		15	
13	»	de Delaplace		52	30
14	»	de la Torre Orgegia		22	30
15	»	du tour de Vignau		37	30
N		Fossé de la Torre ou Carniceria	1	7	30
1		Propriété de Pastors		7	30

			Hs.	Mins.	Segs.
2		Hijuela de Blanco		15	
3	Id.	del Chorro Fonsot		30	
4	Id.	de Mosen Pastor ó Blay		7	30
5	Id.	de Giner		15	
6	Id.	de la Cisterna de la Costera		15	
7	Id.	del Caballo ó Bremon		30	
8	Id.	de Riera y Ravel ó del Cirer		7	30
9	Id.	de Paulines		7	30
10	Id.	de Llopera	1	15	
11	Id.	de Calpena y Server		15	
12	Id.	de Colomina y Servor		15	
13	Id.	de Delaplace		52	30
14	Id.	de la Torre Orgegia		22	30
15	Id.	de la vuelta de Vignau		37	30
N		Brazal de la Torre ó Carniceria	1	7	30

		Heures	Min.	Sec.
2	Propriété du Docteur Bernabeu		7	30
3	» de Manobre et San-Martin		15	
4	» de Santa Faz et Llopera	1	30	
0	Fossé du Salt	1	10	30
1	Propriété de Montenegro		15	
2	» de Pedrasa		7	30
3	» de la Canal de Mira.		7	30
4	» du Abre		30	
5	Embranchement du Bevia		15	
6	Propriété de Ansaldo et Cotella		15	
7	» du Sargento Rusafa.		22	30
8	Embranchement de Llopis et Planelles		15	
9	Sous-embranchement du Cercat		22	30
10	Embranchement du Manso		7	30
11	» du Huerto de Fernandez		7	30

		Hs	Mint.	Sgs.
1	Hijuela de Pastors		7	30
2	Id. del Doctor Bernabeu		7	30
3	Id. de Manobre y Sanmartin		15	
4	Id. de Santa Faz y Llopera.	1	30	
0	Brazal del Salt	1	10	30
1	Hijuela de Montenegro		15	
2	Id. de Pedrasa		7	30
3	Id. de la Canal de Mira		7	30
4	Id. del Abre.		30	
5	Ramal de Beviá		15	
6	Hijuela de Ansaldo y Cotella.		15	
7	Id. del Sargento Rusafa.		22	30
8	Ramal de Llopis y Planelles		15	
9	Subramal del Cercat		22	30
10	Ramal del Manso.		7	30
11	Id. del Huerto de Fernandez.		7	30

			Heures	Min.	Sec.
12	Embranchement Erman			7	30
13	Propriété du Docteur Giner			7	30
14	»	de Campana et Cotella		7	30
15	»	de la Venta		15	
16	»	de la Cruz de Perales		7	30
17	»	de Fort ou Foya		22	30
P		Fossé du Riego Nuevo		15	
1	Propriété de Domenech			7	30
Q		Fossé de Lloixa	1		
1	Propriété de Sancho			15	
R		Fossé du Rincon de Giuer		22	30
1	Propriété de Morales et Valls			7	30
S		Fossé de Maimona ou Bemalí	2	45	
1	Propriété de Mingot			15	
2	»	des Monjas		45	
3	Embranchement de Cañizarez			7	30
4	»	de Villos		7	30

			Hs	Mint.	Sgs.
12	Ramal Erman			7	30
13	Hijuela del Doctor Giner			7	30
14	Id.	de Campana y Cotella		7	30
15	Id.	de la Venta		15	
16	Id.	de la Cruz de Perales		7	30
17	Id.	de Fort ó Foya		22	30
P		Brazal del Riego Nuevo		15	
1	Hijuela de Domenech			7	30
Q		Brazal de Lloixa	1		
1	Hijuela de Sancho			15	
R		Brazal del Rincon de Giner		22	30
1	Hijuela de Morales y Valls			7	20
S		Brazal de Maimona ó Benialí	2	45	
1	Hijuela de Mingot			15	
2	Id.	de las Monjas		45	
3	Ramal de Cañizarez			7	30

19

		Heures	Min.	Sec.
5	Embranchement du Huerto des Monjas		15	
6	Propriété de Fernandez		15	
7	» de Serecio		7	30
8	» du tour des Matas	1		
9	» du Almeler	1		
10	Embranchement de Jesuitas ou Boter		37	30
11	Propriété de Domenech et Garrigos		7	30
12	» de Fabian et Mitó		15	
13	» de Perruques		30	
14	» du Raiguero	1	37	30
15	» de Picó		45	
16	Embranchement du Maremoto		15	
17	» de Bosqueto		7	30
T	Fossé de Moletes	1		
1	Propriété de la Moleta de Fuera		42	30

		Hs.	Mins.	Segs
4	Ramal de Villos		7	30
5	Id. del Huerto de las Monjas		15	
6	Hijuela de Fernandez		15	
7	Id. de Serecio		7	30
8	Id. de la vuelta de las Matas	1		
9	Id. del Almeler	1		
10	Ramal de Jesuitas ó Boter		37	30
11	Hijuela de Domenech y Garrigós		7	30
12	Id. de Fabian y Mitó		15	
13	Id. de Perruques		30	
14	Id. del Raiguero	1	37	30
15	Id. de Picó		45	
16	Ramal del Maremoto		15	
17	Id. de Bosqueto		7	30
T	Brazal de Moletes	1		
1	Hijuela de la Moleta de Fuera		42	30

			Heures	Min.	Sec.
2	Embranchement ae Sellés et Perez			7	30
3	»	de Ferrandiz . .		7	30
4	»	du Mató . . .		15	
5	»	de Urbano . .		7	30
6	»	du Baron et Mo-sen Saez . .		15	
7	»	de Gosalbes . .		7	30
8	»	de la Mar . . .		30	
9	»	de Tortosa . .		30	
10	Sous-embranchement du tour de Tortosa			15	
11	Embranchement de Garrons . .			7	30
12	Propriété de Perpiña et Champour-cin.			7	30
13	»	de Morant et Cartula .		7	30
14	»	de Lino		7	30
15	»	de Bendichos ou Miñana.		15	

			Hs	Mint.	Segs.
2	Ramal de Sellés y Perez			7	30
3	Id.	de Ferrandiz		7	30
4	Id.	del Mató		15	
5	Id.	de Urbano		7	30
6	Id.	del Baron y Mosen Saez		15	
7	Id.	de Gosalbes.		7	30
8	Id.	del Mar		30	
9	Id.	de Tortosa		30	
10	Subramal de la vuelta de Tortosa			15	
11	Ramal de Garrons			7	30
12	Hijuela de Perpiña y Champourcin. . . .			7	30
13	Id.	de Morant y Caturla		7	30
14	Id.	de Lino		7	30
15	Id.	de Bendichos ó Miñana		15	
16	Id.	de Alderique ó Baron		7	30
17	Id.	de la Junquera.		39	

		Heures	Min.	Sec.
16	Propriété de Alderique ou Baron .		7	30
17	» de la Junquera . . .	39		
18	Embranchement de Mosen Saez .		7	30
19	» de Giuer . . .		7	30
50	Propriété de la Olivera ou Caturla		15	
21	» de la Senia de Perez .		22	30
22	Embranchement de Carretera . .		7	30
U	Fossé des Pozos		15	
1	Propriété de la Mota . . .		7	30
V	Fossé du Cañaret ou Miñana . .		15	
X	» de Perez		15	
Y	» de S. Roque	1		
1	Propriété de Juans		15	
2	» du Franc . . .		15	
3	» de Placia et Sarrio . .		7	30
4	Propriété de Riso		7	30
Z	Fossé du Capiscol		7	30

		Hs.	Mins.	Segs.
18	Ramal de Mosen Saez		7	30
19	Id. de Giner		7	30
20	Hijuela de la Olivera ó Caturla . . .		15	
21	Id. de la Senia de Perez		22	30
22	Ramal de Carretera		7	30
U	Brazal de l s Pozos		15	
1	Hijuela de la Mota		7	30
V	Brazal del Cañaret ó Miñana		15	
X	Id. de Perez		15	
Y	Id. de S. Roque	1		
1	Hijuela de Juans		15	
2	Id. del Franc		15	
3	Id. de Placia y Sarrió		7	30
4	Id. de Riso		7	30
Z	Brazal del Capiscol		7	30
a	Brazal de la Pasió		30	

		Heures	Min.	Sec.
a	Fossé de la Pasio	30		
1	Propriété de la Vuelta	22	30	
2	Embranchement de Marques	7	30	
3	» de Perrequeret	7	30	
4	» du Almeler	15		
b	Fossé de Canicia et Ruiz	15		
c	» de la Balseta	22	30	

Appendice au règlement pour l'utilisation des eaux
du 30 avril 1849.

ARTICLE PREMIER.

Le volume d'eau du réservoir qui correspond aux propriétaires de Montnegre et qui sert pour les quinze vannes dites très anciennes, sera de un quart hila ordinaire de la Huerta d'Alicante, soit une petite hila de trois pouces carrés.

ARTICLE 2.

Cette hila se distribuera par rotation de 12 jours en

		Hs	Mint.	Segs.
1	Hijuela de la vuelta	22	30	
2	Ramal de Marques	7	30	
3	Id. del Perrequeret	7	30	
4	Id. del Almeler	15		
b	Brazal de Canicia y Ruiz	15		
c	Id. de la Balseta	22	30	

Apéndice al reglamento para el aprovechamiento de las aguas
de 30 de abril de 1849.

ARTÍCULO 1.

Las aguas del Pantano que corresponden aprovechar á los regantes de Montnegre, por las quince presas denominadas *Antiquísimas*, será una cuarta parte de hila ordinaria de la Huerta de Alicante ó sea una pequeña hila de tres pulgadas en cuadro.

hiver et de **8** jours pendant les mois d'été : mai, juin, juillet et août ; les mesures d'ordre seront déterminées chaque année.

ARTICLE 3.

Les heures d'irrigation dans chaque tournée seront réparties entre les ayants droit à raison de une heure par tahulla en hiver et de 40 minutes en été, en se conformant au registre Giradora que tiendra la direction et aux indications suivantes :

VANNES	HIVER			ÉTÉ		
	Heures	Minutes	Secondes	Heures	Minutes	Secondes
Nos 15	2	11	15	1	27	30
14	6	22	30	4	15	»
13	28	22	30	18	55	»
12	76	30	»	51	»	»
11	16	»	»	10	40	»
10	5	30	»	3	40	»
9	23	»	»	15	20	»
8	8	30	»	5	40	»
7	11	»	»	7	20	»
6	13	»	»	8	40	»
5	3	30	»	2	20	»
4	9	»	»	6	»	»
3	15	30	»	10	20	»
2	5	»	»	3	20	»
1	26	30	»	17	40	»
Total . .	249	56	15	166	37	30

Artículo 2.

Esta hila correrá por tandas de doce dias en invierno y de ocho en los meses de verano de Mayo, Junio, Julio y Agosto, distribuyéndose por un número de órden que se renovará cada año.

Artículo 3.

Las horas de agua de cada Tanda se distribuirán entre los que tengan derecho á su disfrute, á razon de una hora por tahulla en invierno y cuarenta minutos en verano, con arreglo á lo que conste en el registro Giradora que llevará la Dirección y por los puntos siguientes :

PRESAS.	EN INVIERNO			EN VERANO		
	Horas	Minutos	Segundos	Horas	Minutos	Segundos
Num. 15	2	11	15	1	27	30
14	6	22	30	1	15	»
13	28	22	30	18	55	»
12	76	30	»	51	»	»
11	16	»	»	10	40	»
10	5	30	»	3	40	»
9	23	»	»	15	20	»
8	8	30	»	5	40	»
7	11	»	»	7	20	»
6	13	»	»	8	40	»
5	3	30	»	2	20	»
4	9	»	»	6	»	»
3	15	30	»	10	20	»
2	5	»	»	3	20	»
1	26	30	»	17	40	»
Total.	249	56	15	166	37	30

Article 4.

En commençant chaque tournée, la hila se prend à la vanne 15, la plus proche du réservoir et on la passe à la suivante dès que toutes les propriétés qui en dépendent ont été irriguées chacune à son tour.

Article 5.

Le tour commencera à la première propriété rencontrée par l'eau et celle-ci sera distribuée par le garde-canal qui tiendra un livret où sont inscrites les quantités revenant à chacun.

Article 6.

Lorsque vient son tour, tout participant pourra utiliser l'eau qui lui revient en propre et aussi celle qu'il aurait légitimement acquise d'un autre propriétaire de Montnegre, à la condition de fournir au garde la preuve de cette acquisition.

Artículo 4.

Al empezar cada Tanda se pondrá la hila en la presa número 15, la más próxima al Pantano, pasándose á la siguiente, luego que hayan regado por su turno todos los regantes de ella.

Artículo 5.

El turno comenzará por el primer regante que encuentre el agua, y se la entregará el acequiero quien llevará una libreta donde se esprese lo que pertenezca á cada uno.

Artículo 6.

Todo regante cuando le toque el turno podrá aprovechar el agua que tenga propia, ó legítimamente adquirida de otro regante de Montnegre ; pero en este último caso, deberá hacer constar al acequiero la adquisición.

Article 7.

L'intéressé prendra l'eau à la retenue qui lui correspond, selon l'usage ; toute augmentation ou diminution de débit pendant l'irrigation est à sa charge.

Article 8.

On coupera l'eau lorsque tous les intéressés auront reçu leur dotation et la nouvelle tournée commencera à 6 heures du matin le jour qui suit la clôture de la précédente.

Article 9.

Les participants de Montnegre devront payer une taxe de 1 maravédi par minute d'eau, taxe qui est en juste proportion avec celle de la Huerta. Le syndicat désignera les rotations sur lesquelles se percevra la taxe et il en fixera le nombre en tenant compte des frais qui incombent aux propriétaires de cette région. (Résolution du Syndi-

---

Artículo 7.

El regante tomará el agua en la parada que le corresponda como de costumbre, y será de su cargo, cualquier aumento ó disminución que esperimente aquella durante el riego.

Artículo 8.

Asi que no quede ningun interesado que tenga que regar, se cortará el agua principiándose la nueva Tanda, á las seis de la mañana del dia siguiente de aquel enque concluye el periodo de la anterior.

Artículo 9.

El impuesto ordinario que han de pagar los regantes de Montnegre, será de un maravedis por minuto de agua que es la que corresponde en justa proporción á la de la Huerta, y la satisfarán

cat du 7 octobre 1850, approuvée le 11 du même mois par le Gouverneur.)

A) ARTICLE 13.

A l'avenir, les rotations qui commencent avec des hilas dédoublées seront comptées entièrement comme des rotations simples, alors même que les hilas seraient ensuite réunies. De même, lorsque les rotations commencent avec les hilas réunies, on continuera à les compter toutes comme eau double, même si plus tard on divise les hilas. (Décision du Syndicat du 7 octobre 1850, approuvée le 17 du même mois par le Gouverneur.)

B) ARTICLE 16.

Si, au lieu de ce qui est prévu à l'art. 15, on jugeait préférable d'augmenter l'irrigation, on ajoutera à certaines rotations déterminées une 2e, 4e ou plusieurs hilas

---

en las Tandas que se designen, y el número de ellas que presupusiere el Sindicato, habida consideración á los gastos que deben sufragar los de dicha Comarca. (Acuerdo del Sindicato de 7 de Octubre de 1850, aprobado por el Sr. Gobernador en 11 del mismo mes y año.)

A) ARTÍCULO 13.

En lo sucesivo, cuando las Tandas principien con las hilas divididas, continuarán todas ellas contándose el agua sencilla, aunque luego se reunan las hilas y que cuando las Tandas principien con las hilas reunidas, continúen todas ellas contándose el agua doble aunque luego se dividan las hilas. (Acuerdo del Sindicato de 7 de Octubre de 1850, aprobado por el Sr. Gobernador en 17 del mismo.)

B) ARTÍCULO 16.

Si en vez de lo prevenido en el artículo anterior (el 15) se juzgase más conveniente aumentar el riego, se hará esto dando en

extraordinaires. Il sera réparti, en ce cas, aux participants des bons pour 511 heures d'eau pour chaque hila supplémentaire et l'utilisation se fera suivant les règles établies. Les hilas extraordinaires passeront par les canaux distributeurs de Benitia pour la 3ᵉ hila, de Maimona pour la 4ᵉ, de la Cruz pour la 5ᵉ et de Moletes pour la 6ᵉ.

Pour chacune d'elles il y aura un répartiteur et un garde avec les mêmes obligations que celles prescrites à ceux des 2ᵉˢ hilas ordinaires. (Décision du syndicat du 10 avril 1852, approuvée le 16 décembre de la même année par le Gouverneur.)

C) Article 19.

Les eaux qui débordent de certains canaux et s'écoulent ensuite par un autre seront utilisables par les propriétaires de celui-ci en suivant l'ordre établi pour l'irriga-

---

las Tandas que se determinen, tercera, cuarta ó más hilas estraordinarias de agua, á cuyo fin se espenderán á los regantes de ella albalaes de 511 horas de agua por cada hila que se aumente, las cuales aprovecharán en todo de la misma manera establecida. En tales casos correrán por los brazales de Benitia la tercera, Maimona la cuarta, La Cruz la quinta y Moletes la sesta.

Habrá para cada una de dichas hilas estraordinarias un Repartidor y un Acequiero, con iguales obligaciones respectivamente que el de las segundas hilas ordinarias. (Acuerdo del Sindicato de 10 de Abril de 1852, aprobado por el Sr. Gobernador en 16 de Diciembre del mismo año.)

C) Artículo 19.

Las aguas que sobresaliendo de las acequias corran en alguna de ellas, serán aprovechables por los regantes de la misma, siguiendo un órden igual al que se guarda en el riego regular de avenidas, pero siendo obligación del interesado á quien corresponda el agua, acudir para encaminarla á su propiedad.

tion ordinaire de crues, l'intéressé à qui le tour correspond devant veiller à conduire l'eau sur sa propriété.

Pour chaque tahulla irriguée de cette façon ou par les eaux de débordement qui s'écoulent naturellement dans un fossé, on payera les mêmes taxes que celles dues pour l'eau de crue. (Décision du syndicat du 16 octobre 1849, approuvée le 29 du même mois par le Gouverneur.)

D) ARTICLE 46.

Les récoltes obtenues avec l'eau usurpée sont caution du dommage causé à des tiers et des amendes infligées à ceux qui arrosent avec de l'eau ne leur appartenant pas. (Décision du syndicat du 24 mai 1849, approuvée le 30 du même mois par le Gouverneur.)

Por cada tahulla regada de esta manera ó por las aguas sobresalientes que se viertan naturalmente de las acequias, se pagarán los mismos impuestos establecidos sobre las aguas de avenida. (Acuerdo del Sindicato de 16 de Octubre de 1849, aprobado por el Sr. Gobernador en 29 del mismo.)

D) ARTICULO 46.

Los frutos beneficiados con aguas usurpadas, responden de los daños causados á tercero y de las penas señaladas á los que riegan agua que no les pertenece. (Acuerdo del Sindicato de 24 de Mayo de 1849, aprobado por el señor Gobernador en 30 del mismo.)

CHAPITRE VI.

TITRE II.

E) ARTICLE 53.

Il y aura également, pour chacun des vannages de Muchamiel, San-Juan et Campello, un fonctionnaire chargé de répartir les eaux de crues qui, pour toute rémunération, percevra 12 maravédis par tahulla irriguée et par tournée ou eau débordée.

A ces répartiteurs il appartient de :

1. Former autant de hilas que possible au moment des crues ;

2. Prendre soin qu'elles soient parfaitement égales ;

3. Nommer, sous leur responsabilité et avec l'assentiment de la direction, les gardes de crues ainsi que les adjoints de ces derniers et d'eux-mêmes, qui font le service pendant que les titulaires prennent du repos ;

CAPÍTULO VI.

Título segundo.

E) ARTÍCULO 53.

Habrá igualmente para cada uno de los azudes de Muchamiel, San Juan y Campello, un repartidor de avenidas, que percibirá por todo sueldo doce maravedises por tahulla regada por turno ó de aguas que sobresalgan.

Corresponden á estos respectivamente :

1. Formar todas las hilas que sea posible an el momento de avenida.

2. Cuidar de que sean perfectamente iguales.

3. Nombrar bajo su responsabilidad y con asentimiento de la Dirección, los acequieros de avenida, asi que los ayudantes suyo y de estos, que le hayan de reemplazar en los momentos de descanso.

4. Établir, de leur propre écriture, les listes et les comptes qu'on leur réclame ;

5. Se présenter à la direction, dans les trois jours qui suivent la fin de l'irrigation, pour rendre compte de celle-ci, remettre le produit des taxes perçues, renseigner le nom du dernier intéressé ayant joui des eaux et le nombre de tahullas lui restant à irriguer, indiquer le répartiteur par lequel il devra prendre l'eau à la première crue, déposer les certificats constatant l'eau utilisée, ainsi que les bulletins des propriétaires ;

6. Rendre compte aussi des tahullas irriguées avec les eaux débordées, en joignant les certificats et le produit des taxes correspondantes ;

7. Conserver le matériel confié à leur garde ;

8. Faire rapport circonstancié sur tout ce qu'ils observeront d'anormal.

---

4. Llevar de su puño y letra las listas y cuentas que se les mande.

5. Presentarse en la Dirección dentro de los tres dias siguientes al en que concluya el riego, á dar cuenta de él y entregar el producto de los impuestos recaudados, manifestando al mismo tiempo el interesado en quien haya quedado el turno, el número de tahullas que tiene aún que regar, y el partidor por donde deberá tomar nuevamente el agua, y acompañando las certificaciones del agua aprovechada, asi que las papeletas de los interesados.

6. Dar tambien cuenta de las tahullas regadas con aguas que sobresalgan, acompañando certificaciones y entregando el producto de los impuestos que á ellas corresponden.

7. Conservar los enseres que están á su cargo.

8. Dar parte circunstanciado de toda novedad que notare.

F) ARTICLE 56.

Il y aura aussi un garde-canal de crues pour chaque hila de cet ordre à qui on attribuera pour tout salaire 12 maravédis par tahulla irriguée, par tournée ou avec les eaux débordées ; la somme ainsi recueillie se répartira également entre tous les agents qui auront travaillé au même vannage.

G) ARTICLE 57.

Ces gardes-canaux devront :

1. Veiller à ce que la hila à charge de chacun suive son cours régulier ;

2. Toujours prévenir les six intéressés qui, dans la rotation, suivent celui qui reçoit l'eau ;

3. Avertir de même tous les intéressés d'un même canal venant après celui qui utilise les eaux débordées ;

4. Donner à chacun l'eau qui lui est due légitimement :

F) ARTÍCULO 56.

Habrá tambien un acequiero de avenidas para cada hila de esta clase, á quien se abonarán sin más sueldo, doce maravedís por tahulla regada por turno ó con aguas que sobresalgan, los cuales se repartirán por partes iguales entre todos los que en cada azud hubieren trabajado.

G) ARTÍCULO 57.

Estos acequieros deberán :

1. Cuidar que la hila que está á su cargo lleve el curso regular establecido.

2. Tener siempre avisados los seis regantes que siguen en turno al que aproveche el agua.

3. Avisar tambien á todos los regantes de cada acequia que sigan en turno al que haya aprovechado aguas sobresalientes.

5. Percevoir tous les impôts (taxes) sur l'eau de crue ;

6. Aussitôt l'irrigation terminée, rendre compte au répartiteur de l'opération, remettre le produit des taxes et donner tous les renseignements qui leur seront demandés ;

7. Faire rapport circonstancié et immédiat de tout incident observé. (Décision du syndicat du 16 octobre 1849, approuvée le 29 du même mois par le Gouverneur.)

Revision du tarif d'arrosage.

H)

1. L'arrosage de la propriété de villa Franqueza, fossé de Alfaz, sera de 4 heures 15 minutes au lieu de 6 heures 7 minutes 30 secondes mentionné au tarif.

I)

2. Le canal particulier, par lequel Andrés Pastor et

---

4. Dar á cada interesado el agua que legítimamente le corresponda.

5. Recaudar todos los impuestos sobre agua de avenida.

6. Dar al repartidor, inmediatamente de terminado el riego, cuentado él, y el producto de los impuestos recaudados con las demás noticias que le exigiere.

7. Dar tambien parte circunstanciado inmediatamente de toda novedad que ocurra. (Acuerdo del Sindicato de 16 de Octubre de 1849, aprobado por el Sr. Gobernador en 29 del mismo.)

Reforma a la tarifa de arrosego.

H) 1. Que el arrosego de la hijuela de Villafranqueza, brazal del Alfaz, sea el de 4 horas y 15 minutos en lugar de 6 horas, 7 minutos y 30 segundos que dice la tarifa.

trois autres propriétaires irriguent, est déclaré canal public, avec arrosage de 7 minutes, sous la dénomination de sous-embranchement de Pastor dans l'embranchement des Fontetes, terre de Villafranqueza, fossé de Alfaz.

3. Est déclaré canal public, le canal particulier qui prend l'eau dans la propriété du Campello, fossé de Benitia avec l'arrosage de 30 minutes et dénommé embranchement de la Junquera, dans la propriété de Villafranqueza et fossé de Benitia. (Décision du syndicat du 1er avril 1852, approuvée le 16 décembre de la même année par le Gouverneur.)

J)

Est supprimé, le canal public dit embranchement de Rio-Florido dans la propriété de Portilles, fossé de Murteretes. (Décision du syndicat du 18 avril 1850, approuvée le 6 mai suivant par le Gouverneur.)

I) 2. Que la acequia particular por donde riega Andrés Pastor y tres interesados más, se declare acequia pública con el arrosego de 7 minutos, con la denominación de Subramal de Pastor, en el ramal de las Fontetes, hijuela de Villafranqueza, brazal del Alfaz.

3. Se declara acequia pública la particular que toma el agua en la hijuela del Campello, Brazal de Benitía, con el arrosego de media hora, y denominación de *Ramal de la Junquera*, en la hijuela de Villafranqueza y Brazal de Benitía. (Acuerdo del Sindicato de 1º de Abril de 1852, aprobado por el Sr. Gobernador en 16 de Diciembre del mismo año.)

J) Queda suprimida la acequia pública con el nombre de ramal de Rio-Florido en la hijuela de Portilles, brazal de Murteretes. (Acuerdo del Sindicato de 18 de Abril de 1850, aprobado por el Sr. Gobernador en 6 de Mayo del mismo año.)

IV.

ALICANTE.

———

(DEUXIÈME RÈGLEMENT)

MODIFICATIONS DÉTERMINÉES PAR L'USAGE DU BARRAGE-RÉSERVOIR

IV.

Même HUERTA d'ALICANTE et HUERTAS voisines. Règlement plus récent démontrant la complication progressive dans une zone irriguée avec le concours d'un grand barrage-réservoir.

Réglement pour le syndicat des irrigations de la Huerta d'Alicante.

(Approuvé par décret royal du 24 janvier 1865.)

TITRE I.

De la Huerta, de ses eaux et de son irrigation.

ARTICLE PREMIER.

La Huerta d'Alicante se compose des 30,660 tahullas

IV.

Reglamento para el sindicato de riegos de la huerta de Alicante.

(Aprobado por S. M. en 24 de Enero de 1865.)

TITULO PRIMERO.

De la huerta, de sus aguas y de su riego.

ARTÍCULO 1.

La huerta de Alicante se compone de las treinta mil seiscientas

de terres situées dans les limites d'Alicante, Mucha-miel, San-Juan et Villafranqueza qui, en vertu d'anciens lotissements, ont droit à l'irrigation par les eaux du réservoir dit d'Alicante, sur le territoire de Tibi, par les autres eaux recueillies en aval et qui vont à la Huerta ainsi que par celles qui seraient acquises comme consé-quence de certains travaux et construction ou tout autrement. On arrosera aussi, par les 15 retenues dénommées, très anciennes, certaines tahullas du dis-trict rural de Montnegre, territoire d'Alicante et Jijona, dont les propriétaires ont droit à l'eau.

ARTICLE 2.

Les eaux qui, par leur confluent au ruisseau dit de Castalla, Cabanes ou Tibi, alimentent le réservoir sont :

Sur le territoire d'Onil :

1. Les sources appelées Ullals et Almarjales d'Onil ;

---

sesenta tahullas de tierra que en los términos de Alicante, Mucha-miel, San Juan y Villafranqueza tienen derecho adquirido por antiguos repartimientos á ser regadas con las aguas que se reunen en el pantano llamado de Alicante, situado en el término de Tibi y de las demás que de la parte de abajo de dicho edificio van á la huerta, ó que se adquieran por consecuencia de trabajos y obras que se hagan ó por otros medios. Tambien se regarán las tahullas, cuyos dueños tengan derecho, del distrito rural de Montnegre en los términos de Alicante y Jijona, por las quince presas denomi-nadas antiquísimas.

ARTÍCULO 2.

Las aguas que confluyendo en el riachuelo denominado de Cas-talla, Cabanes ó Tibi se reunen en el pantano, son:

En el término de Onil :

1. Las de los manantiales llamados Ullals y Almarjales de Onil.

Sur le territoire de Castalla :

2. Les sources de Mirasco ou Mirano ;

3. Les sources de Miser ;

4. Les sources des Frailes ou du Salser ;

5. Partie des sources du petit ravin de Ameradores ;

6. Les sources de Malsana ;

7. Les sources du Corral de Serranos ;

8. Les sources du Chorret de Cabanes ;

9. Les sources du Toll de Cabanes ;

10. Les sources de la Cañada de Cabanes ;

11. Les autres sources qui naissent dans le lit du ruisseau de Cabanes.

Sur le territoire d'Ibi :

12. Les eaux en excès de la ville d'Ibi, qui coulent par la vallée de la Sarganella ;

13. Les sources de la Sarganella, dans la même vallée ;

En el término de Castalla :

2. Las de las fuentes de Mirasco ó Mirano.

3. Las de la de Miser.

4. Las de las de los Frailes ó del Salser.

5. Las de parte de las fuentes del pequeño barranco de Ameradores.

6. Las de la fuente de Malsana.

7. Las de la del Corral de Serranos.

8. Las de la del Chorret de Cabanes.

9. Las de la del Toll de Cabanes.

10. Las de la Cañada de Cabanes.

11. Las de las demás fuentes que tienen su nacimiento en el álveo del riachuelo de Cabanes.

En el término de Ibi :

12. Las sobrantes de la villa de Ibi que corren por la rambla de la Sarganella.

14. Celles du Chorret ou Chorrets, dans la même vallée ;
15. Celles du Safarich, dans la même vallée.

Sur le territoire de Tibi :

16. Les trois sources de Terol ;
17. La source de Torrosella ;
18. Les autres sources qui naissent dans le ravin de Torrosella ;
19. Les sources de Lema ou Lodica en partie ;
20. Les sources de Saavé ;
21. Les sources de Alcornia ;
22. Les sources de Algarroba en partie ;
23. Les sources de Ronesa ;
24. Les eaux de pluie de toutes les vallées, ravins et versants, depuis les Ullals d'Onil jusqu'au réservoir.

Le tout conformément à la sentence royale rendue par

---

13. Las de la fuente de la Sarganella en la misma rambla.
14. Las de la del Chorret ó Chorrets en dicha rambla.
15. Las de la del Safarich en la citada rambla.

En el término de Tibi :

16. Las de las tres fuentes de la partida de Terol.
17. Las de la fuente de Torrosella.
18. Las de las demás fuentes que nacen en el barranco de Torrosella.
19. Las de la fuente de Lema ó Lodica en la parte que corresponde.
20. Las de la de Saavé.
21. Las de la de Alcornia.
22. Las de la de Algarroba en la parte tambien correspondiente.
23. Las de la Ronesa.
24. Las aguas de avenidas de cuantas ramblas, barrancos y vertientes hay desde los Ullals de Onil hasta el mismo pantano.

l'audience de Valence, le 2 mai 1550, aux provisions royales, aux arrêtés royaux et autres titres.

ARTICLE 3.

Les eaux en aval du réservoir sont :

Sur le territoire de Jijona :

1. Les sources du ravin Salado ou de Salinas ;
2. L'excédent des sources du ruisseau de Jijona.

Sur le territoire de Muchamiel :

3. Les sources de la retenue de Muchamiel ;
4. Les eaux de surface par les ruisseaux et ravins du réservoir ou Montnegre, de Jijona, de Tesares, Vercheret ou Vergel et autres.

Le tout établi par des titres légitimes.

Todo con arreglo á la Real sentencia ejecutoriada que acordó la Audiencia de Valencia en 2 de Mayo de 1550, Reales provisiones, Reales órdenes y otros títulos.

ARTÍCULO 3.

Las aguas de la parte inferior del pantano son :

En el término de Jijona:

1. Las de los manantiales del barranco Salado ó de Salinas.
2. Las sobrantes de los manantiales del arroyo de Jijona.

En el término de Muchamiel:

3. Las de las fuentes del azud de Muchamiel.
4. Las aguas de avenidas del riachuelo del pantano ó Montnegre, del arroyo de Jijona, barranco de Tesares, Vercheret ó Vergel y demás vertientes.

Todo con arreglo á los títulos legítimos.

ARTICLE 4.

On empruntera au réservoir un volume d'eau suffisant pour alimenter le canal du Montnegre, qui fournit aux intéressés de son voisinage la dotation qui leur est due, par les quinze retenues ou prises d'eau dont il a été question. Ce même canal doit envoyer au canal majeur de la Huerta l'eau nécessaire pour former, avec les autres qui s'y réunissent, deux hilas de un pied carré, mesure de Burgos, avec une vitesse moyenne de six pieds par seconde soit un débit de 21,600 pieds cubes par heure.

ARTICLE 5.

Ces hilas seront continues et la durée du courant sera divisée en rotations ou Martavas de 21 jours 15 heures 7 minutes 30 secondes en hiver, c'est-à-dire depuis la Saint-Michel de septembre jusqu'à la Saint-Jean de juin ; de 14 jours 10 heures 15 minutes en été, de la Saint-Jean à la Saint-Michel.

Artículo 4.

A las aguas que se reunen en el pantano se les dará salida en cantidad suficiente para que, corriendo por el cáuce del Montnegre, aprovechen las que les correspondan los interesados de su inmediacion por las precitadas quince presas, y entren en la acequia mayor de la huerta las necesarias para formar con las demás que se reunan dos hilas de un pié en cuadro, medida de Búrgos, con la velocidad media de seis piés por segundo ó sean 21,600 piés cúbicos por hora.

Artículo 5.

Estas hilas serán continuas, y el tiempo de su curso se irá dividiendo en tandas ó Martavas de 21 dias, 15 horas, 7 minutos y 30 segundos en invierno, esto es, desde San Miguel de Setiembre á San Juan de Junio, y de 14 dias, 10 horas y 15 minutos en verano, desde San Juan á San Miguel.

Article 6.

Chaque rotation d'hiver représente pour les deux hilas réunies 1,038 heures 15 minutes; celle d'été 692 heures 10 minutes. Ces heures se distribuent entre ceux qui y ont droit d'après ce qui est stipulé au registre ou Giradora tenu par la direction et conformément aux bases sui-suivantes :

508 heures 15 m. d'eau appelée Vieille, entre les propriétaires de 338 hilos 5/6 à raison de 1 h. 30 m. par hilo ;

19 heures d'eau vieille dite de Privilège, entre ceux à qui elles appartiennent.

511 heures d'eau appelée nouvelle entre les propriétaires de 30,660 tahullas de terres, auxquelles cette eau est destinée, à raison de 1 minute par tahulla.

Au total, 1,038 h. 15 m. en hiver ; les dotations seront

Articulo 6.

Las 1,038 horas y 15 minutos de agua que forman el total de las dos hilas en cada tanda de invierno y 692 con 10 minutos en la de verano, se distribuirán entre los que tengan derecho á su disfrute, con arreglo á lo que conste en el registro ó Giradora que llevará la Direccion y conforme á las bases siguientes :

508 horas 15 minutos de agua llamada Vieja entre los dueños de 338 5/6 hilos, á razon de una hora y 30 minutos por hilo.

19 dichas tambien de agua Vieja, llamada de Privilegio, entre los dueños de ellas.

511 dichas de agua llamada Nueva entre los propietarios de 30,660 tahullas de tierra, que la tienen anexa á razon de un minuto por tahulla.

1,038 horas 15 minutos en invierno, de las que en el verano se distribuirán á los interesados las dos terceras partes tan solo res-

réduites aux deux tiers en été pour correspondre à la durée de la rotation.

ARTICLE 7.

Nul ne pourra léguer, donner, vendre, permuter, gager, louer ni transmettre d'aucune manière une partie quelconque d'eau vieille à une personne qui ne possède pas d'eau nouvelle, ni une portion quelconque de celle-ci sans les terres qui en sont inséparables.

En cas de contravention à ces dispositions, les possesseurs n'auront pas le droit d'utiliser les eaux aussi longtemps qu'ils ne seront pas en règle.

ARTICLE 8.

L'irrigation se pratiquera dans les limites prescrites par le règlement d'utilisation des eaux. Ce règlement sera conçu de façon à être en harmonie avec les anciennes coutumes et avec les besoins que réclame la convenance

---

pectivamente, á fin de que la tanda dure el tiempo marcado en el artículo anterior.

ARTÍCULO 7.

No podrá legarse, donarse, venderse, permutarse, empeñarse, arrendarse ni trasmitirse de ningun modo cantidad alguna de agua Vieja á persona que no tenga Nueva, ni cantidad alguna de esta separadamente de las tierras que la tienen enexa.

Si se contraviniese á estas disposiciones, no tendrán derecho los poseedores á su aprovechamiento mientras permanezcan en tal caso.

ARTÍCULO 8.

El riego se verificará en los términos que prescriba el Reglamento para el aprovechamiento de las aguas, formado con arreglo á las antiguas costumbres y á las necesidades que reclame la conveniencia del comun de regantes, con la sancion penal oportuna.

du grand nombre des irrigués ; il stipulera les sanctions pénales efficaces.

TITRE II.

De l'organisation du syndicat et du directeur.

ARTICLE 9.

Le régime et l'administration des eaux d'irrigation de la Huerta d'Alicante seront confiés à un syndicat d'irrigation.

Celui-ci se composera de 13 syndics, dont 12 de la Huerta proprement dite et un de la section de Montnegre. Il sera présidé par l'un des syndics qui aura le titre de directeur avec la mission d'administrer et d'exécuter. Un autre syndic sera nommé sous-directeur et remplacera le directeur absent ou malade. Il y aura aussi un secrétaire et un secrétaire-adjoint le remplaçant au besoin, pour consigner les résolutions du syndicat.

TITULO SEGUNDO.

De la organizacion del sindicato y del director.

ARTÍCULO 9.

El régimen y administracion de las aguas del riego de la huerta de Alicante estará á cargo de un Sindicato de riegos.

Constará éste de trece Síndicos, esto es, doce de la huerta propiamente dicha y uno del partido de Montnegre. Será presidido por uno de ellos con el titulo de director, que tendrá la accion y ejercerá la administracion. Habrá tambien de entre los mismos un vice-director, para sustituir al director en ausencias y enfermedades, así como un secretario para autorizar los acuerdos y un vice-secretario que sustituirá á este en casos semejantes.

ARTÍCULO 10.

Estos cargos serán civiles, honoríficos, obligatorios y gratuitos,

ARTICLE 10.

Ces fonctions sont civiles, honorifiques, obligatoires et gratuites. Le syndicat fixera annuellement le montant de la gratification allouée au directeur pour frais de voitures et autres, dans les limites de 6,000 à 12,000 réaux. Le mandat des syndics sera de 4 ans, réduit à 2 ans pour le directeur, le sous-directeur, le secrétaire et le secrétaire-adjoint. Le syndicat est renouvelé par moitié tous les deux ans et les membres sortants sont rééligibles avec faculté d'accepter ou non la charge.

ARTICLE 11.

Le syndicat aura sa résidence à Alicante et sera nommé par les propriétaires des terrains arrosés. Les directeur, sous-directeur, secrétaire et secrétaire-adjoint, seront choisis parmi les syndics et élus par eux.

ARTICLE 12.

Pour être rééligible, il faut :

1. Être inscrit sur la liste des électeurs ;

---

si bien se dará al director una gratificacion, que el Sindicato fijará anualmente, para carruajes y gastos de salidas, que no esceda de doce mil reales ni baje de seis mil. Durarán cuatro años, y los de director, vice-director, secretario y vice-secretario dos. Se renovarán por mitad cada dos años y podrán ser reelegidos ; però en este caso tendrán facultad de aceptar ó no el cargo.

ARTÍCULO 11.

El Sindicato residirá en Alicante y será nombrado por los propietarios regantes. El director, vice-director, secretario y vice-secretario los elegirá el Sindicato de entre sus individuos.

ARTÍCULO 12.

Para ser reelegible se necesita :

1. Estar inscrito en la lista de electores.

2. Posséder 80 tahullas de terre dans les mêmes conditions que pour être électeur ;

3. Savoir lire et écrire ;

4. Être voisin d'un des villages compris dans le champ
des irrigations.

ARTICLE 13.

Ne pourront être élus, ceux qui, au moment de l'élection :

1. Auront un contrat en cours avec le syndicat ou seront
caution pour un contractant;

2. Recevront du syndicat des appointements comme
employés ou des taxes ou émoluments pour travailler à son
service ;

3. Seront dans l'impossibilité de voter.

ARTICLE 14.

Pour être électeur, il faut :

1. Être espagnol et majeur de 25 ans;

---

2. Poseer treinta tahullas de tierra con las mismas circunstancias que para elector.

3. Saber leer y escribir.

4. Ser vecino de cualquiera de las poblaciones comprendidas en
el riego.

ARTÍCULO 13.

No podrán ser elegidos los que al tiempo de la eleccion :

1. Tengan contratos pendientes con el Sindicato, ó sean fia-
dores.

2. Sean empleados del mismo, ó perciban derechos ó emolumentos por ocuparse en su servicio.

3. Estén imposibilitados de votar.

2. Posséder en droit propre, avant le 1er novembre de l'année précédente, dix tahullas de terres irriguées avec les eaux du réservoir.

Seront considérées en possession du mari, les tahullas de la femme tant que subsiste la société conjugale ; en possession du père, les biens de ses enfants dont il est le légitime administrateur. Quant aux terres indivises, on les supposera réparties par parts égales entre les intéressés.

ARTICLE 15.

Seront cependant privés du droit de vote :

1. Les personnes poursuivies criminellement avec mandat d'arrêt et celles déclarées inhabiles à exercer des fonctions publiques ;

2. Les personnes interdites pour incapacité physique ou morales ;

3. Celles qui sont en état de faillite, de suspension de paiement ou dont les biens sont interdits ;

ARTÍCULO 14.

Para ser elector se necesita :

1. Ser español mayor de 25 años.

2. Poseer por derecho proprio antes del 1º de Noviembre del año anterior 10 tahullas de tierra que se rieguen con las aguas del pantano. Para computar la posesion de las tahullas se reputarán propias respecto de los maridos las de sus mujeres, mientras sub, sista la sociedad conyúgal; respecto de los padres las de sus hijos mientras sean legítimos administradores de ellos, y respecto de los propietarios de tierras indivisas, se supondrán dividida por partes iguales entre los interesados.

ARTÍCULO 15.

No podrán sin embargo emitir su voto :

1. Los que se hallen procesados criminalmente con auto de prision, y los que estén inhabilitados para ejercer cargos públicos.

4. Celles qui ont reçu une contrainte comme débitrices du fisc, de la Province, de la Commune ou du syndicat du chef de leurs contributions;

5. Celles qui sont sous la surveillance de la police en vertu d'un jugement.

Article 16.

Le syndicat dressera la liste des électeurs et des éligibles en consultant le registre Giradora (des rotations), où sont inscrits tous ceux qui ont droit aux eaux, et en s'entourant des autres renseignements nécessaires. Ces listes, revêtues des signatures du directeur, des syndics et du secrétaire formant la majorité, seront affichées du 1er au 12 octobre inclus. Pendant cette période, tout intéressé aux irrigations aura le droit de réclamer contre les omissions ou les inscriptions indues; les réclamations seront adressées au directeur, qui en rendra compte au syndicat et celui-ci, sous sa responsabilité et avant le

---

2. Los que se hallen bajo la interdiccion judicial por incapacidad física ó moral.

3. Los que estuvieren fallidos ó en suspension de pagos ó con sus bienes intervenidos.

4. Los que se hallen apremiados como deudores á la Hacienda pública, ó á los fondos provinciales, municipales ó del Sindicato en calidad de segundos contribuyentes.

5. Los que en virtud de sentencia judicial se hallen bajo la vigilancia de las autoridades.

Artículo 16.

El Sindicato formará las listas de electores y elegibles atendiéndose á lo que resulte del registro Giradora, en que constant todos los que tienen derecho á las aguas, y á los demás datos necesarios. Estas listas firmadas por el Director, Sindicos y Secretario formando mayoría, se espondrán al público deste 1º al 12 de Octu-

25 du même mois, décidera de la suite à y donner. Les plaignants qui n'accepteront pas les résolutions du syndicat pourront recourir au Gouverneur de la province jusqu'au 6 novembre. Le gouverneur prendra l'avis du Conseil provincial et jugera en dernier ressort du 6 au 22 novembre, faisant connaître immédiatement ses résolutions au directeur. Les listes rectifiées serviront pour les élections générales de l'année et pour les élections partielles qui surviendraient au cours des deux années suivantes.

ARTICLE 17.

Le directeur fera connaître au public, le 29 novembre, à Alicante, San-Juan, Muchamiel et Villafranqueza, les lieu, jour et heure de l'élection, laquelle se fera dans la capitale, sous la présidence du directeur, le premier dimanche de décembre et le jour suivant, de 9 h. du matin à 4 h. de relevée.

---

bre inclusive. Durante este periodo todo interesado en el riego tiendrá derecho de hacer las reclamaciones oportunas por omision ó inclusion indebidas, dirigiéndolas al Director, quien dará cuenta al Sindicato para que bajo su responsabilidad las decida en el término del 13 al 24 del mismo mes. Los que no se conformen con la decision del Sindicato, podrán acudir al Gobernador de la provindia desde la última fecha hasta el 6 de Noviembre, quien decidirá definitivamente hasta el 22 del mismo, oyendo al Consejo provincial y comunicando en seguida su resolucion al Director. Estas listas rectificadas servirán para las elecciones generales del año en que se formen, y para las parciales que ocurran durante los dos años siguientes.

ARTICULO 17.

El Director anunciará al público en Alicante, San Juan, Mucha-

Article 18.

Le bureau sera composé du directeur, de deux électeurs désignés par lui et de quatre scrutateurs nommés par les électeurs qui se présentent pendant les deux premières heures de la votation. A cet effet, ces votants déposent dans l'urne un billet portant deux noms d'électeurs, et les quatre candidats qui réunissent le plus grand nombre de voix sont scrutateurs. En cas de parité, le sort décidera, et si le scrutin ne procure pas quatre élus, les manquants sont désignés par le directeur et les autres membres du bureau.

Article 19.

Le bureau définitif étant immédiatement formé du directeur et des quatre scrutateurs, la votation secrète commencera ; les électeurs se présenteront un à un et, par la main du président, chacun introduira dans l'urne un bulletin de papier blanc plié, sur lequel seront inscrits les

---

miel y Villafranqueza el 29 de Noviembre el dia, sitio y hora en que ha de verificarse la eleccion, la cual tendrá efecto en la capital el primer domingo de Diciembre bajo la presidencia del mismo, y durará dos dias principiando el acto á las 9 de la mañana y concluyendo á las 4 de la tarde.

Artículo 18.

Para la constitucion de la mesa se asociarán al Director dos electores nombrados por él, y los que concurran en las dos primeras horas de votacion introducirán en la urna una papeleta en que se designarán dos electores para escrutadores, y concluida la votacion se hará el escrutinio, quedando nombrados los cuatro que hubieren obtenido mayor número de votos. En caso de empate decidirá la suerte, y sino resultare el número necesario, el Director y os elegidos nombrarán los que falten.

noms de quatre candidats seulement. Le directeur proclamera à haute voix le nom de l'électeur et deux des scrutateurs l'inscriront.

ARTICLE 20.

Aussitôt la votation de chaque jour terminée, le directeur et les scrutateurs feront le dépouillement des votes en en contrôlant le nombre avec celui des électeurs. Il sera dressé un procès-verbal du résultat. Dans tout dépouillement, le président lira à haute voix les bulletins dont le contenu sera vérifié par les scrutateurs. Les bulletins portant moins de noms que le nombre de candidats à élire sont valables. Le sont aussi, sauf annulation des noms dépassant le nombre de candidats à élire, ceux qui en portent un plus grand nombre. Le scrutin terminé et le résultat proclamé par le président, les bulletins seront brûlés en présence du public. La liste de tous ceux qui ont pris part au vote et le nombre de voix recueillies par

---

ARTICULO 19.

Constituida inmediatamente la mesa definitiva con el Director y los cuatro escrutadores, empezará la votacion secreta acercándose los electores uno á uno á la mesa, é introduciendo en la urna por mano del Presidente una papeleta del papel blanco, doblada, en que estarán escritos los nombres de cuatro candidatos solamente. El Director proclamará en alta voz el nombre del elector, y le anotarán dos de los escrutadores.

ARTICULO 20.

Luego que se concluya la votacion de cada dia, el Director y escrutadores harán el escrutinio de los votos confrontando el número de ellos con el de votantes. y estendiendo un acta del resultado. En todo escrutinio leerá el Presidente en alta voz las papeletas, y de su contenido podran cerciorarse los escrutadores. En las papeletas que tengan mas nombres que los precisos serán nulos

chaque candidat seront affichés à l'extérieur de l'édifice,
avant 9 heures du matin, le jour suivant l'élection.

ARTICLE 21.

Le premier mardi, à 10 heures du matin, le bureau se
présentera devant le syndicat et fera le dépouillement
général des deux jours; procès-verbal de l'opération sera
dressé en double et signé par tous les membres, indiquant
le nombre total d'électeurs, le nombre de votants et celui
des voix obtenues par chacun des candidats. Seront élus,
les six candidats qui obtiennent la majorité. Du mercredi
au dimanche suivant, ces deux jours inclus, le directeur
affichera publiquement la liste des élus; il recevra pendant ce délai les réclamations et les demandes de dispense
qui pourraient surgir.

ARTICLE 22.

Pour la nomination du syndic de Montnegre, le syndicat

---

los ultimos sobrantes, y valdrán las papeletas que contengan menos
nombres. Terminado el escrutinio y anunciado el resultado á los
electores por el Presidente, se quemarán en presencia del público
las papeletas. Antes de las nueve de la mañana del dia siguiente se
fijará en la parte exterior del edificio la lista de todos los que hubieren votado, y el resumen de los votos que cada candidato hubiere
obtenido.

ARTICULO 21.

A las diez de la mañana del martes inmediato se presentará la
mesa ante el Sindicato y hará el escrutinio general de los dos dias,
estendiéndose y firmándose por todos un acta por duplicado del
resultado, expresándose el número total de electores, el de los que
hubieren votado y el de votos de cada candidato, quedando elegidos los seis que obtuvieren mayoria de votos. Desde el miércoles al
domingo siguientes, ambos inclusive, al escrutinio general, se

formera également une liste de toutes les personnes qui, réunissant les qualités requises pour être électeurs et éligibles, possèdent dans ce district trois tahullas pour l'électeur et pour l'éligible 10 tahullas de terres irriguées par les eaux du réservoir. Le 29 novembre, le syndicat convoquera ces électeurs, comme tous les autres, à une assemblée générale pour le jeudi qui suit le premier dimanche de décembre, en indiquant le lieu et l'heure de l'assemblée. L'heure sera 9 heures du matin et la séance durera jusqu'à 4 heures du soir. Le bureau sera formé du directeur et de deux scrutateurs désignés séance tenante par les électeurs ; on procédera ensuite à l'élection secrète du syndic, l'élu étant celui qui obtiendra la majorité. En cas de parité, le sort décidera. Le bureau rédigera et signera un procès-verbal en double de l'opération ; il affichera publiquement le nom de l'élu du vendredi au dimanche qui suivent de la manière et aux fins indiquées pour l'élection des autres membres.

---

espondrá al público por el Director la lista de los elegidos, y durante este plazo se le presentarán las reclamaciones y escusas que se intenten.

Artículo 22.

Para el nombramiento del Síndico de Montnegre, formará tambien el Sindicato una lista de todos los que, tenienda las cualidades requeridas para ser electores y eligibles, posean tres tahullas de tierra en aquel distrito que se rieguen con agua del pantano para elector, y diez tahullas para elegible. El 29 de Noviembre avisará, como á los demás electores, para que concurran el jueves inmediato siguiente al primer domingo de Diciembre á formar Junta electoral, anunciando sitio y hora. Dada ésta, que será la de las nueve de la mañana, y durará el acto hasta las cuatro de la tarde, se formará la mesa con el Director y dos escrutadores que los electores designarán en el acto, y se procederá á la eleccion secreta del

Article 23.

Les réclamations et contestations seront résolues par les bureaux à la majorité des voix ; mais ceux-ci ne pourront annuler des votes. Le procès-verbal relatera les opinions émises et les résolutions prises.

Article 24.

Le lundi qui suit le scrutin, le directeur remettra au gouverneur de la province tous les procès-verbaux des élections avec une expédition des réclamations et dispenses ; un exemplaire des documents en double passera aux archives du syndicat.

Article 25.

Le gouverneur, le Conseil provincial entendu, tranchera toutes les réclamations et dispenses ; il décidera quant à la validité des élections. Il les approuvera si elles se sont

---

Sindico, quedando elegido el que obtuviese mayoría de votos, y decidiendo la suerte en caso de empate. De todo estenderá y firmará la mesa un acta por duplicado, esponiendo al público desde el viernes al domingo siguientes el nombre del elegido, del modo y para los efectos que queda prevenido respecto de las demás nombrados.

Artículo 23.

Las mesas resolverán á pluralidad de votos cuántas dudas y reclamaciones se presenten, pero no tendrán facultad para anular votos, consignando únicamente en el acta su opinion y las resoluciones que hubieren tomado.

Artículo 24.

El lunes inmediato siguiente á la votacion el Director remitirá al Gobernador de la provincia todas las actas de las elecciones

faites conformément aux ordonnances et, s'il les annule,
il donnera immédiatement l'ordre de renouveler l'élection
totale ou partielle suivant la nature de l'irrégularité constatée.

ARTICLE 26.

L'élection étant approuvée, les personnes qui doivent
former le syndicat pour la prochaine période de deux ans
se réuniront le 22 décembre sous la présidence du directeur et nommeront au scrutin secret le directeur, le sous-
directeur, le secrétaire et le secrétaire-adjoint ; les élus
devront obtenir au moins 7 voix. Procès-verbal de l'opération sera inscrit au livre du syndicat et signé par tous
es membres. Un duplicata portant les mêmes signatures
sera remis sur l'heure au Gouverneur de la province pour
son instruction ou pour telle fin que de droit, si l'élection
était viciée de quelque manière.

---

con los espedientes de reclamacion y escusas, archivándose en el
Sindicato los ejemplares que fueren duplicados.

ARTÍCULO 25.

El Gobernador, oyendo al Consejo provincial, resolverá todas
las reclamaciones y escusas y decidirá sobre la validez de las elecciones: si estuvieren arregladas á lo mandado las aprobará, y si
hubiere nulidad dará inmediatamente órden para que se subsane,
repitiéndose la eleccion en el todo ó en la parte que corresponda.

ARTÍCULO 26.

Aprobadas las actas se reunirán el 28 de Diciembre los individuos que en el bienio siguiente hayan de componer el Sindicato, y
bajo la presidencia del Director elegirán en votacion secreta Director, Vice-director, Secretario y Vice-secretario, debiendo reunir
los nombrados el numero de siete votos lo menos. Se estendera un
acta en el libro del Sindicato y además un duplicado, firmadas
ambas por todos los concurrentes, remitiéndose este último desde

Article 27.

Tous les élus, sans préjudice des réclamations et des dispenses, prendront possession de leur charge le 1er janvier après l'élection. Si, pour une cause quelconque, le nouveau syndicat n'était pas nommé, l'ancien restera en fonction jusqu'à l'installation de ce dernier.

Article 28.

L'ordre de sortie des syndics sera déterminé par l'ancienneté de la nomination et, entre syndics de même date, par le plus grand nombre de voix obtenues et enfin par l'âge s'il y a parité. Le syndic nommé en remplacement d'un autre achève le mandat de celui-ci. A chaque renouvellement, les plus anciens sortent et, pour la première fois, c'est le sort qui désigne la moitié sortante.

---

luego al Gobernador de la provincia para su inteligencia, ó para los fines que corresponda si hubiere algun defecto.

Artículo 27.

Todos los individuos nombrados, sin perjuicio de las reclamaciones y escusas que hubiere, tomarán posesion de sus cargos el dia 1º de Enero próximo á su eleccion ; pero si por cualquiera causa no estuviere nombrado el nuevo Sindicato, continuará el anterior hasta que áquel quede instalado.

Artículo 28.

El órden numérico de los síndicos se establecerá por la antigüedad de su nombramiento, y entre los de una misma fecha por el mayor número de votos que hubieren obtenido, y en igualdad de votos por la mayor edad. Los que reemplazáren á otros ocuparán el puesto de los reemplazados. Saldrán en cada renovacion los mas antiguos, y la primera vez la mitad, decidiendo la suerte.

Article 29.

Tout syndic cessera de l'être dès qu'il ne réunira plus les conditions d'éligibilité, et les vacances qui se produisent pour quelque cause que ce soit donneront lieu à une élection partielle dès que le nombre quatre est atteint.

Il sera pourvu immédiatement à la vacance du syndic de Montnegre comme à celles des directeur, sous-directeur, secrétaire et secrétaire-adjoint.

Article 30.

Le syndicat tiendra séance ordinaire tous les quinze jours et séance extraordinaire chaque fois que le directeur convoquera pour un objet déterminé. Les séances ne sont pas publiques ; le directeur ou le sous-directeur préside, assisté du secrétaire ou secrétaire-adjoint.

Article 31.

Aucun membre du syndicat ne manquera aux séances

Artículo 29.

Todo individuo del Sindicato cesará cuando deje de tener las cualidades requeridas para ser elegido, y las vacantes que ocurran por cualquiera causa se reemplazarán por eleccion parcial, siempre que lleguen á cuatro las que haya. La del Síndico de Montnegre se llenará inmediatamente, como tambien las de Director, Vice-director, Secretario y Vice-secretario.

Artículo 30.

El Sindicato celebrará una sesion ordinaria cada quince dias, y además todas las estraordinarias para que convoque el Director con determinado objeto. Todas serán á puerta cerrada y presididas por el Director ó Vice-director, con asistencia del Secretario ó Vice-Secretario.

sans empêchement légitime qu'il fera connaître au directeur. Pour tenir séance, il faut au moins 7 membres y compris le directeur et le secrétaire. Si, convoqués à nouveau à un jour d'intervalle, les syndics ne se trouvent pas en majorité, les assistants pourront expédier les affaires ordinaires les plus urgentes et si aucun membre ne se présente, le directeur agira seul. Dans les deux cas, il rendra compte au Gouverneur qui décidera de ce qu'il y a lieu de faire.

Les décisions se prendront à la majorité absolue des voix et les membres dissidents pourront faire inscrire au procès-verbal leurs votes contraires.

Article 32.

Sans un avis préalable adressé au directeur, aucun syndic ne pourra quitter le village de sa résidence pour plus de quinze jours.

Le directeur qui voudra le faire devra obtenir un congé du gouverneur et avertir son remplaçant, lequel

---

Artículo 31.

Ningun individuo del Sindicato dejará de asistir á las sesiones sin impedimento legítimo, de que dará cuenta al Director; y para que haya sesion deberán concurrir por lo menos siete individuos incluso el Director y Secretario; pero si nuevamente convocados con un dia de intérvalo no se reuniese mayoria, los que asistan podrán despachar los negocios ordinarios mas urgentes, y si no concurriese ningunos, el Director resolverá por sí, oando en ambos casos cuenta al Gobernador para que determine lo que haya lugar. Los acuerdos se tomarán á pluralidad absoluta de votos, y el que disienta podrá hacer constar en el acta su voto contrario á lo resuelto.

Artículo 32.

Sin prévio conocimiento del Director no podrá ausentarse ningun

jouira de la gratification pour tout le temps qui excède huit jours.

ARTICLE 33.

Pour tout ce qui n'est pas prévu, on s'en tiendra à ce qui se pratique pour les conseils communaux.

TITRE III.

Des attributions de la direction et du syndicat.

ARTICLE 34.

Il appartient au directeur, sous la surveillance du Gouverneur de la province :

1. D'exécuter et faire exécuter les lois et toutes les décisions des autorités supérieures relativement aux eaux, spécialement le présent règlement, celui de l'utilisation des eaux et les résolutions du syndicat ;

---

individuo del Sindicato del pueblo de su residencia por mas de quince dias; y cuando tuviere que hacerlo el Director deberá obtener licencia del Gobernador, dando aviso al que ha de sustituirle, quien disfrutará de la gratificacion todo el tiempo que exceda de ocho dias.

Artículo 33.

En todo lo que no estuviere previsto se estará á lo que á la sazon se practique respecto de Ayuntamientos.

TITULO TERCERO.

De las atribuciones de la direccion y del Sindicato.

Artículo 34.

Corresponde al Director bajo la vigilancia del Gobernador de la provincia :

1. Ejecutar y hacer ejecutar las leyes y disposiciones de las autoridades superiores relativamente á las aguas; y especialmente

2. De veiller à ce que tous les employés remplissent leurs obligations; de les suspendre au besoin et de les remplacer par des intérimaires, en en rendant compte au syndicat dans sa première réunion ordinaire ;

3. De prendre soin des sources et des venues d'eau qui sont sous sa direction, afin de ne pas en laisser diminuer le débit et pourvoir à la meilleure utilisation ;

4. D'assurer la conservation des édifices, constructions, canaux, sources, fossés, outils et tous objets dont il a la garde ;

5. De surveiller et d'activer les constructions et travaux qui s'exécutent avec les fonds du syndicat ;

6 De présider les adjudications et les ventes publiques avec l'assistance des syndics désignés par la corporation ;

7. De délivrer les pièces relatives aux contrats et autres actes pour lesquels le syndicat est autorisé ;

---

este reglamento, el del aprovechamiento de las mismas y los acuerdos del Sindicato.

2. Velar sobre el buen desempeño de las obligaciones de todos los empleados del ramo, suspenderlos y reemplazarlos interinamente, dando cuenta al Sindicato en la primera sesion ordinaria.

3. Cuidar de los manantiales y avenidas para que no se menoscabe el caudal de aguas que está bajo su direccion, y proveer á su mejor aprovechamiento.

4. Procurar la conservacion de edificios, obras, cáuces, vertientes, acequias, enseres y demás objetos que estén á su cargo.

5. Vigilar y activar las obras y trabajos que se hagan con fondos del Sindicato.

6. Presidir las subastas y remates públicos, con asistencia de los síndicos designados por la corporacion.

7. Otorgar las escrituras procedentes de contratos y demás asuntos para que se halle autorizado el Sindicato.

8. De représenter en justice la communauté des participants à l'irrigation, soit comme demandeur, soit comme défendeur, lorsqu'il est dûment autorisé à procéder. En cas d'urgence néanmoins, le directeur pourra se présenter directement en justice, sauf à en rendre compte immédiatement au syndicat et à obtenir l'autorisation nécessaire.

9. De dénoncer au tribunal compétent les délits qui se commettent dans son service et de joindre à la plainte les antécédents, s'il y en a ;

10. De présenter au Gouverneur ou, suivant les cas, au gouvernement par l'intermédiaire de celui-ci, les notes et réclamations du syndicat sur les questions qui rentrent dans leurs attributions.

11. Se mettre en rapport officiel avec les autorités lorsque cela est nécessaire aux intérêts du service ou en vue de mieux remplir les obligations de sa charge. A

---

8. Representar en juicio al comun de regantes, ya sea como actor, ya como demandado, cuando estuviere competentemente autorizado para litigar. En casos urgentes podrá sin embargo presentarse en juicio desde luego, dando cuenta inmediatamente al Sindicato para obtener la correspondiente autorizacion.

9. Denunciar al tribunal competente, por medio de oficio y remitiendo los antecedentes que hubiere, los delitos que se cometan en el ramo.

10. Elevar al Gobernador, y en su caso al Gobierno por conducto del mismo jefe, las esposiciones ó reclamaciones que el Sindicato acuerde sobre asuntos propios de sus atribuciones.

11. Ponerse en relacion oficial con las autoridades cuando fuere necesario, para arreglar intereses del ramo ó para el mejor desempeño de sus peculiares obligaciones. Con este mismo fin podrá requerir de quien corresponda el auxilio de la fuerza pública.

cette fin, il pourra requérir de qui de droit l'assistance de la force publique.

Article 35.

Le syndicat délibère sur :

1. Le règlement relatif à l'utilisation des eaux ;

2. Les travaux et ouvrages neufs ou de réparation et d'entretien qu'il convient de faire ;

3. La suppression, la substitution, la réforme et la création des taxes du service d'irrigations et la manière de les percevoir ;

4. L'aliénation et l'acquisition des biens meubles et immeubles, les prêts et toutes transactions que la communauté serait amenée à faire ;

5. L'acceptation des dons et legs ;

6. Tout procès à intenter ou à soutenir au nom de la communauté ;

Artículo 35.

El Sindicato delibera :

1. Sobre el reglamento para el aprovechamiento de las aguas.

2. Sobre trabajos y obras de nueva construccion, ó de reparacion y conservacion que convenga hacer.

3. Sobre supresion, sustitucion, reforma y creacion de impuestos del ramo y modo de recaudarlos.

4. Sobre enagenaciones de bienes muebles, inmuebles y su adquisicion, préstamos y transacciones de cualquiera especie que tuviere que hacer el comun de regantes.

5. Sobre aceptacion de donaciones y legados.

6. Sobre **entablar** ó sostener algun pleito en **nombre del comun** de regantes.

7. Tout ce qui a trait à l'augmentation du volume des eaux, à leur conservation et à leur meilleure utilisation.

Les délibérations sur tous ces points seront communiquées à l'assemblée générale et ne pourront être mises à exécution qu'avec son approbation.

ARTICLE 36.

Il rentre dans les attributions du syndicat de décider :

1. L'augmentation ou la diminution du volume d'eau destiné à l'irrigation, en vue d'une utilisation meilleure et plus équitable ;

2. Les bonifications à allouer pour privation d'eau ;

3. Le curage du réservoir, des barrages et autres ouvrages, des canaux, fossés, sources et autres qui sont à sa charge ;

4. Les réparations et la conservation des édifices, constructions et attirails ;

---

7. Sobre cuanto conduzca al aumento del caudal de aguas, su conservacion y mejor aprovechamiento.

Las deliberaciones sobre cualquiera de estos puntos se comunicarán á la Junta general, sin cuya aprobacion no podrán llevarse á efecto.

ARTICULO 36.

Es atribucion del Sindicato acordar :

1. El aumento ó disminucion de la cantidad de agua que se destina al riego, siempre con el fin de su mas equitativo y mejor aprovechamiento.

2. Las bonificaciones que se hayan de otorgar por quiebras en el riego.

3. La limpia de pantano, azudes y otras obras, cáuces, vertientes, acequias y demás de su cargo.

5. Les mesures à appliquer pour l'observation ponctuelle du présent règlement et pour l'utilisation des eaux, en vertu des attributions d'inspecteur, de censeur et de conseil conférées au syndicat.

Ces décisions sont exécutoires ; cependant le Gouverneur pourra, d'office ou à la demande de parties, en suspendre l'exécution, s'il les jugeait contraires aux lois et règlements ; dans ce cas il ordonnera les mesures provisoires les plus opportunes, après avoir entendu le Conseil provincial.

Article 37.

Sont réservées au syndicat et sous sa responsabilité : la nomination des receveurs-trésoriers des fonds de la communauté, ainsi que des autres employés, avec l'obligation de déposer un cautionnement s'il le juge utile ; la suspension et la destitution des mêmes agents.

---

4. Las reparaciones para la conservacion de edificios y obras y la reparacion de enseres.

5. Las medidas que convengan para el puntual cumplimiento de este reglamento y del de aprovechamiento de las aguas, en virtud de la inspeccion, censura y consejo que se le atribuyen.

Estos acuerdos serán ejecutivos ; pero sin embargo, el Gobernador podrá de oficio, ó á instancia de parte, acordar su suspension si los hallase contrarios á las leyes y reglamentos, dictando en su conformidad, y oido préviamente el Consejo provincial, las providencias oportunas.

Artículo 37.

Es privativo del Sindicato nombrar bajo su responsabilidad los recaudadores depositarios de fondos del mismo y demás empleados, y exigirles fianzas, si le pareciere, suspenderlos y destituirlos.

Article 38.

Le syndicat expédiera les consultations ou rapports qu
lui sont demandés par les autorités supérieures ou par e
directeur.

Article 39.

Outre la part qu'ils prennent aux délibérations de la
corporation, les syndics feront les rapports que le syndicat ou le directeur leur demande.

Article 40.

Chaque année, le directeur dressera le budget de
l'Administration des eaux; le syndicat discutera ce
budget, l'amendera en plus ou moins, s'il le croit convenable et le votera.

Article 41.

Les dépenses qui y figurent seront divisées en obligatoires et en facultatives.

Artículo 38.

El Sindicato evacuará las consultas ó informes que le pidan las
autoridades superiores y el Director.

Artículo 39.

Los síndicos además de la parte que les corresponde tomar en las
sesiones de la corporacion, evacuarán los informes que el Sindicato
ó Director les pidiere.

Artículo 40.

Para cada año se formará por el Director el presupuesto de la
administracion de las aguos, y lo discutirá y votará el Sindicato,
aumentando ó disminuyéndolo, segun crea conveniente.

Sont obligatoires :

1. Les appointements des employés, y compris la gratification du directeur ;

2. Les frais de bureau ;

3. Les frais de curage des réservoirs, barrages et autres ouvrages, canaux, sources, fossés et tous autres nécessaires ;

4. Les frais de réparation pour conserver les édifices et ouvrages et ceux de réparation de l'outillage ;

5. Le paiement des dettes et intérêts.

Sont facultatives :

Les autres dépenses non comprises dans la précédente énumération.

ARTICLE 42.

Les recettes seront classées en recettes ordinaires et extraordinaires. Sont ordinaires : le produit d'un impôt de 4 maravedis par minute d'eau à payer par quiconque

---

ARTÍCULO 41.

Los gastos que en él se incluyan se dividirán en obligatorios y voluntarios.

Son obligatorios :

1. Los sueldos de empleados, inclusa la gratificacion del Director.

2. Los gastos de oficina.

3. Los gastos de limpia del pantano, azudes y otras obras, las de cáuces, vertientes, acequias y demás necesarias.

4. Los gastos de reparaciones para conservacion de edificios y obras y los de reparacion de enseres.

5. El pago de deudas y réditos.

Son voluntarios :

Los demás gastos no comprendidos en la enumeracion anterior.

reçoit cette eau dans les tournées qui seront taxées ; celui dudit impôt à payer pour les eaux de privilège dans toutes les tournées sans exception ; celui de la taxe d'un réal par tahulla irriguée avec l'eau de crue. Toutes les autres recettes sont extraordinaires.

ARTICLE 43.

Aussitôt qu'il aura été discuté et voté par le syndicat, le budget sera soumis en février à l'approbation de l'assemblée générale, qui pourra réduire, rejeter ou augmenter n'importe quel article.

En attendant l'approbation du nouveau budget, celui de l'année antérieure reste applicable.

ARTICLE 44.

On réservera dans le budget une somme pour frais imprévus ; le syndicat en déterminera l'emploi en le ren-

---

ARTÍCULO 42.

Los ingresos se dividirán en dos clases; ordinarios y estraordinarios. Es ordinarios el producto de un impuesto de cuatro maravedises por minuto de agua, que pagará todo poseedor de ella en las tandas que se designen, el de dicho impuesto que se pagará por las aguas de privilegio en todas las tandas sin escepcion, y el de un real por tahulla regada con agua de avenida ; y estraordinario cualquiera otro gasto que no sea el espresado.

ARTÍCULO 43.

Luego que el presupuesto esté discutido y votado por el Sindicato, pasará en el mes de Febrero á la aprobacion de la Junta general, que podrá reducir, desechar ó aumentar cualquiera partida.

Interin no esté aprobado el presupuesto del año continuará rigiendo el del anterior.

ARTÍCULO 44.

Se incluirá en el presupuesto una partida para gastos imprevis-

seignant par une mention spéciale dans le compte général.
Si une augmentation de dépense est reconnue nécessaire
pour des objets indispensables, le budget complémentaire
sera soumis, pour approbation, aux mêmes formalités que
le budget ordinaire.

ARTICLE 45.

Les payements sur articles budgétaires se feront par
mandats émis par le directeur avec les formalités
requises; le trésorier payera et sera responsable si les
mandats ne s'appliquent pas au budget ou manquent de
quelque formalité.

ARTICLE 46.

Avant le 15 janvier de chaque année, le trésorier présentera les comptes de l'exercice antérieur au syndicat
qui, les examinera, les contrôlera et les transmettra

---

tos, cuya inversion acordará el Sindicato, haciéndose mencion
especial de su aplicacion en la cuenta general; y si se reconociese
la necesidad de un aumento de gastos para objetos indispensables,
se seguirán para la aprobacion de este presupuesto adicional los
mismos trámites que para el ordinario.

ARTÍCULO 45.

Los pagos sobre cantidades presupuestas se harán por medio de
libramientos, que espedirá el Director con las formalidades correspondientes y pagará el Depositario, quien será responsable si nó
estuviesen en el presupuesto ó faltasen las formalidades correspondientes.

ARTÍCULO 46.

El Depositario presentará al Sindicato antes del 15 de Enero de
cada año las cuentas del anterior: el Sindicato las examinará y
censurará, y con su dictámen se dará cuenta á la Junta general
para su ultimacion, despues de haberse tenido de manifiesto en la

ensuite avec son avis à l'assemblée générale qui juge
en dernier ressort. Auparavant, les comptes avec pièces
justificatives sont déposés pendant 15 jours au bureau
de la corporation et un extrait imprimé est rendu public.

TITRE IV.

Des assemblées générales.

ARTICLE 47.

Il se tiendra des assemblées générales ordinaires et
extraordinaires, présidées par le directeur du syndicat ;
le secrétaire de celui-ci sera aussi le sécrétaire des
assemblées.

ARTICLE 48.

L'assemblée générale ordinaire aura lieu le 15 février
de chaque année. Les assemblées extraordinaires seront
convoquées chaque fois que, pour des affaires importantes,
la majorité du syndicat le décidera ou à la demande de

---

oficina de la corporacion por el término de 15 dias con los documentos justificativos, y de haberse publicado en estracto impreso
de ellas.

TITULO CUARTO.

De las Juntas generales.

ARTÍCULO 47.

Habrá Juntas generales ordinarias y estraordinarias presididas
por el Director del Sindicato, cuyo Secretario lo será de ellas.

ARTÍCULO 48.

Se celebrará Junta general ordinaria el dia 15 de Febrero de
cada años y las estraordinarias se reunirán siempre que lo acuerde
el Sindicato por mayoria de votos para asuntos de importencia, ó

vingt des propriétaires dont parle l'article suivant. Les convocations seront faites par les journaux, par des affiches et des crieurs dans les villages de la huerta et dans la capitale.

ARTICLE 49.

Peuvent assister aux assemblées, tous les électeurs non privés de leur droit et possédant 15 tahullas dans la huerta, d'après les listes qui sont dressées et ratifiées comme les listes électorales.

ARTICLE 50.

Le vote se .fait soit par appel nominal, soit par assis et levé. Les décisions seront prises à la majorité des votes exprimés.

ARTICLE 51.

Les propriétaires dont il est question à l'art. 49 pourront, en cas d'absence, se faire représenter aux assem-

---

lo soliciten del mismo veinte propietarios de los que se habla en el artículo siguiente. Se convocará para ellas por medio de edictos y pregones en los pueblos de la huerta y en la capital, y fijando aquellos en los periódicos de la misma.

ARTÍCULO 49.

Pueden acudir á estas Juntas todos los electores con aptitud legal para votar que posean quince tahullas en la huerta, segun las listas formadas y ultimadas del mismo modo que las electorales.

ARTÍCULO 50.

Las decisiones se tomarán por mayoría de votos de los concurrentes, y la votacion se verificará levantándose los que aprueben y permaneciendo sentados los que reprueben, ó bien emitiendo el voto nominalmente.

blées par une personne munie d'un pouvoir spécial à cette fin ou d'un pouvoir général pour administrer ; ce délégué ne pourra disposer que d'une voix. Les femmes, présentes ou absentes, qui réunissent les conditions de l'art. 49 pourront, comme les autres propriétaires, se faire représenter dans la même forme.

ARTICLE 52.

L'assistance de la moitié plus un des dits propriétaires sera nécessaire pour constituer l'assemblée générale. Mais si la majorité manque à une première réunion, on en convoquera une seconde 15 jours après et celle-ci prendra des décisions valables et obligatoires pour tous les propriétaires ayant des terres irriguées, quel que soit d'ailleurs le nombre des électeurs présents.

ARTICLE 53.

A l'assemblée de février seront soumis les comptes de

ARTÍCULO 51.

Los propietarios, de que habla el artículo 49, ausentes podrán ser representados en estas Juntas por otra persona con poder especial al efecto, ó general para administrar, la cual nunca podrá emitir mas de un voto. Las mujeres, tanto ausentes como presentes, que reunan las circunstancias de los demás propietarios, segun el mismo artículo 49, podrán ser representadas para este objeto en la misma forma.

ARTÍCULO 52.

Para constituir Junta general será preciso la asistencia de la mitad mas uno de los referidos propietarios; pero si no pudiese celebrarse Junta por falta de número, se convocará otra para 15 dias despues, la que acordará, siendo obligatorio para todo regante lo que resuelva, cualquiera que sea el número de los concurrentes.

l'année antérieure et les budgets de l'excercice en cours. Dans cette assemblée, comme dans les réunions extraordinaires, on discutera les affaires que le syndicat ou les particuliers soumettront à délibération, en observant les prescriptions du présent règlement.

TITRE V.

Du tribunal des eaux.

ARTICLE 54.

Il y aura un tribunal des eaux composé du directeur et de deux syndics qui seront renouvelés mensuellement à tour de rôle. Ce tribunal jugera ce qui touche à la police des irrigations et aux questions de fait, sans que sa juridiction empiéte sur celle des tribunaux ordinaires ni sur celle de l'ordre administratif.

ARTÍCULO 53.

En la Junta de Febrero se examinarán y censurarán las cuentas del año anterior y los presupuestos del corriente; y tanto en estas como en las estraordinarias se discutirán los asuntos que el Sindicato ó los particulares sometan á su deliberacion, conforme á lo prescrito en este reglamento, no siendo de la incumbencia de aquel.

TITULO QUINTO.

Del Tribunal de Aguas.

ARTÍCULO 54.

Para lo relativo á la policiá de los riegos y á las cuestiones de hecho habrá un Tribunal de aguas compuesto del Director y dos síndicos, que se renovarán mensualmente por su órden, sin que su jurisdiccion invada la de los tribunales ordinarios ni la del órden administrativo.

Article 55.

Ce tribunal connaîtra exclusivement, avec dérogation de tout privilège, des infractions au réglement pour l'utilisation des eaux ; il imposera la réparation des dommages et le paiement des amendes prévues, conformément aux lois. Ses sentences seront sans appel et le directeur les fera exécuter par la voie de la contrainte.

Article 56.

Le jugement sera rendu verbalement et en public. Les fonctions de secrétaire et de rapporteur (procureur) seront remplies par les employés que le syndicat désignera. Les procés-verbaux seront tenus dans un livré *ad hoc*.

Article 57.

Au cas où le tribunal reconnaîtrait, dans les faits qui

Articulo 55.

Este Tribunal conocerá privativamente, con derogacion de todo fuero, de las infracciones del reglamento para el aprovechamiento de las aguas, exigiendo el resarcimiento de daños y las multas que éste marque, con arreglo á las leyes. Sus sentencias serán inapelables, y el Director las llevará á efecto por la vía de apremio.

Articulo 56.

El juicio será público y verbal. Serán Secretario y Fiscal los empleados que tenga designados el Sindicato, y se estenderán sus actas en un libro dispuesto á este objeto.

Articulo 57.

En caso de que el Tribunal reconozca que en los hechos que se han sometido á su conocimiento hay alguna falta ó delito de otra

lui sont soumis, une faute ou délit d'une autre catégorie, il jugera les points qui sont de sa compétence et passera ensuite au tribunal que la faute concerne une copie de l'acte avec les autres antécédents, pour telle fin que de droit.

Dispositions transitoires.

1. Après approbation du présent règlement par S. M., le syndicat fera dresser les listes électorales et procédera à l'élection des nouveaux syndics, en observant, pour l'opération, les règles et formalités établies antérieurement à cet effet.

2. A la première élection du syndicat on nommera 12 syndics ; chaque électeur ne votera que pour huit candidats, afin que, conformément à l'esprit de l'article 19, la majorité et la minorité puissent être représentées.

especie, juzgará sobre lo que sea de su competencia, y pasará al Tribunal á que corresponda certificacion del acta y demás antecedentes para lo que haya lugar.

Disposiciones transitorias.

1. Aprobado que sea este reglamento por S. M., el Sindicato dispondrá que se redacten las listas electorales y se verifique la eleccion del que deba reemplazarle, observándose para ello los trámites y requisitos anteriormente marcados al efecto.

2. En la primera eleccion del Sindicato se nombrarán doce Síndicos, y por lo mismo cada elector solo votará ocho, á fin de que puedan ser representadas las mayoriás y minorías, conforme a espíritu del art. 19.

V.

ELCHE.

OASIS AVEC BARRAGE-RÉSERVOIR.
VENTES AUX ENCHÈRES.

V.

HUERTA d'ELCHE, dans l'Espagne sèche ; type de réglementation des eaux dans une zone irriguée avec barrage-réservoir.

Ordonnance de la Communauté des irrigants bénéficiant des eaux du « Pantano de Elche ».

(Barrage-réservoir d'Elche).

CHAPITRE PREMIER.

De la communauté.

ARTICLE PREMIER.

Les propriétaires et autres usufruitiers qui ont droit à l'utilisation des eaux du « Pantano de Elche » se constituent

---

V.

Ordenanzas de la comunidad de regantes de las aguas del Pantano de Elche.

CAPÍTULO PRIMERO.

De la Comunidad.

ARTÍCULO 1.

Los propietarios y demás usuarios que tienen derecho á el aprovechamiento de las aguas del Pantano de Elche se constituyen en

en communauté en vertu de l'art. 228 de la loi des eaux du 13 juin 1879.

Article 2.

La communauté des eaux du « Pantano de Elche » comporte l'utilisation des sources, fontaines et eaux torrentielles suivantes :

1. Toutes les eaux vives ou sources qui coulent dans la rivière Vinalapó ou dans la vallée de Novelda, depuis la partie inférieure de la retenue de Monforte jusqu'au Pantano de Elche ;

2. Toutes les sources existantes qui se déversent dans la rivière Tarrafa ou Aspe, depuis le pied de la retenue de Percebal jusqu'au confluent avec le Vinalapó ;

3. Les eaux des fontaines du Sastre qui se déversent dans la rivière Tarrafa ;

4. Les eaux provenant des excavations dans les terrains et les concessions appartenant à la Communauté ;

Comunidad en virtud de lo dispuesto en el artículo 228 de la Ley de Aguas de 13 de Junio de 1879.

Artículo 2.

Constituye la Comunidad de las aguas del Pantano de Elche el aprovechamiento de los manantiales, fuentes y aguas torrenciales siguientes :

1. Todas las aguas vivas ó manantiales que fluyen en el río Vinalapó, ó rambla de Novelda, desde la parte inferior de la presa de Monforte hasta el Pantano de Elche.

2. Todos los manantiales que se encuentran y corren por el río Tarrafa ó de Aspe desde el pié, ó parte inferior de la presa ó rafa de Percebal, hasta la confluencia con el Vinalapó.

3. Las aguas de las fuentes del Sastre que vienen á desaguar en el río Tarrafa.

4. Las aguas procedentes de los alumbramientos hechos en los terrenos y pertenencias mineras propiedad de la Comunidad.

5. Toutes les eaux de surface tombant dans les bassins de Vinalapó et Tarrafa et s'écoulant dans le Pantano de Elche, après avoir franchi les anciennes retenues établies sur le territoire des communes de Villena, Sax, Elda, Novelda et Monforte, dans le bassin du Vinapaló et de Dordú et Percebal dans celui du Tarrafa.

6. Les eaux torrentielles qui coulent dans le Vinalapó depuis sa sortie du Pantano jusqu'aux retenues du « Casa de las tablas » et Marchena.

ARTICLE 3.

Appartiennent à la Communauté les ouvrages et immeubles suivants:

1. La retenue principale qui forme le « Pantano de Elche » avec les terres dénommées le Realengo, leurs accessoires et servitudes ;

2. Le canal principal appelé Acequia major avec sa retenue de prise d'eau appelée la Casa de las tablas, le bac,

---

5. Todas las aguas torrenciales ó de avenida que las vertientes y cuencas de los ríos Vinalapó y Tarrafa llevan al Pantano de Elche, despues de pasar por las presas de antiguo establecidas en los términos municipales de Villena, Sax, Elda, Novelda y Monforte en el río Vinalapó y las de Dordú y Percebal en el Tarrafa.

6. Las aguas torrenciales que desde la parte inferior del Pantano corren por el lecho del Vinalapó hasta las presas de la Casa de las Tablas y la de Marchena.

ARTÍCULO 3.

Pertenecen á la Comunidad las obras ó inmuebles siguientes :

1. La presa principal que forma el Pantano de Elche con las tierras denominadas el Realengo, sus accesorios y servidumbres.

2. El canal principal denominado Acequia Mayor con su presa para la toma de las aguas llamada de la Casa de las Tablas, la balsa, acequia del Moro, las dos acequias de descarga, denomina-

le fossé du Moro, les deux fossés de trop plein dits contre-fossés et tous autres avantages et servitudes ;

3. La retenue de Marchena ;

4. Les prises d'eau avec distributions de Albinella, Marchena, Carrell, Asnell, Forat, Anoy, Candalix, Real, Nichasa, Abet, Matróf, Alcaná, Nafis, Tufá, Cuñera, Saony, Aladía, Frauch, Alausa, Alborrocàt, Anacla, Palombár et Avall ou Sinoga ;

5. Les rigoles complétant les distributeurs précités pour la répartition des eaux, avec leurs avantages et servitudes, tels que le curage et le passage des hommes de service ;

6. Les terrains, concessions minières, immeubles et tous droits que la Communauté a acquis ou acquerra.

ARTICLE 4.

La propriété des eaux de la Communauté résulte de

---

das Contra-acequias, y sus demás aprovechamientos y servidumbres.

3. La presa de Marchena.

4. Los partidores ó tomas de distribución denominados Albinella, Marchena, Carrell, Asnell, Forat, Anoy, Candalix, Real, Nichasa, Abet, Matróf, Alcaná, Nafis, Tufá, Cuñera, Saony, Aladía, Franch, Alausa, Alborrocàt, Anacla, Polombár y Avall ó Sinoga.

5. Los brazales ó acequias para la distribución de los partidores antes enumerados, con todos sus aprovechamientos y servidumbres para las mondas y paso de regantes.

6. Los terrenos, pertenencias mineras, inmuebles y todos los demás derechos que tiene adquiridos, ó son de la propiedad, de la Comunidad y los que en lo futuro adquiera.

ARTÍCULO 4.

La propiedad de las aguas de la Comunidad se funda en las con-

concessions et priviléges anciens octroyés par l'infant D. Manuel en 1314 et des accords passés avec les ayants droit (aux eaux) de la ville de Aspe en 1838 et 1840.

ARTICLE 5.

Les eaux du Pantano de Elche se divisent en trois classes ainsi dénommées : eaux de Huertos, eaux de Dula et eaux de Marchena. La première se répartit en 600 hilos, la seconde en 75 et la dernière en 138 hilos.

ARTICLE 6.

Chacun de ces hilos qui, dans le canal Major représente le volume débité par un distributeur pendant 12 heures, se subdivise en demi et quart de hilo. Au canal Marchena qui débite le double, le hilo est de 6 heures, le demi de 3 heures et le quart de 1 1/2 heure.

---

cesiones y privilegios antiguos otorgados por el infante D. Manuel en el año 1314, y en las concordias pactadas con los regantes de la villa de Aspe en los años 1838 y 1840.

ARTÍCULO 5.

Las aguas del Pantano de Elche se dividen en tres clases con las denominaciones de : agua de Huertos ; agua de Dula y agua de Marchena ; y estas se subdividen : la de Huertos en 600 hilos, la de Dula en 75 hilos, y la de Marchena en 138 hilos.

ARTÍCULO 6.

Cada uno de estos hilos que, en la Acequia Mayor, consiste en el aprovechamiento de 12 horas de agua en cualquiera de sus partidores, en cada uno de los Libros ó tandas, se subdivide en medios hilos y cuartas. En la acequia de Marchena, por correr el agua doble, los hilos son de 6 horas ; los medios, de 3 horas y las cuartas, de 1 y media horas.

ARTICLE 7.

Le quart (1/4 hilo, *la cuarta*) d'eau dans le canal Major est indivisible et sert de base (ou unité) pour l'exercice des droits et des obligations de la Communauté. En ce qui touche l'irrigation dans la zone de Marchena, la propriété se divise en heures, demies, quarts et demi-quarts d'heure, mais il faut être propriétaire d'un quart (*cuarta*) au moins pour avoir droit de vote.

ARTICLE 8.

Le syndicat tiendra des registres où il inscrira les noms des ayants droit aux eaux en spécifiant les titre, charte, manuscrit et tous documents que, dès les plus anciens écrits, sont conservés soigneusement pour fixer la propriété de chaque hilo.

ARTICLE 9.

Les transferts de droits seront inscrits dans ces regis-

ARTÍCULO 7.

La Cuarta de agua en la Acequia Mayor es indivisible y constituye la base de la propiedad para el ejercicio de todos los derechos y deberes de la Comunidad. En la de Marchena, para el riego, se subdivide la propiedad en horas, medias, cuartos de hora y medios cuartos; pero solo tienen derecho á votar los propietarios de una cuarta en adelante.

ARTÍCULO 8.

El Sindicato llevará libros registros en los que, se hará constar los nombres de los propietarios de las aguas, especificando el Título, Carta, Plana, Libro y demás contraseñas que desde los antiguos Libros vienen conservándose cuidadosamente, para determinar cada Hilo.

ARTÍCULO 9.

Las traslaciones de dominio en estos libros registros se harán

tres, mais seulement en vertu de documents publics justificatifs et enregistrés préalablement au Registre de la Propriété de l'arrondissement.

ARTICLE 10.

Les propriétaires et usufruitiers de moulins, ateliers ou fabriques utilisant les eaux de la Communauté conservent le droit d'en user conformément à leurs concessions ; ils ne peuvent modifier le régime des eaux ni détourner aucune partie de leur cours, ni prétendre posséder ou exercer aucun droit sur le domaine des eaux, ni intervenir dans l'administration qui en dispose. Ils n'acquièrent aucun droit nouveau et on ne leur impose aucune obligation autre que celle de se soumettre à la juridiction du syndicat et du jury, pourvu que les droits inhérents à la concession restent inaltérés et entiers.

ARTICLE 11.

La régie des eaux du Pantano de Elche reste à la charge

---

tan solo en virtud de documentos públicos exhibidos en justificación del cambio de dominio, que hayan sido antes inscritos en los del Registro de la Propiedad de este Partido.

ARTÍCULO 10.

Los usuarios y dueños de molinos, artefactos ó fábricas que aprovechan las aguas de la Comunidad, tienen derecho á utilizarlas con arreglo á sus respectivas concesiones ; sin que puedan mermarlas, alterar su régimen, ni ejercer derechos, ni alegar título alguno respecto á el dominio ó administración de las aguas. No adquieren nuevos derechos, ni se les impone otro deber que la sumisión á la jurisdicción del Sindicato y del Jurado en cuanto no altére ni amengüe los derechos de concesión.

ARTÍCULO 11.

El gobierno de las aguas del Pantano de Elche queda á el exclu-

exclusive de ceux qui en sont propriétaires; ceux-ci exerceront ce droit conformément à la loi des eaux en vigueur par la constitution d'un syndicat subdivisé en Juntas (Conseils) directrices. Toute intervention du Président du Conseil Municipal cessera désormais.

ARTICLE 12.

L'assemblée générale des propriétaires, sera tenue en la forme qui sera indiquée ; le syndicat et les deux sections qui le constituent, dénommées Junta directrice du canal Mayor et Junta directrice du canal de Marchena, ainsi que le jury des irrigations résoudront les questions relatives à la direction et à l'administration des biens et privilèges de la communauté ; ils prononceront également les condamnations contre ceux qui contreviendraient au règlement.

ARTICLE 13.

Les mêmes règles s'appliquent aux eaux des trois classes

---

sivo cargo de los propietarios de las mismas, que lo ejercerán con arreglo á lo dispuesto en la vigente Ley de Aguas, por medio de un Sindicato y de las Juntas directivas en que se subdivide, cesando la intervención de los Alcaldes Presidentes del Ayuntamiento de esta Ciudad.

ARTÍCULO 12.

Las Juntas generales de propietarios, celebradas en la forma que se dirá; el Sindicato, las dos secciones en que se subdivide, con la denominación de Junta directiva de la Acequia Mayor y Junta directiva de la Acequia de Marchena, y el Jurado de riegos, entenderán en la dirección y administración de los bienes y derechos que constituyen la Comunidad y en el castigo de las faltas de policia cometidas en el aprovechamiento de las mismas.

ARTÍCULO 13.

Unas mismas reglas se observarán para las tres clases de agua

indiquées à l'art. 5, sauf les exceptions qui seraient stipulées ultérieurement pour la répartition, l'utilisation ou la réglementation.

CHAPITRE II.

De l'assemblée générale des propriétaires.

ARTICLE 14.

La réunion de tous les participants à la communauté des eaux constitue l'assemblée générale, qui discute et résoud toutes les questions intéressant cette communauté.

ARTICLE 15.

A l'assemblée générale sont dévolus les pouvoirs les plus étendus pour tout ce qui concerne la direction et la régie des droits et biens de la communauté.

ARTICLE 16.

Les assemblées générales peuvent être ordinaires ou

---

en que la Comunidad se subdivide, salvo las escepciones que para su reparto, aprovechamiento y gobierno se establezcan.

CAPÍTULO II.

De la Junta general de propietarios.

ARTÍCULO 14.

La reunión de los partícipes en la propiedad de las aguas de la Comunidad constituye la Junta general de la misma que deliberará y resolverá acerca de todos los asuntos que á la Comunidad interesen.

ARTÍCULO 15.

En la Junta general reside el mayor número de facultades en todo lo relativo á la dirección y gobierno de los derechos y bienes de la Comunidad.

ARTÍCULO 16.

Las Juntas generales de los propietarios de agua pueden ser ordi-

extraordinaires ; sont ordinaires celles qui se tiennent tous les ans, le deuxième dimanche de janvier ; sont extraordinaires celles qui sont convoquées quand le syndicat le juge opportun, ou à la demande des Juntas directices ou encore à la demande de 25 propriétaires au moins représentant au minimum la dixième partie des eaux de la communauté.

ARTICLE 17.

L'assemblée générale, qu'elle soit ordinaire ou extraordinaire, peut réunir les propriétaires du canal Mayor ou ceux du canal Marchena. La convocation des deux groupes ne se fait qu'en assemblée extraordinaire. Suivant l'objet à traiter et les intérêts à débattre, on convoque en assemblée l'une ou l'autre des catégories.

ARTICLE 18.

Les convocations aux assemblées générales sont faites

---

narias y extraordinarias. Son ordinarias, las que se celebran todos los años el segundo domingo del mes de Enero ; y extraordinarias, las que se celebren siempre que lo juzgue oportuno y acuerde el Sindicato, ó alguna de las Juntas directivas, ó lo solicite un número de propietarios de agua, que llegue á veinte y cinco por lo menos, y que representen la décima parte de la propiedad de agua como minimum.

ARTÍCULO 17.

Las Juntas generales, ya sean ordinarias ó extraordinarias, pueden ser, ó de propietarios de la Acequia Mayor, ó de la Acequia de Marchena. Pueden ser tambien, las extraordinarias, de propietarios de Ambas acequias. El objeto de la Junta, y los asuntos é intereses que en ella deban ventilarse, determinará la clase ó sección de propietarios que en cada caso hayan de ser convocados.

ARTÍCULO 18.

Las convocatorias para las Juntas generales las hará el Presi-

par le Président du Syndicat, s'il s'agit de réunir les deux sections; par le Président de la Junta directrice correspondante, quand on s'adresse aux propriétaires d'un seul groupe, canal Mayor ou canal Marchena. Toute convocation est faite quatre jours au moins d'avance, par un avis public sur les places publiques et au local où se fait la répartition des eaux, à l'heure de cette répartition.

Une convocation est en outre remise à domicile, par formule signée du Président et du Secrétaire du Syndicat ou de la Junta correspondante, lorsqu'on doit soumettre à l'assemblée des questions touchant à la réforme des ordonnances ou ayant une importance majeure.

Article 19.

L'avis de convocation indiquera toujours si l'assemblée est ordinaire ou extraordinaire, à quelle section de propriétaires il s'adresse, si c'est une première ou une seconde

---

dente del Sindicato cuando se hayan de reunir Ambas acequias, ó él Presidente de la Junta directiva respectiva, si se citan los propietarios de la Acequia Mayor ó de la Marchena, con cuatro dias de anticipación por lo menos, y por medio de edictos en los sitios públicos y en el local y á la hora del reparto de las aguas.

En el caso de tratarse asuntos referentes á la reforma de las Ordenanzas, ó de otros que por su importancia los merezca, la citaciones se harán además á domicilio y por papeleta autorizada por el Presidente y Secretario del Sindicato ó de la Directiva correspondiente.

Artículo 19.

En los edictos de convocatoria se expresará siempre si la Junta es ordinaria, ó extraordinaria la Sección de propietarios que se convoca y si se cita para primera ó segunda reunión. En las Juntas extraordinarias se expresará además claramente el objeto de la convocatoria.

convocation. Pour les assemblées extraordinaires, il faut de plus spécifier clairement l'objet de la réunion.

ARTICLE 20.

Les assemblées se tiennent au local du Syndicat ou communauté et sont présidées par le président du Syndicat ou par celui de la Junta intéressée, suivant que les deux sections ont été convoquées ou une seule.

ARTICLE 21.

Le Secrétaire de la Junta tiendra la plume aux assemblées générales de la section intéressée. Celui de la Junta du canal Mayor,qui est aussi secrétaire du Syndicat, remplira les mêmes fonctions aux assemblées plénières.

ARTICLE 22.

Pour constituer l'assemblée, il faut la présence de propriétaires ou administrateurs d'eau représentant par eux-

---

Artículo 20.

Las Juntas generales se celebrarán en el local propio del Sindicato y serán presididas : las de la Acequia Mayor por el Presidente de su respectiva Junta directiva, las de la Acequia de Marchena por el Presidente de su directiva y las de Ambas acequias por el Presidente de la Communidad ó Sindicato.

Artículo 21.

El Secretario de la Junta Directiva hará las veces de Secretario en las Juntas generales de la respectiva Sección y el Secretario de la Directiva de la Acequia Mayor, que tambien lo es del Sindicato, ejercerá idénticas funciones en las generales de Ambas acequias.

Artículo 22.

Para constituir la Junta general será precisa la asistencia de propietarios ó administradores de agua con popoder bastante, que

mêmes et par leurs mandants, la moitié plus une des parts (*cuartas*) de la propriété d'eau afférant à la section réunie ou à la communauté si l'assemblée est plénière.

ARTICLE 23.

Tous les propriétaires et administrateurs qui sont inscrits sur les registres pour au moins une part (*una cuarta*) d'eau, ont le droit d'assister aux assemblées et de prendre part aux délibérations. Pour exercer le même droit, les représentants ou administrateurs légaux, habitant ou non la ville et munis d'un pouvoir avec clause spéciale ou d'un pouvoir général de vendre, acheter, etc., pour représenter les intérêts et les droits de propriétaires d'une part (*de una cuarta*) d'eau au moins devront présenter leurs pouvoirs et les faire enregistrer 24 heures au moins avant l'ouverture de la séance.

ARTICLE 24.

Les intéressés étant réunis, le Président déclare la

---

representen la mitad, más una cuarta, de la propiedad del agua cuya sección se convocase, ó la mitad, más una cuarta, de la totalidad de estas que constituyen la Comunidad, si se trata de Juntas de Ambas acequias.

ARTÍCULO 23.

Tienen derecho á asistir á las Juntas generales y tomar parte en sus deliberaciones, todos los propietarios y administradores de agua, que tengan inscrita en los registros respectivos desde una Cuarta de agua en adelante. Los representantes ó administradores legales, vecinos ó forasteros que con poder con cláusula especial ó de los llamados generales para comprar, vender etc.; representen los intereses y derechos de los propietarios de las respectivas acequias, en la candidad de una cuarta por lo menos, deberán presentarlos y registrarlos con veinte y cuatro horas de anticipación en la respectiva Secretaría para poder tomar parte en las Juntas.

séance ouverte et, s'il y a lieu, l'assemblée constituée. Il est donné lecture du procès-verbal de l'assemblée précédente et en outre de l'objet de la réunion, si l'assemblée est extraordinaire.

ARTICLE 25.

Tous les assistants, quelle que soit la quantité d'eau qu'ils représentent, ont le droit de prendre part aux discussions et de présenter des observations, sans autre limitation que celle dictée par la majorité, auquel cas le Président déclare le point suffisamment discuté.

ARTICLE 26.

Les votes auront lieu nominalement ou par bulletins à scrutin public ou secret, selon l'espèce et conformément à la décision de l'assemblée. La votation concernant la désignation du personnel se fera par bulletins au dos desquels on indiquera le nombre des voix, chaque votant pou-

---

ARTÍCULO 24.

Reunida la Junta general, el Presidente declarará abierta la sesión, y despues de constituida, se leerá el acta de la Junta anterior y además, en las extraordinarias, el objeto de la convocatoria.

ARTÍCULO 25.

Todos los asistentes, cualquiera que sea la cantidad de agua que representen, tienen derecho á tomar parte en las discusiones y á hacer las observaciones que estimen convenientes sin más limitación que la prudencial que la mayoria de los asistentes acuerde, en cuyo caso el Presidente declarará el punto suficientemente discutido.

ARTÍCULO 26.

Las votaciones se harán nominalmente ó por papeletas, pública ó secretamente, segun la naturaleza del caso y conforme á el acuerdo que los mismos reunidos tomen sobre este punto. Para la

vant subdiviser son vote à volonté au moyen de plusieurs bulletins.

ARTICLE 27.

Le quart (*la cuarta*) d'eau est admis comme unité et donne droit à une voix. Les décisions sont prises à la majorité des votes émis.

ARTICLE 28.

Lorsqu'une première assemblée générale n'a pas réuni la majorité des propriétaires de l'eau, il en sera convoqué une seconde avec préavis de quatre jours au moins et en observant les mêmes formalités que pour la première. Cette nouvelle assemblée pourra délibérer valablement, quel que soit le nombre des votants et le volume d'eau représentés. Il est fait exception pour les modifications à apporter aux Ordonnances : celles-ci exigent dans tous les cas que la majorité des voix soit représentée. Le Syndicat

---

designación de cargos se harán por papeleta en la que al dorso se expresará el número de votos, que podrán dividirlos en una ó varias papeletas, á voluntad, cada uno de los votantes.

ARTÍCULO 27.

En las votaciones se computarán los votos á proporción de las Cuartas de agua que cada uno de los asistentes posea ó represente, y las decisiones ó acuerdos se tomarán por mayoria de votos, tomando por unidad la Cuarta.

ARTÍCULO 28.

Si no pudiera constituirse la Junta general, por no estar reunida la mayoria absoluta de la propiedad de agua, se convocará de nuevo á otra segunda reunión, señalando por lo menos otros cuatro dias de término y observando iguales formalidades que para la primera; y en esta segunda Junta, serán válidos los acuerdos cualquiera que sea el número y cantidad de propietarios y agua que

ou la Junta peut convoquer une troisième fois si la gravité et l'importance des affaires à traiter lui paraît réclamer cette mesure.

Article 29.

Dans les assemblées générales ordinaires et après avoir épuisé l'ordre du jour, le Syndicat, la Junta ou les propriétaires ont le droit de faire et discuter toutes propositions se rapportant à l'irrigation. L'assemblée peut valablement voter sur ces propositions.

Au contraire, une assemblée extraordinaire ne peut discuter que les affaires annoncées par la convocation.

Article 30.

Sont du ressort de l'assemblée générale :

1. La nomination des membres effectifs et suppléants du syndicat et du jury d'irrigations ;

---

concurran y representen, escepto en el caso de tratarse de la reforma de las Ordenanzas en que es indispensable en todo caso que concurra la mayoria de la propiedad del agua.

En caso de tratarse de asuntos que por su gravedad é importandia lo merezca, el Sindicato ó la Directiva convocará, si les parece oportuno, á una tercera reunión.

Artículo 29.

En las Juntas generales ordinarias, despues de ocuparce de sus asuntos propios, el Sindicato, la Directiva ó los propietarios tienen derecho á presentar y discutir toda clase de proposiciones referentes á el ramo de agua, y recaerá en ellos acuerdo sin esperár nueva Junta.

En las extraordinarias solo podrán discutirse los asuntos que hayan sido indicados en la convocatoria.

Artículo 30.

Corresponde á la Junta general :

1. El nombramiento de los Vocales del Sindicato y del Jurado de riegos con sus respectivos suplentes.

2. L'examen et l'approbation du rapport de la Junta directrice sur l'année antérieure ;

3. L'approbation définitive des comptes présentés par le trésorier, préalablement approuvés par la Junta et soumis au public au moins pendant deux jours ;

4. L'examen et l'approbation du budget des recettes et dépenses que la Junta est tenue de dresser pour l'année suivante ;

5. La nomination du trésorier, du secrétaire-comptable, du *Fiel* (contrôleur), des commis, des surveillants des canaux et du Pantano, des gardes, etc., la fixation des traitements, la désignation de la nature et du chiffre du cautionnement à déposer par le trésorier ;

6. Les résolutions à prendre au sujet : *a*) des acquisitions d'immeubles ou de droits relatifs aux travaux importants ou pour lesquels la Junta désire une autori-

---

2. Examinar y aprobar la Memoria que presente la Junta directiva correspondiente á todo el año anterior.

3. Aprobar en definitiva las cuentas que presente el Depositario y que hayan sido antes examinadas y aprobadas por la Directiva y puestas al público por dos dias al menos de tiempo.

4. Examinar y aprobar el presupuesto de gastos é ingresos que para el año siguiente debe presentar la Directiva.

5. Nombrar las personas que deban desempeñar los cargos de Depositario, Secretario-Contralibro, Fiel, Ayudantes, Sobreacequiero, Pantanero, Guardias, etc., señalar sus retribuciones ó sueldos, y determinar la clase y cuantia de la fianza del Depositario.

6. Resolver acerca de las adquisiciones de inmuebles ó derechos, sobre las obras que por su importancia, ó á juicio de la Directiva merezcan su exámen prévio, y sobre los gastos no incluidos en presupuesto, que excedan de mil pesetas en la Acequia Mayor y doscientas ochenta en la de Marchena.

sation ; 2° des dépenses à faire en dehors de celles prévues au budget et qui dépassent 1,000 pesetas dans la section du canal Mayor et 280 dans celle de Marchena ;

7. L'examen des réclamations que peut soulever la gestion du syndicat ou de la Junta ;

8. La fixation des quotes-parts à payer par les propriétaires lorsqu'il est nécessaire ou convenable de recourir à ce procédé pour couvrir les frais de la communauté ou de la section ;

9. L'examen de toute affaire qui lui est soumise par le syndicat, la Junta ou les propriétaires et ayant rapport aux intérêts de la communauté ou de la section.

ARTICLE 31.

L'assemblée générale ordinaire devra s'occuper précisément des quatre premiers points de l'article précédent; tandis que les autres pourront être traités soit à l'assemblée ordinaire, soit aux assemblées extraordinaires qu'il serait nécessaire de convoquer.

---

7. Resolver las reclamaciones que se presenten contra la gestión de la Directiva ó del Sindicato.

8. Acordar los repartos que hayan de pagar los propietarios cuando sera necesario ó conveniente adoptar esta forma para cubrir los gastos de la Comunidad ó de la Sección.

9. Deliberar sobre cualquier otro asunto que el Sindicato, la Directiva, ó los propietarios presenten referentes y de interés de la Comunidad ó de la Sección.

ARTÍCULO 31.

La Junta general ordinaria deberá ocuparse precisamente de los asuntos marcados en los cuatro primeros casos del artículo anterior. Los demás podrán tratarse, bien sea en la General ordinaria, ó en las Generales extraordinarias que en cada caso sea necesario, reunir.

Article 32.

Les assemblées générales tenues soit par les propriétaires du canal Mayor, soit par ceux de Marchena, s'occuperont des questions ci-dessus indiquées, chacune séparément, lorsque les réunions — ordinaires ou extraordinaires — sont provoquées par des affaires ne concernant que l'une d'elles. Mais si les questions à résoudre intéressent la communauté, l'assemblée comprendra les deux sections.

Par conséquent, c'est cette dernière assemblée qui sera appelée à :

1. Décider des affaires communes relatives aux travaux, aux litiges, aux acquisitions de droits, à la réforme des Ordonnances, etc. ;

2. Examiner les réclamations formulées contre le syndicat.

Artículo 32.

Las Juntas generales, bien las celebren los propietarios de la Acequia Mayor, ó los propietarios de Marchena, se ocuparán de los asuntos antes indicados, y cada una separadamente de la otra, cuando se trate de las reuniones ordinarias ó de las extraordinarias referentes á asuntos privativos de cada sección. Pero en caso de tratarse de asuntos de la Comunidad, se celebrará la Junta general de Ambas acequias.

Corresponde por lo tanto á la General de Ambas acequias :

1. Resolver sobre asuntos comunes referentes á obras, litigios, adquisiciones de nuevos derechos, reforma de las Ordenanzas, etc.

2. Deliberar y resolver sobre las reclamaciones que se presenten sobre la gestión del Sindicato.

CHAPITRE III.

Du Syndicat.

ARTICLE 34.

L'exécution des résolutions prises par la communauté, le maintien de l'ordre et la bonne administration dans l'usage des eaux, ainsi que le soin de faire observer les Ordonnances, sont dévolus à un syndicat, composé de 12 conseillers qui seront :

1. Le régisseur-syndic, représentant les intérêts généraux des habitants, sera membre de droit et prendra part aux réunions avec voix délibérative pour une *Talla* d'eau environ réservée à la consommation et aux usages domestiques de la ville ;

2. Neuf propriétaires ou représentants légaux de personnes ayant en propriété au moins 4 parts (*cuartas*) d'eau du Canal Mayor ; l'un de ces membres devra avoir au moins cette quantité d'eau de Dula ;

CAPÍTULO III.

Del Sindicato.

ARTÍCULO 34.

La ejecución de los acuerdos tomados por la Comunidad, el orden y gobernio de las aguas y la vigilancia para el cumplimiento de estas Ordenanzas estará á cargo de un Sindicato compuesto de doce indivíduos ó Vocales que serán :

1. El Regidor Síndico, que en representación de los intereses generales del vecindario será Vocal nato y tomará parte con voz y voto en las reuniones del mismo, por la servidumbre de una talla de agua aproximadamente consumida por los vecinos de esta ciudad en los usos domésticos.

2. De nueve Vocales propietarios ó representantes legales de personas que tengan en propiedad por lo menos cuatro Cuartas de agua de la Acequia Mayor, de los que uno deberá tener al menos aquella cantidad de agua de Dula.

3. Deux conseillers propriétaires ou représentants légaux de personnes qui possèdent au moins deux parts (*cuartas*) d'eau de Marchena.

Article 35.

Le syndicat sera renouvelé par moitié chaque année pour les membres du canal Mayor comme pour ceux de Marchena ; dans sa première réunion il choisit, parmi les conseillers du canal Mayor, le président et le vice-président du syndicat qui le seront aussi pour la communauté. En cas de démission ou d'incapacité de l'un d'eux, il est procédé au remplacement par le Syndicat.

Article 36.

Le canal de Marchena est représenté dans le Syndicat par le président et le commissaire de la section.

Article 37.

Au Syndicat incombe principalement le soin de veiller

---

3. Dos Vocales propietarios ó representantes legales de personas que por lo menos tengan dos Cuartas de agua de Marchena.

Artículo 35.

El Sindicato se renovará por mitad cada año, tanto los individuos que representen la Acequia Mayor, como la de Marchena, y hecha la renovación, en la primera reunión al constituirse, designará de entre los Vocales pertenecientes á la Sección de la Acequia Mayor los que hayan de desempeñar los cargos de Presidente y Vice-presidente del Sindicato que á su vez lo serán de la Comunidad. Igual designación se hará en el caso de incapacitarse alguno de ellos.

Artículo 36.

En el Sindicato representan la Acequia de Marchena como Vocales los que ejerzan los cargos de Presidente y Vocal Comisario de aquella Sección.

au respect des Ordonnances et aux intérêts des propriétaires des deux sections en tout ce qui est de la compétence de l'assemblée générale plénière.

ARTICLE 38.

Les fonctions de syndic sont honorifiques, gratuites et obligatoires. Le syndic peut renoncer à sa charge en cas de réelection ou quand il atteint l'âge de 60 ans.

ARTICLE 39.

Les conseillers nouvellement élus prendront possession du siège le premier jour férié qui suit celui de l'élection et cesseront leurs fonctions après deux ans d'exercice. Ceux qui, avant l'expiration du terme, meurent ou deviennent incapables, sont remplacés par les suppléants dans l'ordre de leur nomination. Les suppléants achèveront les mandats des membres qu'ils remplacent et la sup-

---

ARTÍCULO 37.

A el Sindicato corresponde principalmente velar por el complimiento de estas Ordenanzas y por los intereses de la Comunidad de propietarios de las dos Secciones de agua de la Acequia Mayor y agua de Marchena en todos aquellos asuntos que sean de la competencia de la Junta general de Ambas acequias.

ARTÍCULO 38.

El cargo de Sindico es honorífico, gratuito y obligatorio; pero podrá renunciarse en caso de reelección ó cuando el designado sea mayor de sesenta años.

ARTÍCULO 39.

Los Vocales que resulten elegidos tomarán posesión en el primer día festivo inmediato á el de su elección y cesarán á los dos años de ejercicio. Si antes de esta época fallecieren ó se incapacitasen, les sustituirán los suplentes por el orden con que fueron nombrados; pero solo por el tiempo que á aquéllos les faltara de

pléance ne s'étend pas aux charges spéciales occupées dans le Syndicat.

ARTICLE 40.

Pour être conseiller du Syndicat, il faut :

1. Être majeur ;

2. Savoir lire et écrire ;

3. Être domicilié et résider habituellement à Elche ;

4. Ne pas être poursuivi au criminel ni être débiteur à la caisse de la communauté ou de la section ;

5. Jouir de tous ses droits civils, de ceux qui se rapportent à la communauté et posséder ou représenter légalement la participation indiquée à l'art. 34.

ARTICLE 41.

Tout conseiller qui, au cours de son mandat de deux ans, cesserait de remplir une de ces conditions, sera aussitôt déclaré incapable et démissionnaire.

---

ejercicio, y sin que por esto desempeñen los cargos que dentro del Sindicato aquéllos ejercieran.

ARTÍCULO 40.

Para ser Vocal del Sindicato es necesario :

1. Ser mayor de edad.

2. Saber leer y escribir.

3. Ser vecino ó residir habitualmente en la ciudad ó término de Elche.

4. No estar procesado criminalmente ni ser deudor á los fondos de la Comunidad ó de la Sección.

5. Hallarse en el pleno goce de los derechos civiles, en los correspondientes á la Comunidad y tener ó representar legalmente la participación de agua señalada en el art. 34.

ARTÍCULO 41.

Si perdiesen durante los dos años de ejercicio alguna de estas condiciones quedarán incapacitados é inmediatamente cesarán en sus funciones.

ARTICLE 42.

Le Syndicat se réunira sur convocation du Président de la communauté ou sur la demande de deux membres du Syndicat.

ARTICLE 43.

En dehors des cas où l'intérêt général est en jeu, les deux sections, sous la dénomination de Junta directrice du canal Mayor et Junta directrice du canal de Marchena délibéreront séparément sur tous les points qui ont trait à l'administration et aux intérêts privés de chacune d'elles.

ARTICLE 44.

Les attributions des président, conseiller et secrétaire, le mode de convocation, les formalités relatives aux réunions, sont les mêmes que pour le Syndicat.

ARTÍCULO 42.

El Sindicato celebrará reuniones cuando sea convocado por el Presidente de la Comunidad ó soliciten la reunión dos individuos ó Vocales del mismo Sindicato.

ARTÍCULO 43.

Fuera de los casos de interés general las dos Secciones con la denominación de Junta directiva de la Acequia Mayor y Junta directiva de la Acequia de Marchena obrarán independientemente en todo cuanto se refiera á el gobierno é intereses privativos de cada una de ellas.

ARTÍCULO 44.

Las atribuciones del Presidente, Vocales y Secretario, la manera de convocarlo y las formalidades para la celebración de sus sesiones, son las mismas establecidas para las Juntas de la directiva.

CHAPITRE IV.

De la Junta directrice du canal Mayor.

ARTICLE 45.

La section dite Eau du canal Mayor sera administrée par une Junta (Conseil) directrice composée du régisseur syndic et des neuf personnes qui représentent cette section dans le Syndicat de la communauté.

ARTICLE 46.

Les président et vice-président du Syndicat rempliront les mêmes fonctions dans la Junta du canal Mayor.

ARTICLE 47.

Au moment de se constituer, la Junta directrice nommera dans son sein celui des propriétaires qui remplira les fonctions de conseiller commissaire du canal.

CAPÍTULO IV.

De la Junta directiva de la Acequia Mayor.

ARTÍCULO 45.

La Sección denominada agua de la Acequia Mayor estará á cargo de una Junta directiva formada por los nueve individuos de esta Sección y el Regidor Sindico, que son en representación de la misma Vocales del Sindicato de la Comunidad.

ARTÍCULO 46.

El Presidente y Vice-presidente del Sindicato desempeñará estos mismos cargos en la Junta directiva de la Acequia Mayor.

ARTÍCULO 47.

Al tiempo de constituirse la Junta directiva nombrará de entre sus individuos propietarios el que haya de desempeñar el cargo de Vocal Comisario de la Acequia.

ARTICLE 48.

A cette même première réunion on tirera au sort l'ordre dans lequel les conseillers, à tour de rôle, feront leur semaine au local de la répartition des eaux et présideront l'opération.

ARTICLE 49.

La Junta prend ses décisions à la majorité des votants, la voix du président étant prépondérante; en cas de parité, ces décisions ne seront valables que si la majorité des membres sont présents et si les procès-verbaux sont signés par tous les présents.

Dans une seconde réunion pour le même objet, les résolutions se prennent, quel que soit le nombre des présents.

ARTICLE 50.

Le régisseur syndic assiste aux réunions avec voix consultative et délibérative, mais il ne peut être ni président, ni vice-président, ni commissaire.

ARTÍCULO 48.

Tambien en esta primera reunión se determinará por sorteo el turno semanal que hayan de guardar los Vocales para asistir á el local del reparto de las aguas y presidir el acto.

ARTÍCULO 49.

Para tomar acuerdos la Junta directiva, deberán reunirse la mayoria de sus individuos tomándose aquéllos por mayoria y suscribiendo las actas todos los Vocales que concurran. En caso de haber empate el voto del Presidente será decisivo.

En las segundas reuniones se tomarán acuerdos sea cual fuere el número de Vocales que asistan.

ARTÍCULO 50.

El Regidor Sindico tendrá en las reuniones de la Junta directiva voz y voto como los Vocales y propietarios; pero no podrá ejercer los cargos de Presidente, Vice-presidente ni Comisario.

Article 51.

Le secrétaire y assiste également sans prendre part aux discussions ni aux votes; il rédige les procès-verbaux et consigne les résolutions prises.

Article 52.

Les convocations aux séances sont faites par le président, par bulletins signés de lui et du secrétaire, indiquant l'objet de la réunion et adressés à tous les conseillers au moins un jour d'avance.

Exceptionnellement et pour une affaire urgente, le président peut convoquer à plus court délai, à sa discrétion.

Article 53.

Dans ces réunions de la Junta, le président dirigera les discussions avec prudence, les déclarant terminées d'accord avec la majorité.

Artículo 51.

El Secretario asistirá sin voz ni voto á las reuniones que celebre la Directiva, levantará acta de las sesiones y certificará de los acuerdos que en ellos se tomen.

Artículo 52.

Todos los Vocales de la Junta directiva deberán ser convocados á reunión por el Presidente, con un dia de anticipación cuando menos, y con papeleta autorizada por el Presidente y Secretario, en la que se expresará el asunto de la convocatoria.

En casos escepcionales, y cuando lo perentorio del asunto lo exija, podrá dispensarse aquel plazo y redurcirse á otro más breve á juicio del Presidente.

Artículo 53.

En las sesiones que celebre la Directiva, dirigirá el Presidente

Article 54.

Il incombe à la Junta directrice du canal Mayor de :

1. Exécuter les résolutions prises par l'assemblée générale de la section ;

2. Convoquer les propriétaires en assemblée toutes les fois qu'elle le juge nécessaire ;

3. Administrer les propriétés, terrains et tous intérêts de sa dépendance exclusive ;

4. Ordonner les curages et réparations courantes que les fossés et les ouvrages exigent ;

5. Suspendre les employés (trésorier, secrétaire-comptable, contrôleur, commis, surveillant et gardes) qui, dans l'exercice de leur charge, se comporteraient de façon à rendre pareille mesure nécessaire. La suspension sera soumise, dans le plus bref délai possible, à l'assemblée générale :

---

la discusión de una manera prudencial, dándola por terminada cuando la mayoria lo acuerde.

Articulo 51.

Corresponde á la Junta directiva de la Acequia Mayor :

1. Ejecutar los acuerdos tomados en la Junta general de propietarios de esta Sección.

2. Convocarlos á Junta general en todos aquellos casos que se crea necesario dada la importancia de los asuntos.

3. Administrar las propiedades, terrenos y demás asuntos de su exclusiva dependencia.

4. Acordar la limpieza y reparos ordinarios que las obras ó los cauces necesiten.

5. Suspender de empleo y sueldo á el Depositario, Secretario-Contralibro, Fiel, Ayudantes, Sobreacequiero, Pantanero y Guardas, cuando por su mal comportamiento en el ejercicio de su cargo hagan necesaria aquella medida ; pero sometiéndola á la mayor brevedad á la Junta general.

6. Nommer des remplaçants intérimaires aux employés ainsi suspendus, jusqu'à ce que l'assemblée ait prononcé ;

7. Autoriser les travaux et les dépenses non prévus au budget, lorsque le montant ne dépasse pas 1,000 pesetas ;

8. Fixer le nombre de jours de vente d'eau de la section pour couvrir les dépenses ordinaires ;

9. Autoriser les paiements au personnel et les achats de matériel, dans les limites du budget ;

10. Faire rapport sur toutes les demandes adressées à l'assemblée générale de la section ;

11. Autoriser la levée et la baisse de la vanne du Pantano dans les limites et avec les formalités établies ;

12. Défendre les intérêts des propriétaires de la section devant les tribunaux et autres pouvoirs officiels ;

13. Dresser les budgets et les soumettre à l'assemblée générale ordinaire ;

---

6. Nombrar interinamente, en el caso de una suspensión, y hasta que se haya tomado acuerdo en la Junta general, las personas que desempeñen los cargos.

7. Acordar las obras nuevas y los gastos no presupuestados siempre que su coste no exceda de mil pesetas.

8. Señalar el número de dias que hayan de venderse agua de la Sección para atender á los gastos ordinarios.

9. Acordar los pagos del personal y material dentro de límites de los respectivos presupuestos.

10. Informar todas las solicitudes que se dirijan á la Junta general de esta Sección.

11. Acordar la subida y bajada de la paleta del Pantano con las limitaciones y formalidades establecidas.

12. Representar en los Tribunales y demás dependencias oficiales los intereses de los propietarios de esta Sección.

13. Formar los presupuestos para el año inmediato que hayan de ser presentados á la Junta general ordinaria.

14. Proposer à l'assemblée toutes les réformes et résolutions qu'elle juge convenir au régime et aux intérêts de l'entreprise ;

15. Approuver les comptes mensuels et annuels présentés par le dépositaire.

CHAPITRE V.

Du Président.

ARTICLE 55.

Il appartient au président et, à son défaut, au vice-président, de :

1. Convoquer et présider les assemblées générales de la communauté, c'est-à-dire des propriétaires de deux sections ;

2. Convoquer et présider les séances du Syndicat.

3. Convoquer et présider les assemblées générales des propriétaires du canal Mayor.

---

14. Proponer á la Junta general todas las reformas y resoluciones que estime convenientes á el régimen é intereses de este ramo.

15. Aprobar mensualmente las cuentas presentadas por el Depositario y las generales al terminar el año.

CAPÍTULO V.

Del Presidente.

ARTÍCULO 55.

Corresponde á el Presidente y en su defecto al Vice-presidente :

1. Convocar y presidir las Juntas generales de la Comunidad ó sea de los propietarios de Ambas acequias.

2. Convocar y presidir las Juntas del Sindicato.

3. Convocar y presidir las Juntas generales de propietarios de la Acequia Mayor cuando se reuna esta Sección.

4. Convoquer et présider les réunions mensuelles ordinaires de la Junta et les réunions extraordinaires qu'il serait nécessaire de tenir ;

5. Exécuter et faire exécuter les lois, règlements et autres prescriptions du gouvernement relatifs aux intérêts de la communauté ou de la section et spécialement les lois et règlements en vigueur sur l'usage des eaux, ainsi que les dispositious contenues dans ces Ordonnances ;

6. Veiller à ce que tous les employés de la communauté ou de la section remplissent ponctuellement leurs obligations ;

7. Présider, avec l'assistance du Syndicat ou de la Junta de cette section, les adjudications pour travaux, curages, etc., ou bien pour locations, ventes et autres contrats qui touchent aux intérêts des propriétaires ;

8. Veiller à la conservation des travaux, propriétés et dépendances des sections ;

9. Correspondre avec les autorités administratives ou

---

4. Convocar y presidir las Juntas mensuales ordinarias de la Directiva y las extraordinarias que sea necesario celebrar.

5. Ejecutar y hacer ejecutar las Leyes, Reglementos y demás disposiciones del gobierno relativas á intereses de la Comunidad ó de la Sección y en especial las Leyes y Reglamentos vigentes en materia de aguas, así como también las disposiciones contenidas en estas Ordenanzas.

6. Vigilar el buen desempeño de sus obligaciones por todos los empleados de la Comunidad ó de la Sección.

7. Presidir con asistencia del Sindicato ó la Directiva de esta Sección las subastas que se celebren para obras, limpias, etc., ó bien para hacer arrendamientos, ventas ú otros contratos que sean de interés para aquellas.

8. Atender á la conservacion de las obras, propiedades y dependencias de las mismas.

9. Corresponder con las Autoridades administrativas ó judi-

judiciaires, avec toute corporation ou tout particulier, lorsqu'il est nécessaire de le faire en vue de sauvegarder les intérêts ou de remplir les obligations des sections ;

10. Dénoncer aux tribunaux ou aux autorités compétentes les fautes et délits commis en matière de leur ressort ;

11. Signer les convocations, les actes, les pièces officielles, les bons à payer, les déclarations et autres documents que les divers services expédient ;

12. Exécuter ou faire exécuter toutes les décisions prises par la communauté, les syndicats, la section du canal Mayor ou la Junta, ainsi que les jugements prononcés par le Jury.

Article 56.

En cas d'absence, de maladie ou d'incompatibilité, le président est remplacé par le vice-président. En tout autre cas, ce dernier a les mêmes attributions que les conseillers.

---

ciales y con cualquier otra corporación ó particular, siempre que fuese necesario para ordenar intereses del ramo ó dar cumplimiento á sus obligaciones.

10. Denunciar á los Tribunales ó Autoridades competentes los delitos ó faltas cometidas en materia de su cargo.

11. Autorizar con su firma todas las convocatorias, actas, oficios, libramientos, certificaciones y demás documentos que las diversas dependencias expidan.

12. Ejecutar ó hacer ejecutar todos los acuerdos tomados por la Comunidad, el Sindicato, la Sección de la Acequia Mayor, ó de su Directiva, cuando así lo determinen, como tambien los fallos del Jurado.

Artículo 56.

En caso de ausencia, enfermedad ó incompatibilidad del Presidente, hará sus veces el Vice-presidente. Fuera de estos casos el Vice-presidente solo tendrá las attribuciones de los Vocales.

CHAPITRE VI.

Des Conseillers.

ARTICLE 57.

Les conseillers de la Junta directrice du canal Mayor, et à leur défaut les suppléants, devront :

1. Assister à toutes les assemblées générales que tiendra la communauté ou la section pour donner des renseignements sur les questions qui y seront discutées ou pour donner, aux propriétaires qui le demandent, tous détails et explications ;

2. Assister régulièrement aux réunions du Syndicat ou de la Junta, ou justifier leur absence anticipativement au président.

3. Veiller à l'exécution et à la stricte application du règlement, tenir la main à ce que les divers employés remplissent exactement leurs obligations ;

CAPÍTULO VI

De los Vocales.

ARTÍCULO 57.

Las Vocales de la Junta directiva de la Acequia Mayor, y los suplentes en su caso, deberán :

1. Concurrir á todas las Juntas generales que celebre la Comunidad ó la Sección para informar las cuestiones y materias que se discutan y dar cuantas explicaciones ó antecedentes los propietarios les pidan.

2. Concurrir puntualmente á las reuniones del Sindicato ó de la Directiva dando cuenta anticipadamente á el Presidente si tuviera una causa justa para dejar de asistir á la reunión.

3. Velar por la ejecución y fiel observancia del Reglamento y por el exacto cumplimiento de sus obligaciones de los diferentes empleados.

4. Se trouver régulièrement en observant le tour indiqué, au local de la répartition journalière des eaux, présider l'opération, faire respecter les Ordonnances, résoudre les points douteux et les questions qui y sont soulevés, maintenir l'ordre dans le local ;

5. Faire connaître au président les infractions au règlement et les abus qui seraient commis dans la répartition et la vente des eaux ;

6. Faire toutes les propositions qui leur paraissent convenir aux intérêts de la communauté ou de la section.

Article 58.

Le régisseur syndic ne présidera pas les enchéres. Pour le reste, il jouira des attributions des autres conseillers.

Article 59.

Deux conseillers, jugeant que certaines affaires l'exigent,

---

4. Asistir puntualmente, y por el turno señalado, á el local del reparto diario del agua para presidir el acto, hacer complir las Ordenanzas, resolver las dudas y cuestiones que se originen, y mantener el orden dentro del local.

5. Dar conocimiento á el Presidente de las infracciones del Reglamento ó de los abusos que se cometan en el acto del reparto y la venta.

6. Proponer cuantos acuerdos juzguen convenientes para los intereses de la Comunidad ó de la Sección.

Artículo 58.

El Regidor Síndico no presidirá el reparto del agua; pero fuera de este caso tendrá las atribuciones de los demás Vocales.

Artículo 59.

Dos Vocales tienen derecho á solicitar, por escrito, del Presi-

ont le droit de demander par écrit au président la convocation de la Junta. Le président est tenu de donner suite à la demande en respectant les délais de l'article 52 et sans pouvoir retarder de plus de huit jours la convocation des Juntas comme des assemblées générales.

CHAPITRE VII.

Du Conseiller Commissaire.

Article 60.

En plus des devoirs imposés aux conseillers, le membre qui remplit la charge de commissaire du canal Mayor aura pour obligation de :

1. Surveiller dans l'accomplissement de leur tâche les préposés au service du canal et du réservoir et les gardes;

2. Faire de fréquentes tournées d'inspection au canal, aux répartiteurs, aux ouvrages divers, aux sources, au réservoir, etc. ;

---

dente, la reunión de la Junta directiva, cuando á juicio de aquéllos haya asuntos que lo exijan; y el Presidente tendrá obligación de celebrar la reunión en los plazos señalados en el art. 52, y sin que pueda diferir ni en estas, ni en las Generales, la convocatoria por más de ocho días.

CAPÍTULO VII

Del Vocal Comisario.

Artículo 60.

Además de los deberes que el cargo de Vocal impone á el individuo de la Junta encargado del desempeño de la Comisaría de la Acequia Mayor, por la especialidad de su cometido, deberá :

1. Vigilar constantemente la conducta del Sobreacequiero, Pantanero y Guardas en el desempeño de sus respectivos cargos.

2. Girar frecuentes visitas para inspeccionar la Acequia, Partidores, Obras, Pantano, Manantiales, etc.

3. Proposer à la Junta ou au Sydicat les réparations, les travaux, les réformes, tout ce qu'il juge utile à la conservation, à l'augmentation, et à une meilleure distribution du volume d'eau et aux biens de la communauté ou section;

4. Inspecter les curages et les travaux en cours aux sources, canaux et réservoir, et dresser les budgets nécessaires;

5. Transmettre au président toutes les nouvelles qui lui sont communiquées par le personnel subalterne sous ses ordres immédiats, chaque fois que la gravité de l'événement le demande;

6. Conserver, sous sa responsabilité, la clef de la vanne du réservoir;

7. Proposer à la Junta, s'il y a lieu, le renvoi des employés subalternes en indiquant les motifs;

8. Déterminer les jours où il faudra vendre l'eau pour subvenir aux besoins du canal.

---

3. Proponer á la Directiva ó á el Sindicato los reparos, obras, reformas, y todo cuanto juzgue conveniente para la conservación, aumento y justa distribución del caudal de las aguas y de los bienes de la Comunidad ó Sección.

4. Inspeccionar las limpias y trabajos que se hagan en los Manantiales, Acequias y Pantano formando los presupuestos necesarios.

5. Participar á el Presidente todas cuantas noticiasle sean comunicadas por el personal subalterno que está á sus immediatas órdenes, siempre que la gravedad del asunto lo requiera.

6. Conservar bajo su responsabilidad la llave de lo paleta del Pantano.

7. Proponer á la Directiva la separación de dependientes subalternos y manifestar las causas que motivan aquella resolución.

8. Determinar los días en que se haya de vender el agua para atender á los gastos de la Acequia.

9. Munir de son visa les comptes, factures et autres documents émanant du bureau du dépositaire.

CHAPITRE VIII.

Les commissions extraordinaires.

ARTICLE 61.

Une assemblée générale quelconque de propriétaires pourra nommer des commissions extraordinaires si elle le juge à propos et pour les cas suivants :

1. Examen de comptes, documents ou actes concernant la communauté, le Syndicat, les sections ou ceux qui en dépendent ;

2. Étude de projets, de travaux, de modifications, améliorations, etc., qui intéressent les propriétaires des eaux ;

3. Examen des affaires litigieuses qui touchent à la communauté ou aux sections ;

4. Accomplissement de quelque gestion dans les bureaux.

---

9. Poner el « Intervine » á los Libramientos, Cargaremes, y demás documentos que expida la Depositaría.

CAPÍTULO VIII.

De las Comisiones extraordinarias.

ARTÍCULO 61.

En cualquiera de las Juntas generales de propietarios podrán nombrarse Comisiones extraordinarias siempre que se juzgue conveniente y para los casos siguientes :

1. Exámen de cuentas, documentos ó actos concernientes á la Comunidad, Sindicato, Secciones ó dependientes de la misma.

2. Estudios de proyectos de obras, reformas, mejoras, etcétera, que interesen á los propietarios de las aguas.

3. Exámen de asuntos litigiosos concernientes á la Comunidad ó Sección.

les dépendances officielles, etc., lorsqu'il ne paraît pas opportun de confier la mission au Syndicat ou aux Juntas.

ARTICLE 62.

Ces commissions pourront être composées de proprié- taires d'eau ou de personnes étrangères à la communauté, lorsque l'affaire qui leur est soumise requiert des connais- sances spéciales. L'acceptation du mandat n'est pas obli- gatoire et celui-ci ne procure ni émoluments, ni grati- fications, à moins que l'assemblée générale n'en décide autrement au moment de faire les nominations.

ARTICLE 63.

Selon les cas, ces commissions fonctionneront d'une manière indépendante ou bien elles aideront le Syndicat ou les Juntas directrices; ceux-ci leur prêteront tout leur appui et leur faciliteront les moyens et documents néces-

---

1. Desempeñar cualquier gestión en oficinas, dependencias ofi- ciales, etc., cuando no se crea oportuno que el Sindicato ó las Directivas lo realizen.

ARTÍCULO 62.

Estas Comisiones podrán componerse de propietarios de agua, ó bien de personas extrañas á la Comunidad, cuando el asunto que se les cometa requiera conocimientos especiales ; pero no es obliga- toria la aceptación ni desempeño de estos cargos, ni dá opción á sueldos, gratificaciones ó dietas, salvo acuerdo en contrario tomado en la General al tiempo de hacerse el nombramiento.

ARTÍCULO 63.

Segun los casos, estas Comisiones obrarán con independencia ó auxiliarán ó asesorarán á el Sindicato ó á las Juntas directivas. Se les prestará por éstas el apoyo necesario y les facilitarán los medios y antecedentes que propongan, atendiendo todos á las

saires, le tout conformément aux instructions et facultés convenues au moment de la nomination.

CHAPITRE IX.

Du Trésorier.

ARTICLE 64.

La garde des fonds de la communauté ou de la section du canal Mayor sera confiée aux soins de l'assemblée générale de cette section, qui élira un Trésorier réunissant les conditions suivantes :

1. Avoir la majorité de 25 ans, être citoyen de cette ville et y demeurer ;

2. Ne pas être poursuivi au criminel et être en pleine jouissance de ses droits civils ;

3. Ne pas être débiteur à la caisse des deux sections,

---

instrucciones y facultades que se les concedan al tiempo de acordarse el nombramiento.

CAPÍTULO IX.

Del Depositario.

ARTÍCULO 64.

El cargo de Depositario de los fondos de la Comunidad ó de la Acequia Mayor habrá de hacerlo la Junta general de esta Sección y recaer la elección en persona que reuna las circunstancias siguientes :

1. Ser vecino y residente en esta ciudad y mayor de 25 años.

2. No estar procesado criminalmente y encontrarse en el pleno goce de los derechos civiles.

3. No ser deudor bajo ningun concepto á los fondos de las dos Secciones, ni tener con las mismas litigios ni contratos.

ous aucun prétexte et n'avoir avec elles aucun contrat ni litige ;

4. Être propriétaire au moins de deux parts (*cuartas*) d'eau de Huertos ou de Dula ;

5. Posséder la moralité, les aptitudes et les connaissances de comptabilité suffisantes pour bien remplir sa charge ;

6. Fournir, avant d'entrer en fonctions, la caution jugée suffisante par la Junta directrice, et conformément à ce que l'assemblée générale aura prescrit.

ARTICLE 65.

Le Trésorier restera en fonctions sans pouvoir être destitué, aussi longtemps qu'il donnera satisfaction à la Junta et aux propriétaires et que sa conduite ne donnera pas lieu à des réclamations fondées, sous le rapport de la moralité ou de la compétence dans l'accomplissement de ses devoirs.

---

4. Tener por lo menos en propiedad dos Cuartas de agua de Huertos ó de Dula.

5. Tener la moralidad, aptitud y nociones de contabilidad suficientes para el ejercicio del cargo.

6. Prestar la correspondiente fianza que aceptará la Junta directiva cuando la conceptúe bastante y conforme con lo acordado por la Junta general, antes de tomar posesión del cargo.

ARTÍCULO 65.

El Depositario no cesará en el ejercicio de su cargo, ni podrá ser removido del mismo, siempre que lo ejerza á satisfacción de la Junta directiva y propietarios, y su conducta no sea desaprobada por su falta de moralidad ó de pericia en el desempeño de sus deberes.

ARTÍCULO 66.

No es obligatorio el ejercicio de este cargo y estará retribuido

Article 66.

Les fonctions de Trésorier ne sont pas obligatoires; elles seront rétribuées par des émoluments dont le taux est fixé par l'assemblée générale sur la proposition de la Junta.

Article 67.

Les obligations du Trésorier découlent de la garde des fonds de la communauté ou du canal Mayor, du maniement de ces fonds et de la comptabilité. Il incombe dès lors à cet agent de :

1. Assister journellement à la vente de l'eau, au local de la répartition, pour prendre note des répartiteurs, de la quantité d'eau, des acheteurs, du prix, etc., et pour recevoir séance tenante les sommes qui sont payées de ce chef;

2. Recueillir le montant des rentes et autres rentrées de la communauté ou de la section ;

3. Encaisser les taxes résultant des répartitions votées

---

con el sueldo ó emolumentos que designe la Junta general á propuesta de la Junta directiva.

Artículo 67.

Las obligaciones del Depositario se contraen á la custodia de los caudales de la Comunidad ó de la Acequia Mayor y á su manejo y contabilidad y por consiguiente le corresponde :

1. Asistir diariamente á el acto de la venta del agua, en el local del Reparto, tomando nota de los partidores, cantidad de agua, compradores, precio, etc.; haciéndose cargo en el acto de las cantidades que ingresen por tal concepto.

2. Recaudar las rentas y demás productos de la Comunidad ó de la Sección.

3. Recaudar las cuotas aprobadas en los repartos que acuerde la Junta general y las multas ó indemnizaciones impuestas por el Juzgado ó que por otro concepto cualquiera corresponden á la Comunidad ó Sección.

par l'assemblée générale, les amendes et indemnités imposées par le jury ou provenant de tout autre source en faveur de la communauté ou section ;

4. Payer les dividendes et les comptes dûment justifiés et autorisés par la Junta ou par le Président et le Conseiller-Commissaire ;

5. Dresser mensuellement et annuellement le compte des recettes et dépenses du canal et le soumettre à l'approbation de la Junta et finalement à celle de l'assemblée des propriétaires ;

6. Après l'approbation des comptes, dresser la liquidation et réclamer du canal de Marchena la part qui lui incombe dans les frais, selon les accords en vigueur.

ARTICLE 68.

Le Trésorier tiendra tous les livres comptables, les registres, les carnets à souches et autres dans la forme et suivant les modèles que la Junta désignera. Il devra pro-

---

4. Pagar los dividendos activos y los libramientos nominales, ó cuentas justificadas, debidamente autorizadas por la Junta ó por el Presidente y Vocal Comisario.

5. Formar mensual y anualmente la cuenta de los ingresos y gastos de la Acequia para su aprobación por la Directiva y de la General de propietarios en definitiva.

6. Formar, aprobadas que sean las cuentas, la liquidación correspondiente, para que la Acequia de Marchena satisfaga la parte de gastos que le corresponda con arreglo á las concordias vigentes.

ARTÍCULO 68.

El Depositorio llevará todos los libros de contabilidad, registros, talonarios y demás documentación con arreglo á los modelos y en la forma que señale la Junta directiva, debiendo presentarlos y tenerlos á disposición de la misma, con todos los justificantes que conserve en su poder, siempre que se le pidan.

duire ces livres avec toutes les pièces justificatives, chaque fois que la Junta les demandera.

ARTICLE 69.

Le Trésorier sera responsable de tous les fonds qui lui seront confiés et des payements qu'il effectuerait sans les formalités requises.

ARTICLE 70.

Le Trésorier pourra demander que la Junta se réunisse quand les fonds disponibles seront insuffisants pour faire face aux engagements ; il se présentera à la Junta chaque fois qu'il en sera requis, pour fournir tous renseignements sur les affaires de son ressort; il exécutera les ordres de la Junta, dans les limites de ses fonctions, pour tout ce qui concerne les intérêts de la communauté ou de la section.

ARTÍCULO 69.

El Depositario será responsable de todos los fondos que ingresen en su poder y de los pagos que verifique sin las formalidades debidas.

ARTÍCULO 70.

El Depositario podrá pedir la reunión de la Junta directiva cuando carezca de fondos para atender á las obligaciones pendientes, acudirá siempre que ésta le llame para que le informe sobre asuntos de su cargo y desempeñará cuanto ésta le ordene y tenga relación con los intereses de la Comunidad ó Sección y los deberes de su destino.

CHAPITRE X.

Du Secrétaire-Comptable.

ARTICLE 71.

La charge de secrétaire-comptable sera confiée à une personne réunissant les conditions et offrant les garanties stipulées aux articles 64 et 65 pour le trésorier, l'obligation de fournir caution exceptée. Cet employé jouira d'un traitement fixé par l'assemblée générale, sur la proposition de la Junta.

ARTICLE 72.

Le Syndicat ou la Junta, suivant le cas, lui remettra, moyennant inventaire, le livre de la propriété de l'eau, les archives, les livres de comptes et tous documents se référant à la communauté ou à la section.

CAPÍTULO X.

Del Secretario-Contralibro.

ARTÍCULO 71.

El cargo de Secretario-Contralibro será desempeñado por persona que reuna las condiciones y ofrezca las garantías señaladas en los artículos 64 y 65 para el Depositario, salvo la obligación de prestar fianza, y gozará del sueldo que se le señale por la General á propuesta de la Directiva.

ARTÍCULO 72.

El Sindicato, ó la Junta directiva, en su caso, al darle posesión, le hará entrega, mediante inventario, del Libro de la Propiedad del Agua, Archivo, libros y cuanta documentación corresponde á la Comunidad ó Sección.

Article 73.

Les attributions du secrétaire-comptable sont :

1. Rédiger dans les registres *ad hoc* et signer les procès-verbaux des séances de la communauté, des propriétaires du canal Mayor, du Syndicat et de la Junta de cette section ;

2. Inscrire au registre correspondant toutes les décisions prises au sujet des règlements ;

3. Signer avec le Président les convocations, ordonnances et tous documents émanant de ce dernier ou des collectivités ;

4. Dresser les budgets ordinaires et extraordinaires, ainsi que les rapports à soumettre à l'assemblée générale ;

5. Conserver aux archives, sous sa responsabilité, tous les documents appartenant à la communauté ou à la section, les comptes approuvés, les sceaux, *patrones*, *barras*, plans, études, etc., qui ont un intérêt pour ces collectivités;

Articulo 73.

Corresponde á el Secretario-Contralibro :

1. Extender en los correspondientes libros que llevará á el efecto y autorizará con su firma, las actas de las sesiones que celebre la Comunidad, los propietarios de la Acequia Mayor, el Sindicato y la Directiva de aquella Sección.

2. Anotar en el libro correspondiente, los acuerdos todos que se tomen referentes á puntos reglamentarios de su competencia.

3. Autorizar con el Presidente las convocatorias, órdenes y demás documentos que emanen de éste ó aquéllas colectividades.

4. Redactar los presupuestos ordinarios y extraordinarios y las memorias que hayan de someterse á la Junta general.

5. Conservar en el Archivo, bajo su responsabilidad, todos los documentos pertenecientes á la Comunidad ó Sección, las cuentas aprobadas, y los sellos, patrones, barras, planos, estudios, etc., que sean de interés para las mismas.

6. Opérer dans le livre de propriété de l'eau confié à sa garde les mutations que demandent les propriétaires, sur le vu de documents authentiques ;

7. Prêter aide au Président dans tous les cas où celui-ci doit s'occuper de choses comptables ou faire des communications s'y rattachant ;

8. Dresser, au commencement de chaque année et avant l'assemblée ordinaire, la statistique des propriétaires de la communauté et de la section du canal Mayor, pour préciser ainsi les votes auxquels chacun à droit et prendre note des pouvoirs qui lui sont soumis pour représenter les absents aux assemblées ;

9. Être présent chaque jour au local de la répartition des eaux pour dresser le procès-verbal de la vente et de la répartition de l'eau du jour ; y constater les répartiteurs, les acheteurs, le prix et tous détails que la Junta aurait arrêtés ;

10. Tenir un livre-registre et faire les publications de

---

6. Hacer en el libro de la Propiedad del agua confiado á su custodia las correspondientes altas y bajas en virtud de los documentos públicos que en debida forma le exhiban los propietarios.

7. Auxiliar á el Presidente en todos aquellos casos en que deba ocuparse de asuntos y comunicaciones del ramo.

8. Formar al principio de cada año, y con anterioridad á l celebracion de la Junta general ordinaria, la estadística de los propietarios de la Comunidad y de la Sección de la Acequia Mayor para así poder precisar los votos que á cada uno de ellos correspondan, y tomar nota de los poderes que se le presenten para estar representados.

9. Asistir diariamente á el local del reparto del agua para levantar acta de la venta y reparto de la del Dia y hacer constar en ella los partidores, compradores del agua, precio y demás antecedentes que la Junta directiva acuerde.

10. Llevar un libro registro y hacer las publicaciones de la venta

la vente et de la répartition conformément au règlement ou aux décisions de la Junta directrice ;

11. A la fin de chaque livre, faire l'exposé général du partage du produit entre les propriétaires sur les bases arrêtées par la Junta.

CHAPITRE XI.

Du Contrôleur répartiteur.

ARTICLE 74.

Le contrôleur sera nommé également par l'assemblée générale des propriétaires. Autant que possible, la personne choisie sera elle-même propriétaire, tout en réunissant les aptitudes nécessaires pour remplir la charge.

ARTICLE 75.

Il jouira d'un traitement fixé par l'assemblée et ne pourra être destitué que pour un motif grave et dans la forme indiquée dans les chapitres précédents.

---

y reparto con arreglo á lo prescrito en este Reglamento ó lo que disponga la Directiva.

11. Extender al final de cada Libro el acta general del reparto del producto entre los propietarios con arreglo á lo que la Junta directiva acuerde.

CAPITULO XI.

Del Fiel Partidor.

ARTÍCULO 74.

El Fiel partidor será tambien nombrado por Junta general de propietarios debiendo recaer la elección á ser posible, en sujeto que además de la aptitud necesaria para el ejercicio del cargo, reuna la circonstancia de ser propietario del agua.

ARTÍCULO 75.

Disfrutará el sueldo que la Junta general señale y no será des-

Article 76.

Les obligations du contrôleur sont les suivantes :

1. Conserver et garder les duplicata du Livre de propriété de l'eau et y faire les mutations que le Secrétaire-comptable lui renseigne ;

2. Être présent chaque jour à la répartition des eaux et veiller à ce que l'adjudication se fasse dans l'ordre prescrit, en respectant les règlements, les anciennes coutumes et toutes autres mesures prises à ce sujet ;

3. Donner les ordres nécessaires aux adjoints pour que, d'accord avec la répartition résultant de l'adjudication, ils ouvrent et ferment les répartiteurs aux heures voulues;

4. Signer le procès-verbal. que dresse chaque jour le secrétaire, de l'adjudication et de la répartition de l'eau.

Article 76bis.

L'assemblée générale du canal Mayor pourra nommer

---

tituido si no por justa causa y en la forma ya indicada en los capítulos anteriores.

Articulo 76.

El Fiel partidor tiene las obligaciones siguientes :

1. Conservar y custodiar el duplicado del Libro de la Propiedad del agua, haciendo con él las altas y bajas que el Secretario-Contralibro le participe.

2. Asistir diariamente á el local del reparto de las aguas para ordenarlo á medida que se vaya haciendo la subasta ; cuidando que se observen las disposiciones reglamentarias, costumbres antiguas y cuantas medidas se acuerden sobre este asunto.

3. Dar las órdenes necesarias á los Ayudantes para que con arreglo á el reparto que resulte atendiendo la subasta, abran éstos los partidores, ó los cierren, á las horas y por el turno que sea necesario.

4. A firmar el acta del reparto y subasta diaria del agua que corresponde levantar á el Secretario.

un ou deux adjoints au contrôleur pour l'assister, sous sa surveillance, dans une partie de ses attributions et le remplacer dans certains cas déterminés.

ARTICLE 77.

Sous ce rapport les adjoints devront :

1. Concourir, à tour de rôle, à l'acte de répartition et de vente et tenir un journal de l'adjudication pour y inscrire les répartiteurs, l'eau achetée, le prix, l'acheteur et autres détails que le contrôleur croit nécessaires ;

2. Prendre, une fois l'adjudication terminée et la répartition arrêtée, les ordres du contrôleur quant à l'ordre à suivre et aux heures d'ouverture et de fermeture des répartiteurs ;

3. Conformément à ces ordres et instructions, ouvrir et fermer eux-mêmes les répartiteurs sous leur respon-

---

ARTÍCULO 76bis.

La Junta general de la Acequia Mayor podrá nombrar uno ó dos Ayudantes para que auxilien á el Fiel en el desempeño de su cargo, siempre bajo la vigilancia de éste, para que le ayuden en alguna de sus funciones, y le sustituyan en determinados casos.

ARTÍCULO 77.

Bajo este concepto los Ayudantes deberán :

1. Concurrir por turno á el acto del reparto y venta y llevar diariamente un registro de la subasta, en el que se anoten los partidores, agua comprada, precio, comprador y demás detalles que el Fiel considere necesarios.

2. Tomar órdenes del Fiel, despues de terminada la subasta y haberse hecho el reparto, para saber el turno y horas en que se han de abrir y cerrar los partidores.

3. Salir por sí mismos, y sin poder encomendarlo á otras personas, á abrir y cerrar los partidores, haciendo esta operación bajo

sabilité et avec défense de confier l'opération à d'autres personnes ;

4. Rendre compte immédiatement au commissaire et au Président de la Junta des irrégularités dans le service du canal et des détériorations aux ouvrages ou aux servitudes dépendant du canal.

CHAPITRE XII.

Du chef surveillant du canal, des surveillants du réservoir et des gardes.

ARTICLE 78.

L'assemblée générale du canal Mayor choisira pour occuper ces postes des personnes honnêtes, ayant les aptitudes physiques nécessaires et sachant lire et écrire. Elle fixera leurs appointements sur la proposition de la Junta.

---

su responsabilidad con arreglo á las instrucciones y órdenes que del Fiel reciban.

4. Dar cuenta inmediatamente á el Vocal Comisario y á el Presidente de la Directiva, de cuantas irregularidades observen en el servicio de la Acequia y los deterioros que noten en las obras ó en las servidumbres de la misma.

CAPITULO XII.

Del Sobre-acequiero, Pantaneros y Guardas.

ARTÍCULO 78.

La Junta general de propietarios de la Acequia Mayor designará para estos cargos á personas que á su honradez y aptitud física, añadan las circunstancias de saber leer y escribir. A propuesta de la Directiva y en la misma Junta se les señalarán los respectivos sueldos.

Article 79.

Tout ce personnel sera sous les ordres du conseiller-commissaire ; il fera les visites et les reconnaissances se rapportant au service des eaux, qui lui seront commandées.

Article 80.

Il portera les insignes et, avec la permission de l'autorité, les armes que la Junta indiquera. Aucun de ces agents ne sera privé de son emploi aussi longtemps qu'il remplira ses obligations avec ponctualité et fera preuve de zèle et d'habileté. En cas de négligence, la Junta pourra les suspendre et rendra compte de la mesure à l'assemblée.

Article 81.

Le chef surveillant devra :

1. Être présent chaque jour au local, à l'heure de la

Artículo 79.

Todo el personal comprendido en esta Sección estará á las órdenes inmediatas del Vocal Comisario y practicarán cuantos reconocimientos y visitas referentes á el ramo de aguas se les encomienden.

Artículo 80.

Usarán los distintivos, y con permiso de la Autoridad, las armas que la Directiva señale, y no serán separados del cargo mientras desempeñen con puntualidad las obligaciones señaladas á cada uno de ellos y demuestren celo y pericia en el servicio. La Junta directiva podrá suspenderles siempre que dieren motivo á esta medida y dará cuenta á la Junta general.

Artículo 81.

El Sobre-acequiero está obligado :

1. A asistir diariamente á la hora del reparto para tener conoci-

vente, pour prendre connaissance des répartiteurs que les adjoints doivent ouvrir ou fermer et accomplir les ordres que lui donnerait le conseiller de semaine ;

2. Dégager les vannes avant leur ouverture par les adjoints, au cas où ceux-ci ne pourraient le faire et arrêter les fuites d'eau après la fermeture ;

3. Vérifier fréquemment l'état des *Barras*, cadenas, *compancnes*, (?) etc... et en général, de tous les ouvrages du canal et rendre compte au commissaire de toutes les défectuosités observées et des réparations qui lui paraissent nécessaires ;

4. Parcourir au moins deux fois par jour la section du canal Mayor où se trouvent les répartiteurs ; maintenir propres et dégagés ceux qui sont ouverts ;

5. Surveiller les retenues des moulins et obliger les industriels à maintenir l'eau au niveau des déversoirs en les empêchant de moudre par coups d'eau en temps de sécheresse ;

---

miento de los partidores que han de abrir ó cerrar los Ayudantes y para desempeñar las comisiones que el Vocal de semana le encargue.

2. Á desembarazar los portones antes de que sean abiertos por los Ayudantes, si éstos no pudieran hacerlo por sí mismos, y á restañar las aguas despues que hayan sido cerradas.

3. A Examinar con frecuencia el estado de las barras, candados, compañones, etc., y en general todas las obras de la Accquia, dando cuenta á el Comisario de los desperfectos que observe y de las reparaciones que conceptúe necesarias.

4. A recorrer por lo menos dos veces á el dia la Sección de la Accquia Mayor en que están situados los partidores manteniendo limpios y desembarazados los que están abiertos.

5. Deberá vigilar los cubos de los molinos obligando á los industriales á que mantengan el agua á el nivel de los vertederos impidiendoles que muelan á cubadas ó represas en tiempo de escasez.

6. Dénoncer au commissaire les délits de police, les contraventions aux ordonnances que commettent les propriétaires, les industriels ou autres, dans l'emploi des eaux aux ouvrages et servitudes du canal et de ses embranchements.

ARTICLE 82.

Le garde-réservoir a pour obligation de :

1. Rester jour et nuit au réservoir pour veiller aux constructions et spécialement aux vannes de distribution et de décharge ;

2. Assister chaque matin à la répartition, à l'heure convenue, et inspecter le lit du canal Mayor, à l'aller comme au retour, du réservoir à la ville ;

3. Observer avec attention le volume d'eau entrant dans le réservoir, le niveau liquide dans celui-ci et à la vanne de sortie, pour rendre compte, avant la répartition au conseiller de semaine et au commissaire des irrégularités remarquées ;

---

6. Denunciar á el Vocal Comisario las faltas de policía, contravenciones á estas Ordenanzas, ó delitos, que los regantes, industriales ú otra cualquier persona cometan en el uso de las aguas ó en las obras y servidumbres de la Acequia Mayor y brazales..

ARTÍCULO 82.

Corresponden á el Pantanero :

1. Permanecer dia y noche en el Pantano custodiando sus obras y particularmente la paleta y compuerta de desagüe.

2. Revisar diariamente el cauce de la Acequia Mayor al venir é ir todas las mañanas desde el Pantano á la población para asistir á la hora del reparto.

3. Examinar con atención el caudal de aguas que entre en el Pantano, el nivel de las mismas dentro de él, y el de su salida por la paleta dando cuenta á el Vocal de semana antes del reparto, y al Comisario de las alteraciones que observarse.

4. Empêcher que les amateurs de pêche détournent une partie des eaux soit à l'entrée, soit à la sortie du réservoir;

5. Lever les grandes vannes et faire les manœuvres habituelles en cas d'averse, en vue de soulager le canal et de désensabler son lit.

ARTICLE 83.

L'assemblée générale du canal Mayor, et dans certaines circonstances extraordinaires la Junta, pourront nommer des gardes assermentés pour la surveillance de tous les fossés de la communauté et pour, d'accord avec le préposé au réservoir, inspecter les sources de Aspe et Novelda, assurer le libre cours des eaux, empêcher les fuites, les soustractions et tous autres abus. Ces agents rendront immédiatement compte au président et au commissaire de tous les incidents observés.

---

4. Impedir que á la entrada ó salida de las aguas en el Pantano se distraigan de su curso natural por los aficionados á la pesca.

5. Levantar los portones y hacer las maniobras de costumbre en casos de avenida para descargar la Acequia y desarenar su cauce.

ARTÍCULO 83.

La Junta general de la Acequia Mayor, y en circunstancias extraordinarias su Directiva, podrán nombrar Guardas jurados que vigilen todos los cauces de la Comunidad y que en unión del Pantanero recorran las fuentes de Aspe y Novelda, manteniendo expedito el curso de las aguas y evitando mermas, distracciones, ú otro cualquier abuso. De toda novedad que observaren, darán cuenta inmediatamente á el Presidente y Comisario.

CHAPITRE XIII.

De la vente et de la répartition des eaux.

ARTICLE 84.

Le volume d'eau qui sort du réservoir est divisé en 12 parties égales, nommées *Hilas* ou *Tallas*.

ARTICLE 85.

De ces 12 hilas, 9 correspondent au canal Mayor, 2 vont au répartiteur de Marchena et le restant à la communauté des habitants de Elche qui l'emploient pour leurs besoins et usages domestiques.

ARTICLE 86.

Les 9 tallas du canal Mayor se nomment *Hilas* ou *Hilos* doubles parce qu'elles ont une durée de 24 heures. Ces

---

CAPÍTULO XIII.

De la Venta y Reparto de las Aguas.

ARTÍCULO 84.

El caudal de agua que sale del Pantano se distribuye en doce partes iguales que se llaman hilas ó tallas.

ARTÍCULO 85.

Corresponden de estas doce hilas; nueve á la Acequia Mayor : dos á el partidor de Marchena y la restante á el común de vecinos de esta ciudad que la utilizan y consumen para sus necesidades y approvechamientos domésticos.

ARTÍCULO 86.

Las nueve tallas de la Acequia Mayor se denominan hilas ó hilos dobles, que son períodos de 24 horas de duración subdividiéndose

hilos subdivisent en *hilos* simples, c'est-à-dire en hilos de jour et hilos de nuit de 12 heures chacun.

ARTICLE 87.

Les hilos simples de jour ou de nuit se subdivisent en quarts (*cuartas*) ou fractions de 3 heures chacune.

ARTICLE 88.

Ces 9 tallas du **canal Mayor** peuvent passer et se distribuer par l'un quelconque des répartiteurs.

ARTICLE 89.

L'eau dite de *huertos* peut également couler par un répartiteur quelconque, sauf les exceptions qui seront indiquées après ; mais l'eau de *Dula* ne pourra irriguer que par le répartiteur de *Aladia* et les jours convenus pour chacune des Dulas.

---

cada una de ellas en hilos sencillos ó sean hilos de Noche é hilos de Día de doce horas cada úno de los dos.

ARTÍCULO 87.

Los hilos sencillos de Dia ó de Noche se subdividen en Cuartas ó sean fracciones de tres horas.

ARTÍCULO 88.

Estas nueve **tallas** de la Acequia Mayor pueden distribuirse y correr indistintamente por cualquiera de sus partidores.

ARTÍCULO 89.

La propiedad llamada agua de Huertos puede colocarse en cualquiera de los partidores, salvo las escepciones que se dirán ; pero la llamada de Dula solo podrá ser regada por el partidor de Aladia y en los días establecidos para cada una de las Dulas.

ARTICLE 90.

Chaque répartiteur a sa rigole propre, ses fossés de distribution et les terrains abornés qu'il irrigue. Par conséquent, les propriétaires sont obligés d'amener l'eau sur leurs terres par le répartiteur et la rigole qui correspondent. Il n'est permis de le faire autrement que dans des cas déterminés, sans causer préjudice à des tiers et en le déclarant publiquement au moment même de l'adjudication.

ARTICLE 91.

A la demande des enchérisseurs, les hilos peuvent être adjugés doubles ou triples dans les répartiteurs qui s'y prêtent.

ARTICLE 92.

Tous les répartiteurs fonctionneront indistinctement, mais on réservera nécessairement 3 hilos du canal Mayor

---

ARTÍCULO 90.

Cada partidor tiene su brazal de caja propio, las correspondientes acequias de distribución y los terrenos acotados que deben regar. Por consiguiente los regantes están obligados á conducir las aguas á sus tierras por el partidor y brazal respectivo, no pudiendo hacer lo contrario si no en los casos establecidos, no causando perjuicio á tercero y haciendo la advertencia pública en el mismo acto de la subasta.

ARTÍCULO 91.

En los partidores que lo consientan, los hilos pueden hacerse Dobles ó Triples si los postores así lo piden.

ARTÍCULO 92.

Indistintamente correrán todos los partidores : pero necesariamente, tres hilos de la Acequia Mayor habrán de regarse por los

pour les répartiteurs de *Almeida*, c'est-à-dire ceux situés en aval du moulin de Rabsamblanc.

ARTICLE 93.

Les 600 hilos simples dits de Huertos, combinés avec les 75 des Dulas, forment chaque jour depuis un temps immémorial, à raison de 18 hilos simples une *tandeo* (rotation) appelée *libro* (livre) de 37 jours 1/2. Cette fraction de 1/2 jour que laisse le premier libro s'ajoute à la même fraction du second pour faire un jour et ainsi le deuxième libro et tous les pairs sont de 38 jours; ils complètent la propriété entière.

ARTICLE 94.

Le jour ou la date du libro commence à 5 heures de relevée le jour de l'adjudication jusqu'à la même heure le jour suivant. Les 12 premières heures réalisent le hilo de nuit et les 12 suivantes le hilo de jour.

---

llamados de Almeida, ó sea los que están situados á la parte inferior del molino de Rabsamblanc.

ARTÍCULO 93.

Los 600 hilos sencillos de la propiedad llamados de Huertos combinados con los 75 de las Dulas forman á razón de 18 hilos sencillos cada día un tandeo denominado Libro desde tiempo immemorial de 37 y medio días. Esta fracción de medio diá que deja el Libro primero unida á su igual del segundo constituye el aumento de un diá y por lo tanto el Libro segundo y sucesivamente los pares son de 38 dias y completan la propiedad entera.

ARTÍCULO 94.

El dia ó fecha del Libro se cuenta desde las cinco de la tarde del dia de la subasta hasta igual hora del día inmediato. Las primeras doce horas forman el hilo de Noche y las doce restantes el hilo de Día.

Article 95.

Eu égard à la vitesse des eaux dans le canal Mayor, on compte l'heure d'entrée de 5 heures jusqu'au répartiteur du Real, 5. 1/2 jusque Nafis et 6 heures depuis Rabsamblanc.

Article 96.

Dans les répartiteurs de Carrell, Cuñera, Avall et tous autres disposés pour subdiviser les tallas, un acheteur ne pourra empêcher qu'un coadjudicataire achète l'eau d'un répartiteur voisin pour la réunir à l'eau du premier répartiteur et pour la diviser ensuite et la soutirer par la rigole non occupée.

Article 97.

Tous les jours, à 8 heures du matin, du 13 septembre au 3 mai et à 7 heures à partir du 3 mai, on vendra l'eau du

---

Artículo 95.

En atención à la velocidad con que corren las aguas por la Acequia Mayor se cuenta la hora de entrada de las cinco hasta el partidor del Real, la de las cinco y media hasta Nafis y la de las seis desde Rabsamblanc en adelante.

Artículo 96.

En los partidores de Carrell, Cuñera y Avall así como en cualquier otro que tenga obras à propósito para dividir las tallas no podrán impedir los compradores que un segundo rematante compre el agua de otro partidor inmediato, la reuna con la de aquél y luego la parta y la saque por el brazo del partidor que el primer postor no hubiera ocupado.

Artículo 97.

Todos los días à las ocho de la mañana desde el dia 13 de Septiembre en adelante ; y à las siete de la mañana desde el 3 de Mayo,

Pantano, celle appelée de Huertos, au local de la répartition qui appartient à la communauté.

Article 98.

La vente aura lieu aux enchères sous la présidence d'un conseiller propriétaire de la Junta correspondante et avec l'assistance obligée du secrétaire, du contrôleur, du trésorier, de l'adjoint et du chef surveillant.

Le président résoudra immédiatement et sommairement les doutes qui se présenteront et les contestations provoquées par les acheteurs à propos de la vente ou de la répartition des eaux.

Article 99.

La séance de la vente s'ouvre par l'exposé, que fait le contrôleur, des répartiteurs ouverts, de ceux qui sont occupés en tout ou en partie, des dulas qui entrent ou sortent, des ventes à faire pour couvrir les frais de la

---

se venderá el agua del Pantano, de la llamada de Huertos, en el ocal del Reparto que es propio de la Comunidad.

Artículo 98.

La venta se hará en pública licitación siendo presidido el acto por uno de los Vocales propietarios de su Junta directiva, y con la precisa asistencia del Contralibro-Secretario, Fiel, Depositario, Ayudante y Sobre-acequiero.

El Vocal Presidente decidirá en el acto y sumariamente las dudas que se susciten y las cuestiones que promuevan los compradores del agua sobre la venta ó reparto de la misma.

Artículo 99.

Dará principio el acto de la venta con la lectura hecha por el Fiel, de los partidores que estén abiertos, los que siguen ocupados en todo ó en parte, las Dulas que entran ó salen, ventas que se hayan de hacer para atender al pago de los gastos de la Comuni-

communauté, du changement apporté à la levée de la vanne. On annoncera d'ailleurs 3 jours à l'avance l'entrée des dulas, les ventes et les levées ou baisses de la vanne.

Le contrôleur annoncera également le jour du libro qui correspond à la vente qui va se faire, étant entendu que la *Tanda* (rotation) est de 37 jours 1/2.

ARTICLE 100.

Cette publication terminée, on vendra d'abord les hilos de nuit, qui correspondent aux 12 heures comptées comme il a été dit. Ils sont indivisibles et ils s'adjugent l'un après l'autre en appliquant à chacun un des répartiteurs non occupés, au gré des acheteurs. Ceux-ci payent immédiatement le prix entre les mains du trésorier.

ARTICLE 101.

Bien que les hilos de nuit soient adjugés indivisibles,

---

dad, y cambio de altura de la paleta; se anunciará tanto la entrada de las Dulas, como las ventas, y subida ó bajada de la paleta, con tres dias de anticipación.

Tambien anunciará el Fiel el dia del Libro que corresponda á la venta del dia entendiendose que el Libro ó tanda es de 37 y medio dias.

ARTÍCULO 100.

Hecha la anterior publicacion, se dará principio á la venta de los hilos de Noche. Corresponden estos á las 12 horas de la noche contadas en la forma dicha y son indivisibles; se irán subastando uno despues de otro, y aplicándose de igual manera á cada uno de los partidores que estén desocupados segun vayan indicando los rematantes. Estos, inmediatamente, efectuarán el pago á el Depositario.

ARTÍCULO 101.

Los hilos de Noche, aunque son indivisibles para el acto de la

rien n'empêche les acheteurs de se les répartir à leur convenance et par accord privé.

ARTICLE 102.

Lorsqu'il reste à adjuger 3 hilos au moins et que le contrôleur s'aperçoit que c'est insuffisant pour compléter les 3 hilos appelés de *Almeida*, il fera publier cette circonstance afin de porter à la connaissance des acheteurs que les hilos qui se vendront à partir de ce moment seront destinés à compléter les 3 tallas de Almeida.

Si au contraire le contrôleur remarque qu'il s'est accumulé un grand nombre de tallas dans l'Almeida au point que le canal ne puisse débiter pareil volume, il publiera également le fait et pour éviter que les ouvrages soient endommagés, il ne sera adjugé que des hilos de Huertos.

ARTICLE 103.

Les enchères se continueront dans la même forme pour

---

subasta; no se impide que los regantes, privadamente, y dentro del mismo partidor, se los distribuyan entre sí de la manera que tengan por conveniente.

ARTÍCULO 102.

Cuando falten subastar tres hilos, ó menos, y observase el Fiel que no hay los necesarios para completar los tres llamados de Almeida, lo hará publicar, para que los compradores sepan que han de ser precisamente de esta clase los que se subastáran desde entonces para completar aquellas tres tallas.

Por el contrario, si observase que se acumulan muchas tallas en la Almeida y se comprendiera que la acequia no admite tan grande caudal de agua, hará publicar esta circunstancia, á fin de evitar perjuicios á las obras; y por lo tanto los partidores, que se subasten, habrán de ser de los llamados de Huertos.

ARTÍCULO 103.

A continuación, y en la misma forma, se hará la subasta de los

les hilos de jour,qui sont aussi de 12 heures; du matin au soir ceux-ci pourront se diviser en quarts (*cuartas*) de 3 heures chacun et les amateurs enchériront à leur gré sur 1, 2 ou 3 quarts comme sur 1 hilo.

ARTICLE 104.

Lorsqu'est terminée l'adjudication de l'eau attribuée à un répartiteur, l'adjudicataire peut manifester publiquement son intention d'irriguer par ce même répartiteur, et de continuer depuis 4 jusqu'à 23 quarts (*cuartas*) d'eau en plus de celle adjugée; c'est un droit reservé à tout acheteur, mais il ne lui est pas permis de scinder les hilos de nuit.

ARTICLE 105.

Si les quarts (*cuartas*) d'un répartiteur sont vendus séparément, le droit de continuer l'irrigation appartient à l'acheteur du 4e quart, celui qui complète le hilo de

---

hilos llamados de Dia. Son estos tambien de 12 horas de sol á sol; pero se podrán dividir en cuartas, de á tres horas cada una; y los postores podrán hacer pujas indiferentemente por cada uno de los hilos, ó por una, dos, ó tres cuartas.

ARTÍCULO 104.

Despues de rematado el Hilo, ó la última cuarta de Diá acoplada á un partidor, podrá el rematante hacer pública manifestación de que se propone regar por el mismo partidor, y á continuación, desde cuatro hasta veinte y cuatro cuartas más de agua. De este derecho no se podrá privar á ningún comprador; más no le será permitido tampoco fracionar los hilos de Noche.

ARTÍCULO 105.

Si en un partidor se colocaran las cuartas sueltas, tiene derecho á seguir únicamente el que comprase la cuarta que hace cuatro, ó sea la que completa el hilo llamado de Dia; pero si no se comple-

jour. Il se peut qu'un répartiteur n'ait pas sa dotation complète et que le hilo de jour soit débité par plusieurs ; en ce cas le droit de continuer accompagne le quart qui, dans l'ordre de l'adjudication, complète le groupe de quatre formant le hilo de jour.

ARTICLE 106.

L'adjudicataire qui use du droit susindiqué doit le déclarer publiquement et sur l'heure, en payant toute la quantité d'eau qu'il veut employer soit de jour, soit de nuit, au prix qui résulte de l'adjudication du hilo de jour complet ou des quarts (*cuartas*) ou du dernier quart qu'il a acheté.

ARTICLE 107.

De la même manière qu'à l'article 102, le contrôleur fera publier, lorsqu'il manque des répartiteurs pour compléter les 3 tallas de Almeida, que ceux qui vont

---

tase un partidor y el hilo de Dia estuviese repartido entre varios de estos, la cuarta que tiene derecho á seguir es la que por orden del remate haya completado la agrupación de cuatro cuartas ó sea el hilo de Dia.

ARTICULO 106.

Cuando use del derecho concedido en el anterior artículo, vendrá obligado el rematante á hacerlo público en el acto y á pagar toda el agua que continúe regando, bien sea de dia ó de noche, á el precio que corresponda con arreglo al tipo que sirvió para la adjudicación del hilo de Dia completo, ó las cuartas última, que habia rematado.

ARTICULO 107.

Del mismo modo que en el artículo 102, el Fiel hará publicar, cuando observase que faltan pardidores para completar los tres de Almeida, que los que se van á subastar han de ser precisamente

être adjugés sont de cette catégorie ; qu'au contraire on adjugera des répartiteurs de Huertos, lorsqu'Almeida sera doté et que ses ouvrages n'admettront plus de nouvelles tallas.

ARTICLE 108.

Il ne sera adjugé que les hilos de nuit et les hilos de jour nécessaires pour compléter le jour de Libro, qui commence à 5 heures de ce même soir jusqu'à la même heure le jour suivant. En commençant la vente, on aura fait état des hilos ou quarts (*cuartas*) que les acheteurs de la veille auront retenus en vertu du droit que leur concède l'article 104 et dont ils auront usé.

ARTICLE 109.

La vente se fera aux enchères, celles-ci ne pouvant être inférieures à 0.25 pesetas. Les mises faites pour un quart (*cuarta*) seront multipliées par le facteur correspondant

---

de esta clase. O por el contrario, que se van á subastar partidores de Huertos, si se han acumulado muchos en la Almeida, y las obras de la acequia no admiten mayor múmero de tallas.

ARTÍCULO 108.

Tanto de los hilos de Noche como de los de Dia, tan solo se sacarán á subasta los que sean necesarios para completar el dia de Libro que dá principio á las cinco de aquella tarde, hasta igual hora de la siguiente. De los hilos ó cuartas que continuan regando los compradores del dia anterior, en virtud del derecho que se reservaron, y les corresponde segun el artículo 104, ya se habrá hecho mención, y la anotación correspondiente, al dar principio á el acto de la venta.

ARTÍCULO 109.

La subasta se hará por pujas á la llana y por cantidades no menores de 0.25 pesetas. Las posturas ó pujas hechas por una cuarta,

pour en déduire celle du hilo, mais toujours avec le minimum de 0.25 pesetas.

ARTICLE 110.

Le crieur adjugera dans la forme coutumière.

ARTICLE 111.

A mesure que l'eau se vend avec indication par les acheteurs des répartiteurs qui doivent la fournir, on affichera publiquement les quantités vendues et les répartiteurs occupés pour renseigner les personnes qui assistent à l'adjudication.

ARTICLE 112.

Le propriétaire de l'eau d'un répartiteur pourra acquérir un plus grand volume et écouler par ce répartiteur, si celui-ci l'admet, la talla double ou triple.

---

se multiplicarán por el factor correspondiente para saber lo que corresponde hacer por el Hilo completo; pero siempre bajo el mínimum de 0.25 pesetas.

ARTÍCULO 110.

El Publicador hará el remate en la forma que es de costumbre.

ARTÍCULO 111.

A medida que se vaya vendiendo el agua y aplicándose por los rematantes á los partidores que señalen, se hará públicamente la anotación del agua vendida y de los partidores que se van ocupando para que sirva de conocimiento á los que asisten á el acto del remate.

ARTÍCULO 112.

El dueño del agua de un partidor podrá rematar más agua, para llevar por aquél, la talla Doble ó Triple si este lo permite.

ARTICLE 113.

Celui qui achète l'eau d'un répartiteur pourra de même la réunir, s'il en fait la proposition, au moment même et publiquement, à celle d'un autre répartiteur, si la capacité des rigoles le permet. Le volume total peut ainsi être amené à une même propriété.

ARTICLE 114.

Il pourra de même, si cela lui convient, conduire l'eau d'un répartiteur à un autre dont la rigole est libre, à la condition d'en donner avis public au moment de la vente et qu'il ne soit causé aucun dommage aux fossés, que les propriétaires des terrains traversés par les fossés l'autorisent, et qu'il n'en résulte aucun préjudice aux propriétés riveraines.

ARTICLE 115.

Lorsque les Dulas interviennent, le droit à continuation

ARTÍCULO 113.

Del mismo modo el rematante del agua colocada en un partidor podrá juntarla, haciendo en el acto público su propósito, con la que haya comprado en otro partidor, si las obras y capacidad de los brazales lo permiten, y conducir el agua reunida, á una misma finca.

ARTÍCULO 114.

Tambien podrá, si lo tiene por conveniente, y previo el aviso público en el acto de la venta, no habiendo perjuicio para las obras de los cauces, dejar caer el agua de un partidor á otro, si lo toleran los dueños de los terrenos por donde cruzan las acequias, y no se causa perjuicio á las fincas colindantes, pero esto únicamente si el brazál no está ocupado.

ARTÍCULO 115.

Cuando hayan de entrar las Dulas, se entiende, que el derecho

est limité aux quarts (*cuartas*) restant disponibles après la vente jusqu'au tour des Dulas.

ARTICLE 116.

Ayant prévenu de l'entrée de la Dula et de ce que les hilos simples ou doubles qui lui correspondent ne jouissent pas du droit à continuer, il sera entendu que ce droit revient au dernier du groupe de 28 ou 32 quarts (*cuartas*). alors même que ce quart ne serait pas le dernier complétant un répartiteur. Il en est ainsi parce que les quarts adjugés avec la mention qu'ils suivent la Dula n'ont pas le droit à continuation, même s'ils complètent un répartiteur.

ARTICLE 117.

L'ordre des ventes sera différent selon qu'elles ont trait à la propriété particulière ou qu'elles sont faites pour subvenir aux frais de la communauté des propriétaires.

á seguir está limitado á la porción de cuartas que quedan disponibles, desde las rematadas, hasta la entrada de la Dula.

ARTÍCULO 116.

Hecha la advertencia de la entrada de la Dula y el aviso de que no tienen derecho á seguir los hilos dobles ó sencillos que á aquella corresponden se entenderá que el derecho á seguir corresponde á la última cuarta de las que forman el grupo de 28 ó de 32 cuartas, aunque no sean las últimas acopladas á un partidor ; porque las subastadas con la advertencia de que son para continuar la Dula, no tienen derecho á continuar aunque se acoplen á un partidor y lo completen.

ARTÍCULO 117.

El turno de ventas correspondiente á la propiedad particular del agua será distinto del que se lleve para las ventas hechas para cubrir los gastos de la Comunidad de propietarios.

ARTICLE 118.

Dans ces dernières ventes, les adjudicataires auront un égal droit à continuer l'irrigation en quantité et dans la forme stipulée aux articles 104 et 106. Si la vente pour la communauté s'étend à plusieurs jours consécutifs, les recettes afférentes à ces jours appartiendront à la communauté; mais s'il est fait usage du droit à continuer le dernier jour ou lorsque la vente ne prend qu'un jour, le produit de ce jour est pour la communauté et celui des jours de continuation ira à la caisse des propriétaires particuliers de l'eau. La même règle s'appliquera lorsque l'on passera de la vente ordinaire à la vente extraordinaire pour payer les frais de la communauté.

ARTICLE 119.

L'adjudication étant faite, le répartiteur qui débitera l'eau étant désigné et le prix étant payé pour le jour de la

---

ARTÍCULO 118.

En las ventas para la Comunidad, los rematantes tendrán igual derecho para continuar el riego, en la cantidad y forma señalada en el artículo 104 y 106. Si se vendiera para la Comunidad varios días consecutivos, los ingresos correspondientes á estos mismos días, serán para la Comunidad, pero si se hace uso do este derecho cuando la venta es de un solo dia ó en el ultimo que se efectúe el producto de este, será para la Comunidad y lo demás que se recaudase y corresponda á los siguientes días, ingresará en los fondos de la propiedad de los particulares : este mismo régimen se observará cuando de la venta ordinaria haya de pasarse á la extraordinaria para gastos de la Comunidad.

ARTÍCULO 119.

Hecho el remate, aplicada el agua á determinado partidor y pagado el precio correspondiente por el agua comprada para el día y

vente et pour les jours suivants que l'adjudicataire aurait réservés en continuation, il ne sera admis aucune réclamation et pour aucun motif la vente ne sera résiliée ni annulée. Au cas où quelque acheteur ferait valoir qu'il n'a pas de terres pour épandre l'eau ou que l'état des cultures ne permet pas d'irriguer, le répartiteur sera fermé et l'adjudicataire perdra l'eau payée sans pouvoir en réclamer plus tard une fraction quelconque. Cette eau peut être mise à profit dans les répartiteurs d'aval.

ARTICLE 120.

Celui qui, ayant obtenu un répartiteur à l'adjudication, refusera de payer l'eau et de se conformer au contrat, sera expulsé du local sans pouvoir y rentrer jusqu'à un nouvel ordre donné par le Président. L'eau retirée sera remise en adjudication.

ARTICLE 121.

Le Conseiller-Président aura soin, pendant l'opération

---

para todos los siguientes que se reserve continuar el postor, no se admitirá reclamación alguna, bajo ningun concepto, ni se rescindirá, ni se anulará la venta.

Caso que algun comprador alegase que no tiene terrenos donde ocupar el agua, ó que no lo permite el estado de los cultivos, se cerrara el partidor, y el agua comprada la perderá el rematante, sin opción á que se le abone cantidad alguna, quedando aquella á beneficio de los partidores que estén situados en la parte inferior.

ARTÍCULO 120.

Si el que rematase un partidor, despues de adjudicársele, se negara á pagar el agua y á cumplir el contrato, se le expulsará del local y no se le permitirá la entrada hasta nueva orden del Presidente, volviéndo á subastarse dicha agua.

ARTÍCULO 121.

El Vocal Presidente cuidará durante el acto de la subasta y re-

de la vente et de la répartition de l'eau, de faire respecter
toutes les dispositions du présent règlement ; il maintien-
dra l'ordre dans le local et prendra les mesures qu'il
jugera utiles selon les circonstances.

ARTICLE 122.

Le Secrétaire-comptable dressera, au fur et à mesure
que la vente se poursuivra, un rapport de l'opération, men-
tionnant les combinaisons de répartiteurs, la quantité d'eau
achetée, les noms et prénoms des adjudicataires, les prix
de vente et ceux qui en découlent, les sommes remises au
Trésorier. Lorsqu'il y aura de l'eau achetée et payée pour
irriguer les jours suivants par continuation, il en sera
fait mention dans les rapports journaliers correspondants
à tous ces jours.

ARTICLE 123.

En même temps, il fera la publication prévue à l'article
111 de l'eau vendue et des répartiteurs occupés.

---

parto del agua, de hacer cumplir á todos las disposiciones de este
Reglamento, mantendrá el orden dentro del local y tomará cuantas medidas crea prudentes segun los casos que se presenten.

ARTÍCULO 122.

El Secretario-Contralibro irá extendiendo á medida que se haga
la venta, una relación del acto del remate comprensivo de los Partidores acoplados, cantidad de agua comprada, nombre y apellidos de los rematantes, precio de la venta, tipos que resulten y cantidades que se entreguen á el Depositario.

Cuando haya agua comprada y pagada en un dia para contí-
nuar regando en los inmediatos, se hará la oportuna anotación
en esta acta y en las correspondientes á los días sucesivos.

ARTÍCULO 123.

Al mismo tiempo irá haciendo la publicación prevenida en el

Article 124.

Après la vente on contrôlera le procès-verbal avec les indications des registres et livres du Trésorier et du Contrôleur ; ensuite les trois employés signeront et le Président ajoutera son visa.

Article 125.

Aussitôt que le procès-verbal est approuvé, il en sera affiché une copie dans le local de la répartition où elle restera exposée pour les propriétaires jusqu'à ce que le procès-verbal du lendemain prenne sa place.

Article 126.

A la fin de chaque Libro il en sera dressé un procès-verbal qui indiquera notamment la somme à répartir à chaque part de la propriété particulière. Cet acte sera signé par les mêmes employés que ci-dessus et par les conseillers propriétaires.

---

art. 111 del agua vendida y Partidores ocupados en el aparato correspondiente.

Artículo 124.

Terminada la venta, hecho el cotejo del acta con los asientos de los registros y libros del Depositario y el Fiel, será firmada por los tres poniéndole el V.º B.º el Vocal Presidente.

Artículo 125.

Inmediatamente se expondrá al público una copia de dicha Acta en el local del reparto para conocimiento de los propietarios y allí permanecerá, hasta que al día siguiente, sea sustituida por la que corresponda á este.

Artículo 126.

Al finalizar cada Libro se extenderá un acta del resultado de todo el Libro y de la cantidad que corresponda repartir á cada Cuarta de la propiedad particular. Esta acta será firmada por los mismos y por los Vocales propietarios.

ARTICLE 127.

Les écritures du Secrétaire-comptable serviront de base pour la répartition du produit des ventes entre les propriétaires ou leurs ayants droit et aussi, en cas de doute, pour le contrôle des livres du Trésorier.

ARTICLE 128.

Aussitôt après l'adjudication de l'eau, ceux qui sont déclarés adjudicataires doivent se présenter au Trésorier et lui en remettre le prix.

Ceux qui ne le feraient pas sont rappelés à l'ordre par le Trésorier et requis de s'acquitter. En cas de refus ou d'excuse quelconque, le Président en sera informé, afin de suspendre l'opération et d'appliquer les mesures prévues par l'article 120.

ARTICLE 129.

Le payement se fera en monnaie d'or ou d'argent ayant

ARTÍCULO 127.

Los asientos del Secretario-Contralibro servirán de base para hacer el reparto del producto de las ventas entre los propietarios, ó quien tenga su derecho, y para la comprobacion en caso de duda de los libros del Depositario.

ARTÍCULO 128.

Tan luego haya sido adjudicada el agua á los rematantes, deberán estos acercarse á el Depositario para efectuar el pago.

Si así no lo hicieran, deberá éste llamarlos y requerirlos á que lo efectúen inmediatamente, y si se negaren ó presentaren cualquier escusa, lo pondrá en conocimiento del Presidente, para que suspenda el acto, y adopte las medidas prevenidas en el art. 120.

ARTÍCULO 129.

El pago se efectuará precisamente en monedas de oro ó plata

cours légal ; le billon ne sera reçu que pour les fractions de peseta.

Article 130.

Le Trésorier est responsable de la solvabilité des acheteurs et des payements à faire par ceux-ci ; aucune excuse, de quelque nature qu'elle soit, ne sera admise à cet égard.

Article 131.

Chaque jour après la vente, il fera le compte de la journée, afin d'insérer au procès-verbal destiné à l'affichage, (art. 125) le montant de la somme recueillie.

Article 132.

Il dressera de même le compte du Libro, dès que celui-ci sera complet ; il le collationnera avec celui du Secrétaire-comptable et fera la répartition entre les quarts (*cuartas*)

---

corriente, no admitiéndose calderilla más que para el pago de fracciones de peseta.

Artículo 130.

El Depositario es responsable, de la solvencia y de la puntualidad del pago de los compradores, no admitiéndoseles escusa alguna por uno ú otro concepto.

Artículo 131.

Diariamente, despues de hecho el remate, hará la liquidación del día; para que el total recaudado se haga público en el acta, destinada al efecto, según el art. 125.

Artículo 132.

De la misma manera hará la liquidación de final de Libro para cotejarla con la hecha por el Secretario-Contralibro, repartirla

qui correspondent aux propriétaires ou à leurs représentants. Le compte sera publié conformément à l'article 126.

ARTICLE 133.

Pendant les 5 premiers jours d'un Libro, le produit du Libro précédent sera distribué aux propriétaires ou aux ayants droit. A cette fin, le Trésorier devra rester, chacun de ces jours, au local de la répartition, pendant 2 heures consécutives après la vente et tout au moins jusqu'à midi pour payer aux propriétaires qui se présenteront la part qui revient à chacun.

CHAPITRE XIV.

Des Dulas.

ARTICLE 134.

Dans chaque série ou libro du canal Mayor, on arrosera, en se conformant au régime ancien, l'eau de Dula par le

---

entre las Cuartas que corresponden á los propietarios, ó á sus representantes y hacer la publicación dispuesta en el art. 126.

ARTÍCULO 133.

En los cinco primeros días del Libro siguiente se hará la distribución del producto del Libro anterior entre los propietarios, ó los que representen sus derechos, debiendo permanecer el Depositario en el local del Reparto en estos cinco dias, y despues de terminado el acto de la venta diaria, dos horas consecutivas ó las necesarias hasta medio dia mientras acudan á cobrar, para qué los dueños, ó sus representantes, recojan lo que les haya correspondido por su parte de propiedad.

CAPITULO XIV.

De las Dulas.

ARTÍCULO 134.

En cada uno de los tandeos ó libros de la Acequia Mayor, se regará por el Partidor de Aladía el agua de Dula con arreglo á el

répartiteur de *Aladia*, par les rigoles, les fossés et dans les limites marquées, sous les conditions qui suivent.

ARTICLE 135.

Pour les Libros de 37 jours, la Dula de Beniboch commencera le 35ᵐᵉ jour du Libro précédent avec le jour double et finira le 4ᵐᵒ jour du Libro en question avec la nuit simple.

La Dula de Rabachali commencera le 12ᵐᵉ jour du Libro avec la nuit et le jour doubles et finira le 17ᵐᵉ jour avec aussi la nuit et le jour doubles.

La Dula de Daimes et Boniol commencera le 22ᵐᵉ jour par le jour simple et terminera le 29ᵐᵉ par la nuit double et le jour simple.

ARTICLE 136.

Pour les Libros de 38 jours, la Dula de Beniboch commencera le 36ᵐᵒ jour du Libro précédent par nuit et jour

---

régimen antiguo y por los brazales, acequias y coto propio que tienen demarcado con arreglo á las disposiciones siguientes.

ARTÍCULO 135.

En los Libros de 37 dias, la Dula de Beniboch principiará el dia 35 del anterior con el dia doble y terminará el dia 4 del Libro con noche sencilla.

La Dula de Rabachali comenzará el dia 12 del Libro con noche y dia doble y concluirá el dia 17 del mismo con noche y dia doble.

Finalmente la Dula de Daimes y Boniol dará principio el dia 22 del Libro, con dia sencillo, y terminará el 29 con la noche doble y dia sencillo.

ARTÍCULO 136.

En los Libros de 38 dias, la Dula de Beniboch principiará el dia 36 del anterior con noche y dia doble, y termina el dia 3 del Libro con noche doble y dia sencillo.

doubles et finira le 3me jour du Libro en cours **avec une** nuit double et un jour simple.

La Dula de Rabachalí comptera du 12me jour avec le jour double jusqu'au 18me jour avec la nuit double. Et enfin la Dula de Daimes et Boniol ira du 23mo jour avec nuit simple et jour double au 30me jour avec nuit simple.

ARTICLE 137.

Les propriétaires de l'eau de Dula devront la répandre sur les terres et plantations qui, dans les limites marquées, leur conviendront.

ARTICLE 138.

Ils peuvent également louer, céder, etc., cette eau, sauf à l'utiliser dans les mêmes limites ; ils peuvent encore la laisser au majordome de la Dula au profit de la communauté de la Dula.

La Dula de Rabachalí dará principio el día 12 con el día doble y terminará el 18 del Libro con la noche doble.

Y por último, la de Daimes y Boniol principia el 23 con noche sencilla y día doble, y termina el día 30 con la noche sencilla.

ARTÍCULO 137.

Los propietarios de agua de Dula, deberán regarla, dentro del coto señalado, en las fincas y plantaciones en que lo tenga por conveniente.

ARTÍCULO 138.

Podrán tambien arrendarla, cederla, etc., pero siempre para utilizarla dentro de su demarcación, ó tambien podrán entregarla á el Mayordomo de la Dula para la administración mancomunada de la misma.

ARTICLE 139.

Selon la coutume établie et à l'avantage des propriétaires de cette espèce d'eau, on réunit tout ce qui revient à une même personne, que ce soit 2 ou 4 Libros, afin que celle-ci dispose, quand vient son tour, d'un plus grand volume d'eau pour l'irrigation comme pour la vente.

ARTICLE 140.

En application de cette coutume respectée, les propriétaires de 1 hilo, de 3 ou de 2 quarts (*cuartas*) préféreront retirer 2 hilos, 6 quartes ou 4 quarts de 1 Libro sur deux et ceux qui ne possèdent que 1 quart demanderont un demi-hilo de 2 Libros ou 1 hilo de 4 Libros.

ARTICLE 141.

Le majordome, dans chaque Dula, dressera le compte des propriétaires d'après les volumes irrigués et le prix de

---

ARTÍCULO 139.

Siguiendo la costumbre establecida, y para beneficio de los propietarios de esta clase de agua, se aglomera la que posée cada dueño, bien sea la de dos libros, ó la de cuatro, á fin de que tanto para el riego, como para la venta, dispongan al llegar su turno de un mayor caudal de agua.

ARTÍCULO 140.

En consecuencia de la costumbre respetada y confirmada en el artículo anterior, los propietarios de un Hilo, tres Cuartas ó dos Cuartas, sacarán cada dos Libros, en uno de los dos de ellos, dos hilos, seis cuartas, ó un hilo respectivamente; y los propietarios de una Cuarta, bien medio hilo cada dos Libros, ó un Hilo cada cuatro Libros.

ARTÍCULO 141.

El Mayordomo formalizará en cada Dula su cuenta correspon-

vente. Le prix moyen se déduit de la vente totale et c'est
lui qui servira à fixer la part revenant à chacun des propriétaires ou locataires d'eau qui ont eu recours au majordome.

ARTICLE 142.

Les propriétaires ou locataires qui, sans intervention
du majordome, irriguent leurs terres, recevront l'eau à
l'endroit qu'ils ont indiqué au jour et à l'heure qui leur
correspondent.

ARTICLE 143.

Le majordome de la Dula vendra l'eau de celle-ci au
local de la répartition ; après que cette vente sera terminée, il affichera les prix au jour le jour pour en instruire
les propriétaires.

ARTICLE 144.

Dans ce même local de la répartition sera déposé un

---

diente con la relación de propietarios del agua, regantes y precio
en venta. Con arreglo á la totalidad se fijará el precio medio y
con arreglo á éste se hará el reparto de su producto entre los
dueños de agua ó arrendadores que utilicen este medio de administración.

ARTÍCULO 142.

Los propietarios ó arrendatarios, que sin intervención del Mayordomo la destinen á el riego de las tierras, la tomarán en el día y
hora que les corresponda y en el punto que tienen fijado.

ARTÍCULO 143.

El Mayordomo de la Dula procurará vender el agua de la misma
en el local del Reparto, despues de terminado éste, publicando los
precios diarios para conocimiento de los propietarios.

ARTÍCULO 144.

Con arreglo á los Titulos de propiedad y á el Libro registro de

état en accord avec les titres de propriété et le Livre-
registre du canal Mayor et indiquant les Dulas, les propriétaires et l'ordre des séries, de façon que par lui chacun connaisse les jours et heures qui lui correspondent
pour l'irrigation.

Article 145.

Le majordome de la Dula est un représentant privé des
propriétaires de cette classe d'eau; il n'aura par conséquent aucun caractère officiel et ne sera pas considéré
comme dépendant de la Junta directrice.

Article 146.

Comme conséquence de l'article précédent, le majordome devra se pourvoir d'un document justificatif par
lequel les propriétaires de l'eau l'autorisent à administrer
en leur nom et en vertu duquel il sera autorisé à répartir
et vendre l'eau.

---

la Acequia Mayor, habrá en el local del Reparto del Agua, un
estado comprensivo de las Dulas, propietarios y orden de las tandas para conocimiento de los propietarios y del orden, dias y horas
en que les corresponde el riego.

Artículo 145.

El Mayordomo de la Dula es un representante privado de los
dueños de esta clase de agua y por lo tanto no tendrá carácter
público ni se le considerará como dependiente de la Junta directiva.

Artículo 146

En conformidad á lo dispuesto en el artículo anterior, el Moyor-
domo se proveerá de un documento justificativo con que le autori-
cen los dueños del agua, para que en el caso de administrarla en
su nombre, le sirva de autorización en el acto del reparto y venta.

CHAPITRE XV.

Du répartiteur de Marchena.

ARTICLE 147.

Il y aura, pour l'administration et la direction des intérêts des propriétaires d'eau du répartiteur de Marchena, une Junta directrice dont les fonctions seront les mêmes que celles de la Junta du canal Mayor et dont l'action s'étendra à la gestion de l'eau du dit répartiteur et à la conservation et l'entretien de son lit et des propriétés particulières.

ARTICLE 148.

La Junta se composera de cinq conseillers ; l'un, le syndic du Conseil municipal, est membre de droit ; les quatre autres sont élus par les propriétaires et ils désignent entre eux un président, un vice-président et un commissaire.

Il y aura en outre un Secrétaire-comptable, un Contrô-

CAPÍTULO XV

Del Partidor de Marchena.

ARTÍCULO 147.

Para el gobierno y dirección de los intereses privativos de los propietarios de agua del Partidor de Marchena, habrá una Junta directiva cuyas funciones serán las mismas que las señaladas á la Directiva de la Acequia Mayor; pero limitándose á el gobierno del agua de dicho Partidor y á la conservación y entretenimiento de su cauce y propiedades particulares.

ARTÍCULO 148.

Estará compuesta de cinco Vocales, uno de ellos nato, que será el Síndico del Ayuntamiento y los otros cuatro elegidos por los propietarios: entre estos se designarán ellos mismos los que hayan de desempeñar los cargos de Presidente, Vice-presidente y Comisario.

leur, un trésorier, un chef surveillant et tout le personnel nécessaire à la répartition et à la surveillance de l'eau de ce répartiteur.

ARTICLE 149.

Les dispositions prescrites, dans les chapitres antérieurs, pour les agents du canal Mayor, sont applicables à ce personnel, tant pour la capacité, les privilèges et les obligations que pour les traitements, sous réserve des décisions de la Junta.

ARTICLE 150.

L'eau de Marchena étant considérée comme émanant d'un répartiteur du canal Mayor, les propriétaires de cette section seront obligés de se soumettre aux décisions de l'assemblée générale du canal Mayor cu de la communauté; leur participation aux charges de celle-ci se réglera par les dispositions contenues dans ce règlement et par les

---

Habrá ademàs Secretario-Contralibro, Fiel, Depositario, Sobre-acequiero, y todo el personal necesario para el reparto y vigilancia del agua de este Partidor.

ARTÍCULO 149.

Para todos los cargos regirán las disposiciones contenidas en los capítulos anteriores para los mismos cargos en la Acepuia Mayor, respecto à capacidad, facultades y obligaciones, como respecto à sueldos, salvo los acuerdos que sobre esto señale su Junta directiva.

ARTÍCULO 150.

Considerándose el agua de Marchena como un Partidor de la Acequia Mayor, vendrán obligados los propietarios de aquella Sección à someterse à los acuerdos que la General de la Acequia Mayor ó de la Comunidad adopte, regulándose la participación en le sostenimiento de cargas por las disposiciones contenidas en este

accords en vigueur, signalant le mode et le quantum de la contribution.

CHAPITRE XVI.

Répartition des eaux de Marchena.

ARTICLE 151.

Tous les jours à 9 heures du matin, à partir du 13 septembre et à 8 heures dès le 3 mai, l'eau dite de Marchena sera vendue au local de la répartition propre à cette section.

ARTICLE 152.

La vente se fera aux enchères publiques; elle sera présidée par un des conseillers propriétaires, avec l'assistance obligée du Secrétaire, du Contrôleur et du Trésorier.

Le Président décidera sur l'heure et sommairement les

Reglamento y por las concordias vigentes que señalan la manera y cuantía en que debe contribuir á los gastos.

CAPÍTULO XVI.

Reparto del aguas de Marchena.

ARTÍCULO 151.

Todos los dias, á las nueve de la mañana desde el dia 13 de Septiembre en adelante, y á las ocho de la mañana desde el 3 de Mayo, se venderá el agua llamada de Marchena en el local del Reparto proprio de esta Sección.

ARTÍCULO 152.

La venta se hará en pública licitación siendo presidido, el acto por uno de los Vocales propietarios de su Junta directiva y con la precisa asistencia del Contralibro-Secretario, Fiel y Depositario.

El Vocal Presidente decidirá en el acto y sumariamente, las

,points douteux et les questions que soulèveraient les acheteurs au sujet de la vente ou de la répartition de l'eau.

Article 153.

Le Contrôleur commence par annoncer le quantième
du libro correspondant à la vente du jour, étant entendu
que le libro ou la série est de 34 jours 1/2. Il doit annoncer également, un jour à l'avance, les ventes qui auront
lieu pour couvrir les dépenses de la section ou de la communauté.

Article 154.

Ces publications faites, on procède à la vente des hilos
de nuit, lesquels comportent deux périodes de 6 heures
adjugées l'une après l'autre.

Les acheteurs indiqueront le fossé ou la vanne qui doit
leur fournir l'eau ; ils payeront ensuite immédiatement en
mains du Trésorier.

---

dudas que se susciten y las cuestiones que promuevan los compradores del agua sobre la venta ó reparto de la misma.

Articulo 153.

Dará principio el acto con la publicación hecha por el Fiel del
dia del Libro que corresponda á la venta del dia, entendiéndose, que
el Libro ó tanda es de 34 y medio dias. Tambien deberá hacer el
anuncio, con un dia de anticipación, de las Ventas que se hayan de
hacer para atender á los gastos de la Sección, ó de la Comunidad.

Articulo 154.

Hecha la anterior publicación, se dará principio á la venta de los
Hilos de Noche. Corresponden éstos á seis horas primeras y á
igual periodo de la segunda mitad de la noche, subastándose uno
despues del otro.

Los compradores señalarán el Brazal ó Parada en que deben
regarlos, y además, inmediatamente, efectuarán el pago al Depositario.

Article 155.

Les hilos de nuit sont vendus par demis ; mais cette division n'empêche pas les acheteurs de recourir à des conventions privées et de distribuer les hilos entre eux de telle manière qui-leur convient.

Article 156.

Ensuite sont vendus, de la même façon, les hilos de jour, qui sont aussi de deux périodes de 6 heures chacune, divisibles par conséquent en deux demi-hilos pour la vente et que les acheteurs se répartissent à leur gré.

Article 157.

Contrairement aux deux articles précédents, les hilos pourront être divisés en quarts (*cuartas*) lorsque le parcours de l'eau ne dépasse pas une heure. Par conséquent on pourra, à la vente, admettre les enchères par

---

Artículo 155.

Los Hilos de Noche son divisibles para el acto de la subasta en medios Hilos : pero ésto no impide que los compradores, privadamente, se los distribuyan entre sí de la manera que tengan por conveniente.

Artículo 156.

A continuación y en la misma forma, se hará la subasta de los Hilos llamados de Día. Son tambien éstos dos períodos de á seis horas cada uno, de sol á sol, y tambien divisibles en medios Hilos para el acto de la subasta, sin perjuicio de que privadamente los compradores se los repartan como tengan por conveniente.

Artículo 157.

Podrán tambien dividirse en Cuartas, á pesar de lo dispuesto en los dos artículos anteriores, cuando el arrastre no esceda de una hora y por consiguiente en la subasta podrán admitirse pujas para

quarts s'il s'agit d'irriguer les terrains compris entre le Huerto del Marquès et les retenues suivantes : de Rabagüet sur l'embranchement du Horta, de Moscardó sur celui de Catral, de Mangraner sur celui de Penat.

Article 158.

On n'exposera aux enchères que les hilos — tant ceux de nuit que ceux de jour — nécessaires pour compléter le jour du libro, lequel commence à 6 heures du soir, à la retenue de la Balsa, jusqu'à la même heure le jour suivant.

Article 159.

La vente a lieu par enchères (à la llana) de 0.25 peseta au moins. Les mises offertes pour le demi-hilo seront doublées pour le hilo, toujours avec le minimum de 0.25 peseta.

Article 160.

Le crieur procédera dans la forme habituelle.

Cuartas, siempre que se haya de regar en los terrenos comprendidos entre el Huerto del Marqués y las Paradas de Rabagüet, en el brazo del Horta; de Moscardó, en el de Catral y en el del Penat, en la de Mangraner.

Artículo 158.

Tanto de los Hilos de Noche, como de los de Día, tan solo se sacarán á subasta los que sean necesarios para completar el dia del Libro que dá principio á las seis de la tarde aquella, en la parada de la Balsa hasta igual hora de la del dia siguiente.

Artículo 159.

La subasta se hará por pujas á la llana y por cantidades no menores de 25 céntimos de peseta. Las posturas ó pujas hechas por medio Hilo se doblarán para saber la que corresponde á el Hilo completo; pero siempre bajo el minimum de 25 céntimos de aumento.

Article 161.

A mesure que se poursuit la vente, avec indication par
les adjudicataires des rigoles ou retenues de prise d'eau,
on affichera le volume d'eau vendu, les rigoles et retenues
occupées, pour l'édification des amateurs.

Article 162.

La vente relative à la propriété particulière de l'eau
fera l'objet d'une séance distincte de celle affectée à la
vente qui doit subvenir aux dépenses de la section.

Article 163.

La vente terminée, avec indication des endroits des
prises d'eau et le prix correspondant payé,il ne sera admis
de réclamation sous aucun prétexte et la vente ne sera ni
résiliée ni annulée.

Si quelque acheteur objectait qu'il ne possède pas de ter-

Artículo 160.

El Publicador hará el remate en la forma que es de costumbre.

Artículo 161.

A medida que se vaya vendiendo el agua y aplicándose por los
rematantes á los Brazales y Paradas que señalen, se hará públicamente la anotación del agua vendida y de los Brazales y Paradas
que se van ocupando, para que sirva esto de conocimiento á los que
asistan á el acto del remate.

Artículo 162.

El turno de venta correspondiente á la propiedad particular de
agua será distinto del que se lleve para las ventas hechas para
cubrir los gastos de esta Sección.

Artículo 163.

Hecho el remate, aplicada el agua á determinado Brazál y Parada, y pagado el precio correspondiente, no se admitirá reclama-

rain pour utiliser l'eau, ou bien que l'état des cultures n'admet pas l'arrosage, cet acheteur perdra l'eau achetée, sans réduction de prix et l'eau sera rejetée par le déversoir habituel dans le lit de la rivière. Le Contrôleur de service est chargé de cette manœuvre.

ARTICLE 164.

Tout adjudicataire qui refuserait de payer et d'observer le contrat sera expulsé du local, sans pouvoir y rentrer jusqu'à nouvel ordre donné par le Président.

ARTICLE 165.

Le Secrétaire-comptable dressera l'acte de vente à mesure que celle-ci se poursuit, notant les rigoles et vannes occupées, la quantité d'eau vendue, les noms, prénoms des acheteurs et les prix de vente.

---

ción alguna, bajo ningun concepto, ni se rescindirá, ni se anulará la venta.

Caso que algun comprador alegase que no tiene terrenos donde ocupar el agua, ó que no lo permite el estado de los cultivos, perderá aquél el agua comprada, sin opción á baja alguna, y el agua se verterá en la Rambla por el vertedero de costumbre, siendo obligación del Fiel este servicio.

ARTÍCULO 164.

Si el que rematase el agua, despues de adjudicársela, se negase á pagarla y á cumplir el contrato, se le expulsará del local y no se le permitirá la entrada hasta nueva orden del Presidente.

ARTÍCULO 165.

El Secretario-Contralibro irá extendiendo, á medida que se haga la Venta, una relación del acto del remate comprensiva de los Brazales y Paradas ocupados, cantidad de agua comprada, nombres y apellidos de los rematantes y precio de la venta.

Article 166.

Il affichera **en même temps, comme le** prescrit l'article 161, la quantité d'eau vendue et les rigoles occupées dans le répartiteur en question.

Article 167.

La vente terminée, il collationnera l'acte avec les écritures du Contrôleur et du Trésorier et tous le signeront; le Président y ajoutera son visa.

Article 168.

Une copie du procès-verbal sera aussitôt affichée au local de la répartition pour renseigner les propriétaires et elle y restera jusqu'à ce que le procès-verbal du lendemain vienne le remplacer.

Articulo 166.

Al mismo tiempo irá haciendo la publicación prevenida en el art. 161 del agua vendida y Brazales ocupados en el aparato correspondiente.

Articulo 167.

Terminada la venta, hecho el cotejo del acta con los asientos de los registros y libros del Fiel y Depositario, será firmada por los tres, poniéndole el V.º B.º el Vocal Presidente.

Articulo 168.

Inmediatamente se expóndrá al público una copia de dicha acta en el local del Reparto para conocimiento de los propietarios, y allí permanecerá hasta que al día siguiente, sea sustituida por la que corresponda á éste.

Article 169.

Lorsque l'adjudication d'un libro sera finie, il sera dressé
un procès-verbal donnant le résultat du libro, la somme à
répartir pour chaque heure d'eaude propriété particulière.
Cette pièce sera signée par les mêmes que ci-dessus et
par les quatre conseillers propriétaires.

Article 170.

Les écritures du Secrétaire-comptable serviront de base
à la répartition du produit des ventes entre les propriétaires ou leurs ayants droit ; elles serviront aussi pour
contrôler les livres du Trésorier, en cas de doute.

Article 171.

Aussitôt après l'adjudication de l'eau, les acheteurs
devront en remettre spontanément la valeur au trésorier.
S'ils ne le font pas, celui-ci les requiert de payer la somme

---

Artículo 169.

Al finalizar cada Libro se extenderá un acta del resultado de todo
el Libro y de la cantidad que corresponda repartir á cada Hora
de la propiedad particular. Esta acta será firmada por los mismos
y por los cuatro Vocales propietarios.

Artículo 170.

Los asientos del Secretario-Contralibro servirán de base para
hacer el Reparto del producto de las ventas entre los propietarios,
ó quien tenga su derecho, y para la comprobación, en caso de
duda, de los libros del Depositario.

Artículo 171.

Tan luego haya sido adjudicada el agua á los rematantes, deberán éstos acercarse al Depositario para efectuar el pago. Si así
no lo hicieren deberá éste llamarlos y requerirlos á que lo efec-

due et en cas de refus ou de contestation, le Trésorier en informe le Président qui suspend l'opération, prend les mesures prévues à l'article 164 et remet en vente cette même eau.

ARTICLE 172.

Le paiement se fera en monnaie d'or ou d'argent de cours légal; le billon n'est reçu que pour couvrir les fractions de peseta.

ARTICLE 173.

Le trésorier est responsable de la solvabilité et de la ponctualité des acheteurs; aucune excuse, de quelque nature qu'elle soit, ne sera admise à cet égard.

ARTICLE 174.

Chaque jour après la vente, il fera le compte de la journée, afin d'insérer au procès-verbal destiné à l'affichage (article 168) le montant de la somme recueillie.

---

tuen inmediatamente, y si se negaren, ó presentaren cualquier escusa, lo pondrá en conocimiento del Presidente para que suspenda el acto, adopte las medidas señaladas en el art. 164 y vuelva á subastarse aquella agua.

ARTÍCULO 172.

El pago se efectuará precisamente en monedas de oro ó plata corriente, no admitiéndose calderilla, más que para el pago de fracciones de peseta.

ARTÍCULO 173.

El Depositario es responsable de la solvencia y de la puntualidad del pago de los compradores, no admitiéndose excusa alguna por uno ú otro concepto.

ARTÍCULO 174.

Diariamente, despues de hecho el remate, hará la liquidación

Article 175.

Il dressera de même le compte du libro dès que celui-ci sera complet ; il le vérifiera avec celui du secrétaire et fera la répartition en les heures qui correspondent aux propriétaires ou leurs représentants.

Le compte sera affiché comme le dispose l'article 169.

Article 176.

Pendant les cinq premiers jours d'un libro, le produit du libro précédent sera distribué aux propriétaires et aux ayants droit. A cette fin, le trésorier devra rester, chacun de ces jours, au local de la répartition pendant 2 heures consécutives après la vente et tout au moins jusqu'à midi pour payer aux propriétaires qui se présentent la part qui revient à chacun. Passé ce délai, le paiement se fera les dimanches au domicile du trésorier.

---

del dia, á fin de que el total recaudado se publique en el acta destinada al efecto segun el art. 168.

Artículo 175.

De la misma manera hará la liquidación de final de Libro, para cotejarla con la hecha por el Secretario-Contralibro, repartirla entre las Horas que correspondan á los propietarios, ó á sus representantes y hacer la publicación dispuesta en el art. 169.

Artículo 176.

En los cinco pimeros dias del Libro siguiente, se hará la distribución del producto del Libro anterior entre los propietarios, ó los que representen sus derechos, debiendo permanecer el Depositario en el local del Reparto en estos cinco dias, y despues de terminado el acto de la venta diaria, dos horas consecutivas, ó las necesarias, hasta medio dia, mientras acudan á cobrar, para que los dueños, ó sus representantes recojan lo que les haya correspondido por su parte de propiedad. Pasado este plazo se hará el pago los domingos en casa del Depositario.

CHAPITRE XVII.

Recettes et dépenses de la communauté et des sections.

ARTICLE 177.

Les recettes et dépenses de la communauté ou du canal Mayor ou du répartiteur de Marchena font l'objet des budgets respectifs, présentés et approuvés dans la forme prescrite par les chapitres antérieurs.

ARTICLE 178.

Les recettes se composent :

1. Des rentes propres de la communauté ou des sections ;

2. Du produit des indemnités qui sont imposées par le jury ;

CAPÍTULO XVII.

Ingresos y gastos de la Comunidad y Secciones.

ARTICULO 177.

Los ingresos y gastos de la Comunidad ó privativos de la Acequia Mayor, ó del Partidor de Marchena, se fijarán en los respectivos presupuestos, presentados y aprobados en la forma establecida en los capítulos anteriores.

ARTICULO 178.

Constituyen los ingresos :

1. Las rentas propias de la Comunidad ó Secciones.

2. El producto de las indemnizaciones que establezca y señale el Jurado.

3. El producto de los días de venta de agua que la Junta directiva señale

3. Du produit des jours de vente d'eau que signale la Junta directrice.

4. Des cotisations extraordinaires approuvées par les assemblées générales respectives.

ARTICLE 179.

Les Juntas respectives indiqueront les jours de vente dont le produit leur parait devoir être réservé pour couvrir les dépenses de la communauté ou de la section.

ARTICLE 180.

Chaque fois que sera prise une telle résolution, il en sera donné avis trois jours d'avance, à l'heure de la répartition et la vente se fera par adjudication en la forme prescrite dans les chapitres antérieurs.

ARTICLE 181.

Les cotisations votées par les propriétaires eux-mêmes,

---

4. Las derramas ó repartos extraordinarios aprobados por las respectivas Juntas generales.

ARTÍCULO 179.

Las respectivas Juntas directivas señalarán los dias de venta que conceptúen necesarios para atender con sus productos á los gastos de la Comunidad ó Sección.

ARTÍCULO 180.

Siempre que haya de concederse agua con este objeto se avisará con tres dias de anticipación á la hora del reparto, y se verificará en la forma de subasta establecida en los capítulos anteriores.

ARTÍCULO 181.

Las derramas ó repartos votados por los mismos propietarios en

en assemblée générale, seront perçues dans les délais et en la forme convenus. Les propriétaires qui ne payeraient pas dans les délais signalés seront surtaxés de 10 p. c. pour le premier mois de retard.

Passé ce délai, la Junta avisera le Trésorier d'avoir à retenir le produit de l'eau correspondant aux récalcitrants, jusqu'à concurrence des sommes dues, tant en capital qu'en surtaxe.

CHAPITRE XVIII.

Du Jury ou Tribunal des eaux.

ARTICLE 182.

En plus du Syndicat et des Juntas directrices, il sera établi un jury ou tribunal des eaux pour connaître des questions de fait entre les propriétaires des eaux et ceux qui irriguent.

Junta general se recaudarán en los plazos y forma que se acuerde por los mismos. Los propietarios que no efectúen el pago en el plazo señalado satisfarán un recargo del 10 por 100 en el primer mes que dejaren transcurrir sin hacer el pago.

Pasado este plazo la Directiva pasará aviso á el Depositario para que retenga el producto del agua que á dicho propietario le corresponda hasta la cantidad necesaria para cubrir el capital y recargo que adeude.

CAPÍTULO XVIII.

Del Jurado ó Tribunal de Aguas.

ARTÍCULO 182.

Además del Sindicato y de las Juntas directivas habrá un Jurado ó Tribunal de Aguas para conocer de las cuestiones de hecho entre los propietarios y regantes de las aguas.

Ces derniers, comme les usagers de l'eau, seront soumis à la juridiction du jury par le seul fait d'utiliser l'eau et de l'acheter conformément aux dispositions du présent règlement.

ARTICLE 183.

Le jury sera composé de cinq propriétaires, possédant au moins 4 parts (*cuartas*) d'eau dans l'une ou l'autre des deux sections. Les jurés sont nommés, savoir : quatre par l'assemblée générale du canal Mayor et un par celle de Marchena.

ARTICLE 184.

Les fonctions de Juré sont honorifiques, gratuites et obligatoires. Les Jurés sont rééligibles chaque année, mais à la réélection la charge n'est plus obligatoire, sinon après un an d'intervalle.

Tanto los regantes como los usuarios de estas, quedarán sometidos á su jurisdicción en el mero hecho de aceptar su aprovechamiento y adquirirlas con arreglo á las disposiciones de este Reglamento.

ARTÍCULO 183.

El Jurado se compondrá de cinco indivíduos propietarios que tengan por lo menos cuatro cuartas de agua en propiedad en una ó en otra de las dos Secciones. De estos cinco, cuatro serán nombrados en la Junta general de propietarios de la Acequia Mayor y el otro lo será por la de Marchena.

ARTÍCULO 184.

El cargo de Jurado es honorífico, gratuito y obligatorio. Podrán ser reelegidos anualmente, pero en este caso no es obligatorio la aceptación hasta que haya trascurrido un año.

Article 185.

La qualité de Juré est incompatible avec les fonctions de conseiller ou d'employé de l'une quelconque des Juntas.

Article 186.

Il sera nommé un nombre égal de Jurés suppléants qui siègeront en cas où pour cause d'absence, de maladie, d'incapacité ou de récusation, les Jurés ne seraient pas en nombre pour constituer le Tribunal.

Article 187.

Le jour qui suit la constitution des Juntas directrices, le Jury devra également être convoqué et constitué ; il désignera parmi ses membres un Président et un procureur. Ceux-ci devront être choisis parmi les propriétaires du canal Mayor.

Artículo 185.

Es incompatible el cargo de Jurado con el de Vocal ó dependiente de cualquiera de las Juntas directivas.

Artículo 186.

Se nombrará igual número de Jurados suplentes que ocuparán sus puestos en el caso de que por ausencia, enfermedad, incapacidad ó recusación no hubiera suficiente número de Jurados para constituirse el Tribunal.

Artículo 187.

Al dia siguiente de constituirse las Juntas directivas deberá tambien convocarse y constituirse el Jurado y hecho esto designará de sus individuos los que de ellos hayan de desempeñar los cargos de Presidente y Fiscal.

ARTICLE 188.

Le Président convoque le Jury aussitôt qu'il reçoit, par les présidents du Syndicat ou des Juntas, communication d'un fait justiciable.

Le Jury, après avoir pris connaissance de l'affaire, fera les citations nécessaires et fixera le jour, le plus prochain possible, pour rendre le jugement.

ARTICLE 189.

Le Jury tiendra ses séances et rendra ses jugements au local du canal Mayor et immédiatement après la répartition des eaux.

ARTICLE 190.

Le Jury devra se réunir chaque fois qu'il se présentera une réclamation, une dénonciation d'abus au sujet des eaux ou des servitudes des canaux. Les mêmes délais éta-

---

El nombramiento deberá recaer en individuos de los nombrados por los propietarios de la Acequia Mayor.

ARTÍCULO 188.

El Presidente del Jurado, tan luego reciba la comunicación de los Presidentes del Sindicato ó de las Juntas directivas participándole la comisión de un hecho justiciable, convocará el Jurado.

Este, despues de enterarse del asunto, hará las correspondientes citaciones y señalará el día más próximo posible para la celebración del juicio.

ARTÍCULO 189.

El Jurado celebrará sus reuniones y juicios en el local del Reparto de la Acequia Mayor é inmediatamente despues de terminado aquel acto.

ARTÍCULO 190.

El Jurado deberá reunirse siempre que se presente alguna queja ó denuncia por abusos cometidos en las aguas ó servidumbres de

blis pour la convocation des conseillers sont applicables
aux Jurés.

Article 191.

Le jugement sera prononcé oralement et en public; sa
constatation résultera d'un procès-verbal inscrit, par le
secrétaire du Syndicat, dans un livre *ad hoc.*

Les sentences sont prises à la majorité des voix et le
vote a lieu en public. En cas de parité, la voix du Président décide et les sentences sont sans appel.

Article 192.

La juridiction de ce Tribunal ne devra pas sortir des
limites qui lui sont tracées. Lorsque des faits dénoncés lui
paraissent constituer un délit ou une faute, le Jury en
informera le dénonciateur ou les présidents des Juntas
respectives, afin que ceux-ci fassent appel au Tribunal.

---

las acequias y regirán los mismos plazos establecidos para las
convocatorias de las Juntas directivas.

Artículo 191.

El juicio será verbal y público haciéndose constar su celebración
por medio de un acta que debará extender el Secretario del Sindicato en el Libro que llevará á el efecto.

Las sentencias deberán dictarse por mayoría de votos, mediante
votación pública, debiendo decidir en caso de empate el voto del
Presidente y serán siempre inapelables.

Artículo 192.

Si de la resultancia de los hechos denunciados apareciese la comisión de un delito ó falta, el Jurado lo manifestará asi al denun-
ciante ó á los Presidentes de las Directivas respectivas para que
acudan á los Tribunales de justicia, cuya jurisdicción jamás deber á
invadir.

ARTICLE 193.

La procédure de ces jugements sera réglée par les lois en vigueur pour les jugements de fautes (*faltas*).

ARTICLE 194.

Toutes les peines prononcées seront pécuniaires et les fonds qu'elles procureront iront à la caisse de la section intéressée ou à celle qui a souffert un préjudice.

CHAPITRE XIX.

Des fautes et des indemnités.

ARTICLE 195.

Outre les actions au criminel que les présidents des Juntas peuvent exercer contre quiconque commet une faute dans l'industrie des eaux appartenant aux sections, ils pourront aussi ouvrir une action privée, basée sur la

---

ARTÍCULO 193.

Toda la tramitación de estos juicios se acomodará á lo que señalan las leyes vigentes para la celebración de los juicios de faltas.

ARTÍCULO 194.

Todas las penas que se impongan serán pecuniarias y se aplicarán á los fondos de la Sección respectiva, ó á el perjudicado, por el daño ocasionado.

CAPÍTULO XIX.

De las faltas é indemnizaciones.

ARTÍCULO 195.

Además de las acciones criminales que los Presidentes de las Directivas pueden ejercer contra cualquiera individuo por los delitos ó faltas ocasionados en el ramo de aguas en las respectivas Secciones, podrá tambien ejercer una acción privada, bajo el

police des eaux et ses servitudes, contre les usagers de ces eaux ou autres personnes qui commettraient un acte dommageable pour la communauté et seraient soumises à sa juridiction.

Les peines à appliquer sont les suivantes :

1. Celui qui arrachera des herbes, jettera des pierres, détruira les bords des canaux ou rigoles, entravera le cours des eaux, fera paître des chevaux ou du bétail, payera une amende de 1 à 5 pesetas et le double de la valeur du dommage causé ;

2. Celui qui entravera l'entrée de l'eau dans les répartiteurs, brisera les constructions de ceux-ci, causera des irrégularités dans la distribution des eaux, payera 5 à 25 pesetas d'amende et le double du dommage causé ou de la fraude commise ;

3. Celui qui placera des pierres sur le fond du canal pour augmenter le volume entrant dans les répartiteurs,

---

aspecto de policia de las aguas y de sus servidumbres, contra todos los usuarios de las mismas ó personas que cometan algun hecho que redunde en daño de los intereses de la Comunidad y se sometan á su jurisdicción aplicándoles las siguientes penas :

1. El que arrancara hierbas, arrojase piedras, destruyeso las márgenes de las acequias ó brazales, entorpeciese el curso de las aguas ó entrara á pastar caballerías ó ganados pagará de 1 á 5 pesetas de multa y el duplo del daño causado.

2. El que entorpeciera la entrada del agua en los Partidores, rompiese sus obras, ó cometiose cualquier desarreglo en la distribución, 5 á 25 pesetas de multa y el duplo del daño ó fraude ocasionado.

3. El que colocare piedras en la solera de la acequia para aumentar la entrada de agua en los Partidores 25 pesetas en el duplo del daño ocasionado.

paiera 25 pesetas d'amende et le double du dommage causé;

4. Celui qui ouvrira dans les rigoles plus d'un pertuis pour l'admission de l'eau sur ses terres, alors que cela n'est pas indispensable, payera 1 à 5 pesetas;

5. Celui qui arrosera en dehors des limites de chaque répartiteur, sans en avoir fait la déclaration publique au moment de la répartition et en avoir obtenu l'autorisation, payera 25 pesetas ;

6. Le meunier qui contrarierait le cours régulier des eaux payera 5 à 50 pesetas.

CHAPITRE XX.

Dispositions transitoires.

ARTICLE 196.

Aussitôt qu'elles seront approuvées par l'autorité supérieure, les présentes ordonnances entreront en vigueur et il sera procédé à la constitution de la communauté en suivant les régles y établies.

---

4. El que abriere en los brazales más de una boquera para la entrada de agua en sus tierras, no siendo aquellas indispensables, de 1 á 5 pesetas.

5. El que regare agua fuera del coto de cada Partidor sin haber hecho pública manifestación de su propósito y esta haya sido aprobada en el acto del reparto 25 pesetas.

6. El molinero que entorpeciera el curso regular de las aguas de 5 á 50 pesetas.

CAPÍTULO XX.

Disposiciones transitorias.

ARTÍCULO 196.

Tan luego como estas Ordenanzas reciban la aprobación de la Superioridad, comenzarán á regir inmediatamente, procediéndose á la constitución de la Comunidad con sujeción á las disposiciones contenidas en las mismas.

ARTICLE 197.

La nomination des Juntas directrices et du Jury se fera sans attendre la date fixée pour l'assemblée générale ordinaire. Lorsqu'arrivera cette date, la moitié des personnes nommées, celles que le sort désignera, seront remplacées, ainsi qu'il est dit dans le présent règlement.

ARTICLE 198.

Dès que les Juntas seront constituées, elles feront le nécessaire pour renouveler les livres-registres de la propriété des eaux dans les deux sections.

ARTICLE 199.

Les présentes ordonnances seront imprimées sans retard, distribuées aux propriétaires et rendues publiques afin de porter leurs dispositions à la connaissance de tous ceux qui possèdent ou utilisent l'eau.

ARTÍCULO 197.

El nombramiento de las Juntas directivas y del Jurado se hará sin esperar la fecha señalada para la celebración de la Junta general ordinaria, cesando la mitad de ellos, designados por la suerte, cuando llegue el dia de la celebración de aquella segun lo establecido por estas Ordenanzas.

ARTÍCULO 198.

nmediatamente que se constituyan las Juntas directivas se harán los trabajos necesarios para la renovación de los libros registros de la Propiedad de Agua en ambas Secciones.

ARTÍCULO 199.

Se imprimirán estas Ordenanzas inmediatamente y se repartirán á los propietarios y se harán tambien públicos por los medios adecuados á fin de que sus disposiciones sean conocidas de todos los que tienen propiedad ó aprovechen las aguas.

VI.

LORCA.

**OASIS AVEC BARRAGES-RÉSERVOIRS ;
VENTE AUX ENCHÈRES.**

VI.

HUERTA DE LORCA dans l'Espagne sèche, huerta dont on a voulu améliorer les irrigations par la construction de deux barrages-réservoirs, barrage de Valdeinfierno et barrage de Puentes : les modifications, complications et difficultés administratives qui en sont résultées sont révélées par les modifications du règlement de 1859 et par les articles auxquels il est actuellement dérogé.

Réglement du Syndicat d'irrigation de Lorca.

(Approuvé le 3 février 1859) (1).

CHAPITRE 1er.

De l'Administration des irrigations.

ARTICLE PREMIER.

L'Administration et le régime des irrigations de Lorca comprend les eaux des rivières Luchena, Turrillas et

(1) Les modifications postérieures à 1859 sont introduites entre parenthèses à la suite des articles qu'elles concernent.

VI.

Reglamento del sindicato de riegos de Lorca.

(Aprobado por R. O. de 2 de Febrdro de 1859).

CAPÍTULO I.

De la administracion de los riegos.

ARTÍCULO 1.

La administración y régimen de los riegos de Lorca comprende las aguas de los rios Luchena, Turrillas y Velez, que forman el

Velez qui forment le Guadalentin ; celles de la Paca et de la Presa, ainsi que les autres eaux qui seraient acquises dans la suite ; celles des réservoirs de Valdeinfierno et de Puentes ; lorsque ce dernier sera préparé à cet effet, on traitera avec le gouvernement.

(L'Etat ayant concédé, par D. R. du 13 juin 1879, l'exploitation du réservoir de Puentes à une autre entreprise, les eaux des deux réservoirs ont été distraites de l'article 1er).

ARTICLE 2.

Ces eaux serviront à irriguer les terrains de Alcalá, Sutullena et Alberquilla, Altritar, Serrata, Hornillo, Tercia, Albacete et Real.

Guadalentin ; la de los alumbramientos de la Paca y la Presa, con los demás que en lo sucesivo se realizaren ; la del Pantano de Valdeinfierno y el de Puentes, cuando este último esté habilitado, para lo cual se contratará con el Gobierno.

(El precedente artículo ha quedado sin efecto en lo que se relaciona con las aguas de los pantanos de Valdeinfierno y de Puentes, por haber concedido el Estado la explotación del último de ellos, á la Empresa que actualmente disfruta su aprovechamiento, en la forma y bajo las condiciones establecidas por el Real Decreto de 13 de Junio de 1879).

ARTÍCULO 2.

Con las expresadas aguas se beneficiarán los heredamientos de Alcalá, Sutullena y Alberquilla, Altritar, Serrata, Hornillo, Tercia, Albacete y el Real.

ARTÍCULO 3.

La administración de dichos riegos estará á cargo del Sindicato, en la forma que establecerá este Reglamento.

ARTICLE 3.

L'Administration de ces irrigations sera confiée au Syndicat, en la forme que ce règlement indiquera.

ARTICLE 4.

Le Syndicat se composera de : un Directeur, nommé par S. M., lequel aura les attributions de juge des eaux, et de neuf membres élus comme il sera dit plus loin. Quatre de ceux-ci devront appartenir à la classe des propriétaires des eaux et cinq à la classe des irrigants et propriétaires fonciers dans la zone accessible aux eaux.

(Cet article a été modifié deux fois : d'abord par D. R. du 11 juillet 1887 prescrivant que le délégué royal (Directeur) devra être ingénieur en chef des Caminos Canales et Puertos, ensuite, par D. R. du 2 juillet 1884

ARTÍCULO 4.

El Sindicato se compondrá de un Director de nombramiento de S. M., que reunirá el carácter de Juez de Aguas, y nueve interesados elegidos en los términos que se dirá, y que deberán pertenecer cuatro á la clase de dueños de los valores de aguas, y cinco á la de regantes y terratenientes en la zona del regadio.

(Este artículo ha sufrido dos modificaciones. La primera, por haber confiado el R. D. de 11 de Julio de 1887 la dirección del Establecimiento á un Delegado Regio que, teniendo iguales atribucio nes y debiendo reunir las mismas circunstancias personales que el Director, ha de ser Ingeniero Jefe del Cuerpo de Caminos, Canales y Puertos.

Y la segunda modificación, por Real Orden de 2 de Julio de 1884 que declaró Vocal nato de la Corporación al Representante de la Sociedad concesionaría del Pantano de Puentes; siendo por lo tanto, diez el número de Sres. Sindicos en la actualidad, y teniendo todos ellos las mismas facultades y prerrogativas.)

ajoutant comme 10ᵉ syndic et à vie le représentant de la Société du réservoir de Puentes).

CHAPITRE II.

Du Directeur.

ARTICLE PREMIER.

Les attributions du Directeur sont :

1° La représentation du gouvernement dans le Syndicat;

2. La présidence journalière de la vente des eaux au local Alporchon, de celle des séances d'adjudication de toutes les taxes que perçoit l'établissement, des matériaux, travaux et autres qui sont nécessaires à la bonne administration;

3. L'exécution des résolutions du Syndicat et la gestion administrative de l'établissement en tout ce qui touche à l'économie et au gouvernement;

CAPÍTULO II.

Del Director.

ARTÍCULO 1.

Corresponde al Director :

1. La representación del Gobierno en el Sindicato.

2. La presidencia diaria de la venta de las aguas en el Alporchon, la de las subastas de todos los arbitrios que percibe el establecimiento, la de los materiales, obras y demás que sean necesarias para la mejor administración del mismo.

3. La ejecución de todos los acuerdos del Sindicato y la gestión de la administración en todo lo económico y gubernativo del establecimiento.

4. La représentation, devant la justice, de la communauté des irrigants et la défense de leurs droits.

ARTICLE 2.

Il présidera les réunions ordinaires et extraordinaires des syndics.

ARTICLE 3.

Il signera, pour leur validité, les livres des enchères journalières de eaux, les copies qui seront affichées pour le public, les documents de garantie qui se délivrent aux adjudicataires des eaux et il autorisera tous les payements qui se font par la Trésorerie.

ARTICLE 4.

Il gardera une des trois clefs du coffre-fort où sont déposés les fonds de l'Administration.

ARTICLE 5.

A la fin de chaque année, il arrêtera les comptes de

---

4. La representación en los Tribunales del común de regantes y el sostenimiento de sus derechos.

ARTÍCULO 2.

Presidirá la Junta de Sindicos en sus sesiones ordinarias y extraordinarias.

ARTÍCULO 3.

Autorizará con su firma los libros de las subastas diarias de las aguas, las copias que de ellas se fijan al público, los documentos de resguardo que se libren á los compradores de las mismas y todos los pagos que se hagan de los fondos de la Depositaria.

ARTÍCULO 4.

Conservará en su poder una de las tres llaves del arca principal de hierro donde se custodian los caudales de la administración.

l'Administration, les soumettra à la censure du Syndicat et, après approbation, les fera imprimer et publier pour en remettre un exemplaire à chacun des participants au produit des eaux. Les originaux resteront exposés au public pendant quinze jours ; après ce délai ils seront envoyés au Gouverneur de la province, pour être soumis au Conseil ; le Gouverneur les transmet, avec son avis, au gouvernement qui donne la dernière approbation.

(Le Syndicat ayant cessé d'exister, en vertu du D. R. du 11 juillet 1887, les comptes ne sont plus imprimés ni distribués.)

Article 6.

Pour l'exécution d'un ouvrage ou d'un travail qui sort de l'entretien ordinaire, le Directeur ordonnera l'instruction de l'affaire, avec consultation des intéressés, lorsque la dépense leur incombera ; l'instruction portera sur la nécessité ou la convenance de faire le travail, sur le rap-

---

Artículo 5.

Al fin de cada año formará las cuentas de la administración, las que someterá á la censura del Sindicato. y con ella dispondrá su impresión y publicación, dando un ejemplar á cada uno de los partícipes en los valores de las aguas, y exponiendo los originales al público por quince dias, las remitirá al Gobernador de la provincia para que el Consejo las examine y con su dictamen las eleve al Gobierno para su ultimación.

(Habiendo cesado el Sindicato en la administración de las aguas de particulares, en virtud del Real Decreto de 11 de Julio de 1887, no se imprimen ya estas cuentas, ni se entrega un ejemplar de ellas á cada partícipe en los valores de dichas aguas.)

Artículo 6.

Para la ejecución de cualquiera obra ó trabajo que no sea de los ordinarios, dispondrá la instrucción do un expediente con audien-

port ou l'avis du Syndicat, sur le devis et l'approbation de l'ingénieur, si le projet n'émane pas de lui. Tout étant conforme et la dépense ne dépassant pas 10,000 réaux, le Directeur juge des eaux l'approuvera. Pour une dépense s'élevant de 10 à 50,000 réaux, il faut l'approbation du Gouverneur de la province et au delà de 50,000 réaux celle du gouvernement. Moyennant ces formalités, l'ouvrage sera effectué et son coût sera couvert par la caisse commune, s'il incombe au Syndicat. Si, au contraire, le travail incombe à des particuliers, on procédera dans la forme établie, pour en recouvrer la dépense. En cas de refus de la part des imposés, le Directeur les mettra en demeure comme pour les curages, en vertu du D. R. du 21 février 1853, modifiant l'art. 4, chapitre 10 des ordonnances en vigueur.

(Cet article a reçu une nouvelle rédaction par D. R. du 20 novembre 1860.)

---

cia de los interesados, cuando á ellos correspónda su pago, donde resulte préviamente justificada la necesidad ó conveniencia de la obra, el informe ó dictámen del Sindicato, el presupuesto de su coste y la conformidad del Ingeniero, si el proyecto no fuere formado por él. Este expediente, si el importe de la obra no excede de diez mil reales, lo aprobará, si así procediera, el Director Juez de aguas, si pasare de dicha suma y no excediese de la de cincuenta mil reales lo remitirá al Gobernador de la provincia para su aprobación, si la mereciere; y tratándose de mayor cantidad se elevará al Gobierno de S. M. con el mismo objeto. Con tales requisitos se ejecutará la obra, y su gasto, si corresponde al Sindicato, se abonará por el fondo á que pertenezca, y si á particulares se procederá á su cobranza en la forma establecida. Si resultase resistencia al pago por los obligados, los apremiará el Director en los términos que para las mondas sé determinó en la Real Orden de 21 de Febrero de 1853, al modificarse en art. 4 del capítulo 10 de las Ordenanzas vigentes.

ARTICLE 7.

Il appartient au Directeur d'instruire les demandes
d'établissement de fabriques mues par l'eau de la communauté. Ses conclusions devront, autant que possible, s'ins-
pirer des prescriptions du D. R. du 14 mars 1846. Le
rapport du directeur, joint à celui du Syndicat, passe au
Gouverneur de la province, qui concède ou refuse l'autorisation, aprés avoir entendu l'ingénieur en chef de la province et le Conseil provincial.

(Actuellement ces instructions sont réglées par la loi des
eaux.)

ARTICLE 8.

Le même Directeur autorisera, avec avis conforme du
Syndicat, les prises d'eau trouble dans les fossés de la
communauté.

(Este artículo quedó redactado en la forma transcrita, por Real
Orden de 20 de Noviembre de 1860.)

ARTÍCULO 7.

Corresponde al Director la instrucción del oportuno expediente
para el establecimiento de artefactos movidos por las aguas comunes. Estos expedientes deberán atemperarse, en lo posible, á las
prescripciones de la Real Orden de 14 de Marzo de 1846, y con el
informe del Sindicato se remitirán ál Gobernador de la provincia,
quien concederá ó negará el permiso oyendo al Ingeniero Jefe de
la provincia y al Consejo provincial.

(En la actualidad deben instruirse los expedientes á que se refiere el artículo anterior, conforme á las prescripciones de la Ley
de aguas vigente en todo lo que esta ha derogado la R. O. de 14
de Marzo de 1846.)

ARTÍCULO 8.

El mismo Director, previa conformidad del Sindicato, autorizará

Article 9.

Lorsqu'on projette un ouvrage neuf touchant à la distribution des eaux, le Directeur convoquera, en nombre qu'il croira nécessaire, les propriétaires des terres affectées par l'ouvrage, et ceux-ci, joints au Syndicat, émettront un avis qui sera consigné dans le dossier de l'instruction.

Article 10.

Le Directeur proposera au gouvernement la nomination du Secrétaire et de quatre employés à la comptabilité et au secrétariat. La nomination et la révocation — quand il le jugera nécessaire — des autres employés de l'établissement rentrent dans les attributionsdu Directeur, qui en fait part au Gouverneur de la province.

(Article modifié par D. R. du 6 septembre 1887).

---

el uso de boqueras de aguas turbias en los cáuces de la Comunidad.

Artículo 9.

El Director, siempre que se proyecte una obra nueva que afec_te á la distribución de aguas, convocará el número de interesados que juzgue necesarios del heredamiento á que pertenezca aquella, para que, asociados al Sindicato, emitan su dictámen, el cual se hará constar en el expediente que se instruya.

Artículo 10.

El Director propondrá al Gobierno el nombramiento de Secretario y cuatro Oficiales de la Contaduria y Secretaría; siendo de las atribuciones del mismo el de los demás empleados del establecimiento, del cual, asi como de su separación cuando la juzgue necesaria, dará cuenta al Gobernador de la Provincia.

(El precedente artículo ha sido modificado por R. O. de 6 de Septiembre de 1887, que varió la plantilla de empleados en la forma que se dirá despues al tratar de cada uno de ellos. En virtud

Article 11.

Pour être Directeur du Syndicat des irrigations de Lorca, il faut nécessairement réunir les qualités suivantes :

1. Etre majeur ;

2. Avoir des connaissances spéciales d'administration et d'agriculture, particulièment d'irrigations;

3. Ne pas être né à Lorca;

4. Ne pas être marié à une femme de cette ville;

5. N'avoir aucune participation dans les eaux, n'être ni propriétaire, ni cultivateur de terres irriguées sur le territoire de la ville.

Article 12.

Il y aura un Sous-Directeur nommé par le gouvernement dans le Syndicat et sur une liste de trois noms pro-

---

de esta reforma, corresponde al Delegado proponer al Gobierno el nombramiento del Secretario, de los dos Oficiales segundos y de los dos Oficiales Auxiliares. En lo restante ha quedado vigente el artículo.)

Artículo 11.

Para ser Director del Sindicato de Riegos de Lorca, se necesita indispensablemente reunir las cualidades siguientes :

1. Ser mayor de edad.

2. Poseer conocimientos especiales en administración y agricultura, particularmente en materia de riegos.

3. No ser natural de Lorca.

4 No estar casado con muger de aquella ciudad.

5. No ser dueño de valores de aguas, ni propietario ó cultivador de tierras de regadio, en dicha población ó su término.

posés par le Directeur. — Le Sous-Directeur remplace celui-ci en cas d'absence, d'empêchement ou de vacance il jouit des mêmes droits et prérogatives, et est tenu aux mêmes obligations que le Directeur. Les fonctions de Sous-Directeur sont honorifiques et triennales.

(Article réformé par D. R. du 22 Mars 1892, qui charge le Syndicat de la nomination du Sous-Directeur. — Le 11 avril 1892, les syndics ont décidé d'occuper le poste à tour de rôle et en ordre d'âge, chacun occupant les fonctions pendant six mois).

CHAPITRE III.

De l'Organisation et des Attributions du Syndicat.

Article premier.

Les membres du Syndicat seront élus par les intéressés

Artículo 12.

Habrá además un Subdirector nombrado por el Gobierno, pero del seno del Sindicato y á propuesta en terna del Director, para que le sustituya en ausencias y enfermedades y vacantes, gozando de las mismas facultades y prerrogativas que éste y con iguales obligaciones. El cargo del Subdirector será honorífico y trienal.

(Este artículo, que se adicionó al Reglamento por R. O. de 30 de Junio de 1866, ha sido despues reformado por otra R. O. de 22 de Marzo de 1892, en la que se dispone que el cargo de Subdirector no sea de nombramiento del Gobierno, sino que ha de recaer en todos los Sres Sindicos, quienes turnarán en su desempeño en la forma y orden que el Sindicato determine.

Y en sesión que la Corporación celebró el 11 de Abril de 1892 para dar cumplimiento á dicha R. O., se acordó que el turno se establezca por orden de edades, de mayor á menor, y que la duración del cargo sea de seis meses.)

à l'irrigation, c'est-à-dire les propriétaires des eaux, les cultivateurs utilisant les eaux en les achetant à l'adjudication et les propriétaires de terres accessibles aux eaux.

ARTICLE 2.

Pour être syndic, il est indispensable d'être domicilié à Lorca. La charge est incompatible avec les fonctions de conseiller et de fonctionnaire public, en ne considérant pas comme tels les *aforados*.

ARTICLE 3.

La charge de syndic est honorifique, gratuite et facultative.

ARTICLE 4.

Le Syndicat se renouvelle par moitié tous les trois ans;

CAPÍTULO III

De la organización y atribuciónes del Sindicato.

ARTÍCULO 1.

Los individuos del Sindicato serán elegidos por los interesados en el riego, que lo son los dueños de valores de aguas, los labradores regantes que las aprovechan por medio de compra en subasta y los propietarios de tierras en el curso del regadío.

ARTÍCULO 2.

El cargo de Vocal del Sindicato es incompatible con el de Concejal y empleado público, no entendiéndose por tales los aforados. Para ejercero se necesita indispensablemente ser vecino de Lorca.

ARTÍCULO 3.

El cargo de Sindico es honorífico, gratuito y voluntario.

la première série sortante comprendra deux syndics propriétaires d'eaux et trois irrigants ou propriétaires terriens, désignés par le sort.

ARTICLE 5.

Seront électeurs et éligibles : les personnes qui, étant majeures, seront en outre possesseurs d'une partie des eaux rapportant, pour un terme de cinq ans, une rente annuelle de 1,000 réaux vellon;

Les propriétaires de terres soumises à l'irrigation et rapportant 500 réaux;

Les cultivateurs qui payent 100 réaux de contribution du chef de leur culture dans la zone irriguée.

Seront considérés comme biens de l'électeur, dans l'évaluation de la rente ou contribution, ceux de la femme tant que subsiste la communauté conjugale et ceux des enfants tant que le père en est le légitime administrateur. Sont

---

ARTÍCULO 4.

El Sindicato se renovará por mitad cada tres años, saliendo en la primera renovación dos Síndicos de la clase de dueños de valores de aguas y tres de la de regantes y terratenientes, designados por la suerte.

ARTÍCULO 5.

Serán electores y elegibles los mayores de edad que sean además dueños de valores de las aguas que por un quinquenio reunan la renta anual de mil reales vellón procedente de dichos valores.

Propietarios de tierras en el regadío que reunan la de quinientos reales.

Labradores regantes que por razon de su cultivo en el regadío, paguen cien reales de contribución.

Se considerarán como bienes propios para el cómputo de la renta ó contribución, los de las mugeres mientras subsista la sociedad conyugal, y los de los hijos mientras los padres sean legítimos

considérés comme majeurs, pour l'exercice du droit électoral, les citoyens âgés de 25 ans et ceux de 18 ans accomplis qui sont chefs de famille.

(Le D. R. du 3 novembre 1893 a réduit à 50 pesetas la rente de 1,000 réaux au 1er §.)

Article 6.

Le vote sera personnel. Les absents au moment de l'élection pourront se faire remplacer moyennant procuration authentique dans la forme légale.

Article 7.

Le Directeur du Syndicat aura droit de vote, comme représentant du gouvernement pour les propriétés domaniales données en usufruit au Syndicat.

Article 8.

Le Directeur, avec le concours de quatre syndics choisis

---

administradores de ellos. Se entiende por mayores de edad para el ejercicio del derecho electoral : primero, los mayores de veinte y cinco años ; segundo, los que teniendo diez y ochos años cumplidos sean jefes de familia.

(El párrafo primero del artículo anterior ha quedado redactado, para lo sucesivo, en esta forma : « Serán electores y elegibles los mayores de edad que sean además dueños de valores de las aguas que, por un quinquenio, reunan la renta anual de cincuenta pesetas procedente de dichos valores. R. O. 3 Noviembre 1893.)

Artículo 6.

El sufragio será personal. Los ausentes al tiempo de la elección podrán emitir su voto por medio de procurador autorizado en forma legal.

Artículo 7.

El Director del Sindicato tendrá derecho á votar como represen-

par lui, réunira tous les antécédents qu'il croira nécessaires et formera la liste électorale les années où il y a
élection. La liste sera affichée publiquement le 1ᵉʳ novembre et les réclamations seront reçues jusqu'au 15. Le Syndicat prononcera sur celles-ci dans le délai strict de 8 jours
et les évincés pourront, jusqu'au 30, porter recours au
Gouverneur de la province ; celui-ci, à son tour, jugera
définitivement avant le 15 décembre, après avoir entendu
le Conseil provincial.

ARTICLE 9.

L'élection aura lieu au local de Alporchon, le premier
dimanche qui suit le 15 décembre. Le bureau sera composé du Directeur comme Président et de deux syndics
comme Secrétaires scrutateurs avec la présence des autres
membres du Syndicat qui veulent y assister. Le Directeur informera, officiellement et 8 jours d'avance, le Gou-

---

tante del Gobierno por las propiedades del Estado que conserva el
Sindicato en usufructo.

ARTÍCULO 8.

El Director y cuatro Vocales del Sindicato, elegidos por él, tomando cuantos antecedentes sean necesarios, formarán la lista electoral
todos los años en que deba haber elección. Esta lista se fijará al
público el dia 1 de Noviembre, admitiéndose hasta el 15 las reclamaciones que resolverá el Sindicato en el término improrrogable
de ocho dias, quedando á los agraviados el recurso de apelación
hasta el dia 30 ante el Gobernador de la provincia, quien fallará
definitivamente, oyendo al Consejo Provincial, antes del 15 de
Diciembre.

ARTÍCULO 9.

La elección tendrá lugar el primer domingo despues del citado
dia 15 de Diciembre en el local del Alporchón, constituyendo la

verneur de la province pour le cas où celui-ci voudrait présider lui-même l'opération.

ARTICLE 10.

Le vote commencera à 9 heures du matin pour se clôturer à 4 heures du soir si, avant cette heure, tous les électeurs n'ont pas émis leurs suffrages. Le bureau dépouillera le scrutin, le Président lisant chaque bulletin à haute voix. Les bulletins ne devront pas porter plus de noms qu'il y a de syndics à nommer et si le cas se présente, seuls les votes donnés aux premiers noms dans l'ordre inscrit seront valables. Les bulletins portant moins de noms que de membres à élire sont valables.

ARTICLE 11.

Le scrutin terminé, le Président proclamera élus ceux qui ont obtenu le plus grand nombre de voix. Les bulletins

---

mesa el Director y dos Vocales del Sindicato, aquel como Presidente y estos como Secretarios escrutadores, y asistiendo todos los demás Sindicos que quieran concurrir. El Director oficiará con ocho dias de anticipación al Gobernador de la provincia por si quisiere presidir por sí mismo la eleccion.

ARTÍCULO 10.

La votación principiará á las nueve de la mañana y se dará por terminada á la cuatro de la tarde, si antes no se hubiesen presentado á emitir su sufragio todos los electores. La mesa hará el escrutinio, leyendo el Presidente en alta voz cada papeleta, la cual no deberá contener mas nombres que los correspondientes al número de Vocales que deban elegirse. Si contuviere mas solo valdrán los primeros en orden ; si menos, serán válidos todos.

ARTÍCULO 11.

Terminado el escrutinio, el Presidente publicará los nombres de

seront détruits et l'on affichera publiquement la liste des électeurs qui ont pris part à l'élection et une seconde liste portant le nombre des votes obtenus par chacun des candidats.

ARTICLE 12.

Le jour qui suit l'élection, le Directeur enverra le procès-verbal au Gouverneur de la province qui, le Conseil provincial ayant été entendu, prononcera sur la validité de l'élection ; il communiquera sa décision au Directeur avant le 25 du mois.

ARTICLE 13.

Si l'élection est annulée, le Gouverneur fixera la date de la nouvelle élection, qui se fera en observant toutes les formalités prescrites par ce règlement. Entretemps les syndics qui devaient être remplacés continueront leurs fonctions.

---

los que hayan sido elegidos por haber obtenido mayor número de votos; se inutilizarán las papeletas y se fijarán al público dos listas, una de los electores que hayan tomado parte en la elección y otra del número de votos que haya obtenido cada candidato.

. ARTÍCULO 12.

Al dia siguiente de la elección el Director remitirá el acta al Gobernador de la provincia, el cual, oyendo al Consejo provincial, resolverá sobre la validéz de aquella, comunicando su resolución al propio Director antes del dia 25, precisamente.

ARTÍCULO 13.

En el caso de declararse nula la elección, el Gobernador señalará el dia en que haya de procederse á otra nueva, en la cual se observarán todas las formalidades establecidas por este Reglamento, coutinuando entre tanto en sus cargos los Vocales del Sindicato que debieran ser reemplazados.

ARTICLE 14.

L'élection étant validée, on affichera les noms des nouveaux syndics et le Directeur donnera avis de leur nomination, afin qu'ils prennent possession de leur siège le 1ᵉʳ janvier suivant.

ARTICLE 15.

En cas de démission ou de décès de quelques membres du Syndicat, il n'y aura pas d'élection partielle, à moins que les circonstances l'exigent ou que le gouvernement de S. M., sur l'avis du Gouverneur, n'en dispose aut   t.

ARTICLE 16.

Dans sa première séance de chaque année, le Syndicat fixera les jours des réunions qui ont lieu une fois par semaine.

Il se réunira extraordinairement autant de fois que le demanderont le Directeur ou la majorité des membres.

ARTÍCULO 14.

Acordada la validéz de la votación se fijará el público lista expresiva de los nuevos Vocales, á los cuales comunicará además su nombramiento el Director para que concurran á tomar posesión de sus cargos el dia 1 de Enero siguiente.

ARTÍCULO 15.

En el caso de renunciar ó fallecer algunos de los Síndicos, no se procederá á elección parcial á menos que así lo exijan las circunstancias, ó lo disponga el Gobierno de S. M., á consulta del Gobernador de la provincia.

ARTÍCULO 16.

El Sindicato se reunirá una vez á la semana, previo señalamiento de dias que se hará en la primera sesión de cada año. Tendrá además reuniones extraordinarias siempre que lo juzgue necesario el Director ó lo pida la mayor partes de los Vocales.

(Le D. R. de 1879 disposait que si une première convocation ne réunissait pas le nombre suffisant de membres, on en ferait successivement une deuxième, une troisième, autant qu'il serait nécessaire, étant entendu qu'il faut la présence d'un tiers plus un du nombre total des membres pour que les résolutions prises soient valables.)

Article 17.

Le Syndicat a pour attribution principale de délibérer sur les questions qui ont motivé son institution.

Article 18.

Il examinera de même tout ce qui se rapporte à la conservation et à l'amélioration des canaux, la distribution des eaux, les fourrages, les plantations, les locations et les échanges. Il aura connaissance, en outre, de toutes les mutations et transactions qui se font entre particuliers

---

(Por R. O. de Agosto de 1879 se dispuso que si no se reunen en la primera convocatoria suficiente número de Vocales, se cite para una segunda y sucesivamente para cuantas sea necesario : en la inteligencia de que los acuerdos que se adopten no serán válidos mientras no concurra la tercera parte, mas uno, del número total de Síndicos.)

Artículo 17.

Corresponde al Sindicato, por punto general, la deliberación acerca de los ramos que son objeto de su establecimiento.

Artículo 18.

Deliberará asimismo el Sindicato sobre todo lo que tenga relación con la mejora y conservación de las acequias, distribución de aguas, pastos, arbolado, ariendos y permutas ; dándosele además conocimiento de todas las transmisiones de dominio y transacciones

relativement aux eaux. Le Syndicat soutiendra les droits de la communauté des irrigants.

(Les eaux appartenant aux particuliers sont, depuis 1887, distraites de la comptabilité de l'établissement et le Syndicat ne s'occupe plus des transferts.)

ARTICLE 19.

C'est encore le Syndicat qui examine et vérifie les comptes de l'administration que le Directeur doit présenter à la fin de chaque année.

ARTICLE 20.

Enfin, il a le droit d'inspection et de surveillance sur tous les actes du Directeur ; il adresse au besoin des réclamations au Gouverneur et au gouvernement.

ARTICLE 21.

Ni le directeur, ni le Syndicat n'auront faculté de con-

---

que respecto á las aguas verifiquen los particulares. Cuidará tambien del sostenimiento de los derechos del común de regantes.

(Separadas de la contabilidad del Establecimiento los aguas de particulares en 1887, el Sindicato no toma ya razón de las transferencias que de las mismas hacen sus dueños.)

ARTÍCULO 19.

Corresponde igualmente al Sindicato el exámen y censura de las cuentas de la administración que en fin de cada año debe presentar el Director.

ARTÍCULO 20.

Corresponde, por último, al Sindicato el derecho de inspección y vigilancia sobre todos los actos del Director y el de reclamar en su caso al Gobernador de la provincia y al Gobierno de S. M.

ARTÍCULO 21.

Ni el Director ni el Sindicato podrán conceder el establecimiento

céder l'établissement de nouvelles irrigations : seul le gouvernement de S. M. pourra le faire.

CHAPITRE IV.

De la juridiction des eaux.

ARTICLE PREMIER.

La juridiction des eaux sera confiée au Directeur, qui, comme juge, aura à connaître de toutes les questions que les intéressés aux irrigations soulèvent entre eux à propos de l'observance du règlement, des manquements qui se commettent et des peines encourues. Ses jugements, qui devront s'appuyer sur un article précis de l'Ordonnance, seront sans appel. Les intéressés qui croiraient que cette loi n'a pas été observée pourront adresser une plainte au Gouverneur de la province.

---

de nuevos riegos. Esta atribución es exclusiva del Gobierno de S. M.

CAPÍTULO IV.

Del juzgado de aguas.

ARTÍCULO 1.

El Juzgado de aguas estará á cargo del Director, quien con este carácter, conocerá de todas las cuestiones que se susciten entre los interesados en los riegos sobre cumplimiento de las disposiciones de la Ordenanza y de las faltas que se cometan en los mismos, penadas por aquellas. Su fallo, que deberá fundarse en un artículo expreso de la Ordenanza, no tendrá apelación, pero si el recurso de queja para ante el Gobernador de la provincia, siempre que los interesados crean haberse faltado á dicha ley.

ARTÍCULO 2.

En los casos que puedan ocurrir que no estén previstos en la Or-

Article 2.

Pour les cas qui ne seraient pas prévus dans l'Ordonnance, le Directeur convoquera quatre membres du Syndicat, compétents dans la cause à juger et, d'après les déclarations des intéressés et l'opinion des syndics, le Directeur prononcera selon ce qui lui paraît juste. Le jugement sera exécuté sous la réserve du droit pour les intéressés de recourir au Gouverneur.

Article 3.

Toutes les décisions du tribunal des eaux seront transcrites chaque année sur un registre paginé et paraphé par le Président. Ces registres seront conservés aux archives de l'établissement.

---

denanza, el Director convocará á cuatro indivíduos del Sindicato conocedores de la materia de que se ha de tratar, y oyendo á los interesados y en vista del dictámen de dichos Síndicos, que hará constar, resolverá lo que estime justo, cuyo fallo se ejecutará reservando á los interesados el derecho de acudir ante el Gobernador de la provincia.

Artículo 3.

De todas las actuaciones que tengan lugar en el Juzgado de aguas se formará cada año un libro cuyas hojas estarán foliadas y rubricadas por el Director. Estos libros se custodiarán en el archivo del establecimiento.

CHAPITRE V.

Des fonds administrés par le Syndicat.

Article premier.

Le fonds des propriétaires des eaux est formé par le produit des Hilas, qui sont réparties, au nom de particuliers, entre divers domaines en suivant un ordre déterminé. La recette se répartira entre ces particuliers dans la forme établie par D. R. du 24 mars 1853.

(Le D. R. du 11 juillet 1887 a détaché de l'administration du Syndicat ce fonds des particuliers. Actuellement on continue à vendre au local Alporchón ces eaux dont le produit, sous déduction de 2 p. c. est perçu par le Trésorier de la « commission des propriétaires d'eaux ». Le délégué royal signe la pièce indiquant la valeur obtenue pour chacune des Hilas vendues.)

CAPÍTULO V.

De los fondos que administra el Sindicato.

Artículo 1.

El fondo de los dueños de los valores de las aguas lo compone el producto de las hilas que, entandadas en los respectivos heredamientos, salen á nombre de particulares, y su importe se distribuirá á estos en la forma que se determinó en la R. O. de 24 de Marzo de 1853.

(En el fondo de dueños de aguas quedó separado de la administración de este Sindicato, por R. D. de 11 de Julio de 1887. En la actualidad se continúan vendiendo en el Alporchón las aguas de particulares, y su importe, deducido el dos por ciento, lo percibe diariamente el Tesorero de la « Comisión de dueños de aguas » con nota firmada por el Sr. Delegado Regio, en la cual se expresa el valor alcanzado por cada una de las hilas vendidas.)

Les eaux du réservoir de Puentes sont aussi vendues par le Syndicat et le produit en est remis au Directeur avec la même retenue de 2 p. c. et la même formalité).

Article 2 (abrogé).

Le fonds connu anciennement sous le nom de « Comunas » sera conservé et comprendra les dotations suivantes :

1. Un quart et demi d'eau par jour, qui se vend à Sutullena ;

2. Une « casa » journalière d'eau dans la section de Tercia ;

3. Une « hila » appelée « nuit de surplus » dans celle d'Albacete ;

4. Les disponibilités éventuelles.

Article 3 (abrogé).

Seront à charge de ce fonds, les dépenses pour construc-

Tambien se subastan y venden por el Sindicato las aguas del pantano de Puentes, á cuyo Director se entrega el producto de ellas, con el mismo descuento y con iguales formalidades que al Tesorero de la « Comisión de dueños de aguas »).

Articulo 2.

El fondo que desde antiguo se conoce con el nombre de comunas subsistirá compuesto de las pertenencias siguientes :

1. Cuarto y medio de agua diario que se vende en Sutullena.

2. Una casa diaria de agua en el heredamiento de Tercia.

3. Una hila llamada Noche de más en el de Albacete.

4. Las fallas eventuales.   (DEROGADO)

Articulo 3.

A cargo de este fondo estarán los gastos de las obras y trabajos

tions et travaux prévus aux articles 19 à 28 inclus de l'ordonnance en vigueur ; les appointements des cinq commissaires-répartiteurs des biens irrigués ; le péon public et la conservation des maisons d'habitation des *fieles* de Alcalá, Tercia et Albacete.

Article 4 (abrogé).

Les dotations suivantes constitueront le fonds d'agriculture :

1. Le Chorro del Campo, qui se vend à la section d'Alberquilla;

2. La nuit d'Altritar, à celle de Tercia ;

3. La nuit du Real, à celle de Albacete ;

4. La « casa » journalière, appelée des impôts, à celle de Tercia ;

5. Les deux « casas » journalières, appelées première et deuxième des impôts, à celle de Albacete;

---

que expresan los articulo3 19 hasta el 28, inclusive, de la ordenanza de riegos vigente; los sueldos de los cinco fieles-partidores de los heredamientos del regadio; los guardas de vigilancia del mismo ; el del peón público y la conservación de las casas de habitación de los fieles de Alcalá, Torcia y Albacete.   (DEROGADO)

Artículo 4.

El fondo de agricultura lo compondrán las pertenencias siguientes :

1. El chorro llamado del Campo, que se vende en el heredamiento de la Alberquilla.

2. La noche de Altritar, en el de Tercia.

3. Idem la del Real, en el de Albacete.

4. Las casa diaria llamada de Impuestos, en el de Tercia.

6. Les eaux qui, appartenant à un domaine, se vendent à un autre et sont connues sous le nom d'éventuelles ;

7. Les 2 p. c. d'administration perçus sur le montant que perçoivent les intéressés ;

8. Le produit de la taxe sur l'eau-de-vie ;

9. Celui des roseaux du canal de Los Portillos;

10. Celui des joncs qui croissent sur les bords des rivières Luchena et Turrillas.

ARTICLE 5 (abrogé).

Seront à charge de ce fonds, outre les dépenses que stipule l'ordonnance en ses articles 11 à 18 inclus du chapitre 10 déjà cité : le paiement des appointements de tous les fonctionnaires de l'établissement non payés par le fonds des communes; tous les ouvrages considérés comme nécessaires, dans l'étendue irriguée, pour une meilleure distribution et utilisation des eaux, en vue d'un bénéfice

---

5. Las dos id. conocidas con el nombre de primera y segunda de impuestos, en el de Albacete.

6. La aguas que, perteneciendo á un heredamiento, se venden en otro y se conocen con el nombre de eventuales.

7. El 2 por ciento de administración del importe de los valores que perciben los interesados.

8. El producto del arbitrio de aguardiente.

9. El del cañar del Brazal de los Portillos.

10. El del junco que se cría en las márgenes de los rios Luchena y Turrillas. (DEROGADO)

ARTÍCULO 5.

A cargo de este fondo estará, además de los gastos que establece la Ordenanza en sus artículos del 11 al 18 inclusive del capítulo 10 antes citado, el pago de los sueldos de todos los funcionarios del Establecimiento que no satisface el de comunas, y cuantas obras se consideren necesarias en toda la extensión del regadio para la mejor distribución y aprovechamiento de las aguas que redunden

commun ; la conservation des édifices appelés aujourd'hui
Direction du Syndicat où sont les bureaux et l'habitation
du Directeur ; le local Alporchón, pour la vente des eaux;
le parc de l'établissement dans la rue du Colmenarico ;l'entretien et la réparation de la retenue et fontaine de Oro.

Sur ce fonds on prélèvera la somme nécessaire pour
combler le déficit que pourrait laisser celui des « Comunas »
en satisfaisant aux obligations qui lui sont assignées.

Article 6 (abrogé).

Le fonds des réservoirs est alimenté par le produit de
la vente des eaux du barrage et réservoir de Valdeinfierno et le produit de la location des terres et maisons de
Puentes.

Article 7 (abrogé).

Ce fonds devra subvenir aux dépenses d'extraction et

---

en beneficio común ; la conservación de las casas llamadas hoy
Dirección del Sindicato, donde están las oficinas y la habitación
del Director ; el Alporchón para la venta de las aguas ; el Parque
del establecimiento en la calle del Colmenarico, y la reparación y
conservación de la presa y fuente del Oro.

De este fondo se suplirá al de comunas el déficit que le pueda resultar para satisfacer las obligaciones que lleva señaladas.

(DEROGADO)

Artículo 6.

El fondo de los pantanos lo constituye el producto de las aguas
que se venden de la represa del de Valdeinfierno, y el arrenda-
miento de las casas y tierras del de Puentes.   (DEROGADO)

Artículo 7.

A cargo del mismo fondo estará el pago de los gastos en la ex-
tracción y venta de las aguas represadas, la conservación de los
edificios y el pago del empleado para su custodia.   (DEROGADO)

de vente des eaux retenues, de conservation des édifices et au payement des employés chargés de la garde.

Article 8 (abrogé).

Le fonds de la Zarzadilla consiste dans le produit de la « Casa journalière » qui se vend, sous son nom, à la section d'Alberquilla.

Article 9 (abrogé).

Sur ce fonds seront imputées les sommes nécessaires pour : l'entretien des sources, des aqueducs et des fontaines en vue d'une bonne alimentation publique; le salaire du garde attaché à ce service.

Article 10 (abrogé).

Le fonds de la « Prise d'eau » est formé par le produit de la vente des eaux provenant de son vannage;

Artículo 8.

El fondo de la Zarzadilla lo compone el producto de la casa diaria que, con su nombre, se vende en el heredamiento de la Alberquilla.   (DEROGADO)

Artículo 9.

A cargo de este fondo estará el entretenimiento de los manantiales, acueductos y fuentes para el mejor abastecimiento del público, y el pago del salario del guarda de las mismas. (DEROGADO)

Artículo 10.

El fondo de la Presa Toma del agua lo constituye el producto de las aguas que se vendan procedentes de su alumbramiento, y su inversión será estrictamente la que ordena la Real Orden de 4 de Noviembre de 1853.   (DEROGADO)

l'emploi en sera strictement fait selon l'arrêté royal du
4 novembre 1853.

(L'A. R. du 25 octobre 1888 a abrogé les articles 2 à
10 ci-dessus en réformant la comptabilité du Syndicat sur
les bases qui suivent.)

Bases de la Comptabilité des services du Syndicat des irrigations de Lorca.

1. La comptabilité des services confiés au Syndicat
d'irrigation de Lorca sera tenue dans les bureaux qu'il a
installés en sa maison de Direction ;

2. La comptabilité actuelle de ce Syndicat est réformée
et adaptée à la nouvelle répartition des dépenses entre
les membres de la communauté, conformément aux bases
qui suivent;

3. Est annulée la répartition des recettes et dépenses

(La R. O. de 25 de Octubre de 1888, derogó los artículos 2, 3, 4,
5, 6, 7, 8, 9 y 10, de este capítulo, estableciendo la nueva contabilidad del Sindicato, con arreglo á las bases que se copian á continuación.)

Bases para establecer la contabilidad de los servicios del Sindicato de Riegos de Lorca.

1. La contabilidad de los servicios encomendados á la gestión del
Sindicato de riegos de Lorca se llevará en las oficinas que el mismo tiene establecidas en su casa Dirección.

2. Se reforma la contabilidad vigente de este Sindicato de Riegos para adaptarla á la nueva distribución de gastos entre los partícipes de la comunidad que aquel representa, estableciéndola en
la forma que prescriben las bases subsiguientes.

3. Se anula la distribución de ingresos y gastos del Sindicato en

du Syndicat entre les cinq comptes actuels, ainsi désignés: Comunas, Agricultura, Zarzadilla, Presa de la Toma del Agua et Aumento de Regantes ;

4. A ces cinq comptes seront substitués désormais les quatre suivants : Zarzadilla, Particuliers, Communs et Frais généraux ;

5. Au compte Zarzadilla seront inscrites les recettes et dépenses se rapportant aux articles ci-après détaillés :

Recettes.

« Casa » d'eau dans la Zarzadilla.

Nuit de surplus dans Albacete.

Bouches d'eau particulières.

Concessions d'eau potable en général, quel que soit leur objet.

Amendes pour infractions aux ordonnances touchant l'aqueduc de la Zarzadilla, les tuyaux, fontaines publiques, usages particuliers, égouts.

---

las cinco cuentas que ahora se llevan, tituladas : Comunas, Agricultura, Zarzadilla, Presa de la toma del Agua y Aumento de regantes.

4. En sustitución de las cinco cuentas mencionadas en la base anterior, se llevarán en lo sucesivo las cuatro siguientes : Zarzadilla, Propios, Comunes y Gastos generales.

5. A la cuenta de la Zarzadilla se aplicarán todos los ingresos y gastos correspondientes á los conceptos que se detallan á continuación:

Ingresos.

Casa de agua en la Zarzadilla.

Noche de más en Albacete.

Grifos particulares.

Concesiones de aguas potables, en general, cualquiera que sea su objeto.

Dépenses.

Toutes celles qui résultent de l'entretien et de la conservation de la source de la Zarzadilla de Totana, de l'aqueduc du même nom, des conduites, fontaines publiques et des égouts.

Les salaires des gardes chargés de la surveillance et de la conservation de ces ouvrages.

6. Seront portés au compte « Propios » (particuliers) les recettes et dépenses suivantes :

Recettes.

Cinq « casas » d'eau qui forment le « Aumento de regantes » ou la quantité qui sera attribuée définitivement à cette division.

Un quart et demi journalier qui se vend à Sutullena pour le compte du Syndicat.

La « casa » dénommée « Chorro del Campo ».

Multas por infracción de las Ordenanzas en el acueducto de la Zarzadilla, cañerias, fuentes públicas, aprovechamientos particulares y desagües.

Gastos.

Todos los que ocasionen las reparaciones y conservación del manantial de la Zarzadilla de Totana, acueducto del mismo nombre, cañerias fuentes públicas y desagües.

Los sueldos de los guardas encargados de la conservación y vigilancia de estas obras.

6. Se llevarán á la cuenta de Propios los ingresos y gastos de los siguientes conceptos :

Ingresos.

Cinco casas de agua que constituyen el aumento de regantes, ó la cantidad que definitivamente se fije por este concepto.

Les disponibilités éventuelles dans les terres de Sutullena et Alberquilla.

Les amendes pour infractions aux ordonnances commises dans les dépendances de cette section.

Dépenses.

Toutes celles dues à la conservation des canaux de Alcalá et Sutullena.

Les ouvrages de la retenue à la Prise d'eau.

La « Fuente del Oro » avec sa retenue, sa galerie d'amenée et de décharge.

Les Sangradores de la côte de Ferrer et les ouvrages de défense des rives de la rivière.

Les appointements des commissaires-répartiteurs de Altritar, Alcala et Sutullena.

Cuarto y medio diarios que se venden en Sutullena por cuenta del Sindicato.

La casa titulada « Chorro del campo ».

Las fallas eventuales en los heredamientos de Sutullena y Alberquilla.

Multas por infracciones de las Ordenanzas en las obras y parte del regadío afectas á esta cuenta.

Gastos.

Todos los que origine la conservación de las acequias de Alcalá y Sutullena.

Las obras de la Presa de la toma del agua.

La Fuente del oro con su presa, galería de conducción y desagüe.

Los Sangradores de la cuesta de Ferrer y las obras de defensa de las márgenes del rio.

Los sueldos de los Fieles-partidores de Altritar, Alcalá y Sutullena.

7. On portera au compte « Comunes » (communs) :

Recettes.

Une « Casa » d'eau qui se vend journellement à Tercia pour le compte du Syndicat.

La nuit de Altritar à Tercia.

La nuit de Real à Albacete.

La « casa » de « Arbitrios » de Tercia.

Les deux « casas » de « Arbitrios » d'Albacete.

Une « casa » de la Presa à Tercia.

Deux « casas » de la Presa à Albacete.

Les disponibilités éventuelles et les eaux d'autres domaines qui se vendent à Tercia et Albacete.

L'impôt sur l'utilisation des eaux troubles de l'irrigation gratuite.

L'impôt payé par les irrigants sur les eaux claires achetées à l'Alporchón.

---

7. Se aplicarán á la cuenta de Comunes :

Ingresos.

Una casa de agua (acrecentada) que diariamente se vende en Tercia por cuenta del Sindicato.

La noche de Altritar en Tercia.

La noche del Real en Albacete.

La casa de Arbitrios de Tercia.

Las dos casas de Arbitrios de Albacete.

Una casa de la Presa en Tercia.

Dos casas de la Presa en Albacete.

Las fallas eventuates y las aguas de otros heredamientos que se venden en Tercia y Albacete.

El impuesto sobre el aprovechamiento de las aguas turbias del riego gratuito.

El impuesto á los regantes sobre las aguas claras que se compran en el Alporchón.

10 p. c. du produit brut de toutes les eaux, claires ou troubles, que vend la société du réservoir de Puentes.

Les amendes pour infractions aux ordonnances sur la rivière Guadalentin et les Terres de Tercia et d'Albacete.

Dépenses.

Tous les ouvrages nécessaires à la conservation des fossés et leurs « quijeros », des aqueducs, revêtements, défenses et autres travaux assurant le libre cours des eaux dans les fossés d'irrigation, comme aussi la conservation des ponceaux, passerelles et dallots.

La construction, réparation et conservation des répartiteurs, modules et vannages avec leurs installations et en général de tous les ouvrages servant à jauger les eaux vendues pour les distribuer avec équité ou les diriger sur les propriétés où leur emploi convient le mieux.

Les curages ordinaires et extraordinaires qui incombent aux « Comunes ».

El diez por ciento del producto bruto de todas las aguas claras y turbias que venda la Sociedad del Pantano de Puentes.

Multas por infracción de las Ordenanzas en el rio Guadalentin y en los heredamientos de Tercia y Albacete.

Gastos

Todas las obras necesarias para la conservación de los cauces y sus quijeros, acueductos, canales de paso, revestimientos, defensas y demás trabajos que exija el libre curso de las aguas por los cauces del regadío, así como la conservación de los pontones, alcantarillas y pasos de regantes.

La construcción, reparación y conservación de partidores, módulos y tablachos con sus correspondientes edificios; y en general de todas aquellas obras que sirvan para aforar las aguas vendidas, para distribuirlas con equidad, ó para dirigirlas por aquellos heredamientos ó alquerias donde tengan un empleo mas conveniente.

Le renouvellement des digues appelées « Torta »` et
« Contratorta » et les travaux pour recueillir les eaux
dans le lit du Guadalentin depuis le réservoir jusqu'à
Lorca.

Les changements et autres travaux que le Syndicat décidera de faire pour améliorer les fossés et canaux.

Les appointements des commissaires-répartiteurs et des
manœuvres de Tercia et Albacete, du garde des canaux
distributeurs et du garde de la rivière.

8. Seront compris dans les « Frais généraux » toutes
les dépenses qui ne s'appliquent pas uniquement et exclusivement à l'un des trois comptes précédents, comme les
frais du personnel et du matériel des bureaux du Syndicat
dont le montant sera divisé en 10 parts pour être portées :
1 au compte de Zarzadilla, 3 à celui de « Propios » et les
6 autres à « Comunes ».

9. On portera au compte de Zarzadilla la valeur de
l'emplacement dit de la « Plaza de toros » dont la vente

Las mondas ordinarias y extraordinarias de los comunes de los
riegos.

La renovación de los malecones designados con los nombres de
torta y contratorta y los trabajos para recoger las aguas en el cauce
del Guadalentin desde el Pantano hasta Lorca.

Las variaciones y demás obras que el Sindicato acuerde llevar á
cabo para mejorar las condiciones de los cauces.

Los sueldos de los Fieles-partidores y Manobreros de Tercia y
Albacete, el Guarda de brazales y el Guarda del rio.

8. Se aplicarán á la cuenta de Gastos generales todos aquellos
que no tengan aplicación única y exclusiva á alguna de las tres
cuentas anteriores, como sucede con el personal y material de las
oficinas del Sindicato, cuyo importe se dividirá en diez partes, una
de las cuales se cargará á la cuenta de la Zarzadilla, tres á la de
Propios y las seis restantes á la de Comunes.

est décidée par le Syndicat. Au compte « Propios » on inscrira le produit de la vente des autres propriétés, matériaux et objets que cet établissement possède actuellement, sans distinction de provenance.

Les autres recettes à provenir désormais de la vente de matériaux, outils ou objets, seront bonifiées au compte qui correspond à leur origine.

10. Les amendes pour infractions aux ordonnances entreront dans la caisse correspondante à l'endroit où l'infraction a été commise.

11. Au compte « Propios » on inscrira à part les recettes du quart et demi de Sutullena, de la « Casa » du Chorro del Campo et les disponibilités, afin de les compenser avec les frais de réparation et conservation du canal du Sutullena et de consacrer les autres revenus de ce compte aux autres charges de Propios et du Syndicat.

12. Lorsqu'on exécutera les travaux destinés à aug-

---

9. Se llevará á la cuenta de la Zarzadilla el importe del solar titulado de la Plaza de Toros, cuya venta tiene acordada el Sindicato ; á la de Propios el producto de la venta de las demás propiedades, materiales y efectos que posée en la actualidad aquel Establecimiento cualquiera que sea su procedencia, los demás ingresos que ocurran en lo sucesivo por ventas de material, efectos y herramientas se figurarán, segun su origen, en la cuenta correspondiente.

10. El impuesto de las multas por infracciones de las Ordenanzas, ingresará en la cuenta á que corresponda, segun el sitio donde se haya cometido la infracción.

11. En la cuenta de Propios se llevarán con separación los ingresos del cuarto y medio de Sutullena, la casa del Chorro del campo y las fallas á fin de nivelarlos con los gastos que origine la reparación y conservación de la acequia de Sutullena y atender con los demás ingresos de esta cuenta á las cargas restantes propias y exclusivas del Sindicato.

menter la capacité du canal de Sutullena et lorsque la société du réservoir vendra des eaux à cet établissement, les recettes mentionnées à l'article précédent, ainsi que les dépenses d'entretien du dit canal, passeront du compte « Propios » à celui des « Comunes ».

Ce dernier compte bénéficiera de même de l'impôt de 10 p. c. sur le produit brut des eaux que la société du réservoir vendra à la section de Sutullena.

13. Les 2 p. c. d'administration sur la valeur des eaux, que se partagent la trésorerie du Syndicat, les propriétaires particuliers et la société du réservoir, seront entièrement appliqués à l'extinction du déficit qui pèse sur cet établissement. On destinera aussi à ce même objet le solde créditeur du compte de « Comunes ».

On paiera en premier lieu l'arriéré dû au personnel actif de l'administration du Syndicat et ensuite les créances des propriétaires particuliers et de la Société du réser-

---

12. Cuando se ejecuten las obras necesarias para dar mayor capacidad á la acequia de Sutullena y la Sociedad del Pantano vende aguas en este establecimiento, los ingresos que se mencionan en el artículo anterior, así como los gastos de conservación de aquella acequia, pasarán de la cuenta de Propios á la de Comunes.

Asímismo ingresará en el fondo de esta última cuenta el impuesto del diez por ciento del producto bruto de las aguas que la Sociedad del Pantano venda en el heredamiento de Sutullena.

13. El dos por ciento de Administración de los valores de las aguas que vienen ingresando en la Tesorería del Sindicato los dueños particulares y la Sociedad del Pantano, se destinará íntegro á la extinción del deficit que pesa sobre Establecimiento, á cuyo objeto se destinará tambien todo el sobrante que resulte en la cuenta de Comunes.

Se satisfarán, en primer lugar, los haberes atrasados del personal activo de la administración del Sindicato y despues los créditos de los dueños particulares y de la Sociedad del Pantano, por orden

voir, en respectant l'ordre d'ancienneté des retenues de fonds, origine des créances.

Aussitôt ces créances liquidées, l'allocation des 2 p. c. cessera définitivement pour les particuliers comme pour la Société mentionnée ; le réglement des autres créances sera tenu en suspens jusqu'à ce que l'autorité prenne une résolution définitive à leur sujet.

14. Les dépenses de chaque compte se solderont par ses propres recettes. Le syndicat pourra, mais uniquement dans des circonstances exceptionnelles ou extraordinaires, et à la majorité absolue des voix, autoriser le transfert provisoire ou définitif de fonds du compte Zarzadilla à Propios et vice-versa, mais jamais du compte « Comunes » à l'un de ceux-là ou inversement. Pour ce faire, il faudra le consentement exprés de la Société du Réservoir ; et il faudra déterminer aussi la forme et les conditions dans lesquelles le remboursement se fera.

---

de antigüedades de las retenciones de fondos que los mismos representan.

Una vez extinguidos estos créditos, cesará definitivamente el abono del dos por ciento, así por los particulares como por la Sociedad mencionada, dejando en suspenso el abono de los haberes pasivos hasta que la Superioridad dicte una resolución definitiva sobre este particular.

14. Los gastos de cada cuenta se saldarán con sus proprios ingresos. Unicamente en circunstancias excepcionales ó extraordinarias podrá el Sindicato acordar por mayoría absoluta de votos el traspaso provisional ó definitivo de fondos de la cuenta de la Zarzadilla á la de Propios ó de esta á aquella ; pero nunca de la cuenta de Comunes á cualquiera de las dos anteriores ó vice-versa, sin expreso consentimiento de la Sociedad del Pantano y sin acordar la forma y condiciones de reintegro á la cuenta que haya sufrido el traspaso.

15. La Société du Réservoir aura le droit d'inspecter la comptabilité ; de demander au Directeur du Syndicat tous les précédents et renseignements qu'elle juge nécessaires pour s'assurer du bon emploi et de la distribution équitable des ressources du fonds de « Comunes » ; de pratiquer, au sein de la Corporation et par l'intermédiaire de son représentant qui y vote, les gestions qu'il estime opportunes pour obtenir l'observance des prescriptions touchant à ses intérêts.

Elle a le droit également d'assister aux adjudications correspondantes au fonds de « Comunes ».

16. Le Directeur du Syndicat devra présenter à la Corporation, dans la première réunion de chaque mois, un état détaillé par comptes et objets de toutes les recettes et dépenses du mois précédent, avec indication du solde en caisse ou du déficit, si c'est le cas. Le syndicat connaîtra ainsi mensuellement la situation économique de

---

15. La Sociedad del Pantano tendrá el derecho de inspeccionar la contabilidad, de pedir á la Dirección del Sindicato cuantos datos y antecedentes juzgue necesarios para asegurarse del buen empleo y distribución de los recursos que constituyen el fondo de Comunes y de hacer en el seno de la Corporación por conducto de su Representante, como Vocal de ella, las gestiones que estime oportunas á fin de exigir el cumplimiento de las prescripciones que afectan á sus intereses.

Asimismo tendrá el derecho de asistencia á las subastas correspondientes al fondo de Comunes.

16. El Director del Sindicato tendrá el deber de presentar á la Corporación en la primera sesión que celebre cada mes un estado detallado por cuentas y conceptos de todos los ingresos y gastos que hayan ocurrido durante el mes anterior con indicación de la existencia en caja y déficit si lo hubiere, á fin de que el Sindicato conozca mensualmente la marcha económica del Establecimiento,

l'établissement, il ordonnera les réparations qu'il estimera opportunes et, suivant cette situation, il décidera quant aux dépenses à autoriser dans la suite.

17. Toutes les quittances, tous les ordres et documents de payements porteront l'indication du compte auquel se rapporte la recette ou la dépense ; les inscriptions aux livres se feront avec l'ordre et la clarté voulus pour en tirer facilement les recettes et dépenses afférentes aux divers articles de chaque compte.

18. Le compte « frais généraux » sera liquidé chaque mois en appliquant aux trois autres comptes la part revenant à chacun d'eux, conformément à ce qui est prévu à la base 8.

19. Pour les adjudications, pour la formalité de remise de fonds ou de paiement, comme pour toutes les autres opérations de comptabilité, on continuera à observer les règles qui régissent cet établissement.

---

haga los reparos que estime oportunos y le sirva de norma en sus resoluciones sobre los gastos que deben acordarse para lo sucesivo.

17. En todos los libramientos, cargaremes y documentos de pago se esplicará la cuenta á que corresponde el ingreso ó el gasto, haciéndose los asientos en los libros con el orden y la claridad que sean indispensables para poder deducir fácilmente los ingresos ó los gastos correspondientes á los diversos conceptos que componen cada cuenta.

18. Mensualmente se liquidará la cuenta de Gastos generales, aplicando á cada una de las otras tres la parte que le corresponda con arreglo á la distribución prevista en la base 8.

19. Las operaciones de las subastas, la formalidad tanto en las entregas de fondos como en los pagos y todas las demás prácticas de contabilidad continuarán observándose dentro de las reglas que vienen rigiendo en este establecimiento.

20. El dia que se ponga en vigor el nuevo sistema de contabili-

20. Le jour où le nouveau système de comptabilité entrera en vigueur, on clôturera tous les comptes que le syndicat tient actuellement : quel que soit le solde, créditeur ou débiteur, de chacun, on le considérera comme soldé.

L'encaisse qui résultera ce même jour de la vérification qui en sera faite, servira à payer les dettes en souffrance et le petit excédent qui pourrait rester sera passé au compte « Comunes » où il figurera comme première entrée à l'actif.

(Ces bases font partie du projet approuvé par D. R. du 20 octobre 1888, suite de l'accord intervenu entre le Syndicat et la Société du Réservoir de Puentes.

Cette société dénonça, le 19 janvier 1891, les bases se rapportant au payement des 10 p. c. de la valeur des eaux vendues à l'Alporchón au profit de « Comunes » et des 2 p. c. pour combler le déficit.

---

dad se cerrarán todas las cuentas que en la actualidad se llevan en el Sindicato, considerándolas saldadas, cualquiera que sea el sobrante ó el déficit que cada una de ellas arroje.

La existencia en caja del mismo dia, deducido del arqueo que al efecto de practicarse se aplicará al pago de atenciones atrasadas y el pequeño sobrante que pudiera resultar se llevará á la cuenta de Comunes, figurando como primera partida en el haber de dicha cuenta.

La bases anteriormente transcritas forman parte del proyecto de reformas y creación de auxilios, aprobado por R. O. de 25 de Octubre de 1888 en virtud del convenio celebrado entre el Sindicato y la Sociedad « Pantano de Puentes ». Había de regir el concierto durante dos años, y transcurrido este plazo continuaria en vigor mientras ambas partes la respetaran.

La Empresa concesionaria del Pantano denunció, en 19 de Enero de 1891, las bases que se refieren al pago del diez por ciento

Néanmoins la Société a continué à payer ces 12 p. c. jusqu'au 10 juillet 1897 ; à cette date elle présenta au Syndicat une nouvelle réclamation et le 29 septembre suivant il fut convenu, de commun accord, que provisoirement le pourcentage payé à « Comunes » ne serait plus que 8 p. c., toutes les autres bases restant maintenues.

CHAPITRE VI.

Des Fonctionnaires.

Du Comptable.

Article 1er.

Il y aura un comptable nommé par le gouvernement aux appointements de 9,000 réaux par an, qui remplacera le Directeur absent ou malade. Il aura à sa charge la comptabilité de toutes les entrées et sorties de fonds de l'établissement.

---

del valor de sus aguas vendidas en el Alporchón, para ayudar al fondo de Comunes, y del dos por ciento de dicho producto, para aplicarlo al fondode Déficit.

A pesar de ello, ha venido satisfaciendo la expresada Sociedad el diez y el dos por ciento, como anteriormente, hasta que en 10 de Julio de 1897 presentó al Sindicato una nueva reclamación; y de común acuerdo se convino, en sesión de 29 de Septiembre de 1897, reducir, transitoriamente al ocho por ciento la cantidad que ha de abonar dicha Empresa para el fondo de Comunes, quedando vigentes todas las demás bases de la contabilidad.

CAPÍTULO 6.

De los empleados.

Del contador.

Artículo 1.

Habrá un Contador dotado con 9,000 reales de sueldo anual y

Article 2.

Il interviendra dans les bons à payer que délivre le Directeur; le Trésorier ne fera aucun paiement, et ce sous sa responsabilité, sans l'accomplissement de cette formalité.

Article 3.

Il gardera une des trois clefs du coffre-fort et une du dépôt des archives où sont conservés les papiers de l'établissement.

Article 4.

A la fin de chaque mois il dressera un état des recettes et dépenses qui servira à vérifier la caisse dont le contenu sera compté.

Article 5.

Il assistera aux adjudications des taxes que perçoit l'établissement, prenant note exacte des noms des adju-

---

nombrado por el Gobierno, que sustituirá al Director en ausencias y enfermedades. Estará á su cargo la contabilidad de todas las entradas y salidas de fondos del establecimiento.

Artículo 2.

Intervendrá en los libramiento que, expida el Director, sin cuyo requisito el Depositario bajo su responsabilidad no verificará pago alguno.

Artículo 3.

Tendrá en su poder una de las tres llaves del arca de fondos y otra del archivo, donde se custodiarán los papeles del establecimiento.

Artículo 4.

Por fin de cada mes formará el estado de la entrada y salida de caudales, en virtud del cual se procederá al arqueo y recuento de los mismos.

dicataires, du montant de chaque adjudication et des conditions stipulées au contrat.

(Le D. R. du 6 septembre 1887 a remplacé l'emploi de Comptable par celui de premier commis-Interventor, avec solde de 2,000 pesetas. Les obligations sont restées les mêmes sauf que cet agent remplace, en cas d'absence ou de maladie, le Secrétaire et non le Directeur, puisque celui-ci est remplacé par le Syndic qui a son tour de sous-direction). ·

Du Trésorier.

Article 6.

Il y aura un Trésorier nommé par le Gouvernement, au traitement de 8,000 réaux qui sera chargé de percevoir tous les fonds et de faire les payements ordonnés par le Directeur et visés par le comptable.

Artículo 5.

Intervendrá en las subastas de los arbitrios que percibe el establecimiento, sacando nota certificada del sujeto en cuyo favor se haya hecho el remate, y de la cantidad en que hubiese consistido con las condiciones estipuladas en el contrato.

(El cargo de Contador fué suprimido por la R. O. de 6 de Septiembre de 1887 que creó en su lugar el empleo de Oficial 1º Interventor, al que asignó el sueldo anual de 2,000 pesetas. Las obligaciones de este Oficial son las mismas que marcan los cinco artículos precedentes, con la variación de que sustituye en enfermedades y ausencias al Secretario Letrado, y no al Delegado Regio, pues esto solo corresponde al Sindico que turne en la Subdirección del Establecimiento).

Del depositario.

Artículo 6.

Habrá un Depositario de nombramiento del Gobierno y con el sueldo anual de 8.000 reales, á cuyo cargo estará la recaudación de

Article 7.

Il signera les quittances pour les sommes entrées à la Trésorerie.

Article 8.

Il tiendra un livre de caisse où il inscrira journellement les entrées et sorties de fonds.

Article 9.

Il gardera une des trois clefs du coffre-fort avec un livre où seront annotées les vérifications faites mensuellement et signées par le Directeur et le Comptable.

Article 10.

Il faut, pour être Trésorier, être majeur et déposer une garantie de 300,000 réaux en espèces, en fonds d'Etat ou en propriétés foncières, à la satisfaction du Gouvernement.

---

todos los fondos y el pago de los libramientos que expida el Director con la intervención del Contador.

Artículo 7.

Autorizará con su firma todos los documentos de resguardo que expida por cantidades ingresadas en Depositaria.

Artículo 8.

Llevará un libro de caja donde anotará diariamente las entradas y salidas de caudales.

Artículo 9.

Tendrá en su poder una de las tres llaves del arca de fondos en la que se custodiarán estos, con un libro donde se escriban los arqueos mensuales, firmándolos con el Director y Contador.

Artículo 10.

Para ser Depositario se necesita ser mayor de edad y prestar

Du Secrétaire.

ARTICLE 11.

Il y aura un Secrétaire nommé par le Gouvernement, sur la proposition du Directeur ; il sera chargé :

1°) de rédiger et de certifier exacts les procès-verbaux du Syndicat et du Juge des eaux ;

2°) d'instruire les contestations de toutes les sections de l'Etablissement.

Le traitement du Secrétaire sera de 8800 réaux par an.

ARTICLE 12.

Il gardera une des clefs du dépôt des archives ; il délivrera les copies certifiées qu'on lui demandera.

ARTICLE 13.

Il remplacera le comptable absent ou malade.

---

una fianza de 300,000 reales en dinero, valores del Estado ó fincas rústicas, á satisfacción del Gobierno.

Del secretario.

ARTÍCULO 11.

Habrá un Secretario de nombramiento del Gobierno, á propuesta del Director, á cuyo cargo estará :

1. La extensión y certificación de las actas del Sindicato y Juzgado de aguas.

2. La instrucción de los expedientes de todos los ramos del establecimiento.

El sueldo del Secretario será de 8,800 reales anuales.

ARTÍCULO 12.

Tendrá en su poder una de las llaves del archivo donde se custodian los papeles, de los que librará las certificaciones que se pidieren.

ARTICLE 14.

Il assistera le Directeur dans l'expédition des affaires que celui-ci trouvera bon de lui confier.

ARTICLE 15.

Il répartira la besogne entre les commis du Secrétariat; il est responsable de ce personnel devant le Directeur.

(Le D. R. du 6 septembre 1887 a porté le traitement à 3,000 pesetas en exigeant en même temps que le secré-taire soit docteur en droit.)

Des Commis de la Comptabilité et du Secrétariat et des autres employés.

ARTICLE 16.

Il y aura deux commis de comptabilité, nommés égale-ment par le Gouvernement sur la proposition du Directeur, appointés à 6,600 réaux l'an chacun. Tous les jours ils

---

ARTÍCULO 13.

Sustituirá al Contador en sus ausencias y enfermedades.

ARTÍCULO 14.

Auxiliará al Director en el despacho de cuantos negocios tenga á bien confiarle.

ARTÍCULO 15.

Distribuirá los trabajos entre los oficiales de Secretaría, de cuyo exacto cumplimiento es responsable al Director.

(La R. O. de 6 de Septiembre de 1887, fijó el sueldo de 3,000 pesetas anuales al Secretario del Establecimiento, exigiendo que el que lo desempeñe sea Letrado. En lo que se refiere á sus obliga-ciones, ha quedado subsistente todo cuanto disponen los cinco artí-culos anteriores.)

assisteront, à l'heure réglementaire, à l'adjudication des eaux, aux bureaux de l'Alporchón ; ils tiendront chacun un livre où ils inscriront les noms des acheteurs et les prix obtenus ; ils feront les autres opérations qui dérivent de l'adjudication.

(Le D. R. du 6 septembre 1887 a fait disparaître la distinction entre les commis de comptabilité et ceux de secrétariat. Ceux-là ont été remplacés par deux commis de 2e classe au traitement de 2,000 pesetas l'an, sans autre obligation que d'être aux ordres du secrétaire.)

ARTICLE 17.

Ils tiendront la comptabilité de l'établissement, sous la direction du comptable et suivant le système qui sera indiqué plus loin. (Article abrogé.)

De los oficiales de contaduria y secretaria, y demas empleados.

ARTÍCULO 16.

Habrá dos oficiales de Contaduria, de nombramiento tambien del Gobierno á propuesta del Director, y con el sueldo anual de 6,600 reales cada uno, que asistirán diariamente á la hora de ordenanza á la oficina del Alporchón para la subasta de las aguas, los cuales llevarán cada uno un libro donde anotarán los compradores y valores de aquella, practicando las demás operaciones que se derivan de este acto.

(La R. O. de 6 de Septiembre de 1887, tantas veces citada, reformó la plantilla de empleados y suprimió la diferencia de oficiales de Contaduria y Secretaría. Los dos empleados á que se refiere el articulo anterior, han sido sustituidos por la citada R. O. con dos oficiales segundos, que disfrutan cada uno el sueldo anual de 2,000 pesetas sin tener obligaciones determinadas, pues desempeñan en la oficina los trabajos que el Secretario les confie, por orden del Delegado Regio.)

Article 18.

Il y aura deux commis de secrétariat, aux traitements respectifs de 5,500 à 4,900 réaux ; ils seront nommés par le Gouvernement sur la proposition du directeur, avec la désignation de premier et second commis ; le premier commis remplacera le secrétaire absent ou malade. Ces commis feront le travail que leur indiquera le secrétaire.

(Le même D. R. de 1887 a remplacé ces deux employés par deux commis auxiliaires avec solde de 1,500 pesetas. Le secrétaire empêché est remplacé par le 1^{or} interventor.)

Article 19.

Eu égard aux connaissances requises de ce personnel pour cette administration spéciale et compliquée, ni le

---

Artículo 17.

Bajo la dirección del Contador tendrán á su cargo la contabilidad del establecimiento, con arreglo al sistema de que se hablará despues.

(Este artículo está derogado, por las razones que expresa la nota anterior, en virtud de la R. O. de 6 de Septiembre de 1887.)

Artículo 18.

Habrá dos oficiales de Secretaría, uno con el haber anual de 5,500 reales y otro con el de 4,900, nombrados igualmente por el Gobierno á propuesta del Director, con la denominación de primero y segundo estando á cargo del primero el sustituir al Secretario en ausencias y enfermedades. Estos oficiales despacharán los negocios que se les confien.

(Tambien suprimió la R. O. de 6 de Septiembre de 1887 los dos Oficiales de Secretaria, reemplazándolos con dos Oficiales Auxiliares, y asignándoles el sueldo anual de 1,500 pesetas á cada uno de ellos. Estos nuevos empleados tienen los mismos derechos y obligaciones que los antiguos Oficiales de Secretaria, pero no sus-

secrétaire, ni ces quatre commis ne pourront être révoqués sans motif légitime suffisamment justifié par un rapport que le directeur adressera au Gouvernement.

(Cet article est applicable au commis 1ᵉʳ interventor, pour les mêmes raisons.)

ARTICLE 20.

Il y aura en outre : un commis auxiliaire avec solde de 4,900 réaux ; un gardien du réservoir de Valdeinfierno à 3,300 r. ; un homme chargé des horloges du syndicat à 6 r. par jour ; un portier pour les bureaux à 10 réaux ; un huissier près le tribunal et gardien de l'Alporchón à 7 r. par jour avec en plus le produit des citations payées suivant tarif ; 5 répartiteurs des eaux à 8 réaux ; 3 manœuvres, gardes des irrigations à 4 r. avec les droits que concède le règlement en vigueur ; 1 garde pour la police des

---

tituyen yá al Secretario, en ausencias y enfermedades, pues esto corresponde al Oficial 1º Interventor.)

ARTÍCULO 19.

Tanto el Secretario como estos cuatro empleados, por los conocimientos que requiere la especialidad de esta complicada administración, no seran separados sin causa legítima que resulte suficientemente justificada del expediente que instruirá el Director y elevará á conocimiento del Gobierno.

(Debe entenderse que el Oficial 1º Interventor no puede tampoco ser separado de su cargo, sin la formación del oportuno expediente, por concurrir en él las mismas circunstancias que en el Secretario y en los otros Oficiales á que se refiere el anterior artículo.)

ARTÍCULO 20.

Habrá además un Auxiliar con el sueldo de 4,900 reales ; un Alcaide del pantano de Valdeinfierno con el de 3,300 ; un encargado de los relojes del Sindicato con 6 reales diarios ; un portero de las oficinas con diez ; un alguacil del Juzgado y guarda del Alporchón

fontaines publiques à 4 réaux ; un ouvrier (peon publico)
pour l'adjudication des eaux à 3 r. et les gardes temporaires jugés nécessaires par le syndicat.

(Divers D. R. ont modifié le cadre du personnel et les
attributions : les emplois de commis auxiliaire et de gardien du réservoir de Valdeinfierno sont supprimés ; le
personnel subalterne se compose de :

1 agent chargé des horloges publiques de Saint-Patrice
et Notre-Dame de las Huertas, payé 6 r. par jour ;

1 autre pour l'horloge de Saint-Christophe au même
salaire ;

1 huissier du tribunal et gardien de l'Alporchón, à 7 r.
et le produit des citations ;

5 répartiteurs, à 8 r. chacun ;

3 manœuvres, gardes des irrigations, à 6 r. chacun ;

---

con 7 reales diarios y las citas que haya en el Juzgado, cobradas
segon arancel ; cinco fieles partidores de los heredamientos con
8 reales diarios ; tres maniobreros, guandas del regadio, con 4
reales diarios y derechos que les concede la ordenanza vigente ;
un guarda para la policia de fuentes públicas con cuatro reales
diarios ; un peon público para la subasta de las aguas con 3, y los
guardas temporeros que se juzgue necesarios, á consulta del Sindicato.

(En 14 de Enero de 1865 fué suprimida la plaza de Auxiliar con
4,900 reales.

En 10 de Febrero de 1869, acordó el Sindicato aumentar hasta
4 reales diarios el sueldo del Peón publico.

En 8 de Marzo de 1872, fué suprimida la plaza de Alcaide del
pantano de Valdeinfierno.

Por acuerdo de 23 de Septiembre de 1878, se creó el empleo de
« encargado del reloj de San Cristobal » con el haber de 2 reales
diarios.

Y por ultimo, en 11 de Enero de 1888 aprobó la Corporación e

1 garde pour l'aqueduc de la Zarzadilla, à 11 r.

1   id,   la police des fontaines publiques, à 6 r.;

1 gardien des clefs des robinets de ces fontaines, à 4 r. ;

1 péon public pour l'adjudication des eaux, à 4 r. ;

(Les gardes et employés temporaires jugés nécessaires pour la bonne marche de l'Etablissement, selon décision du syndicat.)

ARTICLE 21.

Il est sévèrement défendu aux employés de percevoir des particuliers aucune espèce de rémunération pour services rendus dans l'exercice de leurs fonctions.

De même il est défendu aux répartiteurs de cultiver des terres situées dans le rayon de leur service.

Reglamento vigente de Fieles, Manabreros y Guardas, en el que se expresa el sueldo, atribuciones y deberes de los mismos.

Así pues, la plantilla actual de empleados subalternos de este Establecimiento, es como sigue :

Un encargado de los relojes públicos de San Patricio y de Ntra. Sra. de las Huertas, con 6 reales diarios.

Otro encargado del reloj de San Cristobal, con 2 reales.

Un Alguacil del Juzgado y Guarda del Alporchón, con 7 reales y el importe de las citas que haga, según arancel.

Cinco Fieles partidores con 8 reales diarios cada uno.

Tres Manobreros, guardas del regadío, con 6 reales diarios cada uno, sin otra remuneración.

Un Guarda para la vigilancia y custodia del acueducto de la Zarzadilla, con 11 reales.

Un Guarda para la policia de las fuentes públicas, con 6 reales.

Un Guarda de las llaves de la tubería de dichas fuentes, con 4 reales.

Un Peón público para la subasta de las aguas, con 4 reales.

Y los guardas ó empleados temporeros que sean necesarios para el mejor servicio del Establecimiento, á juicio del Sindicato).

CHAPITRE VII.

Du système de comptabilité.

ARTICLE PREMIER.

L'expérience ayant démontré que le système de comptabilité actuel répond parfaitement aux exigences d'une bonne administration, il ne sera pas permis de le modifier sans l'avis préalable du syndicat et l'approbation du Gouvernement.

ARTICLE 2.

Ce système comprend :

1. L'inscription, dans un livre tenu en double et au moment où elles se font, des adjudications des eaux, en

---

ARTÍCULO 21.

Se prohibe severamente á los anteriores empleados percibir emolumentos por ninguna clase de servicios que presten á particulares en el ejercicio de sus funciones.

Asimismo se prohibe á los fieles partidores el ser cultivadores de tierras en los heredamientos que tienen á su cargo.

CAPÍTULO VII.

Del sistema de contabilidad.

ARTÍCULO 1.

Habiendo acreditado la experiencia que el actual sistema con contabilidad satisface cumplidamente las exigencias de una buena administración, subsistirá, no pudiendo ser alterado sin oír préviamente al Sindicato y sin la aprobación del Gobierno.

ARTÍCULO 2.

Este sistema comprende ;

1. La extención por heredamiento de las subastas de las aguas, en el acto de verificarse, en los dos libros iguales en los que consta-

indiquant par sections le nom des Hilas et des quarts, le nombre de tournées et le propriétaire à qui chacune d'elles est attribuée. Les livres terminés sont certifiés conformes par le Directeur et le commis de comptabilité;

2. L'affichage à la porte de l'établissement et avant le paiement des eaux adjugées d'une copie exacte et certifiée par les mêmes fonctionnaires, de l'acte d'adjudication, dressé également par sections;

3. La délivrance à chacun des adjudicataires d'un reçu constatant le nombre de Hilas obtenues à la vente, la section à laquelle elles appartiennent et la somme payée ; ces quittances sont visées par le Directeur et le Trésorier;

4. Une reconnaissance de la somme versée à la caisse ; cette pièce, signée par le trésorier, sera remise à la comptabilité qui passera dans les livres les écritures correspondantes;

5. Un journal où sont inscrites les entrées et sorties de

---

rá el nombre de las hilas y cuartos, número de sus tandas y dueño à quien pertenece cada una, los que concluidos se autorizarán por el Director y Oficiales de Contaduría.

2. La publicación, antes de procederse al pago de las aguas, de copia exacta de la subasta tambien por heredamientos y autorizada por los antedichos funcionarios, fijándose en la puerta del establecimiento.

3. La dación de un recibo à cada uno de los compradores de las aguas donde conste el número de hilas que ha rematado, heredamiento à que pertenecen y cantidad que satisface por ellas, autorizado por el Director y Depositario.

4. La extensión de un cargareme de la cantidad que ha ingresado en Depositaría, que firmado por el Depositario lo pasará à Contaduría para que se le haga el debido cargo en los libros de contabilidad.

fonds, avec indication des comptes correspondants; le journal ne présentera aucun blanc et les articles se suivront dans l'ordre chronologique;

6. Un grand-livre dans lequel la Trésorerie aura un compte ouvert ainsi que les autres fonds; on y passera aussi les articles du journal au crédit et au débit des comptes respectifs. Dans ce livre on tiendra encore au jour le jour le compte des Hilas, dans leur ordre numérique et on y copiera les certificats délivrés aux intéressés lors de la répartition du produit des Hilas. Les comptes des fonds seront balancés chaque mois et, au moment de la vérification de la Caisse, le Directeur, le Comptable et le Trésorier signeront le livre au feuillet de la Trésorerie;

7. Un livre des vérifications de caisse où l'on indiquera, à chaque opération, l'encaisse de la vérification précédente, les sommes entrées et sorties, le solde restant. Le livre sera signé par les trois détenteurs des clefs et déposé ensuite dans le coffre-fort.

---

5. Un libro diario donde se anotarán todas las entradas y salidas de fondos en el establecimiento, haciendo de ellas las debidas aplicaciones, sin que se dejen claros ni se interrumpa el orden cronológico.

6. Un libro mayor en el que tendrán abierta hoja la Depositaría y los demás fondos separadamente, donde se pasará del diario á sus respectivas cuentas los ingresos y los gastos. En el mismo se les llevar á la cuenta diaria á las hilas por su órden numérico, y se copiarán los certificados que se darán á los interesados al hacérseles la distribución de sus valores. Las cuentas de los respectivos fondos, se balancearán mensualmente, firmando en el acto de hacerse el arqueo el Director, Contador y Depositario en la hoja de la Depositaría.

7. Un libro de arqueos, en el que se fijará en cada uno la existencia que resultó en el anterior, las cantidades que han ingresado

(Le D. R. du 11 juillet 1887 ayant distrait du syndicat l'administration des eaux de particuliers, il n'y a plus lieu à inscription dans les livres relatifs à ces eaux des renseignements réclamés par les numéros 1 et 6 ci-dessus.)

Article 3.

Chaque mois on dressera un état des sommes entrées et sorties en les classant d'après les comptes ; l'encaisse qui en résultera servira à la vérification de la caisse.

(Cet état est remis mensuellement à la Direction générale des Travaux publics, conformément à l'article 19 du D. R. de juillet 1887.)

Article 4.

Pour le payement, par le Trésorier, de la valeur des eaux appartenant aux particuliers, il sera remis à chaque

---

y salido y el saldo líquido que resulte, el cual será firmado por los tres claveros del arca y conservado en la misma.

(Separada de este Sindicato la administración de las aguas de particulares por R. D. de 11 de Julio de 1887, ya no se hacen en los libros del Establecimiento los asientos relacionados con aquellas aguas á que se refiere el párrafo 1 de este artículo).

Por la misma razón, tampoco se lleva la cuenta diaria de las hilas de propiedad particular prevenida en el párrafo 6.

En todo lo demás continúa vigente el artículo anterior.)

Artículo 3.

Se extenderá mensualmente un estado de los caudales que han entrado y salido, con la clasificación del fondo á que pertenece y la existencia que les resulte, el cual se tendrá á la vista para practicar el arqueo.

(El estado de fondos á que se refiere el precedente artículo se remite mensualmente á la Dirección general de Obras públicas, conforme dispone el artículo 19 del R. D. de 11 de Julio de 1887.)

participant un certificat des Hilas lui appartenant avec indication de la valeur qui leur revient, d'après la loi d'association. Ces certificats seront visés par les commis de la comptabilité; le Directeur en autorisera le paiement; le comptable en prendra note et les intéressés signeront pour quittance. (Abrogé par D. R. de 1887.)

ARTICLE 5.

Il sera fait, par la comptabilité, une copie littérale paraphée par le Directeur de tous les documents contre lesquels la Trésorerie effectue des paiements. Ces copies passent aux archives à la fin de l'année.

ARTICLE 6.

Pour mettre en évidence la bonne administration et pour la satisfaction de tous les intéressés, on affichera à

ARTÍCULO 4.

Para que el Depositario satisfaga á los dueños de las valores de las aguas lo que les haya correspondido, se entregará á cada partícipe un certificado que contenga todas las hilas de su propiedad y el valor que con arreglo á la ley de mancomunidad les haya pertenecido; en cuyos documentos, que autorizarán los Oficiales de Contaduría, pondrá el páguese el Director, tomará razón el Contador y firmarán el recibí los interesados.

(Este artículo no tiene aplicación desde que el Sindicato cesó de administrar las aguas de particulares.)

ARTÍCULO 5.

De todos los documentos que se expidan para el pago en la Depositaría, quedará copia literal rubricada por el Director en la Contaduría, colocándose por fin de año en el archivo del Establecimiento.

ARTÍCULO 6.

Para evidencia de la buena administración y satisfacción de todos

33

la porte de la Trésorerie, le jour même où se fera le paiement du produit des eaux, un état détaillé des eaux vendues à l'Alporchón pendant la période correspondante au susdit paiement.

Cet état mentionnera :

1. Les participants au produit de la vente, classés par sections et par tournées ;

2. La valeur des eaux dans la période en question ;

3. Le numéro de la première et de la dernière tournée;

4. La division de chaque tournée en hilas et en quarts ;

5. La valeur correspondante à chaque hila et quart ;

6. Le produit que perçoivent les intéressés dans chaque tournée ;

7. Le solde restant en faveur de ceux-ci à chaque tournée ;

8. Le total du produit perçu par les intéressés et le solde restant en leur faveur, lequel devra être égal à la valeur du § 2.

---

los interesados, se fijará en la puerta de la Depositaría, en el mismo dia que se abra el pago de los valores de las aguas, un estado demostrativo de las vendidas en el Alporchón en el período que comprenda el dividendo, el cual contendrá :

1. Los partícipes en los valores de las aguas por heredamientos y turnos.

2. El valor clasificado de las mismas en el expresado período.

3. El número en que empezaron y concluyeron los turnos.

4. Los cuartos é hilas en que se dividen los valores de cada turno.

5. El valor que corresponde á cada uno de los cuartos é hilas.

6. El producto que perciben los interesados en cada turno.

7. La existencia que á favor de los mismos resulte en cada turno.

8. El total que dé el producto percibido por los interesados y la existencia que resulte á favor de los mismos, el cual deberá ser igual al valor clasificado de que se habla en el párrafo segundo.

ARTICLE 7.

Un état semblable au précédent sera remis au Gouvernement lors de sa publication. (*Abrogé.*)

CHAPITRE VIII.

De la Direction technique.

ARTICLE PREMIER.

L'exécution de tous les ouvrages payés ou ordonnés par l'établissement est confiée à la Direction technique.

ARTICLE 2.

Celle-ci fera rapport sur toutes les questions techniques qui sont soumises au Directeur.

ARTICLE 3.

Pour la bonne exécution des travaux, le Directeur,

ARTÍCULO 7.

Un estado igual al de que habla el artículo anterior se remitirá al Gobierno en los mismos periodos de su publicación.

(Los dos artículos anteriores están igualmente derogados por R. D. de 11 de Julio de 1887.)

CAPÍTULO VIII.

De la direccion facultativa.

ARTÍCULO 1.

A cargo de la Dirección facultativa estará la ejecución de todas las obras que se ejecuten por cuenta ó disposición del Establecimiento.

ARTÍCULO 2.

Emitirá su informe facultativo en todos los expedientes que se le pasen al Director.

d'accord avec l'Ingénieur, arrêtera un règlement qui sera soumis à l'approbation du Gouvernement. La Direction technique dressera, avec l'intervention prévue par le règlement, la liste des travaux à exécuter.

ARTICLE 4.

Le personnel de la direction technique se compose de :

Un Ingénieur recevant le traitement ou indemnité correspondant à sa catégorie ;

Un Inspecteur au salaire de 15 réaux par jour dont il jouit actuellement;

Les surveillants et aides que l'ingénieur jugera nécessaires, suivant l'étendue des travaux.

(Le Délégué Royal étant Ingénieur en chef des Ponts et Chaussées, la direction technique lui appartient et il reçoit pour tous ses services une indemnité de 6,000 pesetas par an.

ARTÍCULO 3.

Autorizará las nóminas de trabajos con la intervención que se determine en el reglamento que, para mejor ejecución de las obras, formará el Director, oyendo al Ingeniero ; y que se remitirá al Gobierno para su aprobación.

ARTÍCULO 4.

El personal de la dirección facultativa lo compondrán :

Un Ingeniero con el sueldo ó indemnización que le corresponda segun su categoria.

Un aparejador con el sueldo diario de 15 reales que actualmente disfruta.

Además los ayudantes y capataces que juzgue necesarios el Ingeniero, segun la extensión de las obras.

(Siendo el Delegado Regio Ingeniero del Cuerpo de Caminos, Canales y Puertos, recáe en él, tambien, la dirección facultativa

Aux ordres du Délégué se trouve un Conducteur de Travaux publics qui reçoit 2,500 pesetas d'indemnité, payés également sur les fonds du syndicat, conformément au D. R. du 6 septembre 1887.)

CHAPITRE IX.

ARTICLE UNIQUE.

Sont abrogés, tous les règlements et dispositions antérieures qui seraient en contradiction avec celui-ci.

Appendice. — Dispositions auxquelles se réfère le Règlement du Syndicat des irrigations de Lorca.

Arrêté royal du 14 mars 1846.

Des règles sont établies pour l'instruction des questions administratives et judiciaires sur les nouvelles irrigations, les fabriques et autres entreprises agricoles.

---

del Establecimiento; y percibe por todos sus servicios una indemnización de 6,000 pesetas anuales.

A las órdenes de la Delegación Regia, hay un Ayudante de Obras públicas que disfruta la indemnización de 2,500 pesetas anuales, pagadas igualmente de los fondos del Sindicato, conforme dispone la R. O. de 6 de Septiembre de 1887).

CAPÍTULO IX.

ARTÍCULO UNICO.

Se declaran derogadas todas las disposiciones y reglamentos anteriores que estén en contradicción con el presente.

Apéndice de las disposiciones à que se refiere el Reglamento del sindicato de riegos de Lorca.

Real Orden de 14 de Marzo de 1846.

Se establecen reglas para la instrucción de espedientes guber-

Circulaire du Ministère :

En vue des difficultés que suscite d'ordinaire l'établissement d'irrigations nouvelles, de fabriques et autres entreprises agricoles ou industrielles où l'on se propose d'utiliser de quelque manière l'eau des rivières; eu égard aux causes qui le plus souvent provoquent des questions administratives ou judiciaires; prenant en considération les alarmes que font naître ces entreprises chez les riverains irrigués et le peu de sécurité offerte aux spéculateurs qui voudraient en tenter l'implantation et qui ont à craindre des procès coûteux; Sa Majesté a daigné arrêter que, après avoir pris l'avis du Conseil royal, un règlement d'administration publique, conforme à la législation du Royaume et aux nécessités présentes, sera établi d'après les règles suivantes :

1. L'autorisation royale sera nécessaire, après instruc-

---

nativos y judiciales sobre nuevos riegos, fábricas y otras empresas agrícolas.

Ministerio de la Gobernación de la Peninsula.
Sección de Fomento. — Circular.

En vista de las dificultades que suelen presentarse al establecimiento de nuevo riegos, fábricas y otras empresas agrícolas ó industriales en que se trata de aprovechar de diversos modos las aguas de los rios, y en atención á las causas que motivan por lo comun la instrucción de expedientes gubernativos y judiciales sobre estos asuntos, á la alarma en que suelen poner tales empresas á los riberiegos, y á la poca seguridad con que pueden intentarlas los especuladores retraidos por el temor de verse envueltos en pleitos dispendiosos; se ha servido S. M. resolver, en tanto que, oido el Consejo Real, se establece un reglamento de administración pública conforme á la legislación del reino y á las necesidades de la época, que se observen las reglas siguientes :

1. Será necesaria una autorización Real, previa la instrucción

tion de la demande, pour permettre à l'avenir l'établissement d'une entreprise privée ayant pour objet ou pouvant être en relation immédiate avec :

a) la navigation des rivières ou leur adaptation au passage des radeaux ou canots ;

b) le cours et le régime des rivières, qu'elles soient où non navigables et flottables ;

c) l'usage, la mise à profit et la distribution de leurs eaux ;

d) la construction d'ouvrages nouveaux de toute nature dans ces rivières, notamment des ponts de toute espèce.

2. Les entrepreneurs ou les auteurs du projet s'adresseront au chef politique, lui exposant le but des travaux ou de l'établissement qu'ils préconisent ; ils indiqueront l'endroit où ils veulent réaliser leur projet et fourniront les données et renseignements conduisant à la connaissance

---

de expediente, para permitir en lo sucesivo el establecimiento de cualquiera empresa de interés privado que tenga por objeto ó pueda hallarse en relación inmediata : 1. Con la navegación de los rios ó su habilitación para conducir á flote balsas ó almadías. 2. Con el curso y régimen de los mismos rios, sean ó no navegables y flotantes. 3. Con el uso, aprovechamiento y distribución de sus aguas. 4. Con la construcción de toda clase de obras nuevas en los mismos rios, incluyendo los puentes de todas clases.

2. Los empresarios ó autores del proyecto acudirán al jefe político manifestando el objeto de las obras ó del establecimiento que promuevan, expresando el paraje en que quieren realizar su pensamiento, y suministrando los datos ó noticias por donde se venga en conocimiento de las principales circunstancias que tuviere el proyecto con relación á los objetos ya mencionados.

3. Será obligación de los mismos autores ó empresarios presentar, durante la instrucción del expediente, las relaciones y memorias facultativas, así como los planos y perfiles que sean necesarios

des principales circonstances de celui-ci en ce qui concerne ses rapports avec les points susmentionnés.

3. Il incombera aux mêmes auteurs ou entrepreneurs de présenter, pendant que s'instruisent leurs requêtes, les descriptions et les mémoires techniques, comme aussi les plans et profils nécessaires à l'intelligence et à la vérification des points sur lesquels se base une opposition réelle ou présumée par suite de dommages publics ou privés qui résulteraient du projet, pendant ou après son exécution.

4. Il sera procédé aux enquêtes et instructions ayant pour objet de concilier les intérêts de l'Industrie avec les droits des propriétaires fonciers et la convenance de l'État ; les chefs politiques, saisis de la requête et après avoir trouvé en due forme les documents qui l'accompagnent, feront connaître le projet au public par le « Bulletin Officiel » et fixeront un délai de 30 jours au maximum, pendant lequel les particuliers et les corporations, que la chose intéresse, pourront prendre connaissance du

---

para la inteligencia y comprobación de los puntos sobre los cuales se presuma ó funde alguna oposición, por razón de perjuicios públicos ó particulares, que el proyecto hubiera de ocasionar al tiempo ó despues de su ejecución.

4. Siendo el objeto de los expedientes que han de instruirse conciliar los intereses de la industria con el ejercicio de los derechos de propiedad y la conveniencia del Estado, los jefes políticos, reconocida la instancia, y hallando en buena forma los documentos expresados, dispondrán que se dé publicidad al proyecto por medio del Boletin Oficial, señalando un término, que no pasará de 30 dias, para que los particulares ó corporaciones á quienes interese el asunto puedan tomar conocimiento en la Secretaría del gobierno politico. Iguales anuncios deberán fijarse en los parajes acostumbrado? del pueblo ó pueblos á que se extienda el proyecto.

dossier au secrétariat du Gouvernement politique. Des avis devront en outre être affichés aux endroits habituels de ou des villages que le projet intéresse.

5. On communiquera à l'auteur ou à l'entrepreneur les réclamations formulées par les personnes qui se croient lésées ; celui-là répliquera ce qu'il croira utile en faveur de son projet.

6. Après l'accomplissement de cette formalité, le dossier sera remis à l'ingénieur de la Province, qui informera en s'inspirant de la prescription du § 4. Si ce fonctionnaire a besoin, pour fonder son jugement et faire un rapport en connaissance de cause, de données nouvelles ou de vérifications sur le terrain, il procédera à ces opérations.

7. Dans son rapport, l'ingénieur exposera clairement et succinctement les points qui ont donné lieu aux oppositions et objections soulevées par le projet ; il indiquera les conditions et les clauses particulières sous lesquelles on pourra autoriser l'exécution.

8. Le chef politique soumettra l'affaire ainsi préparée

---

5. De las reclamaciones que hagan los que se creyeren perjudicados se dará conocimiento al autor del proyecto ó empresario, para que exponga en su razón lo que estime conveniente.

6. Llenada la formalidad anterior, se pasará el expediente al Ingeniero de la provincia para que, arreglándose al espíritu de la disposición 4ª, informe lo que se le ofrezca y parezca ; y si para evacuarlo con pleno conocimiento y fundar su dictamen necesitase nuevos datos ó juzgase indispensable verificarlos sobre el terreno, pasará á reconocerlo.

7. El Ingeniero redactará su informe haciendo una exposición clara y sucinta de los puntos de hecho que hubiesen motivado las oposiciones ó reparos puestos al proyecto, y lo terminará anunciando las obligaciones y cláusulas particulares bajo las cuales podrá autorizarse su ejecución.

au Conseil provincial pour avis ; il passera ensuite toutes les pièces au Ministre de l'Intérieur avec son opinion. En présence de tous ces antécédents et sans préjudice des droits des tiers, le Ministre propose à Sa Majesté la résolution qui convient.

9. Lorsque les projets de cet ordre ont pour objet l'établissement de nouvelles irrigations, on devra, en la même forme, ouvrir une enquête dans les Provinces traversées en aval par la rivière qui fournit l'eau ou par celle dont la première serait un affluent immédiat.

Arrêté royal conforme du 14 mars 1846.

Un arrêté royal du 24 mars 1853 sur la communauté des produits des eaux est ainsi conçu :

La Reine (Q. D. G.), se conformant au contenu du rapport relatif à l'association de biens des eaux du Syndi-

---

8. En tal estado oirá el jefe político al consejo provincial sometiendo al efecto á su exámen el expediente, y lo remitirá despues al ministerio de la Gobernación de la Península consignando su dictámen, para que con presencia de todo, y sin perjuicio de los derechos de propiedad, se proponga á S. M. la resolución que corresponda.

9. Cuando los proyectos de esta clase tengan por objeto el establecimiento de nuevos riegos, deberá instruirse un expediente en igual forma en las provincias por donde aguas abajo atraviese el rio que ha de suministrarlas, ó el de quien fuere afluente inmediato.

De Real orden lo comunico á V. S. para su inteligencia y cumplimiento. Dios guarde á V. S. muchos años. Madrid 14 de Marzo de 1846. — Izturiz. — Sr. Jefe político de.....,

Real orden de 24 de Marzo de 1853. — Sobre mancomunidad de los productos de aguas. **— Agricultura. —**La Reina (Q. D. G.) conformándose con lo propuesto por V. S. en el informe pedido

cat établi par arrêté royal du 16 mars 1851, a cru bon de déclarer que :

1. La disposition 3°, qui détermine la communauté de ces biens, doit s'entendre de la manière suivante : pour les hilas de la section d'Albacete, communauté des produits des hilas de chaque tournée séparément et répartitions trimestrielles entre tous les propriétaires de la tournée ; pour les hilas de la section de Tercia, communauté des produits de chaque hila à répartir entre tous les propriétaires des tournées par tiers, en séparant les pairs des impairs ; pour la communauté respective et pour les quarts de la section de Sutullena, communauté des produits entre les intéressés dans les quarts de tournée ou ceux adjugés pendant le trimestre.

2. A la disposition 5° de l'arrêté royal précité, il faut ajouter après les mots « con la conveniente lentitud » (avec

---

respecto al acerbo comun de los valores de las aguas de ese Sindicato que establece la Real orden de 16 de Mayo de 1851, ha tenido á bien declarar :

1. Que la tercera de sus disposiciones por la cual se determina aquel, se entienda en la forma siguiente. Para las hilas del heredamiento de Albacete, mancomunidad de los productos de las hilas de cada tanda separadamente, distribuidos por trimestres proporcionalmente entre todos los dueños respectivos de dicha tanda. Para las hilas del heredamiento de Tercia, mancomunidad de los productos de cada hila distribuidos entre todos los dueños de los turnos, por tercios, los impares separados de los pares. Para la mancomunidad respectiva y para los cuartos del heredamiento de Sutullena, mancomunidad de los productos entre los interesados en los cuartos rotados ó subastados en el trimestre.

2. Que á la quinta de las disposiciones de la citada Real orden, despues de la espresión « con la conveniente lentitud » « se adicione » no se fijará la postura de la hila en los libros del Alporchón,

la lenteur convenable) : l'enchère de la hila ne s'inscrira dans les livres de l'Alporchón que lorsqu'elle aura été proclamée clairement de façon à être entendue de tous les amateurs et qu'on aura ainsi la certitude d'obtenir le plus haut prix. Le public conservera la modération et le respect dus au fonctionnaire qui préside l'adjudication ; les perturbateurs reconnus coupables encourront les peines prescrites par le Code pénal.

---

si no despues de haberlo oido todos los licitadores de una manera clara y haga constar la certeza del mayor precio, guardando los concurrentes la moderación debida y respeto al funcionario que preside el acto, siendo responsables los perturbadores con las penas que designe el código penal. Continúa otro particular. De Real orden lo digo á V. S. para su inteligencia y efectos correspondientes. Dios guarde á V. S. muchos años. Madrid 24 de Marzo de 1853. Benavides. — Sr. Director del Sindicato de Riegos de Lorca.

VII.

VEGA DE GRENADE, ACEQUIA GORDA DU GENIL.

IRRIGATIONS DANS UNE RÉGION ARROSÉE.

VII.

Règles d'irrigation de l'ACEQUIA GORDA DU GENIL qui arrose une partie de la Vega de Grenade : cette Vega n'appartient plus à l'Espagne sèche proprement dite, car elle profite des eaux provenant de la fonte des neiges de la Sierra Nevada.

Ordonnances relatives au régime du Canal Gorda du Genil et à l'utilisation de ses eaux.

TITRE I.

Du Canal et de la Communauté des irrigants.

CHAPITRE I.

Description du canal et conditions de ses eaux.

ARTICLE PREMIER.

Le canal connu sous le nom de *Gorda* reçoit ses eaux

VII.

Ordenanzas para el régimen de la acequia Gorda de Genil y aprovechamiento de sus Aguas.

TITULO I.

De la acequia y de la comunidad de regantes.

CAPÍTULO I.

Descripción de la Acequia y condición de sus aguas.

ARTÍCULO 1.

La acequia conocida con el nombre de *Gorda*, es un cauce que

de la rivière Genil, par un aqueduc en maçonnerie avec défense en pieux et fascines, situé sur le territoire de Cènes. Le débit du canal fournit l'eau potable à une partie de la ville de Grenade, procure la force motrice à des fabriques de la ville et des environs, et irrigue plus de 2,200 hectares de terre de Grenade, d'Atarfe et de Maracena.

ARTICLE 2.

Avec les eaux du canal Gorda on arrose les districts (pagos) suivants :

Sur le territoire de Grenade.

Par le branchement principal du canal :

1. Pedregal de Genil.
2. Jaragüi bajo (bas).
3. Arabial bajo   »
4. Camaura baja (bas).
5. Camaura alta (haute).
6. Náujar.

---

toma su caudal del rio Genil, por una presa de canteria, y sobrepresa de estacadas y faginas, situada en término de Cénes, cuyas aguas sirven para el abasto potable de parte de la ciudad de Granada, movimiento de artefactos en la misma y su término, y riego de tierras de este, y de los pueblos de Atarfe y Maracena, en una extension de mas de 2,200 hectáreas.

ARTÍCULO 2.

Riegan con la acequia Gorda los Pagos siguientes :

En el término de Granada.

Con el ramal principal de la acequia.

1. Pedregal de Genil.
2. Jaragüi bajo.
3. Arabial bajo.
4. Camaura baja.
5. Camaura alta.
6. Náujar.

7. Frigiliana.
8. Cambea.
9. Alcalay.
10. Táñar la Zúfea.

11. Táñar Albaida.
12. Macharnó.
13. Macharachuchi.

Par le branchement du Jaque del Marqués :

1. Arabial alto ou Jaque del Marqués.
2. Fatinafar.

3. Ofra.
4. Montones.

Sur le territoire de Maracena.

Par le même Jaque del Marqués :

1. Picon.
2. Era baja.
3. Fatigas.
4. Paz ou Tobares.
5. Cerviño.

6. Eriales.
7. Palomares.
8. Acequia Nueva.
9. Acequión.

---

7. Frigiliana.
8. Cambea.
9. Alcalay.
10. Táñar la Zúfea.

11. Táñar Albaida.
12. Macharnó.
13. Macharachuchí.

Con el ramal del Jaque del Marqués.

1. Arabial alto ó Jaque del Marqués.
2. Fatinafar.

3. Ofra.
4. Montones.

En término de Maracena,

Con el mismo Jaque del Marqués.

1. Picon.
2. Era baja.
3. Fatigas.
4. Paz ó Tobares.
5. Cerviño.

6. Eriales.
7. Palomares.
8. Acequia Nueva.
9. Acequión.

34

Sur le territoire de Atarfe.

Par le branchement principal du canal :

1. Viernes, (vendredi).
2. Sobrante de Viernes (surplus de vendredi).
3. Miércoles y sábado (mercredi et samedi).
4. Mártes (mardi).
5. Sobrante de Mártes (surplus de mardi).
6. Jueves (jeudi).
7. Domingo (dimanche).
8. Lunes (lundi).
9. Sequillo.

Les fabriques de tous genres qui empruntent leur force motrice aux eaux du canal Gorda sont :

1° Par le branchement principal :

A. — Dans le district de Pedregal de Genil :

1. Moulin à farine de « Los Dolores ».
2. Fabrique de papier de « San Francisco de Paula ou de la Cuesta del Pino ».

En término de Atarfe.

Con el ramal principal de la Acequia.

1. Viernes.
2. Sobrante de Viernes.
3. Miércoles y Sábado.
4. Mártes.
5. Sobrante de Mártes.
6. Jueves.
7. Domingo.
8. Lunes.
9. Sequillo.

Los artefactos de todas clases que utilizan las aguas de la acequia Gorda como fuerza motriz, son :

1. Con el ramal principal de la acequia.

A. — En el pago del Pedregal de Genil :

1. Molino harinero de los Dolores.
2. Fábrica de papel de *San Francisco de Paula ó de la Cuesta del Pino.*

3. Fabrique de farines de « San Lorenzo ».

4. Moulin à farine « del Marqués ».

5.   Id.   id.   « de Sagra ».

6. Fabrique de farines « de la Bomba ».

7. Moulin à farine « de Alvarillo ».

8.   Id.   id.   « de las Carretas ».

Toutes ces fabriques utilisent le débit total du canal, excepté celle de la Cuesta del Pino qui en dérive seulement une partie, laquelle s'écoule dans le Genil.

B. — Dans l'intérieur de la ville :

9. Tannerie de D. Miguel Gixé dans la « Calle Nueva ».

10. Fabrique de draps de D. Eugenio Luque, dans la même rue.

11. Tannerie de D. Blas Melgarejo, place du « Matadero » (abattoir) qui reçoit les eaux par une prise de 0^m13 de longueur sur 0^m11 de largeur.

12. Tannerie de D. José Perez, dans la rue « Nueva ».

---

3. Fábrica de harinas de San Lorenzo.

4. Molino harinero del Marqués.

5. Molino harinero de Sagra.

6. Fábrica de harinas de la Bomba.

7. Molino harinero de Alvarillo.

8. Molino harinero de las Carretas.

Todos los artefactos mueven con toda el agua de la acequia, escepto la fábrica de la cuesta del Pino que utiliza las que de ella deriva, vertiéndolas despues al Genil.

B. — En el interior de la ciudad :

9. Fábrica de curtido de pieles de D. Miguel Gixé en la calle Nueva.

10. Fábrica de paños de D. Eugenio Luque, en dicha calle.

11. Fábrica de curtidos de D. Blas Melgarejo, en la placeta del Matadero; que percibe las aguas por un tomadero de 0^m13 de longitud por 0^m11 de latitud.

12. Fábrica de curtidos de D. José Perez, en la calle Nueva.

13. Teinturerie de D. Manuel Alveira, rue « San Isidro » qui reçoit les eaux par une prise de 0^m135 de longueur sur 0^m11 de largeur.

14. Fonderie de Don Isidro Boixader, dans la même rue.

15. Tannerie de D. Bernardo Gomez, dans la même rue, qui reçoit l'eau par une prise de 0^m117 de diamètre.

16. Fabrique de tissus de D. Manuel la Poza, dans la même rue.

17. Tannerie de D. Blas Melgarejo, rue « San Isidro », qui reçoit l'eau par une prise de 0^m187 de diamètre.

18. Tannerie de D. Bernardo Gomez, rue Nueva.

19. Id. id. de Don Jose Lopez Tamayo, rue San Isidro, qui reçoit l'eau par une prise de 0^m200 de longueur sur 0^m163 de largeur.

---

13. Tinte de D. Manuel Alveira, en la calle de San Isidro, que percibe las aguas por un tomadero de 0^m135 de longitud, y 0^m11 de latitud.

14. Fábrica de fundicion de D. Isidro Boixader, en la misma calle.

15. Fábrica de curtidos de D. Bernardo Gomez, en dicha calle, que percibe el agua por un tomadero de 0^m117 de diámetro.

16. Fábrica de hilados de D. Manuel la Poza, en dicha calle.

17. Fábrica de curtidos, de D. Blas Melgarejo, en la calle de San Isidro, que percibe el agua por un tomadero de 0^m187 de diámetro.

18. Fábrica de curtidos de D. Bernardo Gomez, en la calle Nueva.

19. Fábrica de curtidos de D. José Lopez Tamayo, en la calle de San Isidro, que percibe el agua por un tomadero de 0^m200 de longitud, y 0^m165 de latitud.

20. Scierie de la veuve de D. Antonio Comba, située rue Nueva.

21. Tannerie de D. Eugenia Rafaela Torres, prend l'eau du domaine auquel se réfère l'art. 41 et celle qui a servi à la fabrique sub. nᵒ 17.

Les fabriques pour lesquelles il n'est pas indiqué une dotation déterminée emploient la totalité du débit du canal.

Les eaux utilisées par les fabriques des nᵒˢ 11, 13 et 14 ainsi que celle soutirée au canal par une prise de 0^m10 de diamètre pour un jardin du marquis de Caicedo, doivent se réunir aux eaux du canal du Matadero, place du même nom.

Les eaux qui ont actionné les fabriques 17, 19 et 21 se déversent dans le canal de l'Anataque, qui recueille les eaux de l'abattoir et les déverse dans le Gorda, en aval de la fabrique de gaz.

---

20. Fábrica de aserrarmaderas, de la viuda de D. Antonio Comba, en la calle Nueva.

21. Fábrica de curtidos de D. Eugenia Rafaela Torres, en que mueve con el agua del prédio á que se refiere el artículo 41, y con la que ha utilizado el artefacto número 17.

Los artefactos á que no se señala como fuerza motriz una cantidad determinada de agua, ó de cuyos tomaderos no se expresa la medida, emplean todo el caudal de la acequia.

Las aguas utilizadas por los artefactos marcados con los números 11, 13 y 14, y la que por un tomadero de 0^m10 de diámetro se extrae de la acequia para un huerto del marqués de Caicedo, deben reunirse á la acequia del Matadero en la plazuela de este nombre.

Las que mueven los artefactos de los números 17, 19 y 21, se reunen en la Acequia del Anataque, la que recibe las aguas del matadero, y las vierte en la Gorda por bajo de la fábrica del gas.

C. — Dans le district de Jaragüf Bas, avec utilisation du débit total :

22. Fabrique de farines « del Capitan ».

23. Moulin à farines de « la Mendoza ».

24.   Id. · id.   « del Cerezo ».

25.   Id.   id.   « Nuevo ».

26.   Id.   id.   « de Torrecilla ».

2° Par le canal qui conduit à celui de Arabuleila, une partie du débit de Gorda tiré du répartiteur des Infantes :

27. Fabrique de tissus de « las Palmas ».

28. Tannerie de D. Bamon Maurell.

29. Fabrique de papier de D. José Ramon Avila.

30. Moulin à farine du même.

3° Par le canal de la ville :

31. Fabrique de papier « El Salon » qui utilise pour sa

C. — En el pago del Jaragüf bajo y utilizando todo el caudal de la acequia Gorda.

22. Fábrica de harinas del Capitan.

23. Molino harinero de la Mendoza.

24.   Id.   id.   del Cerezo.

25.   Id.   id.   Nuevo.

26.   Id.   id.   de la Torrecilla.

2° Con la acequia que conduce á la de Arabuleila, la parte del caudal de la Gorda que aquella toma en el Partidor de los Infantes.

27. Fábrica de tejidos de las Palmas.

28. Fábrica de curtido de pieles de D. Bamon Maurell.

29. Molino de papel de D. José Ramon Avila.

30. Molino harinero del mismo.

3° Con la acequia de la ciudad :

31. Fábrica de papel del *Salon* que utiliza cuarenta reales fonta-

roue haute 40 réaux fontainiers, recueillis dans la propriété de Estefanía ; cette même eau passe sur la roue basse avec celle qui a servi à la fabrique 35 et avec celle qui s'écoule d'autres propriétés.

32. Tannerie de D. Francisco Lopez Medina, dans la rue des « Solares ». Pour cet établissement et celui du n° 35, on tire du jardin du Cordero 7 réaux fontainiers qu'on répartit également. Dans ce même jardin est la prise des fabriques 36 à 44.

33. Fonderie de D. Enrique Tortosa, à la Cuesta del Pescado, qui recueille les eaux de la tannerie sub 32 et celles déversées par les domaines en amont.

34. Moulin à farine de D. Eduardo Moreno, rue des Solares, qui reçoit la 1/2 des 7 réaux de la tannerie sub 32 et 32 réaux fontainiers tirés des

---

neros para su rueda alta, percibidos en la huerta de Estefanía, y que mueve la baja, añadiendo à esta fuerza la aprovechada por el artefacto número 35 y derrámenes de otros prédios.

32. Fábrica de curtido de pieles de D. Francisco Lopez Medina, en la calle de los Solares. Para movimiento de éste artefacto y del número 35, se sacan en la huerta del Cordero, donde éste y los nueve números siguientes tienen sus tomas de aguas siete reales fontaneros, los que se dividen en dos porciones iguales.

33. Fábrica de Fundicion de D. Enrique Tortosa en la Cuesta del Pescado, que utiliza la fuerza del artefacto anterior, y derrámenes de los prédios superiores.

34. Fábrica de harinas de D. Eduardo Moreno, en la calle de los Solares, que mueve con la mitad de los siete reales de agua mencionados en el número 32, y con 32 reales fontaneros que se sacan para este artefacto y surtido de las fuentes

fontaines du Salon. Cette eau retourne au canal Gorda en aval de la fabrique sub 31.

35. Fabrique de chapeaux de D. Francisco Gomez Rull, dans la même rue, qui emploie 17 réaux d'eau.

36. Tannerie de D. Indalecio Tójar, dans la même rue, qui emploie 4 réaux.

37. Tour à soie de D. Manuel Lopez Medina, rue « del Salvador », qui reçoit 19 réaux.

38. Tour à soie de D. Antonio Sanchez Moles, dans la même rue, qui reçoit la même quantité d'eau.

39. Tannerie de D. Ildefonso Valdivia, même rue, qui emploie 13 réaux.

40. Tour à soie de D. Enrique Castillo, même rue et même dotation d'eau.

41. Tannerie de D. Francisco Almanza, rue Solares, qui reçoit 6 réaux.

---

del Salon. Tanto la primera dotacion de agua, como la parte que esta fábrica toma de los expresados 32 reales, vierten en la acequia Gorda por bajo del artefacto número 31.

35. Fábrica de sombreros de D. Francisco Gomez Rull, en dicha calle, que utiliza 17 reales de agua.

36. Fábrica de curtido de pieles de D. Indalecio Tójar en la misma calle que utiliza cuatro reales.

37. Torno de seda de D. Manuel Lopez Kedina, en la calle del Salvador, que mueve con 19 reales.

38. Torno de seda de D. Antonio Sanchez Moles, en la misma calle que mueve con igual cantidad de agua.

39. Fábrica de curtidos de D. Ildefonso Valdivia, en dicha calle, que utiliza 13 reales.

40. Torno de seda de D. Enrique Castillo, en la misma calle, con igual dotacion.

41. Fábrica de curtidos de D. Francisco Almanza, en la calle de los Solares, con 6 reales.

42. Tour à soie de D. Rafael Valdivia, rue du Salvador, mû par 10 réaux tiré d'une prise dans la maison de D. M. Robledo, rue de Santiago.

43. Tour à soie du même, même rue, qui reçoit la même quantité, par les prises de la rue de Santiago, comme le numéro précédent.

44. Tannerie de D. Francisco Prieto Moreno, rue du Cobertizo, avec la même dotation.

45. Moulin à farine de la Cuesta del Pescado, mû par les eaux ayant servi aux établissements 35 à 44.

46. Tannerie de la veuve Lopez et fils, qui reçoit les eaux du 45 et les déverse dans le Gorda en amont du Moulin des Carretas.

47. Fabrique de draps de la veuve Garcia Escobar, rue du Tinte, utilisant 24 réaux tirés de la rue de Santiago et les déversant ensuite dans le canal Gorda en aval du dit moulin.

---

42. Torno de seda de D. Rafael Valdivia, en la calle del Salvador, con 10 reales que se perciben en su tomadero, situado en la casa de D. Mariano Robledo, en la calle de Santiago.

43. Torno de seda del mismo, en dicha calle, que utiliza igual cantidad, percibida como la del número siguiente, en sus tomaderos situados en la calle de Santiago.

44. Fábrica de curtidos de D. Francisco Prieto Moreno, en la calle del Cobertizo, con la misma dotacion.

45. Molino harinero de la cuesta del Pescado, movido por las aguas que han sido utilizadas por los artefactos de los números 35 al 44.

46. Fábrica de curtidos de la viuda de Lopez é hijos, en dicha cuesta, que mueve con las aguas que han pasado por el artefacto anterior, y las vierte en la acequia Gorda por encima del molino de las Carretas.

47. Fábrica de paños de la viuda de Garcia Escobar, en el callejon del Tinte. Utiliza 24 reales percibidos en la calle de San-

48. Tannerie de D. Fr. Gutierrez, rue de l'Ataud, avec 10 réaux provenant de la même source que le précédent.

49. Moulin de D. M. Delgado, rue du Darro, qui utilise les eaux du 48 et celles qui s'écoulent des rues et terres en amont de la rue du Darro.

50. Moulin de la rue Santa Catalina qui reprend les eaux du 49 et les rejette dans le Gorda, à l'aqueduc du Salon.

Article 3.

Les eaux du canal Gorda sont publiques ; elles ne sont donc pas susceptibles de passer au domaine privé. Le droit des participants est limité à l'utilisation qui ne peut subsister ni se transmettre d'aucune façon que pour les biens auxquels les eaux s'appliquent.

---

tiago, y que se vierten después en la Gorda, por bajo del indicado molino.

48. Fábrica de curtidos de D. Francisco Gutierrez en la calle del Ataud, con 10 reales, tomados donde los percibe el artefacto anterior.

49. Molino harinero de D. Manuel Delgado, en la calle del Darro, que aprovecha las aguas del anterior, y los derrámenes de las calles é hijuelas situadas por encima de la mencionada del Darro.

50. Molino de la calle de Santa Catalina, que recibe las aguas que han servido al anterior, y las vierte en la acequia Gorda en la alcantarilla del Salon.

Artículo 3.

Las aguas de la acequia Gorda son públicas ; no son por lo tanto susceptibles de entrar en dominio privado, limitándose el derecho de los partícipes á su aprovechamiento, pero sin que este subsista, ni que se trasmita en manera alguna independientemente de las fincas en que hayan de aplicarse dichas aguas.

Il faut excepter cependant le droit de propriété que possèdent des personnes déterminées sur certaines *dulas* ou certaines eaux dont il sera question dans d'autres articles.

ARTICLE 4.

La prise, le lit, les revêtements, les bords, le franc bord là où il n'est pas longé par la voie publique ; les vannes et fossés d'écoulement; les ponts contruits sur les ravins et les rivières ou sur les rues et chemins ; les répartiteurs et les prises pour les embranchements principaux ; les plantations sur les rives du canal sont parties intégrantes de celui-ci et personne ne pourra en user ni en disposer sans y être autorisé par la communauté des intéressés.

Sans la même autorisation confirmée par le Gouverneur de la province, les propriétaires des terres touchant au

---

Se esceptua sin embargo el derecho de propiedad que ostentan determinadas personas sobre ciertas dulas ó aguas de que se trata en otros artículos de estas ordenanzas.

ARTÍCULO 4.

La presa, el cause, los cajeros y márgenes, de anden en los puntos en que no lo constituya una via publica ; las compuertas y cauces de desagüe ; los puentes construidos sobre los barrancos y rios, ó sobre las calles y caminos; los partidores y tomaderos para los brazales principales, y los árboles plantados en las márgenes de la acequia, son parte integrante de la misma, y nadie podrá usar ni disponer de ellos sin permiso de la comunidad de regantes.

No podrán tampoco hacerse plantaciones ni obras de defensa en fincas lindantes con la acequia cuando hayan de invadir el cauce, sin dicho permiso y la correspondiente autorizacion del Gobernador civil de la provincia.

canal ne pourront non plus planter ni faire des travaux de défense qui empiéteraient sur le lit.

Article 5.

La largeur du canal ne pourra être inférieure à 4 vares ou 3ᵐ344 et les chemins de service auront au minimum 2 vares ou 1ᵐ672 sur chaque rive.

Lorsque le chemin existera sur une seule berge, il mesurera 4 vares.

Les sections transversales du canal sont actuellement les suivantes aux points principaux :

Devant le Cármen de San Fernando, district du Redregal, 3ᵐ40.

Au répartiteur des Infantes, 3ᵐ00.

Devant l'arche de la ville, 3ᵐ00 ; section de chute de l'eau en cet endroit, 7ᵐ00.

Artículo 5.

El ancho de la acequia no podrá ser nunca menor de cuatro varas ó 3ᵐ344 mils. El anden destruido al servicio de aquella, no podrá tampoco ser menor en cada márgen de dos varas ó 1ᵐ672 mils.

Cuando el anden corra solo á lo largo de una de las márgenes, su anchura será de 4 varas.

Las actuales secciones trasversales de la acequia en sus puntos principales, son las siguientes :

Delente del cármen de San Fernando, pago del Pedregal, 3ᵐ40.

En el partidor de los Infantes, 3ᵐ.

Delante del arca de la ciudad, 3ᵐ Seccion de caida del agua en dicho punto 7ᵐ.

De la salida de la ciudad y puente de la calle de San Anton; seccion del arca 2ᵐ20.

A la sortie de la ville et au pont de la rue San Anton, 2^m20 sous l'arche ;

Au répartiteur du Jaque, une section de 1^m70 et l'autre de 1^m40 ;

Au répartiteur d'Arabial Bas, 3^m00 ;

Au répartiteur de Naujar, 4^m10 ;

Au répartiteur des Tercios, 3^m00 ;

De la prise Calderon au ruisseau du Juncaril, 2^m00.

Les sections sont rectangulaires ; le fond et la ligne d'eau sont égaux, de même que les côtés verticaux.

Les sections des différents embranchements du canal sont aux points de bifurcations :

Répartiteur des Infantes 0^m45 ;

Canal de la ville, 2^m03 ;

Jaque del Marqués, 1^m70 ;

Canal de Arabial Bas, 0^m80;

Canal de Maujar, 0^m90 ;

En el partidor del Jaque, una seccion 1^m70, otra 1^m40.

En el del Arabial bajo, 3^m.

En el de Naujar , 4^m10.

En el de los Tercios, 3^m.

Del tomadero de Calderon al barranco del Juncaril 2 metros.

Las secciones son rectángulos, siendo por consiguiente iguales la solera y linea del agua, y paralelos los lados opuestos. Los taludes son tambien iguales y paralelos sin inclinacion.

Las secciones de los diferentes ramales de la acequia, en sus puntos de toma, son :

Partidor de los Infantes, 0^m45.

Acequia de la ciudad, 2^m03.

Jaque del Marqués, 1^m70.

Acequia del Arabial bajo, 0^m80.

Acequia de Naujar, 0^m90.

Acequia de los Tercios, 0^m90; otro 0^m90, otro 0^m87.

Canal des Tercios 0^m90 ; un autre de 0^m90 et un autre de 0^m87.

Article 6.

Pour tout ce que prescrivent ces ordonnances, le canal Gorda est considéré comme formant un tout dans toute son étendue, tant en ce qui touche à la direction et à l'administration, qu'en ce qui concerne la juste répartition des eaux.

Article 7.

Comme conséquence de l'article 3, les ouvrages à construire, les réparations et les curages du lit du canal, les réparations de la prise, des vannes de décharge, des ponts, sentiers, berges, répartiteurs et vannages principaux sont à charge de la communauté des participants dans l'irrigation. La réparation et la bonne conservation

---

Artículo 6.

Para los efectos de cuanto en estas ordenanzas se previene, se considera la acequia Gorda una sola en toda su extension, en lo que concierne al gobierno y administracion, y á la justa distribucion de las aguas.

Artículo 7.

En armonia con lo dispuesto en el artículo 3, son de cargo de la comunidad de regantes las obras de construccion, las reparaciones y limpias del cauce de la acequia, de la presa, de las compuertas de desagüe, puentes, anden, márgenes, partidores y tomaderos principales ; y toca reparar y conservar en buen estado los demás tomaderos, brazales y ramales á los respectivos interesados, ya por su própia iniciatitiva, ya por acuerdo del sindicato ; el que

des autres ouvrages de prise d'eau, des fossés secondaires et adducteurs incombent aux intéressés respectifs ; les travaux se feront soit par initiative de ces derniers, soit par décision du Syndicat qui répartira la dépense entre ceux qui utilisent ces prises et fossés.

Chaque fois que la chose sera possible, on fera les réparations, les curages et tous les ouvrages qui entraînent la suspension du cours de l'eau, dans la première quinzaine de mars, époque où cette suspension est le moins préjudiciable.

·Article 8.

Pour assurer au canal le maintien de son niveau, le Syndicat établira, aux endroits qui lui paraîtront nécessaires, des tablettes en pierre constituant des repères fixes et permanents dans les réparations, curages et constructions nouvelles.

---

repartirá el importe de la reparacion entre los que utilicen dichos tomaderos, brazales y ramales.

Se procurará siempre que fuese posible que las reparaciones y limpias del cauce, asi como toda obra que exija la suspension del curso de las aguas, se verifiquen en la primera quincena de Marzo, en que es dicha suspension menos perjudicial á los regantes.

Artículo 8.

Para que no pueda alterarse el nivel de la acequia, el Sindicato establecerá en los puntos en que pareciere necesario soleras de piedrá que sirvan de indicadores fijos y permanentes en todas las reparaciones, limpias y demás obras que ocurrieren.

CHAPITRE II.

De la Communauté des participants à l'Irrigation.

ARTICLE 9.

La communauté des intéressés aux eaux du canal Gorda est constituée par :

1° Les propriétaires de terres irriguées par ce canal ;

2° Les usiniers de toutes classes utilisant les eaux comme force motrice.

ARTICLE 10.

Ceux-là ont droit à :

1° Employer les eaux à l'irrigation des terres, au rouissage du chanvre et autres exigences de la culture, selon la règle admise dans chaque district et les priviléges spéciaux attachés aux propriétés ;

2° Utiliser l'eau comme force motrice sous la réserve

CAPÍTULO II.

De la comunidad de regantes.

ARTÍCULO 9.

La comunidad de regantes de la acequia Gorda, se halla constituida :

1. Por los propietarios de tierras que se riegan con sus aguas.

2. Por los dueños de artefactos de todas clases, en cuyos mecanismos se emplean dichas aguas como fuerza motriz.

ARTÍCULO 10.

Los regantes tienen derecho :

1. A aprovechar el agua en el regadio de sus tierras, albercas para hilazas y demás necesidades del cultivo, segun el órden prescrito para cada pago, ó los derechos especiales de las propiedades que gocen de ellos.

2. A utilizar el agua como fuerza motriz siempre que observen

de respecter les règlements de police urbaine et de rendre l'eau à son cours sans lui opposer obstacle ;

3° Conserver la jouissance de leurs dotations d'eau et de leurs propriétés.

Article 11.

Les obligations des irrigants sont :

1° Respecter et exécuter les résolutions des assemblées générales ou du Syndicat en ce qui touche aux curages du canal et de ses embranchements, aux réparations des prises d'eau, au faucardage des berges et digues, à l'ordre des irrigations, à tout ce qui est prescrit en vue de la bonne administration ;

2° Conserver en bon état les usines et les conformer aux prescriptions que le Syndicat édicte pour éviter qu'elles causent du dommage à la collectivité ou à un de ses membres ;

---

las reglas generales de policia urbana, y que no la distraigan ni entorpezcan el libre curso de la corriente.

3. A ser mantenidos en el disfrute del agua de la dotacion y uso de sus fincas.

Artículo 11.

Las obligaciones de los regantes son :

1. Observar y cumplir los acuerdos de las juntas generales ó los del Sindicato, respecto á las limpias de la acequia y de sus ramales, arreglo de tomaderos, desbrozo de las cabezadas y márgenes, órden en los riegos, y demás que se dictaren para la buena administracion de aquella.

2. Tener en buen estado de conservacion los artefactos, acomodándolos á las prescripciones que por el Sindicato se dictaren, para que con ellos no se perjudique á toda la colectividad ó á otro interesado.

3° Payer les cotisations ordinaires et extraordinaires décrétées par le Syndicat.

Le Syndicat est autorisé à dresser le projet de cadastre général avec plan de tous les districts arrosés par le canal Gorda, d'après les bases suivantes :

A. — Mesurage et désignation de toutes les propriétés de chaque district, avec indication de la nature, contenance, limites, dénomination et autres particularités de chaque parcelle ;

B. — Détermination de l'endroit où chacune d'elles prend l'eau, des droits à une utilisation spéciale et privilégiée des eaux, des jours et heures où elle reçoit sa dotation;

C. — Nom et domicile du propriétaire, du locataire de chaque parcelle et du fondé de pouvoirs ou représentant de celui-là ;

D. — Description de chaque fossé d'irrigation indiquant la dotation d'eau qui lui est attribuée, les jours et heures

---

3. Pagar los repartimientos ordinarios y extraordinarios acordados por la Junta general.

El Sindicato queda autorizado para formar el proyecto de un Catastro general de todos los pagos que riega la acequia Gorda y el plano de los mismos, con sujecion á las bases siguientes :

A. — Medida y reseña de todas las propiedades de cada pago, con expresion de la clase cabida, linderos, nombre y demás circunstancias de cada haza.

B. — Determinacion del punto por donde cada una de ellas toma su riego; de los derechos que tuviere á aprovechamiento especial y privilegiado de las aguas, y de los dias y horas en que deba recibirlos.

C. — Nombre y vecindad del dueño, y labrador de cada haza, y del apoderado ó representante del primero

D. — Descripcion de cada ramal de riego, con espresion de la parte ó dotacion de agua que le corresponde recibir ; de los dias y

qui lui sont échus ; les prises d'eau qui lui sont faites et la spécification des irrigations ordinaires et supplémentaires émanant de ce fossé;

E. — Figuration au plan de tout le cours du canal Gorda, de toutes les subdivisions et ramifications de son débit, de toute la surface irriguée par ses eaux. A cette fin le plan sera dressé à une échelle suffisante pour indiquer ces éléments avec munitie et il comportera le nombre de feuilles nécessaires.

Le Syndicat pourra conclure un contrat de façon à réaliser ce travail dans le plus court délai compatible avec son étendue ; il devra en régler le paiement de la manière la moins onéreuse pour la communauté des intervenants.

---

horas en que le toca su turno ; de los tomaderos que en él se hallen establecidos, y de la condicion de los riegos que por él se efectuen, ya sean en concepto de propiedad, yá de sobrantes.

E. — Consignacion en el plano de todo el curso de la acequia Gorda, de todas las divisiones y ramificaciones de su caudal, y de toda la superficie regada por sus aguas : á cuyo fin se reducirá dicho plano á la escala que fuere suficiente, para ex presarlo con la mayor minuciosidad, y se subdivirá en el número de hojas necesarias.

Este trabajo podrá contratarse por el Sindicato para que se realice en el mas breve plazo posible, atendida su estension, y tambien deberá concertarse el pago de su importe del modo menos oneroso á la comunidad de regantes.

TITRE II.

De la distribution des eaux du canal.

CHAPITRE I.

*De la dotation du canal Gorda et parties qu'il cède
à d'autres canaux.*

ARTICLE 12.

Le canal Gorda a, de temps immémorial, droit à 1/5 et
demi des eaux du Genil. Ce volume est distrait de la rivière
par la prise Royale, qui introduit dans l'eau du canal
toute l'eau que celui-ci peut contenir quel que soit le débit
de la rivière.

ARTICLE 13.

Le canal doit donner :

1. La 5ᵉ partie de sa dotation au canal de Arabuleila
par le répartiteur des Infantes.

TITULO II.

De la distribucion de las aguas de la acequia.

CAPÍTULO I.

*De la dotacion de aguas de la acequia Gorda
y parte que suministra á otras.*

ARTÍCULO 12.

La acequia Gorda tiene de tiempo inmemorial el derecho á
quinto y medio del caudal de aguas del Genil ; para cuyo percibo
introduce del rio por la *presa Real* en su cauce, toda el agua que
pueda recibir, sea cual fuere el volúmen de la que baje por el
mismo rio.

ARTÍCULO 13.

De este caudal de agua debe dar :

1. Una quinta parte de la dotacion que conduce á la acequia de
Arabuleila por el partidor de los Infantes.

2. 3/5 du reste à la ville de Grenade, pour l'alimentation en eau potable et la force motrice des fabriques, par le canal dit du Realejo (petit royal).

3. 1/5 du reste au canal Tarramonta par le partiteur appelé : cinquième du moulin de D. Alvarillo.

4. Aux terres du territoire de Maracena, irriguées par le branchement appelé Jaque du Marquis de Mondejar, un *tablon* d'eau comme supplément à la dotation dudit embranchement dans les cas et sous les conditions prévus aux articles 36, 37 et 38.

5. A la ville et aux terres de Santafé, par la prise de « Los Quintos », située en avant du pont (siphon) qui livre passage au canal Gorda, sous la rivière Beiro, 2/5 des eaux qui coulent dans le Gorda, pour autant que la « Presilla » ou « caz de Santafé » n'absorbe pas, pour l'introduire dans le caz (fossé), toute l'eau suffisante aux irrigations qui lui correspondent.

---

2. Tres quintas partes del resto á la ciudad de Granada para el abasto potable y movimiento de artefactos, por la acequia llamada del Realejo.

3. Una quinta parte del resto á la acequia Tarramonta por el partidor llamado *quinto del molino de D. Alvarillo*.

4. A las tierras del término de Maracena, que riegan con el ramal llamado *Jaque del Marques de Mondejar*, un tablon de agua como aumento en la dotacion de dicho ramal en los casos y bajo las condiciones que los artículos 36, 37 y 38 expresan.

5. A la ciudad y tierras del térmico de Santafé por el tomadero llamado de los *quintos*, situado delante del puente que dá paso á la acequia Gorda por bajo del rio Beiro, dos quintas partes de las aguas que lleve la misma Gorda, siempre que la Presilla ó Caz de Santa-Fé no absorva é introduzca en dicho Caz toda el agua que sea bastante á conducir para el riego á que se destina.

Cesa esta prestacion cuando el Caz no pueda recibir toda el agua, y derrame alguna parte de ella por pequeña que sea.

La prestation cesse dès que le caz ne peut recevoir toute l'eau et qu'il se produit un débordement quelque petit qu'il soit.

On ne peut pas non plus exiger cette prestation des 2/5, lorsqu'on a reçu l'*alguézar* avant l'expiration de 8 jours depuis le dernier vendredi où l'on a joui de l'*alguézar*.

6. A la même ville de Santafé, le débit intégral de Gorda, qui est la prestation connue de tout temps sous le nom de *Alguézar* et qui consiste à utiliser les eaux du canal, sans interruption, du vendredi à minuit jusqu'au dimanche midi. — Ce droit est subordonné aux conditions suivantes :

a) La prestation de « *los quintos* » du n° précédent doit avoir été satisfaite ;

b) Le maire de la capitale doit avoir accordé la susdite concession d'eau à la demande de son collègue de Santafé ou de la personne que celui-ci aura déléguée à cette fin. —

No puede tampoco solicitarse la prestacion de estas dos quintas partes si se hubiese sacado alguézar, hasta que trascurran ocho dias contados desde el último viérnes en que se hubiese obtenido aquél.

6. A la misma Santafé el caudal íntegro de la Gorda, cuya prestacion se conoce desde tiempo inmemorial con el nombre de *alguézar*, y da derecho á utilizar sin interrupcion las aguas de aquella desde el viérnes á las 12 de la mañana á igual hora de la del domingo, siempre que concurran las circunstancias siguientes :

a) Que haya precedido á esta prestacion la de los quintos, expresada en el número anterior.

b) Que el Alcalde de la capital haya acordado la concesion á solicitud del de Santafé, ó de la persona en quien este hubiese delegado sus facultades, y que se haya practicado reconocimiento en

Il faut encore, pour que la concession puisse être octroyée, qu'une reconnaissance du Genil ait été faite par le notaire de la municipalité de Grenade en y convoquant le président du Syndicat, pour constater s'il passe ou non de l'eau dans la rivière au lieu dit Gué de Malaga ;

c) L'eau doit être dérivée par le pont du Beiro, connu jadis comme pont de Purchil, endroit où il appartient de prendre en *Alguézar* le 1/3 de la dotation que la Gorda conduit au district de Macharnó;

d) Il faut enfin qu'on puisse, avec les eaux d'*Alguézar* tant celles de Santafé que celles de Macharnó, desservir tous les routoirs de chanvre et lin qui en ont besoin, sur le trajet de la Gorda et de toutes les ramifications. Ces routoirs peuvent prendre de l'eau jusqu'à 2 fois par jour en payant chacun, à Santafé, une indemnité qui ne peut être supérieure à 5 pesetas ni inférieure à p. 2.50 ; l'indemnité n'est due qu'une fois, même si l'eau est prise de deux *alguézars* différents.

---

el Genil por el notario del Ayuntamiento de Granada con citacion del presidente del Sindicato para acreditar si baja ó no agua por el rio en el sitio conocido por *Vado de Málaga*, para que dicha concesion pueda tener lugar.

c) Que las aguas se deriven por el puente del *Beiro*, antes conocido por *puente de Purchil*, en cuyo sitio corresponde percibir del alguézar la tercera parte de la dotacion de aguas que lleve la Gorda á las tierras del pago de Macharnó.

d) Que con las aguas de alguézar, tanto las de Santafé como las del pago de Macharnó puedan recebarse todas las albercas de cáñamo y lino que lo necesiten, en las tierras del tránsito de la Gorda, y por todos los ramales, pudiendo tomar hasta dos recibos al dia, abonando cada alberca á Santafé una indemnizacion que no pueda esceder de cinco pesetas como máximun, y dos pesetas 50 céntimos como mínimun, pero sin que una misma hilaza deba

ARTICLE 14.

La prestation de « *los quintos* » comme celle de l'*alguézar*, s'accordent sans préjudice des droits déjà signalés du district de Macharnó, dont il sera question au chapitre 14 du présent titre ; sans préjudice aussi du droit que possède la métairie de Tafiar de prendre de ces mêmes eaux, pour ses irrigations, la quantité que peut débiter sa « tuile mauresque » (teja morisca).

CHAPITRE II.

District de Pedregal de Genil.

ARTICLE 15.

Cette section s'étend depuis la Presa Real jusqu'au moulin des Carretas, situé au Paseo del Salon, avec limites au nord le canal Gorda et au sud la rivière. On irrigue, dans son périmètre, 655 marjales (34 hectares

---

contribuir mas que una sola vez, aunque tome agua de dos alquézares diferentes.

ARTÍCULO 14.

Tanto la prestacion de los quintos como la del Alquézar, son sin perjuicio de los derechos ya expresados del pago de Macharnó, de que se tratará en el capítulo 14 de este titulo, y del que el cortijo de Tafiar tiene, á utilizar de las aguas de una y otra procedencia las que para sus riegos pueda percibir por su teja morisca.

CAPÍTULO II.

Del pago del Pedregal de Genil.

ARTÍCULO 15.

Este pago se estiende desde la presa Real hasta el molino llamado de las Carretas en el paseo del Salon, estando limitado al N. por la acequia Gorda, y al M. por el rio. Dentro de su perí-

61 a. et 15 c.) en prenant l'eau, tous les jours de l'année, de 3 heures de relevée jusqu'au coucher du soleil, par les pertuis établis aux Cabezadas.

Article 16.

Le jardin dit « Fontaine de la Couleuvre » reçoit l'eau par l'extrémité sud de la prise, sans mesure déterminée, mais en quantité limitée par les besoins de l'irrigation.

Article 17.

A 5^{m}03 en aval de la vanne d'écoulement dite « del Ladron » s'amorce une conduite avec prise d'eau de 11 pouces (0^{m}255) de diamètre, procurant la force motrice à l'usine « Martinete et moulin de San Anton el Viejo » ; cette conduite suit le lit dudit Ladron.

Les particuliers qui utilisent cette eau sur leurs biens, sont tenus de conserver toujours le seuil de leur prise à la même hauteur que le niveau du canal ; comme équivalent

---

metro riegan 655 marjales (34 hetáreas, 61 áreas y 15 centiáreas), tomando el agua todos los dias del año desde las tres de la tarde hasta el ocaso del sol, por los tomaderos establecidos en las Cabezadas de los prédios.

Artículo 16.

La huerta llamada de la *fuente de la Culebra*, toma agua por el extremo Meridional de la presa, sin medida determinada, pero limitada prudencialmente á la que necesite para su riego.

Artículo 17.

A 5.03 metros mas abajo de la compuerta de desagüe llamada del *Ladron*, se toma una canal continua de agua por un tomadero cuyo diámetro es de 11 pulgadas ó 0.253 metros para movimiento del artefacto *Martinete y del Molino de San Anton el Viejo*, cuya canal es conducida por el cauce de dicho *Ladron*.

de l'usage qu'ils font du Ladron, ils interviennent pour moitié dans toutes les dépenses qu'occasionnent à la communauté le désensablement de ce canal.

Article 18.

L'usine, autrefois moulin de Gaona, et aujourd'hui fabrique de papier de « San Francisco de Paula » ou de la « Cuesta del Pino » a droit aux eaux du canal, comme force motrice, dans les termes suivants :

1. Du 1er octobre au 1er juillet de chaque année la prise se fait par 3 ouvertures : la supérieure de 0^{m}10 de diamètre ; celle du milieu de 0^{m}175 et celle du bas de 0^{m}23.

2. Du 1er juillet au 1er octobre, le pertuis supérieur est totalement fermé, celui du bas reste constamment ouvert et l'intermédiaire s'ouvre de midi au coucher du soleil.

3. Une prise d'eau abusive, d'une durée plus longue ou

Los dueños de las propiedades que utilizan este agua, están obligados á conservar siempre la solera de su tomadero á la misma altura que el plan de la acequia ; y como equivalente del uso que hacen del Ladron á contribuir con la mitad de todos los gastos que á esta comunidad se ocasionen en la desobstruccion y desareno del mismo.

Artículo 18.

El artefacto llamado antes *Molino de Gaona*, y ahora fábrica de papel de *San Francisco de Paula* ó de la *Cuesta del Pino*, tiene derecho á utilizar agua de la acequia como fuerza motriz en los términos siguientes :

1. Desde primero de octubre á primero de julio de cada año se derivan las aguas para dicha fábrica por tres tomaderos, el superior de diámetro de 0^{m}10 ; el del centro de 0^{m}175 ; y el inferior de 0^{m}23.

2. Desde primero de julio hasta primero de octubre se cierra absolutamente el caño superior ; solo se abre el del centro desde

à des heures différentes de celles marquées au numéro antérieur donne lieu à l'application des dispositions pénales des présentes ordonnances.

4. Lorsque, au jugement du Syndicat, l'abondance des eaux qui passent dans le canal permettra de laisser les 3 pertuis ouverts pendant les mois d'été, on pourra dispenser la fabrique de la Cuesta del Pino de l'obligation de fermer les deux ouvertures dont il est question ci-dessus.

5. Cette usine est soumise aux règlements de police et d'ordre imposés aux autres ; le patron est obligé de con÷ tribuer aux dépenses de la communauté des irrigants.

Article 19.

Le canal Gorda recueille les eaux qui s'écoulent du canal du Candil. — Lorsque ces eaux sont sans emploi, on les conduit à la rivière par le ravin Bermejo ou bien

---

las 12 del dia hasta el ocaso del sol, y el inferior es de uso contínuo.

3. El exceso en el percibo de las aguas por mas tiempo ó á horas diferentes de las marcadas en el número anterior, dá lugar á la correccion que proceda con arreglo á las disposiciones penales de estas Ordenanzas.

4. Cuando á juicio del Sindicato permitiere la abundancia de las aguas que fluyan por la acequia, el que la fábrica de la cuesta del Pino tenga abiertos los tres caños durante los meses de verano, podrá dispensarse á su dueño de la obligacion de cerrar los dos de que trata el número 2.

5. Este artefacto está sometido á las reglas de policía y buen régimen marcadas para los demás, y á la obligacion de contribuir á los gastos de la comunidad de regantes.

Artículo 19.

Todos los derrámenes de la acequia del Candil pertenecen á la

elles s'y rendent directement, suivant la situation de chaque domaine.

ARTICLE 20.

Les eaux qui découlent de la « Real ou de la Ciudad » appartiennent aussi au canal Gorda, soit qu'elles tombent par le « Pilar del portillo de la cuesta de Molinos » ou qu'elles arrivent par le jardin de Estefania, soit qu'elles passent par les propriétés des Vistillas ou par les « darros » et déversoirs qui débouchent vers le même canal.

Le paseo del Salon est considéré, pour l'irrigation, comme partie du district du Pedregal; il doit, aux époques de pénurie, prendre l'eau aux heures signalées pour les autres domaines de ce district.

CHAPITRE III.

Des districts arrosés par le Jaque del Marqués.

ARTICLE 21.

Au pont situé à l'extrémité de la rue San Anton, de

---

acequia Gorda. Cuando no se necesitan se dejan caer al rio por el barranco *Bermejo*, ó directamente fluyen á él segun la situacion de cada finca.

ARTÍCULO 20.

Tambien corresponden á la acequia Gorda todos los derrámenes de la *Real ó de la Ciudad*, ya caigan por el pilar del portillo de la cuesta de Molinos, ya por la huerta llamada de *Estefania*, por las fincas de las Vistillas ó por los darros y vertederos que vienen á fluir en direccion de la misma acequia.

El paseo del Salon se considera, para su riego como parte del pago del Pedregal, y debe en las épocas de escaséz tomar las aguas á las horas señaladas para las demás fincas de aquel.

cette ville, le canal cède une partie de son débit à l'embranchement dit Jaque del Marqués de Mondejar.

ARTICLE 22.

Le Jaque reçoit par ce répartiteur 1/3 du volume qui passe dans le canal Gorda et il a le droit d'augmenter cette dotation en plaçant un madrier de 28 centimètres de hauteur et 4 centimètres d'épaisseur devant les deux pertuis qui livrent passage aux eaux restant à la Gorda, et cela tous les jours, depuis 3 heures du matin jusqu'à 3 heures de relevée.

ARTICLE 23.

Les districts desservis par le Jaque del Marqués, avec droit à sa dotation d'eau, sont Arabial Alto et Fatinafar. Les eaux en excès sont utilisées, dans les conditions exprimées plus loin, par le district d'Ofra, celui de Montones et les neuf du territoire de Maracena, énumérés à l'article 2.

CAPÍTULO III.

De los pagos que riegan con el Jaque del Marqués.

ARTÍCULO 21.

En el puente situado al final de la calle de San Anton de esta ciudad, parte la acequia Gorda sus aguas con el ramal llamado *Jaque del Marqués de Mondejar.*

ARTÍCULO 22.

El Jaque percibe por dicho partidor la tercera parte del caudal que conduce la acequia Gorda, y tiene derecho á aumentar esta dotacion colocando un tablon de 28 centímetros de altura y 4 de espesor delante de los dos conductos por donde corren las aguas

§ I. — *Du district d'Arabial alto.*

ARTICLE 24.

Le district « d'Arabial alto » ou « Arabial y Jaque del Marqués » a pour limites à l'est le canal du même nom ; au sud la ruelle du canal Gorda ; à l'ouest le canal de Arabial bajo ; au nord la rivière Beiro. Ce périmètre embrasse approximativement 1,400 marjales (73 hectares 97 ares 88 centiares).

Il reçoit les eaux du Jaque par les prises situées aux entrées des propriétés, les lundis, mardis, samedis et dimanches depuis 3 heures du matin jusque 3 heures du soir.

Le refoulement des eaux du canal Gorda dans le Jaque del Marqués, lorsque le cours est naturel, c'est-à-dire sans la pose du madrier dont traite l'article 22, y amène

---

que quedan á la Gorda, desde las tres de la mañana de todos los dias hasta las tres de la tarde.

ARTÍCULO 23.

Los pagos que riegan con el Jaque del Marqués con derecho á la dotacion de sus aguas son, *Arabial Alto* y *Fatinafar;* y utilizan los sobrantes de los mismos en los términos que expresan otros artículos de este capítulo el pago de la *Ofra;* el de los *Montones,* y los nueve del término de *Maracena,* enumerados en el artículo 2.

§ 1. — *Del pago de Arabial alto.*

ARTÍCULO 24.

El pago de *Arabial alto ó Arabial* y *Jaque del Marqués,* linda por L. con la acequia de su nombre ; M. con el callejon de la acequia Gorda; P. la del Arabial bajo; y N. rio Beiro, comprendiendo dentro de este perímetro aproximadamente 1,400 marjales (70 hectáreas, 97 áreas, 88 centiáreas.)

Percibe las aguas del Jaque desde las tres de la mañana á

un volume qui appartient aussi à ce district et qui est utilisé, avec droit de priorité, sur ces terres, toutes les nuits
de l'année, de 3 heures du soir à 3 heures du matin. Les
jeudis, l'eau est réservée exclusivement au jardin appelé
Grand, sis Petite rue du Jaque.

L'utilisation de ces **eaux de remous** donne droit aux
terres d'Arabial alto d'être irriguées de trois prises à la
fois, aussi bien aux époques normales que quand le
madrier dont il question à l'article 36 est placé.

ARTICLE 25.

Des 4 jours qui correspondent au district, les jardins
qui s'étendent de la prise de la rue San Anton jusqu'aux
maisonnettes de Radas utilisent l'eau les samedis et
dimanches, tandis que les lundis et mardis l'eau est distri-

---

las tres de la tarde de los lúnes, mártes, sábados y domingos,
utilizándolas por los tomaderos situados en las cabezadas de las
fincas.

La *resaca* ó reboso de las aguas de la acequia Gorda al Jaque
del Marqués, cuando fluyen naturalmente por no estar puesto el
tablon de que trata el artículo 22, es también propiedad de este
pago, utilizándose por primacia, por las heredades del mismo en
todas las noches del año, de tres de la tarde á tres de la mañana ;
pero en la de los dias jueves, corresponde exclusivamente á la
huerta llamada *Grande*, situada en el callejon del Jaque.

El aprovechamiento de esta resaca dá derecho á las tierras del
pago de Arabial alto á regar por tres tomaderos á la vez, tanto en
las épocas normales como cuando corren las aguas de los *tablones*
de que trata el art. 36.

ARTÍCULO 25.

De los cuatro dias que corresponden á este pago las aguas del
Jaque, las utilizan los sábados y domingos las huertas que se
extienden desde el tomadero de la calle de San Anton hasta las

buée aux jardins et terres comprises entre le dernier point et la fin du district, à la rivière Beiro.

Ces dernières propriétés, qui sont irriguées par la « dula » des lundis et mardis, utilisent aussi l'excédent non utilisé des samedis et dimanches. Les jardins du « Pilar » et de la « Mariana », appartenant au même district, reçoivent spécialement les eaux du Jaque, celui-là les mercredis et jeudis, le dernier les vendredis, de 3 à 5 heures du matin, avec tout le débit que comportent les prises dans leur forme et capacité actuelles.

ARTICLE 26.

Indépendamment des éaux que le district prend au canal du Jaque, les terres desservies par la « dula » des lundis et mardis, depuis 3 heures du matin jusqu'à midi, reçoivent en outre les 2/3 des eaux débordées ou en excès des districts de Giranomán et Jaragui alto et provenant des

---

casillas de *Pradas*, y los lúnes y mártes las huertas y tierras situadas desde este punto hasta la terminacion del pago en el rio Beiro.

Tambien corresponde á los prédios que riegan con la dula de los lúnes y mártes aprovechar los sobrantes de las tierras que invierten la de los sábados y domingos. Las huertas del *Pilar* y de la *Mariana* comprendidas en este pago, utilizan especialmente las aguas del Jaque los miércoles y juéves para el primero de ambos prédios, y el viérnes para el segundo de *tres á cinco* de la mañana, en cuanta cantidad pueden percibir sus tomaderos en su forma y cabida actual.

ARTÍCULO 26.

Independientemente de las aguas que toma este pago de la acequia del Jaque del Marqués, le corresponden á las tierras que toman la dula de los lúnes y mártes desde las tres de la mañana á las doce del dia, las dos terceras partes de los derrámenes y

canaux qui alimentent la ville, sous les noms de « San Juan de los Reyes » et de « Santa Ana ». Ces eaux de débordement sont reprises au pertuis de « Sancti Spiritu ».

§ II. — *Du district de Fatinafar.*

ARTICLE 27.

Le district de Fatinafar est limité à l'est par le canal du Jaque, au sud par la route de Malaga, à l'ouest par le canal Gorda et au nord par le chemin de Pinos Puente. Il comprend environ 1,600 marjales (84 hectares, 54 ares, 72 centiares).

Il prend, par les répartiteurs et pertuis en tête des propriétés, toute l'eau du Jaque del Marqués, les mercredis, jeudis et vendredis, chaque quinzaine, depuis 3 heures du matin jusque 3 heures de l'après-midi.

Il lui appartient en outre d'utiliser les eaux en excés du district de l'Ofra.

---

sobrantes de los pagos de Girarromán y Jaragüi alto, procedentes de las acequias del abasto de la Ciudad, llamadas de *San Juan de los Reyes* y de *Santa Ana*, cuyos derrámenes se toman por la presa de Sancti Spiritu.

§ II. — *Del pago de Fatinafar.*

ARTÍCULO 27.

El pago de Fatinafar linda por L. con la acequia del Jaque; M. carretera de Málaga; P. acequia Gorda, y N. camino de Pinos Puente, y comprende unos 1,600 marjales (84 hectáreas, 54 áreas, 72 centiáreas).

Toma toda el agua del Jaque del Marqués los miércoles, jueves y viérnes de cada dos semanas, de tres de la mañana á tres de la tarde por los tomaderos y tornos establecidos en las cabezadas de de los prédios.

Además le corresponde aprovechar los sobrantes del pago de la Ofra.

Les mercredis, jeudis et vendredis qui ne sont pas donnés à Fatinafar, l'eau appartient en toute propriété aux ayants cause du marquis de Mondejar, qui en disposent librement pour la vendre, la céder, la permuter et la conduire par les fossés sur lesquels leur droit est établi.

§ III. — *Du district de l'Ofra.*

ARTICLE 28.

Les limites du district de l'Ofra sont : à l'est le Callejon de Navarrete, au sud le Beiro, à l'ouest le canal du Naujar et au nord la route de Malaga. La superficie comprise est approximativement de 1,500 marjales (79 hectares, 26 ares, 30 centiares).

Depuis la première prise d'eau, située à la sortie du passage voûté du canal du Jaque del Marqués, sous la rivière Beiro, ce district commence à utiliser le débit total de ce canal, excédant de la dotation d'Arabial alto, et ce tous les jours et à toutes les heures, à l'exception des

---

Los miércoles, jueves y viérnes en que no percibe el pago de Fatinafar las aguas del Jaque, pertenecen en absoluta propiedad á los causa-habientes del Marqués de Mondejar, quienes disponen libremente de ellas; pudiendo venderlas, cederlas, ó permutarlas y conducirlas por los cáuces sobre los que tengan establecido este derecho.

§ III. — *Del pago de la Ofra.*

ARTÍCULO 28.

El pago de la Ofra linda por L. con el callejon de Navarrete; M. el Beiro; P. acequia de Naujar, y N. carretera de Málaga, y comprende próximamente 1,500 marjales (79 hectáreas, 26 áreas, 30 centiáreas).

Desde el primer tomadero situado á la salida del embovedado que dá paso á la acequia del Jaque del Marqués por bajo del rio Beiro, comienza á utilizar este pago toda el agua que conduzca dicha

mercredis, jeudis et vendredis, de 3 heures du matin à
3 heures du soir, qui, comme le stipule l'article précédent,
appartiennent au district de Fatinafar.

ARTICLE 29.

L'excédent et le trop plein des eaux recueillies par la
prise de Sancti Spiritu, tous les jours, depuis le coucher du
soleil jusqu'à l'aube, sont aussi la propriété du district de
la Ofra.

ARTICLE 30.

Aux heures où le district d'Arabial alto a droit aux
eaux de remous du canal Gorda, comme il est dit à
l'article 24, il faut permettre l'exercice de ce droit en
même temps que le district de l'Ofra utilise l'eau de
Sancti Spiritu, dont il est fait mention à l'article précédent. A cette fin on répartira équitablement l'une et
l'autre dotations entre les intéressés respectifs, en consi-

---

acequia y haya sobrado al de Arabial alto en todos los dias y
horas; exceptuando los miércoles, jueves y viernes, de tres de la
mañana á tres de la tarde, en que son las aguas del Jaque
propiedad del pago de Fatinafar, segun se expresa en el artículo
anterior.

ARTÍCULO 29.

Corresponden al pago de la Ofra en propiedad, los derrámenes
y sobrantes de las aguas que recoje la presa de Sancti Spíritu desde
el ocaso del sol hasta el alba de todos los dias.

ARTÍCULO 30.

En las horas en que el pago de Arabial alto tiene derecho á utilizar la resaca de la acequia Gorda, como se ha expresado en el
art. 24, para que dicho pago la aproveche á la vez que el de la
Ofra lo hace de su propiedad en las aguas de Sancti Spíritu, citada

dérant le volume qui passe du fossé Sancti Spiritu dans le canal du Jaque.

ARTICLE 31.

L'eau en excès de Fatinafar revient aussi à l'Ofra et quand, dans le premier district, on n'irrigue pas, l'eau peut passer par le canal du Jaque alto et être employée en première main, comme éventuelle, sur les terres desservies par ce canal.

ARTICLE 32.

Le jardin dit de « Checa » a droit à l'irrigation tous les lundis de l'année, depuis le coucher du soleil jusqu'à l'aube, tant avec la dula de Sancti Spiritu qu'avec l'eau de remous.

§ IV. — *Du district des Montones.*

ARTICLE 33.

Ce district a pour limites : à l'est la route de Malaga

---

en el artículo anterior, se divide prudencialmente una y otra dotación entre los respectivos usuarios con vista del volúmen de las aguas que de la citada acequia de Sancti Spíritu entran en el cauce del Jaque.

ARTÍCULO 31.

Tambien corresponde al pago de la Ofra los sobrantes del de Fatinafar, y cuando no hubiese en aquel tierras que las utilicen, pueden conducirse por el cauce del Jaque alto y aprovecharse por primacia como eventuales por los prédios que riegan por dicho cauce.

ARTÍCULO 32.

La huerta llamada de *Checa* tiene derecho à regar, tanto con la dula de Sancti Spiritu como con la resaca ó contraturna todos los lunes del año à las horas expresadas, ó sea desde el ocaso del sol hasta el alba.

et le Callejon du Chorro ; au sud le Beiro ; à l'ouest le chemin de Navarrete et le district de l'Ofra ; au Nord le territoire de Maracena. La superficie est d'environ 1,300 marjales (68 hectares, 69 ares, 46 centiares).

La partie sud du district des Montones peut — lorsque Fatinafar n'en a pas besoin — utiliser l'eau en excès de l'Ofra aux mêmes heures qui sont accordées à ce dernier district. A cet effet on ouvre les pertuis dans le canal principal du Jaque, en tête des propriétés.

ARTICLE 34.

La ferme de Navarrete a le droit de prendre, pour irriguer ses 169 marjales de superficie et sans rien payer, toute l'eau nécessaire, tant des dulas du district de Fatinafar que des dulas spéciales du marquis de Mondejar ou des Tablones concédés pour Maracena.

La métairie de Casa Quemada jouit du même droit pour 10 marjales de terres.

---

§ IV. — *Del pago de los Montones.*

ARTÍCULO 33.

El pago de los Montones linda por L. con la carretera de Málaga y callejon del Chorro ; M. el Beiro ; P. el camino de Navarrete y pago de la Ofra ; y N. término de Maracena. Comprende unos 1,300 marjales (68 hectáreas, 69 áreas, 46 centiáreas).

Si no los necesitase el pago de Fatinafar, tiene derecho la parte meridional del de los montones á utilizar los sobrantes del de la Ofra á las mismas horas que puede regar en ellas el pago de este nombre, para lo cual se abren tornas en la acequia principal del Jaque por la cabezada de los prédios.

ARTÍCULO 34.

El cortijo de *Navarrete* tiene derecho á tomar para el riego de los 169 marjales de su cabida toda el agua que necesitare de la que

§ V. — *Des terres situées sur Maracena.*

ARTICLE 35.

Les eaux en excès des districts précédents et s'écoulant par le fossé du Jaque alto, sont dévolues aux districts suivants, situés sur Maracena, lesquels les emploieront à irriguer les terres suivant leur ordre de succession, sans jours ni heures déterminées, comme eaux éventuelles :

Picon.

Era bajo.

Fatigas.

Paz ou Tobares.

Cerviño,

Eriales.

Palomares.

---

pase por sus cabezadas, tanto de las dulas del pago de Fatinafar como de las especiales llamadas del marqués de Mondéjar ó de los Tablones concedidos para Maracena sin abonar cosa alguna por ello.

Tambien tiene el mismo derecho respecto á diez marjales de ella, la casería de *Casa Quemada.*

§ V. — *De las tierras del término de Maracena.*

ARTÍCULO 35.

Tienen derecho á regar con las aguas sobrantes á los pagos anteriores, percibiéndolos por el cauce del Jaque alto, segun la preferente situacion de las tierras y sin dias ni horas determinadas, sino como sobrantes eventuales, cuando por el cauce del Jaque fluyeren los pagos siguientes, situados en término de Maracena.

Picon.

Era baja.

Fatigas.

Paz ó Tobares.

Acequia nueva.

Acequion.

Ces terres ont pour limites : au sud le territoire de Grenade et le district de Tafiar Albaida ; à l'ouest celui d'Atarfe ; à l'est le village de Maracena ; au nord celui d'Albolote. Superficie de 3,700 marjales (195 hectares, 51 ares, 57 centiares).

Article 36.

Ces terres ont en outre droit à demander un *tablon* d'eau du canal Gorda pour être ajouté à la dotation du Jaque del Marqués.

Le *tablon* est l'accroissement de volume que reçoit le Jaque en plaçant, au répartiteur du pont de la rue San Anton et sur le lit du canal Gorda, le madrier dont il est

---

Cerviño.

Eriales.

Palomares.

Acequia nueva.

Acequion.

Lindan por M. con el término de Granada y pago de Táfiar Albaida; por P. con el de Atarfe ; por L. con el pueblo de Maracena, y N. con el de Albolote, y componen 3,700 marjales (195 hectáreas, 51 áreas, 57 centiáreas).

Artículo 36.

Estas tierras tienen además el derecho á solicitar la concesion de un *tablon* de agua de la acequia Gorda para recargar la dotacion del Jaque del Marqués.

Se entiende por tablon, el aumento que la referida acequia del Jaque recibe, colocando en el partidor del puente de la calle de San Anton y sobre el cauce de la Gorda la tabla á que se refiere el art. 22 en las horas en que no tienen los regantes del Jaque el derecho de ponerla ; ó sea desde las tres de la tarde á las tres de la mañana.

question à l'article 22, aux heures où les participants du Jaque n'ont pas le droit de placer le madrier, c'est-à-dire de 3 heures du soir à 3 heures du matin.

Article 37.

Pour pouvoir concéder ce tablon, il faut :

1. Que le sollicitant justifie qu'il cultive des terres sur le territoire de Maracena ou sur la métairie du Paraiso.

2. Que la demande du tablon soit faite au Syndicat et que le ou les demandeurs prouvent qu'ils ont des terres ensemencées pour y diverser les eaux, s'obligeant à ne céder ni aliéner l'eau qui leur est concédée.

3. Que le pétitionnaire paye 10 pesetas à la caisse de la communauté et 9 pesetas au propriétaire des anciens moulins du « Capitan » et du « Francés », aujourd'hui moulin à farine de Dominguez frères, pour le préjudice que lui cause la diminution du débit du canal Gorda.

4. Qu'on justifie qu'il passe un volume d'eau suffisant dans la rivière, pour fournir au canal Gorda l'équivalent

---

Artículo 37.

Para que pueda concederse este tablon, se necesita :

1. Que el que lo pidiese, justifique ser labrador de tierras en el término de Maracena, ó en la caseria llamada del *Paraiso*.

2. Que se haga la peticion del tablon al sindicato, acreditando aquel ó aquellos que lo soliciten tener fruto sembrado en que poder invertir las aguas, y obligándose á no ceder ni enagenar las que se le concedan.

3. Que satisfaga el peticionario diez pesetas á los fondos de la comunidad de regantes, y nueve pesetas al dueño de los antiguos molinos del *Capitan* y del *Francés*, hoy fábrica de harinas de Dominguez hermanos, por el perjuicio que recibe con la disminucion de las aguas de la acequia Gorda.

4. Que se justifique que baja por el rio agua suficiente para

du tablon cédé au Jaque del Marqués, équivalent qui est
fourni par la prise d'Anataque. A cet effet, on fera une
reconnaissance du Genil en convoquant le syndic élu par
les propriétaires d'Atarfe qui pratiquent l'irrigation.

5. Que les terres d'Arabial alto ne soient pas empê-
chées d'irriguer par trois prises différentes, malgré la
concession du tablon en vertu de leur droit aux eaux de
remous du Jaque ; que de même les terres de l'Ofra
puissent tirer le volume représentant leur dotation dans
la prise de Sancti Spiritu.

6. Que le concessionnaire paye les frais de la reconnaissance et aussi le salaire dû au gardien de la prise
d'Anataque.

ARTICLE 38.

La concession du tablon donne droit aux eaux du Jaque
pendant 12 heures, de 3 heures du soir à 3 heures du
matin, sans que personne puisse les arrêter ou les diminuer dans leur cours.

Il y a lieu d'en excepter le droit consigné au 5° de l'ar-

---

indemnizar á la acequia Gorda de la que el tablón concedido lleve
al Jaque del Marqués, introduciendo para ello un equivalente por
la presa de *Anataque*. Al efecto se practicará el oportuno reconocimiento en el Genil con citacion del vocal del sindicato elégido por
los regantes de Atarfe.

5. Que no se impida á las tierras del pago de Arabial alto, el que
puedan regar á la vez por tres tomaderos diferentes, á pesar de la
concesion del tablon, como reconocimiento del derecho que tiene á
la resaca ó contra-torna del Jaque, y á las tierras del pago de la
Ofra el que tomen del agua conducida la que proceda de su dotacion en la presa de Sancti Spiritu.

6. Que abone el concesionario los gastos del reconocimiento, y
el jornal que haya de pagarse al guarda que custodie la presa de
Anataque.

ticle précédent, ceux de la ferme de Navarrete et de la métairie de Casa Quemada définis à l'article 34 et consistant à prendre les eaux de toutes provenances qui traversent ces domaines, pour irriguer, la 1re 169 marjales et la 2e 10 marjales.

ARTICLE 39.

La ferme de Navarrete et les métairies de Casa Quemada et de Paraiso sont grevées de la servitude de passage des eaux pour Maracena.

CHAPITRE IV.

Du district de Jaragüi bajo.

ARTICLE 40.

Ce district a pour limites : à l'est le Genil ; au sud le Genil et le chemin du Roi ; à l'ouest celui de Purchil ; au

---

ARTÍCULO 38.

La concesion del tablon dá derecho á utilizar las aguas del Jaque por espacio de doce horas, desde las tres de la tarde á tres de la mañana, sin que nadie pueda cortarlas ni cercenarlas en el tránsito.

Se esceptua el derecho consignado en el número 5 del artículo anterior, el del cortijo de Navarrete y caseria de Casa Quemada, á aprovechar en el riego de 169 marjales del primero de dichos prédios, y en el de 10 del segundo, las aguas de toda procedencia que atraviesen ambas fincas, de cuyo derecho se ha hecho mencion en el artículo 34.

ARTÍCULO 39.

El mismo cortijo de Navarrete y las caserías de Casa Quemada y Paraiso tienen impuesta servidumbre para permitir el paso de las aguas á Maracena.

nord le canal Gorda depuis l'emplacement de la petite tour jusqu'à sa jonction avec la rivière. Son étendue est de 1,600 marjales (84 hectares, 54 ares, 72 centiares) et il reçoit 1/3 du débit du canal Gorda les lundis, mardis et jeudis toutes les semaines, depuis 3 heures du matin jusque 3 heures du soir ; cette eau lui est répartie par les prises d'entrée et par les fossés du district. La prise d'eau se fait en plaçant des madriers en travers du lit du canal, sans pouvoir toutefois étancher les joints de ces madriers.

ARTICLE 41.

Le jardin de D. Joaquin Gomez Ruiz, situé à l'est des terrains de l'usine à gaz, prend continuellement l'eau par un tuyau de grès, en amont du répartiteur de la Gorda et du Jaque. Ce qui n'est pas utilisé par le jardin s'écoule dans le canal d'Anataque et revient à la Gorda.

Par la même voie les eaux prises à la rue Nueva en

CAPÍTULO IV.

Del pago del Jaragüi bajo.

ARTÍCULO 40.

El pago de Jaragüi bajo linda por L. con el Genil; por M. con este y el camino del Rey; por P. con el de Purchil, y por N. con la acequia Gorda desde el sitio de la torrecilla hasta enlazar con el mismo rio. Su estension es de 1,600 marjales (84 hectáreas, 54 áreas, 72 centiáreas) y tiene el aprovechamiento de un tercio del caudal de aguas de la acequia Gorda en los lúnes, mártes y juéves de todas las semanas, desde las tres de la mañana á las tres de la tarde, recibiendo el agua por los tomaderos de las cabezadas y por los ramales del pago. Las cabezadas toman el agua atravesandos tablas en el cauce de la Gorda, pero sin poder restañar la uniones de ellas.

aval des terrains de l'usine à gaz, pour le service de l'abattoir public de cette ville, retournent également au canal Gorda.

ARTICLE 42.

Ce qui fut le jardin du marquis de Diezma prend l'eau par un pertuis de 0^{m}042 de large, les lundis qui correspondent à la dotation du fossé sur le trajet duquel il se trouve.

A l'irrigation de 30 marjales de terre cultivée, qui vont de l'usine à gaz au Callejon del Puente Colorado, on destine l'eau débitée par le canal d'Anataque, les mêmes lundis, de 3 heures du matin à 3 heures du soir ; la prise est à l'amont de la parcelle.

ARTICLE 43.

Le premier fossé distributeur du district, dit Fossé du

ARTÍCULO 41.

El huerto de D. Joaquin Gomez Ruiz situado al E. de los terrenos de la fabrica del Gas, toma continuamente el agua por un caño de barro colocado delante del partidor de la Gorda con el Jaque, y despues de aprovechar la necesaria, vuelve la demás vertiéndola à la acequia de Anataque.

Tambien vuelven à la Gorda por la expresada de Anataque las aguas que para el servicio del matadero público de esta ciudad se toman en la calle Nueva despues de atravesar los terrenos de la fábrica del Gas.

ARTÍCULO 42.

El huerto que fué del marques de Diezma, recibe el agua por un tomadero de 0^{m}042 de ancho en los lúnes en que toca al ramal en que situa.

Para el riego de una haza de treinta marjales que se estiende desde la fábrica del Gas hasta el callejon del puente Colorado, se

Lundi, arrose le lundi. Jusqu'au Callejon des Nogales, où il termine, il ne peut déverser que par une seule coupure et les heures de la dula sont ainsi réparties entre toutes les propriétés :

De 3 à 5 heures 1/2 du matin, jardin de Doña Rosario Moreno ;

De 5 1/2 à 7 heures du matin, jardin de D. José Lopez Barajas ;

De 7 à 8 heures 1/2 du matin, jardin de D. Miguel Gonzalez Perales ;

De 8 1/2 à 9 heures 1/2 du matin, jardin de la Estrella ;

De 9 1/2 à 10 heures 1/4 du matin, jardin de D. Enrique Sanchez ;

De 10 1/4 à 11 heures 3/4 du matin, jardin des héritiers de D. Juan Pugnaire ;

De 11 heures 3/4 à midi, terre de D. Atanasio Mata Alguacil ;

---

toman las aguas que fluyen por la acequia de Anataque en los mismos dias lúnes, de tres de la mañana á tres de la tarde, por un tomadero situado en la cabezada de dicha haza.

Artículo 43.

El lúnes riega el primer ramal del pago llamado del *Lúnes*, sin que pueda haber mas que un solo tomadero abierto hasta el callejon de los Nogales, en que termina dicho ramal ; distribuyéndose las horas de la dula entre todos los prédios, de este modo :

De tres á cinco y media de la mañana, huerta de Doña Rosario Moreno.

De cinco y media á siete, idem idem de D. José Lopez Barajas.

De siete á ocho y media, idem idem de Don Miguel Gonzalez Perales.

De ocho y media á nueve y media, idem idem de la Estrella.

De nueve y media á diez y cuarto, idem de Don Enrique Sanchez.

De midi à 12 3/4, jardin de la veuve de Cappa ;

De 12 3/4 à 2 1/4 après-midi, jardin de D. Manuel Verde ;

De 2 3/4 à 3 heures après-midi, jardin du Comte de Gavia.

Les eaux qui découlent de tous les jardins de cette section sont utilisées par les propriétés en aval.

Article 44.

Le 2ᵉ embranchement est celui de « Garnatilla » qui prend l'eau tous les mardis, en un point situé à 3ᵐ20 en aval du pont de même nom et qui arrose tous les jardins.

Le jardin du « Palomar » est arrosé par deux bouches spéciales, en plaçant des planches transversalement à la bouche amont. La prise de Garnatilla doit être fermée quand le Palomar reçoit l'eau.

De diez y cuarto á once y tres cuartos, idem de los herederos de Don Juan Pugnaire.

De once y tres cuartos á doce, haza de Don Atanasio Mata Alguacil.

De doce á doce y tres cuartos huerta de la viuda de Cappa.

De doce y tres cuartos á dos y cuarto de la tarde, idem de Don Manuel Verde.

De dos y cuarto á tres, idem del conde de Gavia.

Los derrámenes de todas las huertas de este ramal se aprovechan por los prédios inferiores.

Artículo 44.

El segundo ramal llamado de *Garnatilla*, percibe el agua todos los mártes por su tomadero, situado 3ᵐ20, mas abajo del puente de aquel nombre, dando riego por él á todas las huertas.

Se esceptúa la llamada del *Palomar*, que riega por dos tomaderos especiales, atravesando tablas en el superior de ellos; pero cuando percibe el agua debe estar cerrado el tomadero de Garnatilla.

Les cultivateurs des jardins de ce groupe peuvent distribuer entre eux, à leur convenance, les 12 heures que durent la dula; mais ils en donneront avis en temps opportun au syndicat qui veillera à ce que les droits d'aucun d'eux ne soient lésés.

ARTICLE 45.

Un troisième fossé dit du « jeudi » et aussi « Jaragüí de en medio » reçoit l'eau ce jour par son pertuis et il la distribue entre tous les biens à tour de rôle, dans l'ordre que les propriétaires déterminent.

Le jardin de la « Almadraba », aujourd'hui au marquis de Castelar, a droit à prendre, sans interruption, pour son irrigation, l'eau que donne une prise nommée « teja morisca » (tuile mauresque) située à 8ᵐ40 plus bas que l'entrée du jardin du Palomar.

Los labradores de las huertas de este ramal pueden distribuir entre sí, las doce horas que dura la dula del mismo, del modo que tengan por conveniente; pero con intervencion del sindicato, á quien se dará el oportuno aviso para que no resulten lesionados los derechos de ninguno de ollos.

ARTICULO 45.

El tercer ramal llamado del *Jueves* y tambien *Jaragüí de en medio*, percibe el agua en este dia por su tomadero, y la distribuye entre todos los prédios por primacia y turno segun órden de los mismos.

La huerta llamada de la *Almadraba*, hoy del marqués de Castelar, tiene derecho á percibir sin interrupcion para su riego, el agua que en ella se introduzca, por un tomadero llamado de *teja morisca*, situado 8.40 metros mas abajo de la entrada de la huerta del Palomar.

Los derrámenes de la Teja morisca, vierten á la acequia por

Les pertes de la Teja Morisca, s'écoulent dans le fossé, par dessous la porte du jardin ; cette eau ne peut recevoir aucune autre destination.

Une terre de 18 marjales, dans le jardin du Puente de la Torrecilla, est arrosée par une prise spéciale, aux jours et heures susdits, sans que cette prise et celle du jeudi puissent être ouvertes simultanément.

CHAPITRE V.

Du district de Arabial bajo.

ARTICLE 46.

Le district de Arabial bajo est limité à l'est par le canal de ce nom qui le longe sur toute sa longueur jusqu'au Baro ; au sud par le canal Gorda, à l'ouest par le même et le Naujar, au nord par le Beiro. Il comprend 1,600 marjales (84 hectares, 54 ares, 72 centiares).

Sa dotation est le tiers des eaux du canal Gorda, les

---

bajo de la puerta de la huerta, sin que puedan distraerse en ninguna otra aplicacion.

Una haza de 18 marjales en la huerta del puente de la Torrecilla, riega por un tomadero especial en los dias y horas expresados ; pero sin que á la vez puedan estar abiertos, dicho tomadero y el del Juéves.

CAPÍTULO V.

Del pago del Arabial bajo.

ARTÍCULO 46.

El pago de *Arabial bajo*, linda por L. con la acequia de su nombre, la cual corre á todo lo largo de él hasta el Beiro ; por M. con la acequia Gorda ; por P. con la misma y la Naujar ; y por N. con el citado rio Beiro. Comprende 1,600 marjales (84 hectáreas, 54 áreas, 72 centiáreas).

Le corresponde la tercera parte de las aguas de la acequia Gorda

mercredis, jeudis, vendredis, samedis et dimanches, toute
l'année, de 3 heures du matin à 3 heures du soir. Sa
prise d'eau est à 6ᵐ40 avant le pont de la Cruz de los
Carniceros.

ARTICLE 47.

La répartition actuelle de l'eau dans ce district est la
suivante :

Les mercredis au fossé de Plazas ou du Cañaveral ;

Les jeudis au premier fossé de la Cabacera ou de Arabial bajo ;

Les vendredis au deuxième fossé de la Cabacera ou de
Arabial bajo ;

Les samedis et dimanches au fossé du Raso ou Rasillo
del Romeral.

ARTICLE 48.

Le jardin dit de Cañaveral, qui a appartenu à Quirós,

---

que percibe por su tomadero situado 6,40 metros antes del puente
de la Cruz de los Carniceros, los miércoles, jueves, viérnes, sábados y domingos de todo el año, desde las tres de la mañana hasta
las tres de la tarde.

ARTÍCULO 47.

La distribucion actual de las aguas en el pago, es como sigue :
Miércoles, el ramal llamado de *Plazas* ó del *Cañaveral.*
Jueves, primer ramal de la Cabecera ó de Arabial bajo.
Viérnes, segundo ramal llamado del viérnes, sábado y domingo,
ramal del Raso ó Rasillo del Romeral.

ARTÍCULO 48.

En el domingo desde las tres de la tarde hasta el lúnes á las tres
de la mañana, aprovecha las aguas con medio tablon ó sea con la
mitad de la dotacion del pago, la huerta que fué de Quirós, llamada
del Cañaveral, de cabida de 35 marjales.

et qui mesure 35 marjales, utilise, du dimanche à 3 heures du soir au lundi à 3 heures du matin, les eaux avec un demi-tablon, c'est-à-dire la moitié de la dotation du district.

ARTICLE 49.

Les eaux qui ont servi au district d'Arabial alto appartiennent aussi à Arabial bajo, à discrétion et avec la priorité que donne la situation des propriétés.

CHAPITRE VI.

Du district de Camaura bajo.

ARTICLE 50.

Ce district confine à l'est et au sud au chemin de Purchil, à l'ouest à la rivière Beiro, au nord au canal Gorda. Il comprend environ 1,800 marjales (95 hectares, 11 ares, 57 centiares).

ARTÍCULO 49.

Tambien corresponden al pago de Arabial bajo, à discrecion y por primacia segun la situacion de los prédios, los derrámenes del pago de Arabial alto.

CAPÍTULO VI.

Del pago de Camaura baja.

ARTÍCULO 50.

El de Camaura baja linda por L. y M. con el camino de Purchil; por P. con el rio Beiro; y por N. con la acequia Gorda. Comprende unos 1,800 marjales (95 hectáreas, 11 áreas, 57 centiáreas).

Le corresponde la tercera parte de las aguas que conduce la acequia, percibiéndola por su tomadero llamado el Tabloncillo, situado 7.78 metros más abajo del puente de la Torrecilla, desde las doce de la mañana del sábado, hasta las tres de la mañana del mártes

Sa dotation consiste dans le tiers des eaux du canal, depuis le samedi à 12 heures du matin jusqu'au mardi à 3 heures du matin, toutes les semaines, et la prise est celle du Tabloncillo, situé à 7m78 sous le pont de la Torrecilla. Pendant que fonctionne cette prise d'eau on ne devra ouvrir que deux des pertuis du moulin du même nom et on tiendra fermée la prise du jardin de la « Monja », dont il est question à l'article 52.

ARTICLE 51.

Les terres, qui constituaient antérieurement la ferme de « Castro », ont un droit spécial à 12 heures d'eau de cette période, de 3 heures du matin à 3 heures du soir, tous les vendredis, par la prise des « Argamasones ».

ARTICLE 52.

A 6m39 avant cette prise des « Argamasones », se trouve celle qui irrigue le jardin dit de la « Monja » ;

---

de todas las semanas; pero mientras funcione dicho tomadero no debe tener abiertos más que dos de las tres canales el molino de aquel nombre; y se conservará cerrado el tomadero de la huerta de la Monja, de que trata el artículo 52.

ARTÍCULO 51.

De este periodo, aprovechan especialmente las tierras que formaron el cortijo de *Castro*, doce horas de agua, desde las tres de la mañana á las tres de la tarde de todos los viérnes, recibiéndola por el tomadero de los *Argamasones*.

ARTÍCULO 52.

Seis metros treinta y nueve centímetros antes de dicho tomadero de los *Argamasones*, está el destinado á la huerta llamada de la Monja, la cual riega solo por él; pero las tierras accesorias de dicha huerta que componen 43 marjales pueden tomar riego tanto

mais les terres annexées à ce jardin, d'une contenance de 43 marjales, peuvent recevoir l'eau par cette dernière prise ou par le fossé principal du district, en y faisant monter le niveau au moyen d'un barrage en planches, car les terres sont au-dessus du niveau normal et ne peuvent pas être irriguées d'une autre manière.

CHAPITRE VII.

Du district de Camaura alto.

ARTICLE 53.

Les limites de ce district sont : à l'est le canal du Naujar ; au sud et à l'ouest le canal Gorda, au nord le Beiro. La contenance est de 1,800 marjales environ (95 hectares, 11 ares, 57 centiares).

Il reçoit 1/3 des eaux du canal Gorda par la prise de Naujar, située en tête du district, et par le canal du même nom, de la manière suivante :

De 3 heures du matin, le mardi, à 3 heures du matin, le mercredi ;

---

por este tomadero como por el ramal principal del pago, elevando para ello las aguas de la acequia por medio de tablas atravesadas en el cauce, por no permitir la altura del terreno que se riegue de otro modo.

CAPÍTULO VII.

Del Pago de Camaura alta.

ARTÍCULO 53.

El pago de la Camaura alta, linda por L. con la acequia de Naujar; por M. y P. con la Gorda; y por N. con el rio Beiro. Comprende próximamente 1,800 marjales (95 hectáreas, 11 áreas, 57 centiáreas).

Tiene aprovechamiento de una tercera parte de las aguas de la acequia Gorda que recibe por el tomadero de Naujar situado en la

De 3 heures du soir, le jeudi, à 3 heures du matin le vendredi, de 3 heures du soir, le vendredi, à 12 heures du matin, le samedi.

Il prend aussi l'eau 12 heures de plus, de 3 heures du matin à 3 heures du soir, le vendredi, lorsque celle-ci n'est pas utilisée par le fossé du district de Cambea, alimenté par la prise de « Terroba ».

ARTICLE 54.

Pendant les 12 premières heures de la dula du district, c'est-à-dire de 3 heures du matin à 3 heures du soir, le mardi, les eaux sont attribuées exclusivement au jardin et aux terres du marquis du Saltillo.

Trois marjales de ce district ne peuvent être irrigués par le canal de Naujar, à cause de leur niveau trop élevé; ils le sont par le canal d'Arabial bajo, comme il est dit à l'article 48, à cet effet un conduit passe au-dessus du canal de Naujar.

---

cabecera del pago, y por la acequia de aquél nombre, del modo siguiente :

De tres de la mañana del mártes á igual hora del miércoles.

De tres de la tarde del juéves, á tres de la mañana del viérnes.

De tres de la tarde del viérnes, á doce de la mañana del sábado.

Tambien aprovecha este pago las aguas, doce horas más, ó sea de tres de la mañana á tres de la tarde del viernes, si no se utilizan por el ramal del pago de Cambea que riega por el tomadero de *Terroba*.

ARTÍCULO 54.

En las doce primeras horas de la dula del Pago, ó sea de tres de la mañana á tres de la tarde del martes, corresponden esclusivamente las aguas á la huerta y tierras del marqués del Saltillo.

CHAPITRE VIII.

Du district de Naujar.

ARTICLE 55.

Les limites de ce district sont : à l'est, le district de l'Ofra ; au sud, le Beiro ; à l'ouest le canal Gorda, au nord, la route de Malaga. Son étendue est environ de 1,800 marjales (95 hectares,11 ares, 56 centiares). Par la prise et le répartiteur de Naujar, situé à l'ouest du pont et du moulin de la Torrecilla (comme il a été dit à l'article 53), ce district prend le tiers des eaux du canal Gorda, pendant 12 heures chaque semaine, de 3 heures du soir, le mercredi, à 3 heures du matin, le jeudi. La distribution des eaux se fait dans l'ordre de succession des terres et suivant les priorités établies.

ARTICLE 56.

Le jeudi, à 3 heures du matin, la ferme de la « Mona »

Tres marjales de este pago que por su altura no pueden regarse con la dula del mismo, lo verifican con la de Arabial bajo, mencionada en el artículo 48, para lo cual se atraviesa una canal que conduzca las aguas por encima de la acequia de *Naujar*.

CAPÍTULO VIII.

Del pago de Naujar.

ARTÍCULO 55.

El pago de *Naujar* linda con L. con el pago de la Ofra ; M. el Beiro : P. la acequia Gorda ; y N. la carretera de Málaga. Su estension es aproximadamente de 1,800 marjales (95 hectáreas, 11 áreas, 56 centiáreas). Toma de la acequia Gorda la tercera parte de las aguas que esta conduce por el tomadero y partidor del nombre de este pago, situado al P. del puente y molino de la *Torrecilla*, como se ha dicho en el artículo 53.

Dicho aprovechamiento es por tiempo de doce horas, de tres de la

a droit aux eaux pendant 12 heures, expirant à 3 heures du soir.

ARTICLE 57.

Les eaux d'écoulement des dulas détaillées dans ce chapitre retournent au canal Gorda par deux dérivations du canal de Naujar.

Ce même district peut utiliser, le vendredi de 3 heures du matin à 3 heures du soir, l'eau en excès du district de Cambea arrosé par la prise de Terroba, lorsque cette eau n'est pas utilisée sur les terres de « Camaura alta ».

CHAPITRE IX.
Du district de Frigiliana.
ARTICLE 58.

Le district de Frigiliana confine au district de la Ofra à l'est; au chemin de la ferme de Santa Maria de la Vega,

---

tarde de los miércoles de todas las semanas, á tres de la mañana del jueves, usando el agua las heredades del pago por su órden, y segun su primacia.

ARTÍCULO 56.

A las tres de la mañana del jueves toca aprovecharla especialmente al cortijo de la *Mona*, por doce horas que espiran á las tres de la tarde del mismo dia.

ARTÍCULO 57.

Los derrámenes de las dulas detalladas en este capítulo, caen á la acequia Gorda por dos ramales de la de Naujar.

Tambien puede aprovechar este pago los viernes, de tres de la mañana á tres de la tarde, las aguas sobrantes al ramal del pago de Cambea que riega por el tomadero de Terroba, cuando no se utilizan por tierras del pago de *Camaura alta.*

au sud ; au canal Gorda, à l'ouest ; au district de Naujar au nord. Il comprend environ 125 marjales (6 hectares, 60 ares, 52 centiares).

Il peut utiliser le 1/3 du débit du canal Gorda, depuis 3 heures du matin jusque 3 heures du soir, les mercredis. L'eau lui est amenée par la prise et le canal de Naujar.

La ferme de la « Mona », dont il est question à l'article 56, emploie exclusivement l'eau en excès de ce district de Frigiliana.

CHAPITRE X.

Du district de Cambea.

ARTICLE 59.

Ce district a pour limites : à l'est, le canal Gorda ; au sud et à l'ouest, le Beiro ; au nord, les districts de Tafia

---

CAPÍTULO IX.

Del pago de Frigiliana.

ARTÍCULO 58.

El pago de *Frigiliana* linda por L. con el pago de la Ofra ; M. carril del cortijo de Santa Maria de la Vega ; P. acequia Gorda, y N. pago de Naujar : comprende aproximadamente 125 marjales (6 hectáreas, 60 áreas, 52 centiáreas).

Le corresponde el aprovechamiento de la tercera parte de las aguas que lleve la acequia Gorda desde las tres de la mañana de todos los miércoles hasta las tres de la tarde del mismo dia, percibiendo dicha tercera parte por el tomadero y acequia de Naujar.

El cortijo de la Mona á que se refiere el articulo 56, utiliza esclusivamente las aguas sobrantes á este pago de Frigiliana.

CAPÍTULO X.

Del pago de Cambea.

ARTÍCULO 59.

El pago de Cambea, linda por L. con la acequia Gorda ; M. y

la Zúfea et d'Alcalay. Il comprend environ 2400 marjales
(126 hectares, 82 ares, 10 centiares), dont 27 marjales du
district de Seco de Cambea, sur le territoire de Purchil et
dépendant de la juridiction de Grenade.

Sa dotation est le tiers des eaux de la Gorda, tous les
vendredis de 3 heures du matin à 3 heures du soir.

ARTICLE 60.

Les eaux pour le district de Cambea sont dérivées
comme suit :

1. Par la prise et le canal des « Quintos » pour les
terres s'étendant jusqu'à la retenue de la « Monzuna »;

2. Par la prise de « Terroba », située en aval du pont
du Beiro, pour les terres qui constituaient la ferme du
méme nom ;

P. rio Beiro; y N. pagos de Táfia la Zúfea y Alcalay. Comprende
próximamente 2,400 marjales (126 hectáreas, 82 áreas, 10 centiáreas) incluyendo en esta cabida 27 marjales que del pago Seco
de Cambea, situado en término de Purchil, corresponden á la jurisdiccion de Granada.

Tiene el aprovechamiento de la tercera parte de las aguas de la
Gorda todos los viérnes del año, de tres de la mañana á tres de la
tarde.

ARTÍCULO 60.

Las aguas se derivan para el pago de Cambea, del modo
siguiente :

1. Por el partidor y acequia de los *Quintos* para las tierras que
se estienden hasta la presa de la *Monzuna*.

2. Por el tomadero de *Terroba*, situado por bajo del puente del
Beiro para las tierras que formaron el cortijo de dicho nombre.

3. Por el tomadero de la Piedra para las hazas lindantes con el
cortijo *de Táfia*, las que solo perciben las aguas que no utilizan los
tomaderos de los Quintos y de Terroba.

3. Par la prise de la Piedra, pour les cultures voisines de la ferme de « Táfia », lesquelles ne reçoivent que les eaux non absorbées par les prises des Quintos et de Terroba.

Ce district a aussi le droit d'irriguer par la retenue de la « Monzuna », comme il sera dit à l'article 74.

CHAPITRE XI.

Du district de Alcalay.

ARTICLE 61.

Ce district est limité : à l'est par le canal Gorda ; au sud par le district de Cambea ; à l'ouest et au nord, par celui de Tafia la Zufea. — Il contient environ 1,800 marjales (95 hectares, 11 ares, 57 centiares). Il a droit au tiers des eaux du canal Gorda, tous les jours, de 3 heures du matin à 3 heures du soir.

Tiene además este pago el derecho á regar con la presa de la *Monzuna* como se espresará en el artículo 74.

CAPÍTULO XI.

Del pago de Alcalay.

·ARTÍCULO 61.

El pago de *Alcalay* linda por L. con la acequia Gorda ; M. pago de Cambea ; P. y N. el de Táfia la Zúfea. Comprende unos 1,800 marjales (95 hectáreas, 11 áreas, 57 centiáreas). Tiene el aprovechamiento de la tercera parte de las aguas de la acequia Gorda en todos los dias desde las tres de la mañana hasta las tres de la tarde, distribuido del modo siguiente :

1. El Lúnes, para las tierras que en este pago y en el de Cambea tiene el cortijo de Cartuja ó de Santa María de la Vega percibiendo el agua por el tomadero de la *Piedra*.

La répartition est la suivante :

1. Le lundi, par la prise de la Piedra, pour les terres de ce district et de celui de Cambea appartenant à la ferme de Cartuja ou de Santa Maria de la Vega ;

2. Le mardi, par la prise du Tercio, pour les seuls 27 marjales de culture appelés la Lechuza ;

3. Le mercredi, par la prise de la Piedra, pour le fossé dit du mercredi ;

4. Le jeudi, par la prise du Tercio, pour le fossé dit du jeudi en commençant l'irrigation par les 56 marjales de la ferme de Santa Maria de la Vega ;

5. Le vendredi, par la prise de la Piedra, le fossé du district de Cambea dont il est parlé à l'article 60. — Toutefois, les cultures d'amont, par où commence l'irrigation, sont situées sur Alcalay.

Les excédents de cette dernière dotation vont à la ferme de Tafia ;

---

2. El Mártes solamente riega por el tomadero del *Tercio* el haza llamada la Lechuza, de 27 marjales.

3. El miércoles el ramal de este nombre por el tomadero de la Piedra.

4. El jueves el ramal de este nombre por el tomadero del Tercio, comenzando por su cabezada de 56 marjales en el cortijo de Santa Maria de la Vega.

5. El viernes riega el ramal del pago de Cambea que en el artículo 60 se expresó, que percibe el agua per el tomadero de la Piedra; pero las hazas de cabezada, por las que comienza el riego, sitúan en este pago de Alcalay.

Los sobrantes del ramal del Viérnes, corresponden al cortijo de Táfia.

6. El sábado corresponde el riego al ramal de este nombre por el tomadero de la Piedra, comenzando por sus cabezadas.

7. El domingo utiliza el agua el ramal de dicho dia por el mismo

6. Le samedi, par la prise Piedra, pour le fossé du samedi, en commençant à irriguer par l'amont ;

7. Le dimanche, par la même prise de la Piedra, pour le fossé du dimanche en commençant à irriguer les 60 marjales de culture dits des « Canas », situés en tête.

Article 62.

Les terres cutivées, à l'entrée du district, sont arrosées par des conduites maçonnées, la prise d'eau se faisant, dans le canal principal, à ouverture libre ou en plaçant des planches en travers de ce dernier, mais sans pouvoir boucher les joints, ni arroser à la fois deux lots ; l'eau doit être retirée d'une propriété avant d'être donnée à la suivante. Pour chacun des fossés adducteurs, l'irrigation se fait suivant l'ordre de succession des terres et dans les limites des jours et heures qui lui sont attribuées.

Article 63.

Pendant qu'on irrigue les cultures d'amont, les prises

---

tomadero de la Piedra, comenzando por el haza de cabezada, llamada de las *Canas*, de cabida de 60 marjales.

Artículo 62.

Las hazas de cabezada de todo el pago, riegan por caños de mampostería, por tomaderos abiertos en la acequia principal ó atravesando tablas en ésta; pero sin poder restañar sus uniones, ni regar á la vez dos cabezadas; sino que terminado que haya una su riego, puede comenzar otra, y asi sucesivamente, dentro de los dias y horas en que toque el aprovechamiento de las aguas á los ramales respectivos.

Artículo 63.

Mientras riegan dichas hazas de cabezada, no pueden estar abiertos los tomaderos de los ramales respectivos, los cuales solo funcionan cuando aquellas terminan su riego.

d'eau des fossés correspondants ne peuvent être ouvertes ;
il faut attendre que l'irrigation amont soit finie.

CHAPITRE XII.

Du district de Táfia la Zúfea.

ARTICLE 64.

Ce district a pour limites : à l'est, le canal Gorda ; au
nord, la route de Malaga ; au sud, les districts d'Alcalay
et de Cambea ; à l'ouest, le Genil. — Il mesure environ
2,800 marjales (148 hectares, 95 ares, 78 centiares).

Il dispose du tiers des eaux du canal tous les jours de
la semaine, sauf le mardi, de 3 heures du matin à 3 heures
du soir.

ARTICLE 65.

La distribution est ainsi réglée :

1. La Dula est exclusivement réservée le lundi à l'em-

CAPÍTULO XII.

Del pago de Táfia la Zúfea.

ARTÍCULO 64.

El pago de *Táfia la Zúfea* linda por L. con la acequia Gorda,
N. carretera de Málaga. M. con los pagos de Alcalay y de Cambea,
y P. rio Genil. Comprende unos 2,800 marjales (147 hectáreas,
95 áreas, 78 centiáreas).

Le corresponden una tercera parte de las aguas de la acequia
que utiliza todos los dias de la semana desde las tres de la mañana
á las tres de la tarde, escepto los *mártes.*

ARTÍCULO 65.

La distribucion de los riegos es del modo siguiente :

1. El lunes aprovecha esclusivamente la dula el ramal de su

branchement de ce nom, l'eau entrant par la prise du vendredi, immédiatement sous celle du Tercio.

2. Les mercredis, jeudis, vendredis et samedis, l'eau est destinée aux embranchements désignés par les jours et aux domaines qui en dépendent, selon les priorités établies. La prise du vendredi sert à tous les embranchements et lorsque les terres de l'un sont irriguées, le liquide passe à l'embranchement du jour qui suit; si c'est celui du samedi qui a fini, l'eau passe à celui du mercredi.

3. La Dula est attribuée, le dimanche, aux terres qui touchent au canal, en prenant l'eau par diverses ouvertures, selon la situation.

Article 66.

La ferme de Táfia, conformément à l'article 14, a le droit de prendre l'eau des « Alquézares » par une « teja morisca », en compensation de la servitude imposée à ce

---

nombre por el tomadero del viérnes, inmediatamente inferior al del Tercio.

2. Miércoles, jueves, viérnes y sábado para cada uno de los ramales de estos nombres y riego de sus respectivas heredades segun su primacia; percibiendo las aguas por dicho tomadero del viérnes; pero una vez regadas las tierras de un ramal pasa el agua al del siguiente día, y si el que acaba es el del sábado, pasan al del miércoles.

3. Domingo, para las cabezadas del ramal que confinan con la acequia, tomando el agua por distintas tornas segun su situacion.

Artículo 66.

El cortijo de Táfa tiene derecho segun se expresó en el artículo 14, á tomar agua de los alquézares por una teja morisca, en cambio de la servidumbre que á dicha finca se impuso en tiempos antiguos, de dar paso á los referidos alquézares.

bien dans les anciens temps, de livrer passage aux dits alquézares.

Ce district peut également prendre les eaux à la Monzuna, comme on le verra à l'article 74.

CHAPITRE XIII.

District de Táfia Albaida.

ARTICLE 67.

Les limites du district sont : à l'est, le canal Gorda ; au sud, la route de Malaga ; à l'ouest, le district de Macharachuchí ; au nord, le chemin de Leñadores jusqu'à la rencontre du chemin de Pinos Puente et, par celui-ci et la limite du territoire de Maracena, jusqu'à la jonction avec le canal Gorda. Sa contenance est de 6,600 marjales (348 hectares, 75 ares, 77 centiares) environ.

Le district utilise toutes les eaux qui, comme excédents

Tiene tambien derecho este pago á tomar aguas por la presa de la *Monzuna,* como se expresará en el artículo 74.

. CAPÍTULO XIII.

Del pago de Táfia Albaida.

ARTICULO 67.

El pago de Táfia Albaida, linda por L. con la acequia Gorda; M. carretera de Málaga; P. pago de Macharachuchí; y N. camino de Leñadores, hasta llegar al de Pinos Puente, y por este con la linde del término de Maracena, hasta la espresada acequia Gorda. Comprende unos 6,600 marjales (348 hectáreas, 75 áreas, 77 centiáreas.)

Todas las aguas que como sobrantes de los demás pagos que riegan con la acequia Gorda, fluyan por esta desde las tres de la mañana á las tres de la tarde, escepto los mártes se utilizan por el pago de Táfia Albaida.

de l'irrigation des autres districts desservis par le canal Gorda, s'écoulent par celui-ci tous les jours, sauf les mardis, depuis 3 heures du matin jusque 3 heures du soir.

A 3 heures du soir, lorsque se ferment les prises des districts qui achèvent leur irrigation à cette heure, commence le service de Táfia Albaida jusqu'au coucher du soleil.

ARTICLE 68.

Les embranchements-distributeurs sont :

1. Celui de Bellota ;

2. Celui de l'Arcaduz, alimenté par la prise du fossé de ce nom et celle de l'Arcancel ;

3. Celui de la Higuera.

L'irrigation peut être pratiquée par les trois fossés à la fois, si le débit est suffisant, et les terres la reçoivent de l'un ou l'autre, suivant leur situation. Toutefois, les samedis et dimanches, aux heures susdites, l'eau appartient exclusivement aux domaines arrosés par la Higuera.

A las tres de la tarde en que se cierran los tomaderos de los pagos que terminan su aprovechamiento á dicha hora, comienza el del de Táfia Albaida hasta el ocaso del sol.

ARTÍCULO 68.

Los ramales de este pago son :

1. El de la *Bellota*.

2. El del *Arcaduz* por los tomaderos de este nombre y del *Arcancel*.

3. El de la *Higuera*.

El riego puede hacerse á la vez por los tres ramales si alcanzare el agua para ello, percibiéndola las heredades segun su preferente situacion, pero en los dias sábados y domingos á las horas indicadas son del aprovechamiento exclusivo de las tierras que riegan con el ramal de la *Higuera*.

Los sobrantes de todo el pago de Táfia Albaida corresponden al

Ces excédents d'eau de tout le district de Táfia Albaida appartiennent au fossé dit de Pinos et ensuite au district Sequillo du territoire de Atarfe.

ARTICLE 69.

Les terres cultivées d'amont, à qui revient la préférence de commencer, seront irriguées de la manière établie aux articles 62 et 63.

ARTICLE 70.

39 marjales, qui sont arrosés par la Higuera et qui formaient anciennement trois parcelles connues sous le nom de Morisco Alvar et plus tard de Fresno Gordo, ont droit les mardis à la huitième partie du débit du canal.

Une autre culture appelée la Gavana a le même droit par le fossé du Tercio, pour un nombre de marjales qui se déterminera sur le vu des titres.

---

ramal llamado de Pinos, y despues al pago Sequillo del término de Atarfe.

ARTÍCULO 69.

Las hazas de cabezada que tienen la preferencia de que comience el riego por ellas, lo practican del modo establecido en los artículos 62 y 63.

ARTÍCULO 70.

Tienen derecho á regar los mártes con la octava parte de la acequia, 39 marjales situados en el ramal de la Higuera que antiguamente componian tres hazas conocidas por las del *Morisco Alvar* y despues por las del *Fresno Gordo.*

También tiene éste derecho en el ramal del Tercio, otra haza llamada la Gavana, para el número de marjales que con vista de títulos se determine.

CHAPITRE XIV.

Du district de Macharnó.

ARTICLE 71.

Ce district est limité à l'est, par celui de Táfia Albaida; au sud, par le Genil et le territoire de Santafé; au nord, par le district de Mercredi et Samedi, du territoire de Atarfe ; à l'ouest, par le district de Macharachuchí. Sa contenance est d'environ 2,000 marjales (105 hectares, 68 ares, 41 centiares).

Il reçoit le 1/3 des eaux du canal Gorda, depuis 3 heures du soir le vendredi jusque 3 heures du matin le samedi, et depuis 3 heures du soir le samedi à 3 heures du matin le dimanche. Les participants se sont réparti ces eaux, d'un commun accord, comme suit :

La dula, du vendredi au samedi, est attribuée à la ferme de Conchoso qui prend l'eau par le premier distributeur

---

CAPÍTULO XIV.

Del pago de Macharnó.

ARTÍCULO 71.

El pago de *Macharnó* linda por L. con el de Táfia Albaida, M. rio Genil y término de Santafé, N. pago de Miércoles y Sábado del término de Atarfe; y P. pago de Macharachuchí. Comprende unos de 2,000 marjales (105 hectáreas, 68 áreas, 41 centiáreas).

Le corresponde una tercera parte de las aguas de la acequia Gorda desde las tres de la tarde del viérnes á las tres de la mañana del sábado, y desde las tres de la tarde del sábado á tres de la mañana del domingo distribuida actualmente por conveniencia de los partícipes de este modo.

La dula del viérnes al sábado la utiliza el cortijo del *Conchoso* por el primer ramal ó acequia del *Tercio*, y por el segundo ó acequia de la Monzuna.

ou canal du Tercio et par le deuxième au canal de la Monzana;

La dula, du samedi au dimanche à la ferme du Cerero par le canal du Tercio.

ARTICLE 72.

Il revient en outre à ce district, lorsque l'on applique l'Alquézar à la plaine de Santafé, 1/3 du débit du canal Gorda pour la ferme du Conchoso, du vendredi 12 heures au samedi 12 heures, et pour celle du Cerero, du samedi 12 heures au dimanche 12 heures.

Ces concessions en faveur des deux fermes — tant celle de l'article 71 que celle-ci — s'entendent avec la faculté, pour les propriétaires, de recevoir l'eau par les canaux et fossés habituels et d'en disposer librement, comme aussi de les aliéner ou de les céder en tout ou en partie, à leur convenance, avant ou après l'entrée sur les terres des

---

La dula del sábado al domingo, el cortijo, del *Cerero* por dicho ramal del Tercio.

ARTÍCULO 72.

Corresponde además á este pago cuando se saca el alquézar para la vega de Santafé la propiedad de una tercera parte del caudal de la acequia Gorda, aprovechándola el cortijo del Conchoso desde las doce del dia del viérnes á las mismas doce del sábado, y el cortijo del Cerero desde las doce del dia del sábado á igual hora del domingo.

Esta propiedad en favor de los dueños de ambos cortijos expresada en el artículo anterior, y en el presente se entiende con la facultad de que corran las aguas á su libre disposicion por las acequias y cauces de costumbre, y enajenarlas ó cederlas en todo ó en parte segun les conviniere, antes ó despues de entrar en las tierras de dichos cortijos sin limitacion de ninguna clase y en los términos que expresa la sentencia ejecutoria de 12 de Diciembre de 1871.

fermes, sans limitation d'aucune sorte et suivant les termes de la sentence exécutoire du 12 décembre 1871.

ARTICLE 73.

Tous les excédants de la dula du vendredi, non utilisés par ses propriétaires, correspondent aux terrains du canal Victoria; tous ceùx de la dula du samedi reviennent, dans le même cas, aux terres de l'embranchement du Secanillo.

ARTICLE 74.

En plus de l'eau qu'il prend au canal Gorda, ce district a le droit d'amener sur ses terres celle qu'il peut dériver directement du Genil par la prise et le canal de la Monzuna.

CHAPITRE XV.

Du district de Macharachuchi.

ARTICLE 75.

Ce district a pour limites : à l'est, ceux de Táfia Albaida

ARTÍCULO 73.

Todos los sobrantes de la dula del Viérnes, si no disponen de ella sus dueños, corresponden á las tierras del ramal llamado *Victoria*. Todos los de la dula del Sábado en igual caso se utilizan por el ramal del *Secanillo*.

ARTÍCULO 74.

Además de las aguas que este pago toma de la acequia Gorda, tiene derecho á llevar á sus tierras las que pueda derivar directamente del Genil por la presa y acequia de la *Monzuna*.

CAPÍTULO XV.

Del pago de Macharachuchi.

ARTÍCULO 75.

El pago de *Macharachuchi*, linda por L. con los de Táfia Albaida

et de Macharnó ; au nord, le territoire d'Atarfe, au sud et
à l'ouest, celui de Santafé et le Genil. Il comprend environ
3,100 marjales (163 hectares, 81 ares, 4 centiares), avec
les 71 marjales que la ferme du Rao possède sur Atarfe
et qui sont irrigués par l'eau du canal Gorda.

Il reçoit le 1/3 ou la 1/2 des eaux de celui-ci, suivant
les cas, tous les jours de la semaine, à l'exception des
vendredis et *samedis*. La distribution est la suivante :

1. Les dimanche et lundi, de 3 heures du soir à
3 heures du matin, le 1/3 du débit du canal au fossé de la
Iglesia, anciennement de Lendutil.

2. Le mardi, de 3 heures du soir au mercredi, à 3 heures
du matin, et le même jour, de 3 heures du soir au jeudi
à 3 heures du matin, la 1/2 du débit au fossé de Macharachuchi pour la ferme du Capitan ; la partie haute de ce
domaine est irriguée par la première rigole du Tercio et
une autre partie par le fossé de Cambea.

3. Le jeudi, de 3 heures du soir jusqu'au vendredi
à 3 heures du matin, également la 1/2 du débit pour la

---

y Macharnó; por N. con el término de Atarfe : por M. y P. con
el de Santafé y rio Genil. Comprende próximamente 3,100 marjales (163 hectáreas, 81 áreas, 4 centiáreas) en cuya cabida se
incluyen 71 marjales que el cortijo del *Rao* tiene en término de
Atarfe, y cuyo riego es con agua de la acequia Gorda.

Tiene aprovechamiento de una tercera parte ó una mitad de las
aguas de esta según los casos, todos los dias de la semana escepto
los *viérnes* y *sábado* distribuidas del modo siguiente :

1. Domingo y lúnes desde las tres de la tarde hasta las tres de la
mañana una tercera parte de la acequia para el ramal de la Iglesia
antiguamente de *Lendutil*.

2. El mártes desde las tres de la tarde hasta el miércoles á las
tres de la mañana, y desde las tres de la tarde del mismo miércoles
hasta las tres de la mañana del jueves, la mitad de la acequia por
el ramal de *Macharachuchi* para el cortijo del Capitan, cuyo prédio

ferme du Rao, qui irrigue par les fossés du Tercio, de Cambea et du camino de Leñadores.

ARTICLE 76.

Les excédants de la ferme du Capitan sont pour la ferme du Rao ; ceux de cette dernière et du fossé de la Iglesia servent au district Sequillo, territoire de Atarfe.

CHAPITRE XVI.

Des terrains de Atarfe qui sont irrigués par le canal Gorda.

ARTICLE 77.

Les districts du territoire d'Atarfe qui sont mentionnés en détail dans ce chapitre ont droit aux eaux du canal Gorda, pour les utiliser le mardi de chaque semaine, depuis 3 heures du matin et toutes les nuits de l'année, depuis le coucher du soleil jusqu'à 3 heures du matin.

---

riega par el primer ramal del Tercio su parte alta, y otra parte por el llamado de *Cambea*.

3. El juéves á las tres de la tarde hasta las tres de la mañana del *viérnes*, tambien la mitad de la acequia para el cortijo del *Rao*, que riega por los ramales del *Tercio*, de *Cambea* y del *Camino* de *Leñadores*.

ARTÍCULO 76.

Los sobrantes del cortijo del Capitan corresponden al del Rao. Los de esta finca y los del ramal de la Iglesia al pago *Sequillo*, término de Atarfe.

CAPÍTULO XVI.

De las tierras del término de Atarfe que riegan con la acequia Gorda.

ARTÍCULO 77.

Tienen derecho á las aguas de la acequia Gorda, aprovechán-

ARTICLE 78.

Les cultures des districts de Alcalay et de **Táfia Albaida**, mentionnées aux articles 61 et 70, ont seules le droit d'irriguer avec la dula du mardi attribuée à Atarfe.

ARTICLE 79.

Les districts d'Atarfe, qui irriguent avec l'eau du canal Gorda, sont ceux qu'énumère l'article 2 et la répartition est faite comme suit :

1. *District du vendredi :* terres comprises entre le territoire de Grenade à l'est, la route de Pinos Puente au sud, le canal Gorda au nord, le district des Mercredi et Samedi à l'ouest.

Sa contenance est de 800 marjales (42 hectares, 27 ares, 36 centiares). Ces terres reçoivent l'eau la nuit du vendredi, en irriguant d'abord l'amont par la prise de la « Media Hoz », déversant le liquide en trop dans le canal.

---

dolas los mártes de cada semana, desde las tres de la mañana y todas las noches del año desde el ocaso del sol hasta dicha hora de las tres de la mañana, los pagos del término de Atarfe que se detallan y describen en este capitulo.

ARTÍCULO 78.

Solo tienen derecho á regar con la dula del Mártes correspondiente á Atarfe las hazas situadas en los pagos de Alcalay y Táfia Albaida mencionadas en los artículos 61 y 70.

ARTÍCULO 79.

Los pagos que riegan en el término de Atarfe con agua de la acequia Gorda, son los enumerados en el artículo 2º, aprovechando aquella del modo siguiente :

1º *Viérnes;* que linda por L. con el término de Granada; M. carretera de Pinos Puente; N. acequia Gorda, y P. el pago del Miércoles y Sábado.

Cette irrigation terminée, l'eau est amenée sur le restant des terres par les prises de « l'Argamason » et de « Caicedo ».

Aux époques où Santafé utilise l'Alquézar, ce district, qui est alors complètement privé de sa dula, prend l'eau pendant deux heures chaque nuit de la semaine.

L'eau en excès de ce district passe par le conduit de la Negra au fossé nommé « Sobrantes de Viernes », qui irrigue 242 marjales (12 hectares, 78 ares, 76 centiares).

2. *District des Mercredi et Samedi :* limité à l'est par le district du vendredi, au sud par le chemin de Leñadores, à l'ouest par le district de dimanche, au nord par la route de Pinos-Puente.

Il reçoit l'eau pendant les deux nuits de son nom et comprend 1,962 marjales (103 hectares, 67 ares, 60 centiares). Il prend la moitié de l'eau du canal par un premier fossé au répartiteur de « Calderon » ; par un deuxième

---

Su cabida es de 800 marjales (42 hectáreas, 27 áreas, 36 centiáreas). Percibe el agua en la noche correspondiente al dia de su nombre, regando las cabezadas por el tomadero llamado de la Media Hoz, vertiendo el agua sobrante al cauce de la acequia. El resto del pago riega despues de hacerlo las cabezadas por el tomadero llamado del *Argamason* y por el de *Caicedo*.

En las épocas en que Santafé utiliza el alquézar, toma este pago el agua dos horas de cada una de las noches de la semana, en razon á quedar entonces privado completamente de su dula.

Los sobrantes de este pago los utiliza por el caño de la *Negra* el ramal llamado *Sobrantes de Viérnes* que comprende 242 marjales (12 hectáreas, 78 áreas, 76 centiáreas).

2. *Miércoles* y *Sábado*: que linda por L. con el pago del Viérnes; M. camino de Leñadores; P. pago de Domingo, y N. carretera de Pinos Puente. Percibe el agua en las dos noches de su nombre y comprende 1,962 marjales (103 hectáreas, 67 áreas, 60 centiáreas). Toma el primer ramal la mitad de la acequia por el partidor de

fossé au « Caño de Jaramillo », qui ne distribue l'eau qu'après complète irrigation du premier ; un troisième fossé appelé « Moradama » prend l'autre moitié d'eau aux divers répartiteurs.

3. *District du Mardi* : limité à l'est par le chemin de Santafé, au sud par le canal de Berenguel et le district de Dimanche, à l'ouest par le vieux chemin de Pinos et au nord par celui de la ferme des Monjas. Sa contenance est de 1,839 marjales (97 hectares, 17 ares, 64 centiares). Il prend l'eau tous les mardis, jour et nuit, par le répartiteur des « Teatinos » pour le fossé situé au nord et par les répartiteurs locaux pour le fossé au sud.

Les excédants d'eau de ce district sont recueillis par le fossé dit des « Excédants du Mardi » qui arrose 216 marjales (11 hectares, 41 ares, 97 centiares).

4. *District du Jeudi* : borné à l'est par le district des Mercredi et Samedi, au sud par le chemin de la Viñuela,

---

Calderón ; el segundo por el *Caño* de *Jaramillo*, el cual no riega hasta que ha terminado el primero, y el tercero llamado de *Moradama*, toma la otra mitad que no ha correspondido á dichos dos ramales, percibiéndola en el sitio de los partidores.

3. *Mártes*, que linda por L. con el camino de Santafé M. acequia de Berenguel y pago de Domingo ; P. camino antiguo de Pinos, y N. el del cortijo de las Monjas. Utiliza el agua los dias y noches de su nombre, y comprende 1,839 marjales (97 hectáreas, 17 áreas, 64 centiáreas), percibiendo el agua el ramal situado al N. por el partidor de los Teatinos, y el del M. en el sitio de los partidores.

Los sobrantes del pago del Mártes, los aprovecha el ramal llamado de *Sobrantes del Mártes* que tiene 216 marjales (11 hectáreas, 41 áreas, 97 centiáreas).

4. *Jueves* que linda por L. con el pago del miércoles y sábado ; M. camino de la Viñuela ; P. este camino y el pago del lunes, y N. el camino del *Chorro*. Percibe el agua en las noches de su nom-

à l'ouest par ce chemin et le district de Lundi, au nord par le chemin de Chorro. Toutes les nuits du jeudi il reçoit l'eau pour les 2,230 marjales (120 hectares, 47 ares, 97 centiares) qu'il contient. La première section du nord ou des Teatinos prend l'eau par le « Caño de Teatinos », la seconde ou du midi la reçoit par les répartiteurs.

5. *District du Dimanche :* Il se divise en deux sections, l'une du nord et l'autre du sud. La première confine par l'est à la ferme de la Viñuela, par le sud au chemin de Pinos, par l'ouest au chemin de Ventorillo, par le nord à celui de la Viñuela. La seconde a pour limites : à l'est le district des Mercredi et Samedi, au sud le chemin de Leñadores, à l'ouest le canal de Berenguel et au nord les districts de Lundi et Mardi. Elles contiennent ensemble 1,165 marjales (61 hectares, 56 ares, 9 centiares) et prennent l'eau directement aux répartiteurs toutes les nuits du dimanche. Si la section du sud cessait d'irriguer avant la fin de la dula, la section du nord profitera de toute l'eau pour le temps qui reste à courir.

---

bre para los 2,280 marjales que comprende (120 hectáreas, 47 áreas, 97 centiáreas). El primer ramal del *Norte* ó de los *Teatinos*, riega por el caño de este nombre, el segundo ó del *Mediodia* percibe el agua de los partidores.

5. *Domingo :* dividido en ramal del N. y ramal del M. El primerol inda por L. con el cortijo de la Viñuela; M. camino de Pinos; P. camino del Ventorrillo, y N. el de la Viñuela. El segundo por L. con el pago de miércoles y sábado; M. camino de Leñadores; P. acequia de Berenguel, y N. pagos de Lúnes y Mártes. Ambos comprenden 1,165 marjales (61 hectáreas, 56 áreas, 09 centiáreas). Perciben el agua ambos ramales en dicho sitio de los partidores todas las noches del nombre del pago. Si en el ramal del M. terminase el riego antes de espirar las horas de la dula, aprovechará el del N. las aguas de uno y otro por el tiempo que restare.

6. *District du Lundi :* également divisé en section nord et section sud. Les limites de la première sont : à l'est, le district de Jeudi, au sud, le même et celui de Dimanche, à l'ouest, celui de Mardi, au nord, le village d'Atarfe.

La seconde touche par l'est au district des Mercredi et Samedi, par le sud au même et à celui du Dimanche, par l'ouest au chemin de Santafé et par le nord à la route de Pinos Puente. La contenance de l'ensemble est de 1,254 marjales (66 hectares, 26 ares, 38 centiares). L'une et l'autre prennent l'eau la nuit de tous les lundis, celle du nord par le répartiteur des Teatinos, celle du sud aux répartiteurs locaux.

ARTICLE 80.

En plus des districts énumérés dans ce chapitre, il faut ajouter le «Sequillo» de 837 marjales (44 hectares, 22 ares, 87 centiares), limité à l'est par la ferme du Rao, au sud par le chemin et la rigole de Jotayar ; à l'ouest par le chemin de Santafé et au nord par celui de Leñadores. — Ces

---

6. *Lunes :* divídido tambien en ramal del N. y ramal del M. El primero linda por L. con el pago del Juéves; M. el mismo y el del Domingo ; P. el del Mártes, y N. el pueblo de Atarfe. El segundo por L. con el pago de Miércoles y Sábado ; M. el mismo y el del Domingo ; P. camino de Santafé, y N. carretera de Pinos Puente. Comprenden entre ambos 1,254 marjales (66 hectáreas, 26 áreas, 38 centiáreas.) Toma el agua el ramal del N. por el partidor de los Teatinos, y el del M. en el sitio de los partidores : uno y otro en las noches del nombre de este pago.

ARTÍCULO 80.

Además de los pagos enumerados en este capítulo, el llamado *Sequillo* que comprende 837 marjales (44 hectáreas, 22 áreas, 87 centiáreas), y linda por L. con el cortijo del Rao; M. el camino y

terres utilisent les excédants d'eau éventuels de la ferme du Rao et de la section de la Iglesia, comme l'indique l'article 76.

Article 81.

Lorsque les districts examinés dans ce chapitre, depuis celui du vendredi jusqu'à celui du lundi, n'utilisent pas les eaux du canal Gorda, celles-ci peuvent être conduites, comme excédants éventuels, sur les champs d'oliviers et les terres que traverse le canal dit de « Acequion », depuis son répartiteur, situé dans la section de la Higuera, district de Táfia Albaida.

---

el caz de Jotayar : P. el camino de Santafé; y N. el de Leñadores. Utiliza los sobrantes eventuales de dicho cortijo del Rao y del ramal de la Iglesia, como se espresa en el articulo 76.

Artículo 81.

Cuando los pagos espresados en éste capitulo desde el del viérnes hasta el del lúnes no utilizan las aguas de la acequia Gorda, pueden conducirse éstas como sobrantes eventuales á los olivares y tierras que atraviesa el cauce llamado de *Acequion* desde su partidor situado en el ramal de la Higuera del pago de Táfia Albaida.

TITRE III.

CHAPITRE UNIQUE.

Des Irrigations.

ARTICLE 82.

Pourvu que l'abondance des eaux le permette et que les besoins de l'agriculture ne s'y opposent pas, tous ceux qui font partie de la communauté des irrigations peuvent utiliser l'eau du canal Gorda à discrétion, sans autres limites que celles imposées par l'ouverture et les autres conditions de chaque prise et fossé adducteur.

ARTICLE 83.

Il ne pourra donc être défendu à aucun des intéressés de prendre, pendant les époques d'abondance d'eau, toute

---

TITULO III.

CAPÍTULO UNICO.

De los riegos.

ARTÍCULO 82.

El aprovechamiento de las aguas de la acequia Gorda mientras su abundancia lo permite y las necesidades de la agricultura no exigen otra cosa, es discrecional para cuantos forman parte de la comunidad de regantes, y sin otras limitaciones que las que imponen el tamaño y las condiciones de cada tomadero y brazal.

ARTÍCULO 83.

No podrá, por lo tanto prohibirse á ningun interesado que durante dicha época de abundancia utilice en su finca el agua que

celle dont a besoin sa propriété, tous les jours et à toute heure, pourvu qu'il ne porte préjudice au droit d'aucun des districts situés en aval.

Le Syndicat, étant avisé par l'un des ayants droit aux eaux dans les districts en aval, que les besoins de l'irrigation ne sont pas satisfaits, fera une inspection et si le fait est reconnu exact, il prescrira de fermer dès ce moment les vannages et de limiter la dotation de chacun aux jours et heures établis par les présentes ordonnances.

Aucun des intéressés ne pourra vendre, céder ni permuter sa dotation d'eau, ni utiliser l'eau d'un district ou section sur un autre, alors même que la dotation serait exceptionnelle et privilégiée.

Sont cependant exceptées de cette dernière disposition, les concessions particulières d'eau du canal Gorda mentionnées aux articles 27 et 72.

ARTICLE 84.

Lorsque les exigences des récoltes où la pénurie d'eau

---

necesite todos los dias y á todas horas, si con ello no perjudica el derecho de los pagos inferiores.

Dada cuenta al Sindicato por cualquiera de los que tienen derecho á las aguas en los pagos inferiores, de que estas no satisfacen las necesidades de los riegos, practicará el oportuno reconocimiento, y resultando cierto el hecho, dispondrá que desde entonces se cierren los tablones, limitándose cada cual á percibir las aguas en los dias y horas marcadas en estas ordenanzas.

Ningun regante podrá vender, ceder ó permutar su dotacion de agua, ni pretender que se aproveche la de un pago ó ramal en otro diferente, aunque dicha dotacion sea escepcional y privilegiada.

Se esceptuan sin embargo de esta última disposicion, las propiedades particulares de aguas de la acequia Gorda mencionada en los articulos 27 y 72.

le réclameront, on pourra établir le régime des rotations avec ordre successif des propriétés dans un ou plusieurs districts et dans une ou plusieurs sections pour ceux qui comportent cette subdivision.

ARTICLE 85.

Le recours à cette mesure est pris par les intéressés eux-mêmes réunis en assemblée. A cette fin, le Syndicat convoque tous les propriétaires du ou des districts, de la ou des sections pour lesquels le dit régime est réclamé par trois intéressés au moins.

L'assemblée devra se tenir cinq jours au plus tard après que la demande en est faite au Syndicat et les participants à l'irrigation de chaque district ou section décideront à la majorité des voix, s'il y a lieu ou non d'établir le régime de la rotation. La supputation des votes se fera comme il est dit à l'article 107 pour les scrutins des assemblées générales et il n'y aura aucun recours contre le résultat du vote.

ARTÍCULO 84.

Cuando las exigencias de los cultivos ó la disminucion de las aguas lo demanden podrá establecerse el régimen de turno y tanda en uno ó más pagos, ó en uno ó más ramales de los que estuvieren divididos de esta suerte.

ARTÍCULO 85.

El acordarlo, corresponde á los mismos interesados reunidos en junta, á cuyo fin el Sindicato acordará la convocatoria de todos los del pago ó pagos, ramal ó ramales para los cuales se reclame el establecimiento de dicho régimen, siempre que la solicitaren tres de ellos por lo menos.

En la junta que deberá celebrarse cinco dias á lo más, despues dehaberse elevado la solicitud al Sindicato, los regantes de cada pago ó ramal, acordarán por mayoria de votos, computada en los

Les avis de convocation à cette assemblée générale seront donnés par les gardes-canaux, les gardiens et les surveillants ; si le Syndicat juge que les votants sont trop nombreux pour les avertir personnellement, la convocation sera faite par le Bulletin Officiel et les journaux locaux.

ARTICLE 86.

En même temps que l'assemblée votera le régime de la rotation avec numéros d'ordre, elle décidera sur tout ce qui est nécessaire pour le mettre en vigueur : tels le nombre des agents pour irriguer et pour surveiller les canaux, leurs salaires, la taxe à payer pour chaque espèce de culture, la manière d'arroser, la date à laquelle le régime commencera.

ARTICLE 87.

Une fois le régime de la rotation décidé, tous les culti-

---

términos que establece el artículo 107 para las votaciones de las, juntas generales, si es procedente ó no el establecimiento del turno y tanda, sin que contra el acuerdo que recayere se dé recurso alguno.

La citacion para esta junta se hará por medio de los acequieros, guardas, y celadores, y cuando el número de los que deban ser convocados lo exigiere á juicio del Sindicato por medio del Boletin Oficial y periódicos locales.

ARTÍCULO 86.

Al acordarse el establecimiento del turno y tanda, se decidirá tambien por los regantes, cuanto fuere necesario para ponerlo en vigor respecto al número de regadores y acequieros, sus sueldos, cuota que debe satisfacer cada clase de frutos sembrados forma de hacerse los riegos, y la fecha en que debe comenzar e régimen á plantearse.

vateurs des districts ou sections pour lesquels la décision a été prise, seront obligés d'observer le régime.

A cet effet, on fera savoir à tous que celui-ci est entré en vigueur et en même temps on communiquera la décision aux cultivateurs des districts qui utilisent l'eau avant celui ou ceux où la rotation est appliquée, en vue de ce qui est prévu au 3° de l'article suivant.

Les notifications ci-dessus se feront comme le dispose l'article 85.

ARTICLE 88.

Le régime de la rotation avec tour de rôle entraîne :

1. La cessation de l'utilisation discrétionnaire des eaux et l'obligation pour toutes les propriétés du district ou de la section de les recevoir aux jours, heures et tours qui leur correspondent et que désigne le titre 2° des présentes ordonnances.

ARTÍCULO 87.

Una vez acordado el turno y tanda, se hará obligatoria su observancia á todos los labradores del pago ó pagos, ramal ó ramales, para los cuales se hubiese decidido su establecimiento.

Al efecto se hará saber á todos ellos que queda dicho régimen en vigor, y también se comunicará á los de los pagos que utilicen las aguas antes de aquél ó aquellos en que se establezca á los efectos de lo prevenido en el número 3 del artículo siguiente.

Dicha notificacion se verificará con arreglo á lo dispuesto en el artículo 85.

ARTÍCULO 88.

El régimen de turno y tanda lleva consigo :

1. El que cese el aprovechamiento discrecional de las aguas y el que todas las propiedades del pago ó ramal se sujeten á recibirlas en los dias, horas y turnos que les correspondan y marca el título 2 de estas ordenanzas.

2. L'obligation d'arroser, par tournée et dans un ordre invariable, toutes les terres de chaque district ou section, en commençant par la tête pour terminer au bout suivant la direction des fossés adducteurs et la position topographique des terres.

3. La défense d'attribuer à chaque fossé ou rigole d'irrigation plus d'eau que le volume lui correspondant et l'obligation pour tous les districts, qui prennent l'eau du canal avant ceux soumis à la rotation, de respecter l'alimentation de ces derniers aux jours et heures marqués par les présentes ordonnances.

Article 89.

Une fois le tour commencé, la distribution de l'eau ne pourra revenir sur ses pas dans un même district ou section, fût-ce dans la même propriété ; l'irrigation devra continuer sa marche vers l'aval et si, pour un motif quelconque, un cultivateur n'a pu irriguer toute sa terre, il

---

2. El que comience un tandeo invariable entre todas las tierras de cada pago ó ramal empezando á aprovecharse las aguas por la cabezada hasta terminar en las últimas, segun la direccion de los brazales de riego y la situacion topográfica de dichas tierras.

3. El que cada brazal ó acequia de riego no tome más cantidad de agua que la que le corresponda y el que todos los pagos que reciban la de la acequia antes de aquél ó aquellos en que se estableciere el turno y tanda, respeten el aprovechamiento de estos en los dias y horas que tuvieren marcados en estas ordenanzas.

Artículo 89.

Una vez en aplicacion el turno, no podrá retroceder el agua dentro de un mismo pago y ramal y aun de una misma propiedad, sino que seguirán regándose las tierras más inferiores, y si hubiese quedado á un labrador alguna estension de tierras sin

devra attendre la tournée suivante pour fertiliser la partie restée sans eau.

ARTICLE 90.

Tant que dure le régime de la rotation, il est défendu d'employer l'eau à inonder les terres, dans les districts où se pratique ce procédé d'irrigation.

ARTICLE 91.

Celui qui, dans une tournée, n'a pas profité de l'eau ne pourra, au tour suivant, exiger que sa terre soit irriguée par préférence ; il devra attendre son numéro d'ordre comme s'il avait utilisé la première tournée.

ARTICLE 92.

L'emploi des eaux à l'irrigation, au remplissage et à l'alimentation des routoirs, à la submersion des terres et autres pratiques de l'agriculture, n'aura d'autres limites

---

recibir el riego sea cual fuere la causa, deberá esperar para fertilizarla á la siguiente tanda.

ARTÍCULO 90.

Durante el régimen de turno y tanda, no podrán aplicarse las aguas al encharcamiento de tierras en los pagos que se use esta práctica para su abono.

ARTÍCULO 91.

El que dejare de usar del agua en un turno, no podrá exijir que en el siguiente se anteponga su tierra, sino que esperará le llegue su vez para recibirla como si hubiese regado.

ARTÍCULO 92.

El aprovechamiento de las aguas para el riego, lleno de albercas, su recebo, embalse y encharcamiento de tierras y demás aplica-

que celles imposées par l'application elle-même, par les circonstances et par les accidents de terrain.

Par conséquent on ne pourra, en aucune manière, porter atteinte au droit du propriétaire sur les eaux, lorsque son tour est venu de les utiliser ; à moins que, abusant notoirement de ce droit, il gaspillerait l'eau où la déverserait, comme perdue, sur des terres étrangères, dans un canal ou collecteur.

Dans tous ces cas, les gardes couperont immédiatement l'eau à la propriété où se produit l'abus et ils la livreront à celle qui suit dans l'ordre de la tournée, ils dénonceront en même temps le délit au jury qui appliquera les pénalités du titre V.

ARTICLE 93.

Dans tous les districts qui reçoivent l'eau par périodes intermittentes de jours et heures et auxquels le régime de la rotation sera appliqué, l'irrigation interrompue à

---

ciones de aquellas en la agricultura, no tendrá otras limitaciones que las que impongan la misma aplicacion y las circunstancias, y accidentes del terreno en que se verifique.

No podrá, pues, coartarse de ningun modo el derecho del regante á invertir las aguas cuando le tocare su turno, salvo el caso en que notoriamente se escediese en esta facultad aprovechándolas de un modo abusivo desperdiciándolas, ó dejándolas caer como perdidas á otras tierras, acequias ó desaguaderos. En todos estos casos los acequieros cortarán inmediatamente el agua en la propiedad en que se cometa el abuso, guiándola á la que la siga en turno ; sin perjuicio de denunciar la falta para que se castigue por el jurado en los términos prevenidos en el título 5.

ARTÍCULO 93.

En todos los pagos que utilicen el agua por turnos intermitentes de dias ó de horas, al espirar el tiempo del aprovechamiento, que-

l'expiration d'une période sera reprise, à la période suivante, sur la même propriété dont le tour aura été interrompu, pour continuer dans l'ordre ordinaire.

ARTICLE 94.

Si, malgré le régime de la rotation, le débit du canal Gorda ne pouvait suffire aux exigences de la culture, l'assemblée des intéressés de chaque district établira, en se conformant aux règles de l'article 85, une rotation extraordinaire, basée sur la nature des récoltes, dans l'ordre suivant :

1. Froment et fèves.
2. Chanvre textile et lin.
3. Chanvre à semences.
4. Maïs.
5. Melons et pastèques.
6. Haricots, pommes de terre et plantes potagères.

Toutefois, cet ordre devra être modifié pour donner la

---

dará el tandeo pendiente en la heredad que se estuviere regando, la cual continuará usando del agua en el turno siguiente, para que pase despues á las que la sigan en órden.

ARTÍCULO 94.

Si no obstante el establecimiento del turno y tanda fuese tan escaso el caudal de la acequia Gorda que no bastase á todas las exigencias del cultivo, se establecerá por la junta de interesados de cada pago en los términos marcados en el actículo 85, un turno extraordinario por órden de frutos del modo siguiente :

1. Trigos y habas.
2. Cáñamos para berza y linos.
3. Cáñamos para semilla.
4. Maiz.
5. Melones y sandias.

préférence, dans l'irrigation, aux premières récoltes sur les secondes ; on passera d'une catégorie à l'autre de façon que les premières récoltes soient toujours toutes servies avant les secondes.

ARTICLE 95.

A part l'exception dont il est question au § 2 de l'article précédent on irriguera, dans l'ordre susindiqué, toutes les récoltes d'une même espèce dans le district, puis on passera à la catégorie suivante.

ARTICLE 96.

La même assemblée qui, décrète le régime de la rotation extraordinaire, décidera si les chanvres doivent être arrosés et, dans l'affirmative, le numéro d'ordre qui leur correspond dans la série des cultures.

---

6. Habichuelas, patatas y frutos conocidos bajo el nombre genérico de hortalizas.

Este órden sin embargo, deberá alterarse para dar preferencia en el riego á las primeras cosechas sobre las segundas, pasándose de unas á otras categorias, para que siempre resulten regados todos aquellos antes que estos.

ARTÍCULO 95.

Cuando se hubiesen regado todos los frutos de una especie dentro del pago, sin más alteracion que la expresada en el párrafo 2 del artículo anterior, pasará el agua á la que la siga en órden, y así sucesivamente.

ARTÍCULO 96.

La misma junta de regantes que acordare el establecimiento del turno extraordinario, dispondrá si deben regarse ó no los rastrojos, y caso afirmativo, el órden en que deben colocarse para alternar con los frutos sembrados.

Article 97.

Dans le cas où l'eau disponible ne suffirait pas à féconder les récoltes, même en appliquant l'article 94, le Syndicat pourra recourir à des mesures exceptionnelles au sujet de l'utilisation et de la répartition des eaux, en vue de sauver, dans la mesure du possible, les récoltes en herbe, en respectant toutefois les droits de chaque district ou section et ceux des domaines qui jouissent d'un privilége.

Article 98.

Pour les routoirs de chanvre et de lin, les régles suivantes seront appliquées :

1. Pendant que le régime de rotation est en vigueur, il sera interdit de rouir, dans un district, le chanvre ou le lin récolté dans un autre.

Artículo 97.

Si tampoco alcanzare el agua á fecundizar estos con la aplicacion de lo dispuesto en el artículo 94, el Sindicato podrá adoptar medidas extraordinarias que permitan utilizar y repartir las aguas, salvando hasta donde fuera posible los frutos sembrados; pero sin menoscabo de los derechos de cada pago ó ramal ni de las heredades que gozaren especialmente de ellos.

Artículo 98.

Para el uso de las albercas de cáñamo y lino, se observarán las reglas siguientes:

1. No podrán cocerse en un pago, cáñamos ó linos criados en otro, mientras esté en vigor en aquél el régimen de turno y tanda.

2. El Sindicato podrá disponer que se utilice solamente determinado número de albercas en un pago, si hubiere sido preciso adoptar en él las disposiciones á que se refiere el artículo 94.

2. Si dans un district les dispositions de l'article 94 ont dû être appliquées, le Syndicat pourra limiter le nombre de routoirs à utiliser dans ce district.

3. En ce cas, le Syndicat convoquera les propriétaires de routoirs et il fera déterminer par le sort ceux des routoirs qui seront utilisés.

4. Après avoir institué le régime exceptionnel de l'article 97 pour l'utilisation de l'eau, l'usage des routoirs à chanvre ne pourra être autorisé dans aucune propriété, avant que le débit du canal augmentant le susdit régime ne soit levé.

5. L'alimentation des routoirs devra se faire en premier lieu par le tour correspondant aux propriétés dans lesquelles ils sont situés; ensuite par la dula du district et enfin ils pourront prendre l'eau d'autres districts ou dulas, mais seulement lorsqu'il n'est pas possible d'attendre que la tournée arrive au fossé correspondant.

---

3. En este caso acordará la convocatoria de los dueños de albercas á su presencia, y dispondrá se determine por la suerte cuales han de funcionar.

4. Si se hubiere establecido para el aprovechamiento de las aguas el régimen excepcional prevenido en el articulo 97, no podrá autorizarse el uso de las albercas de cáñamo en finca alguna, hasta que aumente la dotacion de la acequia, y deje de estar en vigor el expresado régimen.

5. El recebo de las albercas deberá hacerse en primer lugar con el turno correspondiente á la heredad en que situen; despues con la dula del pago, y solo cuando no pudiera esperarse á que llegue el turno al ramal ó brazal correspondiente, podrán tomarse aguas de otros pagos ó dulas.

6. El labrador que usare del recebo, será responsable de la apli-

6. Le cultivateur qui fait usage de cette faveur sera responsable de l'eau puisée à d'autres dulas, au cas où cette eau ne serait pas destinée à satisfaire le besoin urgent du routoir.

TITRE IV.

De l'Administration et du gouvernement du canal Gorda.

ARTICLE 9.

La connaissance et la solution de toutes les affaires qui touchent aux intérêts de la communauté sont du ressort des assemblées générales des participants aux irrigations, du Syndicat des irrigations chargé de l'Administration et du régime des eaux et du jury qui a pour mission de corriger tous les abus et infractions aux ordonnances.

---

cacion del agua tomada de otras dulas, si la empleare en aprovechamientos que no fuesen aquella necesidad urgente.

TÍTULO IV.

De la administracion y gobierno de la acequia gorda.

ARTÍCULO 99.

El conocimiento y resolucion de todos los asuntos de interés para esta comunidad toca á las juntas generales de regantes, al Sindicato de riegos encargado de la administracion y buen régimen de las aguas, y al jurado cuya mision es las de corregir todas las infracciones y abusos.

CHAPITRE I.

Des assemblées générales.

ARTICLE 100.

L'assemblée générale est composée de :

1. Tous les propriétaires ou leurs successeurs représentants légitimes qui, ayant droit à l'utilisation des eaux du canal Gorda, sont inscrits au cadastre.

2. Les propriétaires d'usines qui utilisent l'eau tant du canal Gorda que du Real de Genil ou du canal de la ville.

ARTICLE 101.

Ont droit de représentation et de vote aux assemblées générales : les maris pour leurs femmes ; les pères pour leurs fils soumis à l'autorité paternelle ; les tuteurs et curateurs pour les mineurs sous leur garde ; les fondés de pouvoir pour les mandants.

CAPÍTULO I.

De las juntas generales.

ARTÍCULO 100.

Constituyen la junta general :

1. Todos los propietarios ó sus lejítimos sucesores ó representantes, que teniendo derecho al aprovechamiento de las aguas de la acequia Gorda figuren en el apeo de la misma.

2. Los dueños de artefactos que utilicen tanto la acequia Gorda como la Real de Genil ó de la ciudad.

ARTÍCULO 101.

Los maridos por sus mujeres; los padres por sus hijos sujetos á la pátria potestad ; los tutores y curadores por los menores que estén bajo su guarda, y los apoderados por sus mandantes ó representados, tendrán voto y representacion en las juntas generales.

Le mandat peut se constater non seulement par un pouvoir authentique, mais aussi par lettre ou autre document privé conférant la procuration. Sous cette dernière forme, les représentations données collectivement ne seront pas admises ; le porteur d'une procuration collective devra opter pour la représentation d'un seul des mandats à son choix.

ARTICLE 102.

Le propriétaire poursuivi pour le payement de quelque taxe ne sera pas admis à l'assemblée générale, ni en nom propre, ni par fondé de pouvoir, ni comme mandataire d'un tiers.

ARTICLE 103.

Les assemblées générales seront ordinaires ou extraordinaires.

Les assemblées ordinaires devront se tenir chaque année, dans le courant de janvier.

El mandato puede acreditarse no solo por medio de poder otorgado ante notario público, sino por carta ú otro documento privado en que se confiera tal cargo ; pero de esta última forma no se permitirán las representaciones conferidas colectivamente, debiendo optar por la que más le convenga, el que presentare un documento en que se le confieran várias.

ARTÍCULO 102.

No será admitido en las juntas ni en nombre própio, ni por medio de apoderado, ni como mandatario de otro, el regante que estuviere apremiado para el pago de algun reparto.

ARTÍCULO 103.

Las juntas generales serán ordinarias y extraordinarias.

Las juntas ordinarias deberán celebrarse precisamente dentro del mes de Enero de cada año.

Les assemblées extraordinaires seront convoquées chaque fois que le Syndicat le jugera utile pour soumettre des affaires urgentes et d'intérêt commun, dont la solution, réservée aux propriétaires, ne peut être remise jusqu'à l'assemblée ordinaire. Le Syndicat convoque aussi à la demande d'au moins trois participants aux eaux.

Le Président du Syndicat préside toutes les assemblées générales; il convoque la communauté sur l'ordre du Syndicat à la demande de trois intéressés au moins. Si une assemblée générale doit s'occuper de plaintes ou réclamations contre le Syndicat ou l'un de ses membres, le président cédera le siége à l'un des membres du jury qui ne fait pas partie du Syndicat ; lorsque plusieurs de ces derniers sont présents, le plus âgé occupera la présidence pendant la discussion et le vote sur la plainte ou réclamation.

ARTICLE 104.

Pour tenir une assemblée générale, tant ordinaire

Las extraordinarias siempre que se convoque por el Sindicato, ya por su acuerdo, en razon á haber asuntos urgentes de interés de la comunidad, cuya resolucion corresponda á los regantes y que no pueda aplazarse para la próxima reunion ordinaria ; ya á peticion de tres ó más partícipes en las aguas.

La presidencia de todas las juntas corresponde al presidente del Sindicato, quien convoca á la comunidad cuando éste lo acordare ó cuando se pidiere por el número de interesados que en este mismo articulo se determina. Si en una junta general hubiere de tratarse de quejas á reclamaciones deducidas contra el Sindicato ó contra alguno de sus individuos, el presidente dejará su puesto á cualquiera de los miembros del jurado que no forme parte de aquél ; y si se hallaren presente mas de uno de ellos, ocupará la presidencia el de más edad, mientras se discute y vota sobre la referida queja ó reclamacion.

qu'extraordinaire, on convoquera tous les intéressés par le Bulletin officiel de la province et par des avis qui seront remis aux maires de la capitale, d'Atarfe et de Maracena.

On publiera également la convocation dans les journaux locaux, en indiquant l'objet, le jour, l'heure et le lieu de la réunion.

L'avis devra paraître dans le Bulletin officiel, au moins huit jours avant la réunion de l'assemblée.

Toute convocation faite dans une autre forme sera réputée illégale et les résolutions prises par l'assemblée seront nulles.

Pour être valablement constituée, l'assemblée devra réunir des membres représentant la majorité absolue des propriétés comprises dans la communauté. Cette condition n'étant pas remplie, on convoquera à nouveau en spécifiant dans l'avis que l'assemblée sera valable quel que soit le nombre des assistants et la partie de la propriété représentée.

Artículo 104.

Para la celebracion de toda junta tanto ordinaria como extraordinaria, deberá preceder convocatoria á todos los regantes por medio del Boletin Oficial de la provincia y de edictos que se remitirán á los alcaldes de la capital, Atarfe y Maracena.

Tambien se hará la citacion por medio de los periódicos locales; espresándose siempre el objeto de la reunion, el dia y hora en que haya de tener lugar, y el punto en que deba verificarse.

Entre el anuncio en el Boletin Oficial y la celebracion de la junta, deberá mediar á lo menos un intérvalo de ocho dias.

Será ilegal toda convocatoria hecha en otra forma, y carecerán de validéz los acuerdos que á su virtud se adoptaren.

Para constituirse válidamente la junta, deberán reunir los que asistan la mayoria absoluta de la propiedad comprendida en el repartimiento. Si no se re reuniese ésta, se hará nueva citacion, y

Article 105.

Il appartient à l'assemblée générale :

1. De discuter le rapport annuel présenté par le Syndicat ;

2. De vérifier la justification des comptes de l'année antérieure ;

3. D'autoriser le barême des taxes annuelles, en fixant le prix par marjale qui devra servir de base;

4. De discuter et approuver le budget des dépenses;

5. De discuter et approuver les projets de travaux proposés par le Syndicat;

6. D'examiner les demandes ayant pour objet l'emploi des eaux du canal dans les machines ou dans les fabriques;

7. De résoudre toute motion ou proposition émanant des intéressés et ayant trait à l'intérêt général;

---

en ella se expresará que se constituirá válidamente la junta á virtud de esta segunda convocatoria, sean cuales fueren el número y la propiedad de los que asistieren.

Artículo 105.

Corresponde á la junta general :

1. La discusion de la Memoria anual que presente el Sindicato.

2. La de las cuentas justificadas del año anterior.

3. La autorizacion para que se forme el repartimiento anual, fijando el tipo por marjal que debe servirle de base.

4. La discusion y aprobacion del presupuesto de gastos.

5. La de los proyectos de obras que se propusieren por el Sindicato.

6. La de las peticiones que tengan por objeto, el empleo de las aguas de la acequia en mecanismos y artefactos.

8. De résoudre toute question litigieuse de la communauté, soit en demandant, soit en défendant ; de transiger dans les procés en cours et de souscrire tout autre accord concernant les droits et intérêts de toute la communauté ou d'un ou plusieurs districts seulement;

9. De décider pour le mieux en ce qui touche la réforme des ordonnances et du règlement exécutif, lorsque cette réforme sera demandée par le nombre d'intéressés que prescrit l'article 103;

10. De connaître des plaintes formulées contre le Syndicat ou contre l'un de ses membres;

11. De connaitre, dans les limites de sa compétence et conformément à l'article 118, des recours contre les décisions du même Syndicat;

12. D'élire le Syndicat et le jury, en se conformant, pour le premier, aux dispositions de l'article 113 ci-après.

---

7. La de toda mocion ó proposicion hecha por los regantes sobre asuntos de utilidad general.

8. La resolucion sobre toda propuesta para entablar demandas, contestar á las deducidas contra la comunidad, transaccion de los pleitos pendientes, y cualquier otro acuerdo sobre derechos ó inte_reses de toda aquella, ó de uno ó más pagos.

9. El acordar lo que estimase procedente sobre la reforma de las ordonanzas y del reglamento para su ejecucion, cuando se propusiere por el número de interesados que expresa el articulo 103.

10. El conocimiento de las quejas que se deduzcan contra el Sindicato ó contra alguno de sus vocales.

11. El de los recursos contra acuerdos del mismo Sindicato en los casos en que competa conocer de ellos á la junta general, segun el art. 118.

12. La eleccion del Sindicato y del Jurado, pero debiendo acomodarse la del primero á lo que se dispone en el art. 113.

Article 106.

Aucune assemblée, ordinaire ou extraordinaire, ne pourra délibérer ni voter sur les questions qui n'auront pas été spécifiées dans la convocation.

Article 107.

Après que six membres ont pris la parole sur une question soumise à l'assemblée, le président déclarera que la discussion est close et qu'il y a lieu de passer au vote.

Dans toutes les assemblées, les résolutions sont prises à la majorité absolue des voix. Le nombre de voix attribuées à chaque membre se détermine d'après les terres qu'il possède dans la zone irriguée et qui figurent au dernier tableau des répartitions approuvé, à raison de 1 voix pour chaque marjale de 1re classe, ou pour deux marjales de 2° classe ou pour quatre de 3e classe. Au dépouillement on réunira les propriétés d'une contenance inférieure à

Artículo 106.

No podrán ser objeto de deliberacion y de acuerdo en ninguna junta, ya ordinaria ya extraordinaria, más asuntos que los que se hubieren anunciado en la convocatoria.

Artículo 107.

Declarado por el presidente suficientemente discutido un asunto sobre el que delibere la junta, despues de que hayan hablado sobre él seis regantes, anunciará que se procede á tomar resolucion.

Los acuerdos se adoptarán en todas las juntas por mayoría absoluta de votos de los concurrentes. Los votos se computarán por la propiedad que cada uno tenga de tierras que utilicen las aguas y estén comprendidos en el último repartimiento aprobado, á razon de un voto por cada marjal de 1.ª clase ; otro por cada dos marjales de 2.ª, y otro por cada cuatro de 3.ª. Se agruparán y sumarán

1 marjal et appartenant à des personnes qui ont voté dans le même sens, de façon à obtenir une ou plusieurs voix.

Le nombre de voix attribuées aux propriétaires de manufactures, de moteurs et d'industries utilisant l'eau du canal sera déterminé d'après les règles établies à l'article 138 pour fixer la valeur de ces prises d'eau.

On réunira en un seul total les propriétés arrosées par le canal, que chacun des intéressés possède dans les divers districts, ainsi que les usines, moulins, etc.

ARTICLE 108.

Le tableau des répartitions est le seul document faisant foi et irrécusable pour la supputation de toute votation ; aucune preuve contraire ne sera admise relativement à l'admission ou à l'exclusion d'intéressés, à la majoration ou à la diminution du nombre de voix attribuées.

ARTICLE 109.

Le vote étant terminé, ainsi que la supputation des pro-

---

las propiedades inferiores á un marjal entre los regantes que voten en un mismo sentido para componer uno ó más votos, y liquidar el resultado de toda votacion.

A cada propietario se acumulará la propiedad que tuviere en los distintos pagos que riegan con la acequia, artefactos, molinos, etc. Para computar los votos de los dueños de artefactos, mecanismos é industrias que utilizan las aguas de la acequia, se observarán las reglas establecidas para graduar el valor de estos en el artículo 138.

ARTÍCULO 108.

El único dato feaciente é irrecusable para el cómputo de toda votacion, es el repartimiento, sin que se admita prueba en contrario respecto á inclusion ó exclusion de interesados ó á la mayor ó menor propiedad que en el mismo resulte.

priétés des votants au moyen de la table alphabétique des noms des participants et du résumé des propriétés qui doit toujours accompagner le tableau des répartitions, le président demandera si quelque intéressé réclame au sujet du scrutin.

Si personne ne se présente, il proclamera le résultat et déclarera acquise la solution adoptée par les votants qui représentent la majorité des propriétés.

Si au contraire il apparaît, à la suite d'une réclamation, que des erreurs numériques ont été commises, leprésident fera immédiatement rectifier le scrutin.

ARTICLE 110.

Ni pendant la séance de l'assemblée, ni après, il ne sera admis contre le vote aucune réclamation basée sur un motif quelconque autre que celui exposé dans l'article précédent au deuxième alinéa.

ARTÍCULO 109.

Una vez terminada toda votacion y hecho el cómputo de la propiedad de los votantes por medio del índice alfabético de los nombres de los partícipes, con el resúmen de su propiedad que debe ir unido á todos los repartimientos, se preguntará por el presidente si hay algun interesado que tenga que reclamar sobre el cómputo hecho, y si no lo hubiere, proclamará él resultado, declarando queda acordado lo que hubieren decidido los votantes que reunan mayor propiedad.

Si en el acto se dedujese alguna reclamacion sobre errores numéricos que se hubieren padecido al liquidar la votacion, dispondrá el presidente que se rectifique inmediatamente ésta.

ARTÍCULO 110.

No se admitirán ni durante la celebracion de la junta, ni despues, reclamaciones sobre una votacion, que se funden en cualquier

ARTICLE 111.

Il n'est accordé aucun recours contre les décisions de l'assemblée générale, appelée à se prononcer sur un appel des résolutions du Syndicat, lorsqu'il s'agit d'affaires touchant exclusivement aux intérêts de la communauté et ne mettant pas en jeu les droits de tiers. Mais si les décisions concernent des concessions d'eau, l'interprétation ou l'application des présentes ordonnances, le recours est ouvert devant le Gouverneur de la province, dans le délai et la forme que déterminent les lois ; l'on peut même en appeler du jugement de ce fonctionnaire devant le Ministre des Travaux publics.

CHAPITRE II.

Du Syndicat.

ARTICLE 112.

L'exécution des ordonnances et des résolutions de la

---

motivo que no sea el expuesto en el párrafo 2.º del artículo anterior.

ARTÍCULO 111.

Contra los acuerdos adoptados por la junta general en recursos sobre resoluciones del Sindicato, tomadas en asuntos de exclusivo interés de la comunidad, y en que no se ventilen derechos de un tercero, no se da recurso alguno. Contra los adoptados sobre concesiones de aprovechamientos de las aguas ó inteligencia ó aplicacion de estas ordenanzas, cabe recurso ante el Gobernador de la provincia en el plazo y forma que determinen las leyes, y de la providencia de éste podrá interponerse alzada ante el ministro de Fomento.

CAPÍTULO II.

Del Sindicato.

ARTÍCULO 112.

La ejecucion de las ordenanzas y de los acuerdos de la comuni-

communauté, la surveillance de la distribution des eaux, le recouvrement, l'administration et l'emploi des fonds sont confiés au Syndicat.

Article 113.

Le syndicat se compose de quatre membres élus par les propriétaires des terres situées dans les districts du territoire de cette ville. Un est élu par ceux de Maracena, un par ceux de Atarfe et un par les usiniers et industriels utilisant les eaux du canal.

L'élection se fera pour chaque groupe séparément, de façon que les participants d'un groupe ne prennent pas part à l'élection des autres.

Article 114.

Les fonctions de Syndic sont honorifiques, obligatoires et gratuites. Le mandat est de quatre ans et le syndicat se renouvelle par moitié tous les deux ans ; le sort dési-

---

dad, la vigilancia sobre la equitativa distribucion de las aguas, y la recaudacion, administracion é intervencion de los fondos, están encomendados al Sindicato.

Artículo 113.

El Sindicato se compone de cuatro vocales elegidos por los propietarios de tierras en los pagos del término de esta ciudad, uno por os de Maracena ; otro por los del de Atarfe, y otro por los de artefactos é industrias que utilizan las aguas de la acequia.

La eleccion se hará por cada agrupacion separadamente, de modo que los regantes de la una, no tomen parte en la de las otras.

Artículo 114.

El cargo de Síndico es honorífico, obligatorio y gratuito. Su desempeño dura cuatro años, renovándose cada dos la mitad del

gnera les syndics qui, pour la première fois, sortiront deux ans après la mise en vigueur des présentes Ordonnances.

ARTICLE 115.

Pour être élu syndic, il faut :

1. Être âgé de 25 ans ;

2. Savoir lire et écrire ;

3. Posséder un hectare au moins (19 marjales) dans le village ou dans la section qui l'a élu, ou bien, pour le syndic qui représente la classe industrielle, posséder une fabrique ou une industrie utilisant l'eau du canal;

4. Ne pas être débiteur de la communauté du chef des taxes ou autres redevances et n'avoir avec elle ni procès, ni discussion, ni contrat, ni service à attendre.

ARTICLE 116.

Les attributions du syndicat sont :

1. La conservation de la distribution actuelle des eaux, afin qu'elle se fasse toujours conformément aux droits de

---

Sindicato, y designando la suerte los primeros que deben cesar á os dos años de regir estas ordenanzas.

ARTÍCULO 115.

Para ser elegido Síndico se necesita :

1. Ser mayor de 25 años.

2. Saber leer y escribir.

3. Tener en propiedad una hectárea á lo menos (19 marjales) en el pueblo ó seccion por el que fuere elegido, ó poseer un artefacto ó industria de las que utilizan las aguas el vocal que represente esta clase.

4. No ser deudor á la Comunidad por repartos, ni por ningun otro concepto, ni tener litigios, cuestiones, contratas, ó servicios con la misma.

la communauté des participants, selon la jurisprudence, selon les coutumes établies de temps immémorial et selon le régime consigné dans les présentes Ordonnances ;

2. La sauvegarde des droits de la collectivité, en prenant toutes les mesures nécessaires pour leur conservation, soit en dénonçant au Jury tout participant qui commettrait une transgression ou une usurpation, soit en faisant appel aux autorités administratives ou aux tribunaux ordinaires quand il y a lieu, et qu'un remède urgent s'impose, sauf, dans ce dernier cas, à en rendre compte à l'Assemblée générale ;

3. La visite de toutes les retenues, les prises et les fossés de distribution, en vérifiant les dimensions et en faisant rectifier chaque fois qu'il le juge nécessaire, afin que chaque district ou propriétaire ne puisse avoir que l'eau qui lui revient et en prenant les dispositions nécessaires pour qu'il en soit ainsi ;

Artículo 116.

Una vez constituido el Sindicato, eligirá de su seno el Presidente, Vicepresidente, Secretario, Contador, Depositario, y el vocal que ha de presidir el Jurado.

Artículo 117.

Son atribuciones del Sindicato :

1. La conservacion de la actual distribucion de las aguas para que siempre se verifique con arreglo á los derechos de la Comunidad de regantes, ejecutorias, costumbres establecidas de tiempo inmemorial, y régimen consignado en estas ordenanzas.

2. La vigilancia sobre los derechos de la colectividad, gestionando cuánto fuere preciso para conservarlos, ya denunciando toda trasgresion y usurpacion, al Jurado, si se cometiere por un regante, ya acudiendo ante las autoridades administrativas, ó á los tribunales de Justicia cuando corresponda y fuere de necesidad adoptar un remedio urgente, sin perjuicio de dar en este último caso cuenta á la junta general.

4. L'adoption de toutes les mesures ayant trait à la bonne administration et à la police des eaux, telles que : les curages généraux du canal ou les curages spéciaux de quelque tronçon ; les réparations et les ouvrages neufs à la retenue, au lit, au chemin, aux rives, aux ponts, etc., pour autant que le coût ne dépasse pas 2,000 pesetas.

Il prescrira aussi que les participants à l'irrigation, soit de tout un district, soit d'une ou plusieurs propriétés exécutent les faucardages, les réparations et les travaux nécessaires pour assurer l'écoulement facile des eaux et sa distribution exacte et rapide ;

5. L'établissement du budget des dépenses et le contrôle des comptes du trésorier ; il soumettra le budget et les comptes à l'approbation de l'Assemblée générale ;

6. La répartition entre les intéressés des impositions ordinaires annuelles ou extraordinaires que l'assemblée

---

3. El reconocimiento de todas las presas, tomaderos y brazales, disponiendo se midan y rectifiquen siempre que lo juzgue necesario para que no tome cada pago ó regante, más agua que la que deba percibir, y acordando las disposiciones convenientes para conseguirlo.

4. La adopcion de todas las medidas relacionadas con la buena administracion y policia de las aguas, como son : limpias generales, de la acequia, ó especiales de algun trayecto de ella ; reparaciones y obras en la presa, cáuce, andén, márgenes, puentes, etc., siempre que su costo no exceda de dos mil pesetas.

Tambien dispondrá que los regantes, ya de todo un pago, ya de una ó más propiedades, veriquen los desbrozos, reparos y obras que fueren necesarias para conseguir el fácil curso de las aguas, y su más exacta y rápida distribucion.

5. La formacion del presupuesto de gastos y la censura de las cuentas del depositario, sometiendo uno y otras á la aprobacion de la junta general.

décréterait, la perception de ces taxes et la résolution de contraindre les retardataires ;

7. Le relevé des statistiques qu'il estime nécessaires ;

8. La nomination et le renvoi de tous les gardes, surveillants et employés ; la fixation de leurs appointements; la nomination du receveur avec la détermination de la prime qui lui sera allouée sur les recouvrements ; la nomination des gardes-canaux auxiliaires aux époques où il le juge convenable ;

9. La nomination de deux architectes et de deux experts de compétence et de probité reconnues, dont les connaissances seront utilisées dans les travaux, dans les déterminations et l'évaluation des dommages causés éventuellement par les propriétaires, comme aussi dans la déclarations des contraventions aux Ordonnances et de tous autres incidents qui pourraient se produire ;

10. La convocation des intéressés en assemblée générale ordinaire à l'époque fixée par l'article 103, ou

---

6. La del repartimiento anual ordinario entre los regantes, ó la de los extraordinarios que la junta general votare, su cobranza, y el acordar el apremio contra los morosos.

7. La de los trabajos estadísticos que estime necesarios.

8. El nombramiento y separacion de todos los guardas, acequieros y empleados, fijándole sus respectivos sueldos ; la del cobrador, marcando el premio que debe recibir por la cobranza, y la de acequieros auxiliares en la época de escaséz en que lo considere conveniente.

9. El nombramiento de dos arquitectos, y dos peritos de reconocida inteligencia y probidad para utilizar sus conocimientos en las obras y en la graduacion y aprecio de los daños que se causen por los regantes, como asimismo en la declaracion de las contravenciones de las ordenanzas y demás incidentes que ocurran

10. El acordar se convoque á los regantes á junta general ordinaria en la época señalada en el artículo 103, ó á extraordinaria,

extraordinaire chaque fois qu'il sera nécessaire de prendre une résolution sur une affaire grave et urgente, ou encore lorsqu'elle sera réclamée dans les termes prévus au même article ;

11. L'élaboration des projets d'ouvrages dont le coût excède 2,000 pesetas ; ces projets devront être approuvés par l'assemblée générale ;

12. La mise en adjudication des services ou travaux qui lui paraîtront devoir être exécutés ainsi.

ARTICLE 118.

Les résolutions du syndicat qui lèsent les droits de propriété ou de possession de quelque participant aux eaux, donnent ouverture à réclamation devant les tribunaux ordinaires. Les résolutions prises en vertu des attributions 1, 2 et 3 de l'article précédent, les questions relatives à l'interprétation des présentes Ordonnances, celles qui naîtraient de quelque décision ou acte administratifs,

---

siempre que hubiese necesidad de tomar resolucion en algun asunto de gravedad y urgencia, ó cuando se solicitare en los términos marcados en el mismo artículo.

11. La formacion de los proyectos de obras cuyo costo exceda de dos mil pesetas, los que deberán ser aprobados por la junta general.

12. El acordar la subasta de aquellos servicios ú obras que pareciere conveniente se ejecuten de ese modo.

ARTÍCULO 118.

Las resoluciones del Sindicato que lastimen derechos de propiedad ó posesion de algun regante, son reclamables ante los tribunales de justicia. Las que adopte ejercitando las facultades que marcan los números 1, 2 y 3 del artículo anterior, las cuestiones relativas á la interpretacion de estas ordenanzas, ó las que sean consecuencia de algun acuerdo ó acto administrativo, lo serán ante el

peuvent être portées devant le Gouverneur civil de la province. Les résolutions prises par le syndicat en vertu des autres attributions spécifiées à l'article 117 ou qui pourraient correspondre en vertu de la loi et des présentes Ordonnances, ne sont révocables que par l'assemblée générale.

ARTICLE 119.

Le Président du Syndicat remplit les fonctions inhérentes à sa charge ; c'est à lui qu'il appartient de :

1. Convoquer les syndics et présider leurs séances ;

2. Convoquer et présider l'assemblée générale, sauf dans le cas prévu à l'article 103, dernier alinéa ;

3. Prendre le nom et la représentation de la communauté des participants aux irrigations dans tous les actes et les services comme devant les autorités, avec faculté de conférer pouvoir aux avoués ;

4. Faire exécuter et observer les décisions de l'assemblée générale et du syndicat ;

Gobernador civil de la provincia. Las que tomare en uso de las demás atribuciones expresadas en el mismo artículo ó que pudieran corresponderle según la ley, y estas ordenanzas solo son reclamables ante la junta general.

ARTÍCULO 119.

El presidente del Sindicato desempeña las funciones inherentes à tal cargo : y en su virtud le corresponde :

1. Convocar y presidir las sesiones del Sindicato.

2. Convocar la junta general y represidirla, salvo el caso previsto en el párrafo último del artículo 103.

3. Llevar el nombre y representacion de la comunidad de regantes en todos los actos y servicios, y ante todas las autoridades, con facultad de conferir poder á procuradores.

5. Exercer les attributions d'ordonnateur des paiements, dans la forme déterminée par le règlement ;

6. Contrôler les gardes, les surveillants et les aides ; les stimuler dans l'accomplisement de leurs devoirs ; les punir et leur appliquer des amendes s'il le juge opportun ; proposer leur destitution au syndicat, lorsque la mesure sera nécessaire pour le bon service du canal ;

7. Résoudre tous les cas urgents, même ceux qui sortiraient de ses attributions, mais en convoquant immédiatement le syndicat, qui ratifiera ou non les résolutions prises à titre provisoire et intérimaire ;

8. Prendre les dispositions nécessaires pour faire disparaître immédiatement tout obstacle, obstruction, défaut ou autre accident, qui diminuerait le volume des eaux, gênerait leur écoulement ou utilisation ; cet inconvénient peut être d'ailleurs produit par l'effet du hasard ou par la volonté d'un des intéressés ou d'un particulier étranger à l'association.

---

4. Ejecutar y cumplir los acuerdos de la junta general y del Sindicato.

5. Ejercer las atribuciones de ordenador de pagos en la forma que determine el Reglamento.

6. Vigilar sobre todos los acequiros, guardas y dependientes, estimularles para que cumplan sus respectivos deberes ; imponerles las multas y correcciones que juzgue oportunas y proponer su separacion al Sindicato, cuando así lo aconseje el mejor servicio de la acequia.

7. Resolver todo asunto de urgencia aunque no esté en sus atribuciones ; pero reuniendo al Sindicato inmediatamente para que acuerde lo que estime que proceda sobre dicha resolucion, que no tendrá otro carácter que el de provisional é interina.

8. Corregir inmediatamente, adoptando las disposiciones necesarias, todo embarazo, obstáculo, desperfecto, ó cualquier otro

ARTICLE 120.

Le Trésorier a la garde et la conservation des fonds de la communauté ; il donne suite à tous les ordres de payement que délivre le président, en respectant les formalités que le règlement prescrira ; il tient les livres de caisse de la manière indiquée par le présent règlement et remet les comptes annuellement avec les pièces justificatives.

ARTICLE 121.

Le Secrétaire du syndicat remplit les mêmes fonctions dans les assemblées générales ; il a la garde de tous les livres, papiers et documents de la communauté ainsi que des registres contenant les procès verbaux des assemblées et des réunions du syndicat ; il garde encore le registre cadastral de toutes les terres qui utilisent les eaux du canal et le tableau des impositions annuelles de tous les participants.

---

accidente, ya casual, ya producido por algun interesado ó por particular extraño á la asociacion, que disminuya el caudal de las aguas ó dificulte su curso ó aprovechamiento.

ARTÍCULO 120.

Corresponde al depositario la custodia y conservacion de los fondos de la comunidad ; el pago de todas las cantidades que por el presidente se libren, siempre que se guarden las formalidades que expresará el Reglamento ; llevar los libros de caja del modo que en el mismo se indique, y la rendicion de la cuenta anual justificada.

ARTÍCULO 121.

El Secretario, que tambien lo será en las sesiones de las juntas generales, tendrá á su cargo la custodia de todos los libros, papeles y documentos de la comunidad, de los libros de actas, tanto de las juntas generales, como de las sesiones del Sindicato ; del apeo de

Article 122.

Il appartient aussi au Secrétaire de faire la correspondance, de tenir note des peines que le Jury appliquera aux délinquants, de dresser les budgets des dépenses, de tenir les statistiques, d'inscrire les rectifications annuelles au tableau des impositions, de préparer le rapport à présenter à l'assemblée générale ordinaire, de délivrer toutes les copies certifiées et de remplir les fonctions de contrôleur de toutes les recettes et dépenses, en se conformant aux prescriptions du réglement.

Article 123.

Lorsque, par suite de décès ou d'incapacité physique, plus de deux sièges sont vacants, le syndicat et le jury réunis peuvent nommer des syndics intérimaires, réunissant les conditions citées à l'article 115, jusqu'à la plus prochaine assemblée générale.

---

todas las tierras que utilicen las aguas de la acequia y la de los repartimientos anuales entre todos los regantes.

Artículo 122.

Tambien corresponde al secretario llevar la correspondancia; anotar las correcciones que el jurado impusiere; formar el presupuesto de gastos; los trabajos estadísticos; las rectificaciones anuales del repartimiento, y la Memoria que debe presentarse á la junta general ordinaria; expedir todas las certificaciones, y desempeñar las funciones de interventor de todos los ingresos y pagos en el modo y forma que prescriba el Reglamento.

Artículo 123.

El Sindicato y el jurado reunidos, pueden nombrar vocales con el carácter de interinos, y hasta la reunion más próxima de la junta general, á regantes que tengan las condiciones del artículo

CHAPITRE III.

Du Jury.

ARTICLE 124.

Le jury se compose d'un membre du syndicat qui le préside, de deux jurés propriétaires et de deux suppléants, tous nommés par la communauté.

La durée du mandat est de deux ans.

ARTICLE 125.

Pour être juré ou suppléant, il faut réunir les mêmes conditions que celles exigées des syndics ; la charge est également honorifique, gratuite et obligatoire.

ARTICLE 126.

La juridiction du jury s'étend à tous les intéressés dans l'utilisation des eaux, qu'ils soient propriétaires, locataires ou colons. Cette juridiction comporte :

1. La connaissance des questions de fait qui surgissent

115, cuando fuesen más de dos vacantes las que ocurriesen por muerte imposibilidad física.

CAPÍTULO III.

Del Jurado.

ARTÍCULO 124.

El jurado se compone de un vocal del Sindicato, que lo preside, y de dos jurados propietarios y dos suplentes, nombrados todos por la comunidad.

La duracion del cargo es de dos años.

ARTÍCULO 125.

Son cualidades necesarias para el desempeño del cargo de jurado ó suplente, las mismas señaladas para el de vocal del Sindicato, siendo como este honorífico, gratuito y obligatorio.

entre intéressés à propos de l'irrigation et, à moins qu'on invoque un principe de droit ;

2. La connaissance des infractions aux présentes Ordonnances et relatives à la police des eaux ;

3. La condamnation des délinquants aux peines qui sont établies par le Titre V. Ces condamnations seront portées à la connaissance du syndicat qui intentera, si c'est nécessaire, la procédure de contrainte en paiement des amendes et des indemnités ou, en cas d'insolvabilité, mettra les condamnés à la disposition de l'autorité compé-tente afin de leur imposer une peine personnelle équiva-lente aux sommes dues.

Article 127.

Les arrêts du jury ne comprendront que le prononcé sur le fait, la réparation du dommage et la répression con-forme au Titre V des présentes Ordonnances.

Artículo 126.

La jurisdiccion del jurado se ejerce sobre todos los interesados en el aprovechamiento de las aguas, ya sean propietarios, ya arren-datarios y colonos, y comprende :

1. Conocer de las cuestiones de hecho que se susciten sobre el riego entre los interesados en el mismo, cuando no se alegue funda-mento alguno de derecho.

2. El conocer de las cuestiones sobre infraccion de estas ordenan-zas en todo lo relativo á la policía de las aguas.

3. El imponer á los infractores las correcciones á que hubiere lugar segun el título 5 poniéndolas en conocimiento del Sindicato, el que si fuere necesario entablará el procedimiento de apremio para la exaccion de las multas é indemnizaciones, ó con el fin de que los corregidos extingan la pena personal equivalente á dichas res-

Article 128.

Si le fait constituait un délit, l'intéressé qui subit le préjudice ou le syndicat peuvent le dénoncer aux tribunaux ordinaires qui poursuivront et réprimeront.

Article 129.

La procédure suivie par le jury est publique et verbale dans la forme déterminée par le règlement. Ses arrêts sont exécutoires immédiatement ; ils sont consignés dans un registre avec la spécification du fait et de l'article des Ordonnances sur lequel ils se basent.

Article 130.

Les experts chargés d'évaluer les dommages causés et les préjudices résultant de l'usurpation des eaux, seront ceux nommés par le syndicat, selon l'article 117-9°.

---

ponsabilidades en el caso de insolvencia, los pondrá á disposicion de la autoridad competente.

Artículo 127.

Los fallos del jurado no comprenderán más que la decision sobre el hecho, el resarcimiento del daño, y la represion con arreglo al título 5 de estas ordenanzas.

Artículo 128.

Si el hecho constituyese un delito, podrá ser denunciado por el regante ó industrial perjudicado, ó por el Sindicato, para que se persiga y castigue ante los tribunales de justicia.

Artículo 129.

Los procedimientos del jurado son públicos y verbales en la forma que determine el Reglamento. Sus fallos son inmediatamente ejecutivos, y se consignan en un libro con expresion del hecho y del artículo de las ordenanzas en que se fundan.

Lorsque la sentence d'expertise aura pour objet des questions techniques étrangères aux connaissances des dits experts, le jury en confiera l'évaluation à deux ingénieurs des Ponts et Chaussées ou à deux ingénieurs agronomes, selon qu'il s'agit de conduite et distribution d'eau où d'intérêts purement agronomiques.

CHAPITRE IV.

Des agents subalternes.

§ 1. — *Des gardes-canaux.*

ARTICLE 131.

Il y aura le nombre de gardes-canaux que le syndicat jugera nécessaire ; il fixera de même la rétribution à allouer à ces agents et désignera la section de canal et les embranchements que chacun d'eux devra soigner et surveiller.

ARTÍCULO 130.

Los peritos encargados de apreciar los daños causados y los perjuicios que se infieran por usurpaciones en el aprovechamiento de las aguas, serán los nombrados por el Sindicato, segun el número 9 del artículo 117. Cuando el dictámen pericial tenga por objeto cuestiones técnicas, extrañas á los conocimientos de dichos peritos, se encomendará por el Jurado su apreciacion á dos ingenieros de caminos, canales y puertos, si se tratase de las relativas á conduccion y distribucion de las aguas ó ejecucion de obras, ó á dos ingenieros agrónomos para todas las puramente agronómicas.

CAPÍTULO IV.

De los agentes subalternos.

§ 1. — **De los acequieros.**

ARTÍCULO 131.

Habrá el número de acequieros que el Sindicato juzgue necesarios,

Article 132.

Les obligations de ces gardes sont :

1. Veiller à ce que le canal ne perde aucune portion d'eau par rupture de digue, filtrations, trous de taupes où toute autre chose, et signaler toute défectuosité au syndicat qui prendra les mesures en conséquence ;

2. Diriger les irrigations en observant strictement la dotation de chaque district ou section et celle de chaque domaine.

Ils feront savoir aux intéressés le jour et l'heure qui correspond à chacun dans la distribution ; ils contrôleront la manière dont se fait la prise d'eau et empêcheront tout abus ou utilisation irrégulière et indue ; ils dénonceront au syndicat les abus qui se commettent en contravention à l'ordre établi pour les irrigations par les présentes Ordonnances et par les dispositions arrêtées par le syndicat ; ils seront responsables des fraudes et des irrégularités qui se

---

con la retribucion anual que el mismo fije. A cada uno de ellos se marcará el trozo de acequia y sus ramales, en que deba desempeñar sus funciones.

Artículo 132.

Los deberes de los acequieros son :

1. Vigilar para que la acequia no sufra disminucion en sus aguas, producida por rompimientos, filtraciones, rateras ó cualquiera otra causa, participando todo desperfecto al Sindicato, á fin de que adopte las disposiciones convenientes.

2. Ordenar los riegos con estricta sujeccion á la dotacion de cada pago ó brazal, ó la particular de cada finca; haciendo saber á los regadores el dia y hora que á cada uno corresponde tomar las aguas, interviniendo en la forma en que verifiquen el percibo impidiendo todo abuso ó aprovechamiento irregular é indebido y denunciando al Sindicato los que se cometan en contravencion al órden

commettront par suite de leur négligence, partialité ou tolérance ;

3. Faire en sorte que les canaux et toutes leurs dérivations soient propres, sans aucun obstacle et bien faucardés, offrant libre cours aux eaux ;

4. S'assurer de même que les partiteurs et les prises d'eau soient toujours dans l'état où ils doivent être et rendre compte au syndicat des variations ou dérangements qu'ils observent;

5. Dénoncer au syndicat toute infraction qu'ils croient préjudiciable aux intérêts de la communauté ;

6. Parcourir la section du canal confiée à chacun d'eux afin d'y exercer en tout temps une surveillance suffisante.

7. Exécuter strictement les ordres que leur transmet le syndicat.

ARTICLE 133.

Le garde chargé de la première section du canal aura,

---

marcado para los riegos en estas ordenanzas ó á las disposiciones adoptadas por el mismo Sindicato, siendo responsables de los fraudes y desórdenes que resultaren por su negligencia, parcialidad ó tolerancia.

3. Procurar que las acequias y todas sus derivaciones estén limpias, sin impedimento alguno y bien desbrozadas para que corran libremente las aguas.

4. Procurar que todos los partidores y tomaderos se mantengan en el estado que deben tener, dando cuenta al Sindicato de las variaciones ó alteraciones que observen.

5. Denunciar al mismo Sindicato toda infraccion que crean es perjudicial á los intereses de la comunidad.

6. Recorrer el trayecto de la acequia que esté á su cuidado para que siempre haya en él la debida vigilancia.

7. Cumplir estrictamente las órdenes que les comunique el Sindicato.

en plus des obligations énoncées à l'article précédent, à prendre soin de la prise d'eau. Il veillera à ce que le canal Gorda reçoive le volume d'eau qui peut y être introduit ou celui qui sera nécessaire, en consultant l'époque de l'année et les besoins des cultures; il opérera des chasses aux jours fixés et, si le syndicat l'ordonne, des chasses extraordinaires à d'autres époques; il tiendra la vanne de prise d'eau et celles de chasse en bon état de conservation et propres à manœuvrer convenablement; il fermera la vanne de prise à la menace d'une crue de la rivière, sans attendre qu'on lui en donne l'ordre exprès.

§ II. — *Du receveur.*

ARTICLE 134.

Le receveur devra fournir une caution suffisante au jugement du syndicat pour garantir le fidèle accomplissement des devoirs de sa charge.

ARTÍCULO 133.

El acequiero encargado del primer trayecto de la acequia, además de las obligaciones enunciadas en el artículo anterior, tendrá las de cuidar de la presa; hacer que tome la acequia Gorda el agua que pueda introducirse por ella ó la que fuere necesaria, atendida la estacion y las necesidades del cultivo; desarenar en los dias establecidos y en ocasiones extraordinarias si se le ordenare por el Sindicato; mantener la compuerta de la presa y las de desareno en buen estado de conservacion, y en aptitud de funcionar convenientemente y cerrar la primera de aquellas cuando amenace una crecida del rio, sin necesidad de que se le ordene expresamente.

§ II. — Del cobrador.

ARTÍCULO 134.

El cobrador deberá prestar fianza bastante á juicio del Sindicato, á responder de la fidelidad con que ha de desempeñar su cargo.

ARTICLE 135.

Le syndicat remettra au receveur les quittances relatives aux taxes et conçues dans la forme prescrite par le règlement. Le receveur aura pour obligation de recouvrer ces taxes dans le plus bref délai possible.

ARTICLE 136.

Il entre aussi dans les devoirs du receveur de préparer la procédure de contrainte contre les débiteurs en défaut et contre les personnes qui, ayant été condamnées par le jury au paiement d'une somme, ne se sont pas exécutées dans le délai qui leur aura été accordé. On s'en tiendra, dans ces poursuites, aux dispositions de la loi du 19 juillet et de l'Instruction du 3 décembre 1869 concernant les débiteurs du Fisc, ou à celles qui se publieront dans la suite.

ARTÍCULO 135.

Será obligacion del cobrador realizar la cobranza del reparto en el más breve plazo posible, recibiendo al efecto del Sindicato los correspondientes recibos en la forma que exprese el Reglamento.

ARTÍCULO 136.

Tambien está á cargo del cobrador la formacion de los expedientes de apremio contra los deudores morosos ó contra los que hubiesen sido condenados al pago de alguna suma por el jurado, y no la hiciese efectiva en el plazo que se les hubiere señalado, sujetándose en dichos apremios á las disposiciones de la ley de 19 de Julio é Instruccion de 3 de Diciembre de 1869 para los deudores á la Hacienda pública, ó á las que se establezcan en lo sucesivo.

CHAPITRE V.

De l'Imposition.

ARTICLE 137.

L'assemblée générale ayant autorisé l'imposition d'une taxe à tous ceux, propriétaires fonciers et industriels, qui utilisent les eaux du canal, et ayant arrêté le type appelé à servir de base, le syndicat procédera à la formation du tableau de répartition, en tenant compte des mutations de propriétés qui lui auront été signalées.

ARTICLE 138.

Dans toute imposition, tant ordinaire qu'extraordinaire, il sera fait une juste proportion entre les terres de 1re, de 2e et de 3e classe.

Les terres de première classe sont celles des districts qui ont un droit plein et parfait à une dotation d'eau déterminée ou à une partie du débit du canal.

CAPÍTULO V.

Del repartimiento.

ARTÍCULO 137.

Autorizada que sea por la junta general la exaccion de un reparto entre todos los regantes é industriales que utilicen las aguas de la acequia y marcado por la misma el tipo que ha de servirle de base, procederá el Sindicato á su formacion, teniendo en cuenta las traslaciones de dominio de que se le hubiere dado conocimiento.

ARTÍCULO 138.

En todo reparto, tanto ordinario como extraordinario se guardará la debida proporcion entre las tierras de 1ª de 2ª y de 3ª clase.

Son tierras de 1ª clase; las de pagos que tienen pleno y perfecto

Sont de deuxième classe, les terres des districts qui reçoivent les eaux surabondantes des districts possédant une dotation déterminée ou proportionnelle.

Sont de troisième classe, les terres des districts qui reçoivent les eaux en excès, mais seulement éventuellement et quand ces eaux ne sont pas utilisées par les terres des deux classes précédentes.

Article 139.

Les districts inscrits dans la première classe sont :

Sur le territoire de Grenade :

Pedregal de Genil.

Jaragüí bajo.

Arabial alto ou Jaque del Marques.

Arabial bajo.

Camaura baja.

Camaura alta.

Naujar.

---

derecho á determinada dotacion de agua, ó á una parte alícuota de la acequia.

Son de 2ª; las de pagos que utilizan las aguas sobrantes á los que tienen dicha dotacion ó parte alícuota.

Son de 3ª; las de pagos que solo perciben las aguas como sobrantes eventuales cuando no se aprovechan por las mencionadas anteriormente.

Artículo 139.

Los pagos clasificados de primera clase, son :

En termino de Granada :

Pedregal de Genil.

Jaragüí bajo.

Arabial alto ó Jaque del Marques.

Frigiliana.
Fatinafar.
Cambea.
Alcalay.
Táfia la Zúfea.
Táfia Albaida.
Macharnó.
Macharachuchi.

Sur le territoire de Atarfe :

Viérnes. — (Vendredi.)
Miércoles y Sábado. — (Mercredi et Samedi.)
Mártes. — (Mardi.)
Jueves. — (Jeudi.)
Domingo. — (Dimanche.)
Lúnes. — (Lundi.)

Arabial bajo.
Camaura baja.
Camaura alta.
Naujar.
Frigiliana.
Fatinafar.
Cambea.
Alcalay.
Táfia la Zúfea.
Táfia Albaida.
Macharnó.
Macharachuchi.

En termino de Atarfe :

Viérnes.
Miércoles y Sábado.
Mártes.
Jueves.

ARTICLE 140.

Les districts inscrits dans la deuxième classe sont :

Sur le territoire de Grenade :

Ofra.

Sur le territoire de Atarfe :

Sobrante de Viérnes (surplus de vendredi).
Sobrante de Mártes (surplus de mardi).
Sequillo.

ARTICLE 141.

Les districts inscrits dans la 3e classe sont :

Sur le territoire de Grenade :

Montones.
Les 9 districts du territoire de Maracena.

Domingo.
Lúnes.

ARTÍCULO 140.

Los pagos clasificados de 2ª son :

En termino de Granada :

Ofra.

En termino de Atarfe :

Sobrante de Viérnes.
Sobrante de Martes.
Sequillo.

ARTÍCULO 141.

Los pagos clasificados de 3ª, son :

En termino de Granada :

Montones.
Los nueve del término de Maracena.

Article 142.

Cette classification est permanente et ne pourra être modifiée que par l'assemblée générale, qui examinera les raisons alléguées par les intéressés d'un district qui se croiraient injustement traités, consultera les experts et s'entourera de tous les renseignements nécessaires pour apprécier le fondement de la plainte.

Article 143.

Chaque marjal des districts rangés dans la 2e classe payera toujours la moitié de la taxe imposée au marjal de 1re classe et chaque marjal d'un district de 3e classe ne payera que 1/4 de cette même taxe de 1re classe.

Les usines qui prennent l'eau du canal et des divers embranchements énumérés à l'article 2, contribueront comme suit au budget :

Pesetas

Les moulins à farine payeront pour chaque meule. 6

Artículo 142.

Esta clasificacion es permanente y no podrá alterarse sino por la junta general con vista de las razones que se espusieren por los regantes de un pago que se creyere perjudicado, y despues de practicarse las informaciones periciales, y documentales necesarias para determinar el fundamento de la queja.

Artículo 143.

Cada marjal de los pagos clasificados de segunda clase contribuirá siempre con la mitad de la cuota señalada á los marjales de pagos de primera clase. Cada marjal de un pago de tercera, solo satisfará la cuarta parte de la fijada á dichos pagos de primera.

Los artefactos que utilizan las aguas de la acéquia, en ella y en los diversos ramales enumerados en el artículo 2, contribuirán del modo siguiente:

Pesetas.

Los molinos harineros, por cada piedra 6

Pesetas.

Les moulins à papier 18
Les tanneries, les scieries de bois, les fonderies,
  les filatures et fabriques de drap 16.50
Les tours à soie. 9
Les teintureries 4.50
Les établissements de bains 6.25

Les fabriques qui utilisent l'eau depuis le barrage de la rivière jusqu'à la sortie du canal à la rue San Anton, seront considérées comme des tours à soie, en ce qui concerne l'imposition.

ARTICLE 144.

Dès que sera dressé le tableau de l'imposition, le Syndicat publiera dans le Bulletin officiel de la province et par l'intervention des maires de la capitale, de Maracena et d'Atarfe, que ce document est déposé au secrétariat où, pendant le délai indiqué, les intéressés pourront le con-

---

Pesetas.

Los de papel 18
Las fábricas de curtido, acerrar maderas, fundicion,
  hilados, paños, etc 16.50
Los tornos de seda 9
Los tintes 4.50
Las casas de baños 6.25

Los artefactos que aprovechan las aguas desde el remanso del rio hasta la salida de la acequia á la calle de San Anton, se consideran todos como tornos de seda para los efectos del repartimiento.

ARTÍCULO 144.

Una vez formado el repartimiento, el Sindicato anunciará por medio del Boletin Oficial de la provincia y por conducto de los alcaldes de la capital, Maracena y Atarfe, que está de manifiesto en secretaria por el término que dispusiere, para que todos los interesados, deduzcan sobre inclusiones ó exclusiones ó sobre agra-

sulter et formuler les réclamations qu'ils estimeront devoir présenter et les inscriptions omises ou à rayer concernant le taux des taxes. Le Syndicat donnera à ces réclamations la solution qu'il jugera conforme au droit. L'intéressé qui se croirait lésé pourra porter sa réclamation devant l'assemblée générale la plus prochaine.

Le contenu de cet article est applicable à la taxation, par le Syndicat, des intéressés de un ou plusieurs districts ou sections qui doivent pourvoir au coût de certains travaux et réparations.

Article 145.

Le recours à l'assemblée générale ne suspend pas, pour l'appelant, l'obligation où il est de payer la quote part qui lui correspond dans la répartition, sauf au cas où la décision du Syndicat serait réformée; il serait alors appelé à récupérer la somme payée en entier ou en partie, conformément à la sentence de l'assemblée.

---

vio en las cuotas, las reclamaciones que estimen convenientes. El Sindicato resolverá sobre esta reclamaciones lo que juzgare procedente, pudiendo el que se sintiere agraviado elevar su queja ante la primera junta general que se celebre.

Lo prevenido en este artículo es aplicable á los repartimientos que por el Sindicato se hicieren, para obras ó reparos que deban sufragarse por uno ó más pagos ó ramales.

Artículo 145.

La circunstancia de proponerse un interesado deducir dicha queja ante la junta general, no le eximirá de la obligacion de satisfacer la cuota que le hubiere sido repartida, sin perjuicio de que en el caso de revocarse el acuerdo del Sindicato, le sea devuelta toda aquella ó la parte de la misma en que se hubiere declarado consistir el esceso.

ARTICLE 146.

Le délai fixé pour les réclamations contre le tableau des impositions étant écoulé, le Syndicat procédera au recouvrement. Celui-ci se fera en exigeant le payement directement des propriétaires et des industriels inscrits au tableau, ou de leurs représentants légaux ; l'obligation de payer cette taxe ne peut être éludée en la reportant sur d'autres personnes.

ARTICLE 147.

Si un propriétaire néglige de payer, le Syndicat pourra recourir à la contrainte contre le débiteur récalcitrant, en observant la marche et les formalités prescrites par le règlement.

ARTICLE 148.

Le Syndicat pourra de même ordonner le retrait de l'eau pour les biens de celui qui donne lieu à ces poursuites.

ARTÍCULO 146.

Trascurrido el tiempo marcado para deducir reclamaciones contra el repartimiento, procederá el Sindicato á su cobranza. Esta se hará exigiendo las cuotas directamente á los regantes ó industriales comprendidos en dicho repartimiento, ó á sus representantes legítimos sin que pueda declinarse la obligacion de pagarlas, en otra cualquiera persona.

ARTÍCULO 147.

Si un regante dejare de satisfacer su cuota, podrá el Sindicato acordar el apremio contra el mismo en la forma y por los trámites que marque el Reglamento.

ARTÍCULO 148.

Tambien podrá el Sindicato acordar se suspenda el aprovecha-

TITRE V.

CHAPITRE UNIQUE.

Dispositions pénales.

ARTICLE 149.

Seront tenus de payer une indemnité allant du double au quadruple du dommage causé :

1. Ceux qui utiliseraient de l'eau appartenant à d'autres propriétaires, soit en dépassant le volume d'eau ou le temps d'irrigation qui correspondent à leur propriété ou district, soit en prenant l'eau à des jours et heures auxquels ils ne doivent pas la recevoir ;

2. Ceux qui utiliseraient l'eau d'une façon abusive en dégradant le canal ou d'autres propriétés, par une mauvaise construction des prises d'eau ou par des coupures ;

---

miento del agua en la heredad ó heredades de quien hubiese dado lugar al apremio.

TITULO V.

CAPÍTULO UNICO.

Disposiciones penales.

ARTÍCULO 149.

Serán obligados al pago de una indemnizacion del duplo al cuadruplo del daño causado.

1. Los que aprovecharen aguas que pertenezcan á otros regantes, ya utilizándolas en mayor volúmen ó por más tiempo de que corresponda á la respectiva propiedad ó pago, ya tomándolas en dias ú horas en que no deban percibirlas.

2. Los que utilizaren abusivamente el agua causando desper-

ceux aussi qui laisseraient écouler l'eau en pure perte sur d'autres terres, dans des canaux ou des décharges ;

3. Ceux qui vendraient, céderaient ou échangeraient la dotation d'eau dont ils disposent pour irriguer leurs biens, ou qui la passeraient d'une propriété à une autre ; exception est faite pour les privilèges consignés aux articles 27 et 72 ;

4. Ceux qui s'approprieraient l'eau destinée à d'autres districts ou domaines, sous le prétexte de l'employer à alimenter les routoirs à chanvre et qui la destineraient à d'autres usages ;

5. Ceux qui troubleraient l'ordre des irrigations lorsque sont en vigueur le régime de la rotation extraordinaire ou le régime exceptionnel, dont il est question aux articles 94 et 97. Lorsqu'il ne sera pas possible d'évaluer le dommage, à défaut de propriétaire ou intéressé ayant souffert un préjudice direct d'un des chefs quelconques spécifiés dans cet article, l'indemnité sera de 10 à 20

---

fectos en la acequia ó en otras propiedades por mala construccion de los tomaderos ó tornas ó por dejarla caer perdida en otras tierras, acequias ó desaguaderos.

3. Los que vendieren, cedieren ó permutaren la dotacion de agua de que podrian disponer en el riego de sus fincas ó que llevaren de unas propiedades á otras, salvo los derechos consignados en los artículos 27 y 72.

4. Los que se apropriaren el agua destinada á otros pagos ó heredades bajo pretesto de aplicarla al recebo de albercas de cocer hilazas, y la utilizasen en otros usos.

5. Los que quebrantaren el órden en los riegos cuando estuvieren en vigor el turno extraordinario ó el régimen excepcional marcados en los artículos 94 y 97. Cuando el daño no pudiere tener estimacion por no haber regante ó interesado á quien directamente se hubiere causado perjuicio de cualquiera de los modos espresados en este artículo, la indemnizacion será de 10 á 20 pesetas en los

pesetas, pendant les mois de novembre à juin, et de 30 à 60 pesetas en juillet, août, septembre et octobre.

ARTICLE 150.

Chaque fois qu'il sera constaté que, par un fossé ou par une prise, il coule de l'eau indûment soustraite au canal et qu'on ne découvrira pas l'auteur du méfait, la personne sur le domaine de laquelle cette eau est utilisée, sera tenue pour responsable et obligée de payer les dommages prévus à l'article 149.

ARTICLE 151.

Ceux qui, après y avoir été invités par le Syndicat, ne répareraient pas leurs fabriques afin d'éviter que le cours de l'eau soit interrompu ou que l'eau soit soustraite indûment, comme aussi ceux qui malgré cette invitation, refuseraient de nettoyer et de déchaumer les parties amont de

---

meses de Noviembre á Junio, y de 30 á 60 en los de Julio, Agosto, Setiembre y Octubre.

ARTICULO 150.

Siempre que se viere correr por un brazal ó tomadero, agua abusiva é indebidamente distraida de la acequia, si no se hallare al autor del hecho, estará obligado al abono de las responsabilidades marcadas en el articulo anterior, la persona en cuya heredad estuviere aprovechándose dicha agua.

ARTICULO 151.

Los que no reparen sus artefactos cuando por el Sindicato se les hubiere invitado á hacerlo con el fin de evitar que se interrumpa el curso de las aguas ó que se distraigan estas indebidatamente, así como los que no limpiaren y desbrozaren las cabezadas de sus fincas despues de recibir dicha invitacion, deberán satisfacer una

leurs biens, devront payer une indemnité allant du double
au quadruple du coût des **réparations ou nettoyages.**

ARTICLE 152.

Ceux qui n'obtempéreraient pas à l'invitation de **fermer
une rigole ou une prise,** d'ouvrir un fossé ou **une rigole**
qui serait obstruépar un barrage, des pierres ou un
obstacle quelconque, devront payer une indemnité du
double au quadruple de ce que le travail coûtera.

ARTICLE 153.

Les propriétaires de chevaux ou de bestiaux qui laisseraient pénétrer des animaux dans le canal ou ses embranchements, endommageant ainsi le canal, **ses rives**
ou le chemin, seront passibles, pour chaque cheval ou
tête de bétail d'une indemnité de :

1º 0,75 peseta à 2.50 p., s'il s'agit d'une bête à cornes;

---

indemnizacion del duplo al cuadruplo del importe del gasto de las
reparaciones ó limpias.

ARTÍCULO 152.

Los que invitados á cerrar algun caño ó tomadero, ó á dejar
expedito algun brazal ó ramal que tuvieren obstruidos con topes,
piedras ó cualquiera otro obstáculo, no lo verificaren, deberán satisfacer una indemnizacion del duplo al cuádruplo del importe del
gasto que al hacerlo se ocasionare.

ARTÍCULO 153.

Los dueños de caballerias ó ganados que entraren en la acequia
ó sus ramales y causaren daño en ella, en sus márgenes y anden,
serán castigados con una indemnizacion por cada caballeria ó
cabeza de ganado :

1. De 75 céntimos de peseta á 2 pesetas 50 céntimos si fuese
vacuno.

2° 0.50 peseta à 1.50 p., s'il s'agit d'un cheval, mule ou âne ;

3° 0.25 peseta à 0.75 p., s'il s'agit d'une chèvre introduite dans un endroit planté d'arbres ou d'arbustes ;

4° 0.25 peseta à 0.50 p., s'il s'agit d'un mouton ou autre animal non compris dans les numéros précédents, ou d'une chèvre là où il n'y a pas de plantation.

ARTICLE 154.

Les propriétaires, dont les bestiaux de n'importe quelle catégorie entreraient dans les canaux ou embranchements sans les endommager, payeront une indemnité de 0.12 peseta pour chaque animal.

ARTICLE 155.

Ceux qui déverseraient dans le canal ou ses dérivés des substances nuisibles à l'agriculture, seront condamnés à payer une indemnité allant du double au quadruple du

---

2. De 0.50 à 1.50 si fuere caballar, mular ó asnar.

3. De 0.25 á 0.75 si fuere cabrio y se introdujese en sitio en que hubiese plantios ó arbolado.

4. De 0.25 á 0.50 si fuese lanar ó de otra especie no comprendida en los números anteriores, ó cabrio no habiendo arbolado.

ARTÍCULO 154.

Los dueños de ganados de cualquiera clase que entraren sin causar daño en la acequia ó sus ramales, serán condenados á una indemnizacion de doce céntimos de peseta por cada cabeza.

ARTÍCULO 155.

Los que vertieren á la acequia ó sus ramales sustancias nocivas á la agricultura, serán castigados con una indemnizacion del dúplo al cuadruplo del daño causada, si por ello no hubiere podido algun regante utilizar el agua para el riego ó hubiese esperimentado perjuicio el fruto por la aplicacion de aquella.

dommage causé, si, par suite de cet acte, quelque propriétaire n'a pu utiliser l'eau d'irrigation ou si, en irriguant, il a souffert un préjudice dans sa récolte.

Quand il n'y a aucun préjudice, l'amende sera de 5 à 20 pesetas.

ARTICLE 156.

Ceux qui détruiraient ou déroberaient les planches et vannes, leurs glissières, les supports, barreaux et chaînes ; ceux qui renverseraient les murs et les revêtements ; qui couperaient les arbres sur les bords du canal ; qui mettraient hors service le canal, ses digues ou ses défenses ; qui placeraient des décombres, des barrages ou autres obstacles dans le lit, seront condamnés à réparer le dommage causé, et à payer une indemnité de 5 à 20 pesetas.

Si le coût de la réparation excède cette somme, l'indemnité sera portée de 50 à 125 pesetas.

No habiéndose inferido daño á ningun regante, la indemnizacion será de 5 á 20 pesetas.

ARTÍCULO 156.

Los que destruyeren ó hurtaren las tablones y compuertas, sus cárceles, pilastras, barrotes y cadenas, derribaren las albarradas y bordes, cortar en árboles en el anden de la acequia, inutilizaren este ó sus vallados y defensas, vertieren escombros ó pusieren topes ú obstáculos en el cauce, serán condenados á la reparacion del daño causado, y al abono de una indemnizacion de 5 á 20 pesetas.

Si el costo de la reparacion escediese de esta última suma, la indemnizacion será de 50 á 125 pesetas.

ARTÍCULO 157.

Siempre que se hallare quebrantado, destruido ó perdido un tablon, sus barrotes ó cadenas, y no se descubriere al causante del

Article 157.

Lorsqu'un vannage, ses barreaux ou chaînes seront brisés ou perdus et qu'on ne découvrira pas l'auteur du méfait, le propriétaire qui aura le dernier utilisé les eaux sera responsable de la réparation et de l'indemnité. Si personne ne s'est servi de l'eau, tous les propriétaires desservis par le fossé auquel correspond la prise où s'est commise la détérioration, seront obligés de réparer le vannage dans le délai fixé par le Jury, celui-ci pouvant au besoin les y contraindre et leur imposer la pénalité que de droit.

Article 158.

La même responsabilité sera encourue par le dernier bénéficiaire de l'eau dans un district ou section, lorsqu'on trouvera une vanne mal fermée, les eaux continuant à passer indûment, si l'on ne parvient pas à découvrir le garde ou l'intéressé auteur de la négligence.

---

hecho, será responsable á la reparacion é indemnizacion el último regante que hubiese utilizado el agua ; y si nadie se hubiese servido de ella, todos los regantes del brazal á que corresponda el tomadero en que se hubiese cometido el desperfecto ó hurto, estarán obligados á remediarlo en el termino que el jurado señale, pudiéndoseles apremiar para que lo verifiquen, é imponerles la correccion que proceda.

Artículo 158.

Igual responsabilidad pesará sobre el regante que hubiese sido el último en utilizar las aguas en un pago ó ramal, cuando se hallare mal sentado el tablon, y que siguieren corriendo aquellas indebidamente, si tampoco se hallare el acequiero ó regador que hubiere dado motivo á ello.

ARTICLE 159.

Toutes les personnes condamnées pour une même contravention seront solidairement responsables pour les indemnités, les réparations et autres peines comprises dans la condamnation à laquelle la contravention a donné lieu.

ARTICLE 160.

En cas de récidive, la contravention sera punie du double de ce qui est prévu par les articles du présent titre, sans que toutefois l'indemnité puisse dépasser 125 pesetas.

ARTICLE 161.

Le récidiviste pour la troisième fois, dans l'espace de 30 jours, sera mis à la disposition des tribunaux comme coupable de vol ou de dégât, selon les cas.

ARTICLE 162.

Aux contraventions commises entre le coucher et le

ARTÍCULO 159.

Todos los condenados por una misma contravencion, serán mancomunadamente responsables á las indemnizaciones, reparaciones y demás puntos que comprenda la condena á que hubieren dado lugar.

ARTÍCULO 160.

La reincidencia en una contravencion, será corregida con una indemnizacion doble de la que tuviere señalada en el respectivo artículo de este título, pero sin que su importe exceda nunca de 125 pesetas.

ARTÍCULO 161.

El que reincidiere por tercera vez en el término de treinta dias, será puesto á disposicion de los tribunales como reo de hurto ó daño, segun los casos.

lever du soleil, on appliquera le maximum des peines indiquées.

ARTICLE 163.

Toutes les indemnités seront payées en espéces sonnantes et le condamné aura de plus à sa charge les émoluments des experts, lorsque ceux-ci seront appelés à taxer le dommage, selon ce qui est prescrit par les présentes Ordonnances.

ARTICLE 164.

Si la personne condamnée à l'une des pénalités énumérées dans les articles précédents se trouvait insolvable, le Syndicat, après s'être assuré du fait, en donnera connaissance à l'autorité compétente, afin que le coupable arrêté et mis à la disposition de cette autorité subisse la condamnation pécuniaire par une détention équivalente, à raison de 1 jour par 5 pesetas, comme le prescrit l'article 50 du code pénal en vigueur.

ARTÍCULO 162.

Las contravenciones cometidas desde el ocaso á la salida del sol, se corregirán precisamente con el máximum de la indemnizacion fijada á las mismas.

ARTÍCULO 163.

Con el importe de toda indemnizacion, que se satisfará siempre en metálico, deberá pagar el que fuese condenado á hacerlo, el de los derechos devengados por los peritos en el aprecio de aquella, en los casos en que proceda, segun lo dispuesto en estas ordenanzas.

ARTÍCULO 164.

Si el condenado á alguna de las responsabilidades que en los artículos anteriores se enumeran, fuese insolvente, una vez acreditada esta circunstancia, el Sindicato dará conocimiento á la autoridad competente para que detenido el culpable y puesto à dispo-

ARTICLE 165.

De toutes les indemnités qui seront rendues effectives
par sentence du jury, en application des dispositions de ce
titre, il sera fait trois parts, l'une pour le lésé, une pour
le dénonciateur et une pour le fonds de la communauté.

Lorsqu'il n'y aura pas de lésé, la part qui lui revenait
sera versée au fonds commun.

ARTICLE 166.

Les gardes, surveillants et aides du canal ont l'obligation de dénoncer tous abus, dommages, fautes et contraventions qui se commettraient dans les zones ou cantons
où ils exercent leur surveillance ; au cas où ils ne le
feraient pas, soit par négligence, incurie ou complicité, ils
seront responsables en même temps que les auteurs du
méfait et payeront une amende égale à l'indemnité prévue
à ce titre.

Sans préjudice de l'obligation précitée, seront qualifiés

---

sicion de dicha autoridad extinga en equivalencia de la responsabilidad pecuniaria, la personal á razon de un dia por cada cinco
pesetas, como prescribe el artículo 50 del código penal vigente.

ARTÍCULO 165.

De todas las indemnizaciones que se hicieren efectivas por fallos
del Jurado en aplicacion de las disposiciones de este título, se harán
tres partes ; una se aplicará al perjudicado, otra al denunciador,
y otra á los fondos de la comunidad.

Cuando no hubiese persona perjudicada, la parte que á ella
pudiera coresponder en la indemnizacion, se aplicará á los fondos
de la comunidad de regantes.

ARTÍCULO 166.

Los acequieros, celadores y dependientes de la acequia, tienen
la obligacion de denunciar todos los abusos, daños, faltas y con-

pour dénoncer les dommages, fautes, abus et contraventions, les agents de l'autorité, les propriétaires, les culti-
vàteurs et leur personnel, les gardes-canaux et les agents
chargés des irrigations particulières, les gardes cham-
pêtres tant municipaux que particuliers, et tous ceux qui,
en vertu de leur charge ou profession, auront un intérêt
direct ou indirect au bon régime des irrigations.

ARTICLE 167.

Lorsque les contrevenants seront surpris en flagrant
délit par un garde, un surveillant ou employé de la
communauté, par un agent de l'autorité ou par un garde
champêtre, il suffira de la dénonciation, avec l'existence
du corps du délit, pour prononcer l'application de la peine
correspondante.

ARTICLE 168.

La dénonciation devra être formulée dans les six

---

travenciones que se cometieren en las zonas ó demarcaciones en
que ejercieren su vigilancia siendo responsables caso de no
hacerlo por apatia, incuria ó complicidad con los autores del hecho,
á pagar una multa igual á la indemnizacion que en este titulo
tuviere aquél señalada.

Sin perjuicio de ésta obligacion, tienen accion para denunciar
todos los daños, faltas, abusos y contravenciones, los agentes de
la autoridad, los propietarios, labradores, y sus encargados,
acequieros, y regadores particulares, guardas de campo tanto
municipales como jurados, y cuantos por razon de su cargo ú oficio
tuvieren interés directa ó indirectamente en el buen régimen de
los riegos.

ARTÍCULO 167.

Si los contraventores fueren cogidos infraganti por un acequiero,
celador ó dependiente de la comunidad, por un agente de la autoridad ó por un guarda de campo, bastará la denuncia si se com-

jours à compter de la perpétration du délit qui y donne lieu ; passé ce délai, le droit de dénoncer est prescrit.

ARTICLE 169.

En aucune manière, ni sous aucun prétexte, le jury ne pourra remettre les indemnités et autres responsabilités auxquelles il aurait condamné un intéressé quelconque pour des faits prévus et punis par les présentes Ordonnances.

ARTICLE 170.

Le Syndicat ne pourra pas non plus faire remise de ces peines, ni refuser de les rendre effectives, aussitôt que le jury lui fera la communication, dans la forme indiquée par le règlement. Si, par négligence, incurie ou déférence envers le condamné, le jury omettait de faire cette communication ou si le syndicat n'exécutait pas la sentence prononcée contre un participant aux irrigations, les mem-

---

probare por la existencia del cuerpo del delito, para que proceda la imposicion de la pena que corresponda.

ARTÍCULO 168.

El término para formular la denuncia es el de seis dias contados desde que se cometió el hecho que la motive ; pasado dicho término queda prescrito el derecho á hacerla.

ARTÍCULO 169.

De ningun modo, y bajo ningun pretesto, podrá el Jurado remitir las indemnizaciones, y demás responsabidades á que condenare á cualquier regante por hechos previstos y penados en estas Ordenanzas.

ARTÍCULO 170.

Tampoco podrá el Sindicato remitir dichas responsabilidades, en dejar de hacerlas efectivas, tan luego como el Jurado se las comu-

bres du jury ou ceux du syndicat devront payer la somme intégrale due en vertu de cette sentence, somme qui sera répartie comme il est dit à l'article 165.

Tout **membre de la communauté a le droit de réclamer** l'application de ces dispositions et de l'exiger, au besoin, de l'assemblée générale des propriétaires.

ARTICLE 171.

Sans préjudice de l'action du jury pour punir les contraventions énumérées dans ce titre, le Syndicat donnera connaissance, au juge ou au tribunal compétent, de toutes celles qui se commettraient avec violence, intimidation, ou constitueraient un délit ou faute dont la répression est du ressort des tribunaux ordinaires.

ARTICLE 172.

Les dispositions de ce titre ne sont applicables qu'à ceux

---

nicare en la forma que marque el Reglamento. Si por negligencia, apatía ó deferencia hácia el condenado, dejase de darse este aviso por el Jurado, ó no se realizase por el Sindicato la responsabilidad en que á un regante se le hubiere declarado incurso, deberán los individuos del Jurado ó del Sindicato respectivamente satisfacer la cantidad íntegra á que dicha responsabilidad ascendiere, á la cual se dará la distribucion que marca el artículo 165.

Corresponde á todo miembro de la comunidad, la accion para reclamar el cumplimiento de lo que en el presente se dispone, pudiendo exigirlo ante la Junta general de regantes.

ARTICULO 171.

Sin perjuicio de que por el Jurado se corrijan las contravenciones expresadas en este título, se dará conocimiento por el Sindicato al Juez ó tribunal á quien corresponda de todas las que se hubiesen ejecutado por medio de violencia, intimidacion, ó cometiendo cualquiera otro delito ó falta cuyo castigo toque á los tribunales de justicia.

qui bénéficient des eaux du canal ou de ses dérivations. Le Syndicat devra dénoncer à la justice ordinaire les infractions qui sont commises par des personnes étrangères à la communauté et qui portent préjudice aux intérêts de celle-ci. Le Syndicat poursuivra ainsi la réparation conforme au droit, sans préjudice, pour ceux qui se croiraient également lésés par le fait de ces personnes, d'introduire une réclamation devant les mêmes tribunaux.

Dispositions transitoires.

Le Syndicat est autorisé :

1. A établir, de commun accord avec la municipalité de la capitale, les rapports de celle-ci avec la communauté des participants à l'irrigation, sur les bases suivantes :

A. — Faculté accordée au syndicat d'inspecter le réser-

Artículo 172.

Las disposiciones de este título solo son aplicables á los infractores que fuesen usuarios de las aguas de la acequia, ó dependientes de la misma; debiendo el Sindicato denunciar ante los tribunales de justicia todas las que se cometieren por personas estrañas á la comunidad, que causen daño ó menoscabo á los intereses de ésta, para que se corrijan con arreglo á derecho ; sin perjuicio de que los que se creyesen tambien perjudicados en los suyos por actos de dichas personas, ejerciten tambien ante los tribunales las acciones que creyeren asistirles.

Disposiciones transitorias.

El Sindicato queda autorizado :

1. Para establecer de acuerdo con el Excmo. Ayuntamiento de la

voir de la ville afin que le répartiteur du canal Real ne laisse entrer dans ce réservoir que la partie lui correspondant de la dotation du canal Gorda;

B. — Obligation pour la municipalité de supporter les 3/5 des frais d'entretien et de réparation à la prise et au canal Gorda, depuis la prise incluse jusqu'au répartiteur de la ville;

C. — Obligation pour la municipalité de ne pas autoriser ni consentir par elle-même ou par le Maire ou ses délégués, que l'on jette des décombres dans le canal Real, dont les eaux doivent suivre leur cours, pour qu'il ne soit porté préjudice ni aux industriels qui utilisent ces eaux comme force motrice, ni aux propriétés irriguées de la Gorda, qui ont droit aux excédents de ces mêmes eaux ;

D. — Intervention de la municipalité dans les délibérations et les votes de la communauté des intéressés aux irrigations, par son procureur syndic ou de la manière qui lui paraîtra la plus opportune, étant entendu que la muni-

---

capital las relaciones de este con la comunidad de regantes, dentro de las bases siguientes :

A. — Facultad concedida al Sindicato para que pueda inspeccionar el area de la ciudad con el fin de que el partidor de la acequia Real no dé entrada en esta mas que á la parte de la dotacion de la Gorda, que de derecho la corresponde.

B. — Obligacion por parte del Ayuntamiento de sufragar tres quintas partes de los gastos de sostenimiento y conservacion de la presa y acequia Gorda en cuantos se verifiquen en dicha presa, y en el trayecto desde ella al partidor de la ciudad.

C. — Obligacion por parte del mismo Ayuntamiento de no autorizar ni acordar por si ni por el alcalde ó sus tenientes *derribos* de la acequia Real, para que siguiendo las aguas de esta su curso, ni se perjudique á los industriales que las utilizan como fuerza motriz, ni á los regantes de la Gorda que tienen derecho á los sobrantes de las mismas.

cipalité aura droit au nombre de voix correspondant à la propriété représentée par les 3/5 du débit de la Gorda, que Grenade utilise par le canal **Real**;

E. — Intervention de l'autorité municipale dans les services d'entretien et de réparation du canal Gorda, depuis la prise d'eau jusqu'au répartiteur du réservoir de la ville, en vue d'assurer la rapide exécution des travaux reconnus nécessaires et de façon que jamais l'alimentation publique n'en soit affectée, par suite de négligence, retard ou mauvaise direction;

A. — Contenance et qualification de toutes les propriétés de chaque district, en indiquant la classe, la contenance, les limites, la dénomination et autres circonstances de chaque parcelle;

B. — Détermination de l'endroit par où chacune d'elle prend l'eau, des droits qu'elle possède à un service d'eau spécial et privilégié, des jours et heures auxquels l'eau lui est due;

D. — Intervencion del Excmo. Ayuntamiento, en las deliberaciones y acuerdos de la comunidad de regantes, bien por medio de su procurador Síndico, bien del modo que se considere mas oportuno; reconociéndose á la municipalidad derecho al número de votos equivalente á la propiedad que en las aguas representan las tres quintas partes del caudal de la Gorda que aprovecha Granada por la acequia Real.

E. — Intervencion de la Autoridad municipal en los servicios de conservacion y reparacion de la acequia Gorda desde su presa hasta el partidor del arca de la ciudad, para que se ejecuten con la debida diligencia, y en términos de que no pueda resentirse nunca el abasto público á causa de descuido, morosidad ó mala direccion en los trabajos que fuesen necesarios.

A. — Medida y reseña de todas las propiedades de cada pago, con expresion de la clase, cabida, linderos, numbre y demás circunstancias de cada haza.

C. — Nom et domicile du propriétaire et du cultivateur de chaque parcelle, du fondé de pouvoir ou représentant du premier;

D. — Description de chaque section d'irrigation avec l'indication de la dotation d'eau qui lui est attribuée, des jours et heures qui lui correspondent dans la tournée,des prises d'eau établies dans ses limites, de la condition dans laquelle se fait l'irrigation, si celle-ci se fait avec de l'eau revenant en propre à la section ou avec de l'eau d'excédents;

E. — Figuration au plan de tout le cours du canal Gorda, de toutes les divisions et ramifications, de son débit et de toute la superficie irriguée par ses eaux. A cette fin, le plan sera dressé à l'échelle suffisante pour y figurer ces éléments avec la plus grande minutie et on le composera du nombre de feuilles nécessaires.

Le syndicat pourra faire exécuter ce travail par con-

B. — Determinacion del punto por donde cada una de ellas toma su riego de los derechos que tuviere á aprovechamiento especial y privilegiado de las aguas, y de los dias y horas en que deba recibirlas.

C. — Nombre y vecindad del dueño y labrador de cada haza, y del apoderado ó representante del primero.

D. — Description de cada ramal de riego con expresion de la parte ó dotacion de agua que le corresponde recibir, de los dias y horas en que le toca su turno, de los tomaderos que en él se hallen establecidos, y de la condicion de los riegos que por él se efectuen, ya sean en concepto de propiedad, ya de sobrantes.

E. — Consignacion en el plano de todo el curso de la acequia Gorda, de todas las divisiones y ramificaciones de su caudal y de toda la superficie regada por sus aguas; á cuyo fin se reducirá dicho plano á la escala que fuere suficiente para expresarlo con la mayor minuciosidad, y se subdividirá en el número de hojas necesarias.

trat, de façon à le terminer dans le plus bref délai compatible avec son étendue. Il arrêtera également le prix et le mode de payement le moins onéreux pour la communauté.

2. A ouvrir les négociations avec les intéressés dans les irrigations par les canaux de Tarramonta et d'Arabuleila, pour mener à bonne fin la répartition des eaux de la rivière Genil, dans les termes convenus entre les trois communautés.

3. A décider la réalisation d'une étude relative à la distribution des eaux aux différents canaux et districts du canal Gorda, au moyen des modules et mécanismes considérés, par la science moderne, comme étant les plus précis et les plus exacts.

Este trabajo podrá contratarse por el Sindicato para que se realice en el más breve plazo posible atendida su extension, y tambien deberá concertarse el pago de su impórte, del modo menos oneroso á la comunidad de regantes.

2. Para abrir negociaciones con los regantes que utilizan las aguas de las acequias de Tarramonta y Arabuleila con el fin de que se lleve á cabo la particion de las que fluyen por el rio Genil en los términos convenidos por las tres comunidades.

3. Para acordar la formaçion de un estudio relativo á la distribucion de las aguas en los diferentes brazales y pagos de la acequia Gorda por medio de los módulos y mecanismos considerados más precisos y exactos por la ciencia moderna.

Règlement sur le fonctionnement du Syndicat et du Jury.

CHAPITRE I

Des séances du syndicat.

ARTICLE PREMIER.

Le syndicat tiendra chaque mois le nombre de séances qu'il fixera à sa première réunion.

Indépendamment de ces séances, le président convoquera extraordinairement chaque fois qu'il y aura nécessité de discuter et résoudre des affaires urgentes qui ne peuvent être remises jusqu'à la réunion ordinaire.

ARTICLE 2.

Pour tenir séance, il faut au moins la présence de cinq

Reglamento sobre el modo de funcionar el Sindicato y el Jurado.

CAPÍTULO I.

De la sesiones del Sindicato.

ARTÍCULO 1.

El Sindicato celebrará cada mes el número de sesiones que acuerde en su primera reunion.

Sin perjuicio de ello, el presidente convocará á sesion extraordinaria siempre que lo exigiere la necesidad de deliberar y resolver sobre asuntos de urgencia que no pueden aplazarse para la reunion ordinaria más próxima.

membres du syndicat. Le président dirige les débats et
les résolutions sont prises à la majorité des voix, celle du
président étant prépondérante en cas de parité.

Article 3.

Les décisions du syndicat seront immédiatement consignées dans les registres des procès-verbaux par le secrétaire ; une fois lues et trouvées conformes, ces décisions
seront aussitôt mises à exécution.

Lorsqu'il faudra insérer au procès-verbal des rapports,
des consultations ou d'autres résolutions qui demandent
préparation et examen des antécédents, on discutera et
on approuvera, si possible, les points principaux auxquels
a trait le rapport ou document et on le consignera au
procès-verbal, laissant la rédaction de l'autre pièce aux
soins du secrétaire ou du membre qui aura été nommé
rapporteur.

Lorsque l'importance du rapport, de la consultation ou

Artículo 2.

Para celebrar sesion se necesita, por lo menos, la asistencia de
cinco vocales del Sindicato. El presidente dirige las discuciones, y
los acuerdos se adoptan por el voto de la mayoría decidiendo el del
presidente en caso de empate.

Artículo 3.

Los acuerdos del Sindicato se consignarán inmediatamente en el
libro de actas por el secretario, y una vez leidos y hallándose conformes con lo acordado, se llevarán inmediatamente á ejecucion.

Cuando en el acta hubieren de consignarse informes, consultas ú
otros acuerdos que exijan preparacion y exámen de antecedentes,
se discutirán y aprobarán, si fuese posible, los puntos principales á
que el informe ó documento deba referirse, y se insertarán en dicha
acta, quedando encargado de la redaccion de aquel el secretario ó
el vocal á quien se hubiere nombrado ponente.

résolution exige que la rédaction en soit discutée et approuvée par le syndicat, on le signifiera au secrétaire ou au membre rapporteur, et la consultation ou le rapport ne pourra être considéré comme arrêté ni la résolution comme adoptée, qu'après avoir été soumis au syndicat et approuvé par celui-ci.

ARTICLE 4.

Dans sa première réunion, le syndicat élira à la pluralité des voix le président, le vice-président, le secrétaire, le comptable, le trésorier et le président du jury.

On y fera également la division du canal en sections, afin de désigner les membres qui seront chargés d'inspecter chacune d'elles.

ARTICLE 5.

A cette même réunion, les membres sortants du syndicat remplissant les fonctions de secrétaire et de trésorier,

---

Cuando la importancia del informe, consulta ó acuerdo exija que por el Sindicato se discuta y apruebe una vez terminada su redaccion, se expresará así al encargarse de esta al secretario ó al vocal ponente que fuese nombrado, y no podrá tenerse por evacuada la consulta ó informe, ni por adoptado el acuerdo hasta que recayere la aprobacion del Sindicato.

ARTÍCULO 4.

En la primera reunion que celebre el Sindicato, se eligirán á pluralidad de votos el Presidente, Vicepresidente, Secretario, Contador, Depositario y Presidente del Jurado.

Tambien se hará en ella la distribucion de la acequia en secciones para que los vocales que se designen inspeccionen cada una de ellas.

ARTÍCULO 5.

Los miembros salientes del Sindicato que desempeñen los cargos

feront remise en due forme et détaillée, à leurs successeurs, de tous les fonds, livres et documents qui sont en leur possession.

ARTICLE 6.

Au mois de novembre de chaque année, le syndicat devra s'occuper de la discussion du budget pour l'année suivante ; ce budget sera préparé en temps utile par le secrétaire pour être soumis à l'assemblée générale, en exécution de l'article 195 des Ordonnances après son approbation par le syndicat.

ARTICLE 7.

Dans les huit premiers jours de janvier, le trésorier devra rendre compte, avec pièces justificatives des recettes et dépenses de l'année écoulée. Après vérification par le syndicat, les comptes seront soumis dans la même forme, à l'approbation de l'assemblée générale.

---

de secretario y depositario, harán tambien entrega formal y detallada en dicha reunion á los que los reemplacen, de todos los fondos, libros y documentos que obren respectivamente en su poder.

ARTÍCULO 6.

En el mes de Noviembre de cada año, deberá ocuparse el Sindicato de la discusion del persupuesto para el inmediato siguiente, que formará con la necesaria anticipacion el secretario, para que una vez aprobado pueda someterse al acuerdo de la junta general de regantes, en cumplimiento del artículo 105 de las Ordenanzas.

ARTÍCULO 7.

En los ocho primeros dias del mes de Enero, deberá rendirse por el depositario la cuenta justificada de los ingresos y gastos del año anterior, y una vez censurada por el Sindicato se someterá del mismo modo á la aprobacion de dicha junta general.

Article 8.

Dans le même délai du premier au huit janvier, le secrétaire présentera le rapport sur l'état du canal, sur les travaux qu'on y a exécutés pendant l'année écoulée, sur le mouvement des fonds, sur les incidents survenus touchant la distribution des eaux ou tout autre objet et dont il faut donner connaissance aux intéressés. Le rapport, qui contiendra aussi un résumé des peines prononcées par le jury, sera présenté à l'assemblée générale, après avoir reçu l'approbation du syndicat.

Article 9.

Les convocations à toute réunion du syndicat sont faites par ordre du président et en laissant le délai nécessaire pour que les membres qui résident hors de la capitale puissent y assister. Cependant, il rentre dans les pouvoirs du président de convoquer d'urgence les syndics qui se

---

Artículo 8.

Dentro de los mismos primeros ocho dias del año, presentará el secretario la Memoria sobre el estado de la acequia, trabajos practicados en ella durante el año anterior, movimiento de fondos, incidentes que hubieren ocurrido tanto sobre la distribucion de las aguas, como sobre cualquier otro particular de que deba darse conocimiento á los regantes, y un resúmen de las correcciones que se hubieren impuesto por el jurado, para que aprobada por el Sindicato, se presente á la junta general.

Artículo 9.

Para toda reunion del Sindicáto precederá citation de órden del presidente con la necesaria anticipacion para que puedan concurrir los vocales que residan fuera de la capital, quedando, sin embargo, en las facultades del mismo presidente el poder convocar con premura á los vocales que se hallaren en aquella para acordar sobre todo asunto de reconocida urgencia en que fuere necesario.

trouveraient en ville pour leur soumettre une question dont la solution ne peut attendre.

CHAPITRE II.

De la comptabilité.

ARTICLE 10.

Suivant l'article 119 des Ordonnances, il appartient au président du syndicat d'ordonner la répartition juste et équitable des fonds de la communauté, de veiller à ce que les recettes soient faites en temps opportun et que les engagements soient tenus ponctuellement.

A cette fin, il prescrira les payements à faire par le trésorier, sans sortir des prévisions du budget approuvé par l'Assemblée générale ; il sera responsable de tout payement indûment ordonné. Il expédiera aussi les feuilles d'impositions et autres documents pour les sommes qui doivent être versées à la trésorerie.

CAPÍTULO II.

De la contabilidad.

ARTÍCULO 10.

Con arreglo á lo dispuesto en el artículo 119 de las Ordenanzas, corresponde al presidente del Sindicato procurar la justa y equitativa distribucion de los fondos de la comunidad de regantes, haciendo que se recauden con la debida prontitud los ingresos, y que se satisfagan puntualmente todas las obligaciones.

Para ello ordenará los pagos que deba hacer el depositario, verificándolo con sujecion al presupuesto aprobado por la junta general, siendo responsable de todo abono indebidamente dispuesto. Tambien expedirá los documentos de cargo de las sumas que deban ingresar en poder del Depositario.

ARTÍCULO 11.

No se verificará pago alguno por el depositario, ni dará tampoco

Article 11.

Le trésorier ne fera aucun paiement ni aucune recette sans le contrôle du secrétaire. Celui-ci tiendra deux livres de contrôle où il inscrira ponctuellement la somme à payer ou à recevoir, sa provenance et la date de l'opération ; il remplira tous les mandats de paiement et les billets d'impositions; il signera ces pièces avec le président qui ordonne de les préparer ; il rédigera, signera et contrôlera de la même manière tous autres documents justificatifs de payements, comme les listes des employés, les quittances, etc.

Article 12.

Le trésorier inscrira, dans ses livres de recettes et dépenses, toutes les sommes qu'il reçoit ou paye ; il prendra soin, sous sa responsabilité, de ne faire aucun payement qui ne soit autorisé par le budget ou qui dépasse

---

ingreso á ninguna cantidad sin estar intervenida una y otra por el secretario. Para ello llevará éste dos libros de intervencion, consignando puntualmente la cantidad librada ó mandada recibir, su procedencia y fecha de la operacion ; expedirá todos los mandamientos de pago, y las partidas de cargo, firmándolos con el presidente ordenador, y extenderá, autorizará ó intervendrá del mismo modo todos los demás documentos en que los pagos se funden, como nóminas de los empleados, recibos, etc.

Artículo 12.

El depositario consignará en sus libros de ingresos y salidas, todas las cantidades que recibiere o pagare, cuidando bajo su responsabilidad de no satisfacer ninguna que no estuviere autorizada en el presupuesto ó que exceda de lo consignado en el mismo, y cuyo mandamiento de pago no aparezca intervenido por el secretario.

la somme portée audit budget et dont le mandat ne porterait pas le visa du secrétaire.

Article 13.

Pour la perception de la taxe, le secrétaire remettra au trésorier le nombre de quittances qu'il juge pouvoir être encaissées dans le délai qui aura été fixé ; il dressera une facture de ces reçus en indiquant leurs numéros d'ordre, les personnes à qui ils s'adressent et les sommes à recevoir.

Le trésorier signera, au bas de la facture, la déclaration qu'il a bien reçu toutes les quittances y inscrites et le document restera en possession du secrétaire pour servir, de garantie de la somme représentée par les quittances.

Article 14.

Le secrétaire annotera sur la feuille d'imposition et à la place réservée pour chaque reçu qu'il remettra au trésorier, la date à laquelle s'est faite cette remise.

Artículo 13.

Para la cobranza del repartimiento entregará el secretario al cobrador el número de recibos que conceptúe bastantes para que realice su importe en el plazo que al efecto se le hubiese señalado, de cuyos recibos formará una factura en que se consigne el número de órden de los mismos, la persona á cuyo nombre salieren y la cantidad que deba satisfacer.

Al pié de esta factura firmará el cobrador, expresando haberse entregado de todos los recibos que contiene, y dicho documento quedará en poder del secretario y servirá de resguardo por el importe total de aquellos recibos.

Artículo 14.

El secretario hará anotacion en el repartimiento y en el lugar correspondiente á cada recibo que entregare al cobrador, de la fecha en que esta entrega tenga efecto.

Article 15.

Le trésorier encaissera les fonds dont il fera le recouvrement aux époques et dans les délais que lui aura signalés le président. A cet effet, il dressera la facture correspondante, avec les mêmes renseignements que ceux produits à l'article 13, et il la présentera au secrétaire. Celui-ci préparera une même facture en y inscrivant une à une les impositions relatives aux quittances payées et dont le montant doit entrer en caisse; il indiquera la date à laquelle devra se faire l'encaissement.

Une fois cette formalité remplie, le secrétaire donnera décharge pour le montant de la facture présentée par le trésorier, il la signera avec le président et la pièce servira au trésorier pour passer au livre la somme qui doit entrer en caisse.

Artículo 15.

El cobrador ingresará en depositaría los fondos que recaudare en los plazos y épocas que el presidente le señale. Para ello formará la correspondiente factura que expresará las misma circunstancias marcadas en el artículo 13, y la presentará al secretario, quien hará la correspondiente factura y anotacion en cada uno de los asientos del repartimiento relativos á los recibos pagados y cuyo importe haya de ingresar expresando la fecha en que este ingreso se verifique. Una vez cumplida esta formalidad, extenderá partida de cargo del total de la factura presentada por el cobrador, la que firmada por el y el presidente, servirá á aquel para ingresar la cantidad á que deba dar entrada en depositaría.

CHAPITRE III.

De la contrainte.

ARTICLE 16.

Chaque fois que le receveur inscrira en recettes le montant d'une facture de quittances, il indiquera au Président les intéressés qui n'auraient pas payé leurs cotes, malgré l'avertissement donné.

ARTICLE 17.

Le Président, après avoir rendu compte au Syndicat de chacun de ces refus de payement, ordonnera, sans aucune excuse, les poursuites contre les débiteurs.

ARTICLE 18.

Les poursuites seront également exercées contre tous ceux qui, condamnés par le Jury au paiement d'indemni-

---

CAPÍTULO III.

Del apremio.

ARTÍCULO 16.

Siempre que el cobrador diere ingreso al importe de una factura de recibos, impondrá al presidente, de los interesados que no hubieren satisfecho sus cuotas, á pesar de haberlos invitado á ello.

ARTÍCULO 17.

Dada cuenta al Sindicato de cada una de estas relaciones de deudores, accordará sin excusa alguna el apremio contra los mismos.

ARTÍCULO 18.

Tambien procederá el apremio contra todos los condenados por el Jurado al abono de indemnizaciones y demás responsabilidades

tés et autres responsabilités, ne se libéreraient pas dans les délais fixés au chapitre IV du présent règlement.

Article 19.

Le service des contraintes sera exercé par le receveur auquel sera attribué, comme rémunération, le montant des sommes reçues en plus des dommages; il est responsable de toutes les conséquences qui pourraient résulter de ce service.

Article 20.

Le ou les reçus du débiteur contre qui on procéde et un certificat du secrétaire comptable, attestant que le syndicat a ordonné la contrainte, formeront la base du dossier de la procédure.

Dans toutes les phases de celle-ci, le receveur s'en tiendra aux prescriptions des articles 2, 3 et 4 du chapitre III de l'instruction du 3 décembre 1869, relative à la procédure à suivre contre les débiteurs de l'État (du Fisc).

---

si no las hicieren efectivas en los plazos marcados en el capítulo 4º de este Reglamento.

Artículo 19.

El servicio de los apremios estará á cargo del cobrador, recibiendo como remuneracion el importe de los recargos, y quedando sujeto á las responsabilidades que le puedan resultar en su desempeño.

Artículo 20.

Obrarán por cabeza de cada expediente de apremio el recibo ó recibos del deudor contra quien se proceda, y una certificacion expedida por el secretario contador, acreditando haberse acordado por el Sindicato el apremio.

En todas las diligencias de éste se ajustará el cobrador á lo prevenido en las secciones 1.ª, 3.ª y 4.ª del capítulo 3.º de la Instruccion de 3 de Diciembre de 1869, relativa al modo de proceder para hacer efectivos los débitos á favor de la Hacienda pública.

Article 21.

Le receveur ne pourra, sous aucun prétexte, suspendre ou abandonner des poursuites entamées contre un débiteur, sans que le syndicat en ait ainsi décidé; il répondra de toutes les sommes qui ne rentreraient pas, par suite de sa négligence ou de son action tardive.

Article 22.

Il ne pourra non plus retarder, au delà du temps qui lui a été marqué, le versement à la trésorerie des fonds qu'il aura recueillis. Le Syndicat aura la faculté de recourir contre lui à la contrainte, pour obtenir le paiement des sommes dues en vertu des factures ou quittances à lui remises pour encaissement.

Article 23.

Dès que le découvert est constaté et les poursuites commencées contre le receveur, on saisira les biens donnés

---

Artículo 21.

No podrá el cobrador bajo ningun pretesto detener ó abandonar el procedimiento una vez entablado contra un deudor, sin que el Sindicato lo acordare ; siendo responsable de todos los descubiertos que por su negligencia ó morosidad quedaren sin hacer efectivos.

Artículo 22.

Tampoco podrá dilatar la entrega en depositaria, de los fondos que recaudare por más tiempo del que se le hubiere marcado para ello, pudiendo incoarse contra él por el Sindicato el procedimiento de apremio para hacer efectivos los descubiertos en que se hallare y que resulten de las facturas de recibos que se le hubiesen dado para su cobro.

Artículo 23.

Una vez comprobado el descubierto y comenzado el apremio con-

en garantie ou l'on procédera contre les personnes qui
l'ont cautionné en s'engageant avec lui, jusqu'à ce que
l'on obtienne par la procédure indiquée dans l'instruction
du 3 décembre déjà citée, le remboursement de la somme
due à la communauté des propriétaires pratiquant l'irrigation.

CHAPITRE IV.

De la procédure devant le Jury.

ARTICLE 24.

Le Jury se réunira les 1er, 10 et 20 de chaque mois, lorsque des dénonciations lui seront soumises et qu'elles seront
de son ressort.

Il appartient au Président du Jury de convoquer les
membres chaque fois qu'il y aura une de ces dénonciations
à résoudre ; la réunion sera fixée à celle des dates ci-dessus qui sera le plus proche.

---

tra el cobrador, se procederá contra los bienes dados en fianza ó
contra las personas que le hubiesen garantizado, y obligándose
subsidiariamente con él hasta conseguir por los trámites que establece la instruccion de 3 de Diciembre ya citada, el reintegro á la
comunidad de regantes de la cantidad á que el expresado descubierto ascendiere.

CAPÍTULO IV.

Del procedimiento ante el jurado.

ARTÍCULO 24.

El Jurado se reunirá los dias 1.º, 10 y 20 de cada mes si hubiese
denuncias presentadas sobre las que deba pronunciar su fallo.

Al presidente del Jurado incumbe citar á los vocales del mismo
siempre que hubiere necesidad de resolver alguna de aquellas para
el dia más próximo entre los que quedan señalados.

ARTICLE 25.

Lorsqu'une dénonciation lui **est** parvenue, le Président du Syndicat la transmet sans délai au Président du Jury. Si la dénonciation est verbale, le Président du Syndicat fera dresser un acte de comparution où seront indiqués clairement et d'une manière concise : les noms et domicile du comparant, l'objet de la dénonciation, la personne supposée responsable et les témoins qui pourraient déposer sur le fait dénoncé.

ARTICLE 26.

Le Président fera citer l'auteur de la dénonciation et celui de la contravention ou de la faute à réprimer; il fera comparaître en outre le garde ou surveillant de la section sur laquelle la contravention a été constatée.

ARTICLE 27.

La citation sera faite par les surveillants aux personnes

ARTÍCULO 25.

Presentada una denuncia al presidente del Sindicato, la trasmitirá sin dilacion al del Jurado. Si la denuncia se hiciese verbalmente, hará que se extienda una comparecencia en la que con claridad y concision se consignen el nombre y domicilio del que comparece, el hecho que motiva su denuncia, la persona que se supone sea responsable, y los testigos si los hubiere que puedan deponer sobre el particular denunciado.

ARTÍCULO 26.

El presidente dispondrá la citacion del autor de la denuncia y del que hubiere cometido la contravencion ó falta que deba corregirse, haciendo además comparecer al guarda ó acequiero de la seccion en que se hubiere verificado el hecho denunciado.

qui habitent la région irriguée ou Atarfe et Maracena ;
par les maires respectifs, aux habitants des villages voisins de la capitale ; par l'huissier du Syndicat, à ceux qui
résident dans cette dernière ville.

La citation indiquera le fait qui la motive, le jour et
l'heure de la comparution devant le Jury, en prévenant
les personnes citées qu'elles doivent se faire accompagner
par les témoins qui pourraient déposer sur le fait.

Article 28.

La non comparution, devant le Jury, de celui qui est
accusé d'avoir commis une contravention, sans alléguer
un motif sérieux — ce dont le Jury sera juge — qui
l'empêche de se présenter, ne suffira pas pour suspendre
le jugement sur le fait dénoncé.

Si l'accusé en défaut de comparution faisait valoir un
empêchement justifié par l'impossibilité physique, l'absence ou toute autre cause juste, le jugement sera ren-

---

Artículo 27.

Dicha citacion se hará por medio de los acequieros, para los que
habiten en la vega ó en Atarfe y Maracena, por conducto de los
respectivos alcades para los que fuesen vecinos de estos pueblos
próximos á la capital, y por medio del citador del Sindicato para
los que residan en esta.

En la citacion se expresará el hecho que la motiva, y el dia y
hora en que deba verificarse la comparecencia ante el Jurado ;
advirtiéndose á las personas citadas que se presenten acompañadas
de los testigos que puedan deponer acerca del hecho.

Artículo 28.

La no comparecencia ante el Jurado del acusado, de haber cometido una contravencion, sin que se alegue justa causa á juicio del
mismo Jurado, que le impida presentarse no será bastante para
que se suspenda **el juicio sobre** el hecho denunciado.

voyé à une autre séance du Jury. Il ne pourra être accordé de nouvelle remise, et si le dénoncé ne se présentait
pas à la seconde réunion, quel que fût le motif qui l'en
empêchât, le jugement sur le fait de la dénonciation sera
rendu par contumace.

Le Jury n'admettra pas la comparution par mandataire, si la personne qui comparaît pour une autre n'ex-
hibe une autorisation, sur la validité de laquelle il n'y ait
doute d'aucune sorte, si elle ne prend l'engagement de
payer les responsabilités auxquelles son mandant pour-
raît être condamné et si l'un des deux au moins ne présente
une suffisante garantie que ces responsabilités seront satis-
faites.

ARTICLE 29.

Si la contravention dénoncée était de celles auxquelles
les Ordonnances appliquent des indemnités équivalentes
ou supérieures à la valeur du dommage causé et qui,

· Si se hubiere alegado motivo fundado en imposibilidad física-
ausencia ó cualquiera otra causa igualmente justa para la no com,
parecencia, se dilatará el juicio para osra reunion del Jurado, pero
sin que pueda prolongarse por mas tiempo el resolver sobre la denuncia; pues sino se presentare tampoco en dicha segunda reunion
el denuncindo, sea cual fuere el motivo que se lo impida, se fallará
sobre el hecho en su rebeldia.

No se admitirá por el Jurado la comparecencia por medio de
representacion, si la persona que compareciere por otra no estuviere
autorizada de modo que sobre la validez de la representacion no
quede duda de ningun género, si no se comprometiere á pagar las
responsabilidades á que pudiera ser condenado su mandante, y si
uno de ambos por lo menos no ofreciere suficiente seguridad de que
dichas responsabilidades habrian de ser satisfechas.

ARTÍCULO 29.

Si la contravencion denunciada fuere de las que las Ordenanzas

pour ce motif, rendent nécessaire l'évaluation du dommage, le Président donnera ordre aux experts de procéder à l'opération en temps opportun, pour que leur estimation soit en possession du Jury le jour de la comparution des parties.

ARTICLE 30.

Le Jury jugera les dénonciations dans l'ordre de leur présentation. Ayant appelé les intéressés dans la cause, le Secrétaire donnera lecture de la dénonciation et aussitôt le Président exigera que l'auteur en confirme le contenu et lui demandera les explications qui seraient nécessaires à la connaissance exacte des faits. On entendra les témoins présents, s'il y en a, et ensuite les explications et la défense que l'accusé peut avoir à présenter, ainsi que les témoins à décharge qu'il produira. Après avoir entendu le surveillant de la section déclarer ce qu'il sait de la contravention et sur le vu de la sentence

---

castigan con indemnizaciones equivalentes ó superiores à la cuantia del daño ocasionado, y en las que por ello se hace necesaria la estimacion de este daño, el presidente ordenará à los peritos que la practiquen con la debida anticipacion, para que dicho aprecio obre en poder del Jurado el dia de la comparecencia de las partes.

ARTÍCULO 30.

El Jurado resolverá sobre las denuncias por el órden de presentacion de las mismas. Llamados los interesados en una de ellas, el secretario dará lectura à la denuncia ; à seguida el presidente exigirá à su autor que se afirme en su contenido pidiéndole las esplicaciones que fueren necesarias para el más exacto conocimiento de los hechos, se oirán los testigos presenciales si los hubiere, y à seguida las esplicaciones y descargos que diere el acusado, examinándose los testigos que presentare en apoyo de su alegacion. Despues de oir lo que el acequiero de la seccion mani-

d'expertise, quand elle existe, le Jury prononcera séance tenante. Si le Jury a besoin de délibérer à huis clos pour permettre à ses membres de se mettre d'accord sur le jugement à rendre, il invitera les parties à se retirer du local pour le temps qui paraîtra nécessaire.

ARTICLE 31.

Si, par les déclarations du dénonciateur et des témoins ou par le manque de fondement des allégations de l'accusé ou de ses défenseurs, le Jury estime que la culpabilité est prouvée, il appliquera l'article des ordonnances qui correspond au cas jugé.

Si, au contraire, les jurés trouvent dans leur for intérieur que les preuves ne sont pas suffisantes pour établir, d'une façon bien fondée et raisonnée, que l'accusé est l'auteur du fait, ils déclareront dans leur sentence qu'il n'y a pas lieu de lui imposer aucune responsabilité.

---

fieste constarle acerca de la contravencion, resolverá el Jurado en el acto con vista del dictámen pericial si se hubiere formulado; y si necesitare deliberar reservadamente para que sus miembros convengan en el fallo que haya de dictarse, invitará á las partes á que se retiren del local por el tiempo que pareciere suficiente.

ARTÍCULO 31.

Si por las manifestaciones del denunciador y de los testigos ó por no parecer convincentes las esculpaciones que espusieren el acusado.ó los de su presentacion, estimase el Jurada probada la culpabilidad de aquél, aplicará al caso el artículo de las Ordenanzas que corresponda.

Si no hubiere en concepto del Jurado motivos bastantes para tener fundada y racionalmente por autor del hecho al acusado, declarará en su fallo no haber lugar á exigirle responsabilidad.

Article 32.

Lorsque l'accusé alléguera dans sa défense des points de droit, et que l'objet de la dénonciation ne sera plus la connaissance d'une simple question de fait, le jury s'abstiendra de prononcer; l'intéressé, si cela lui convient, ou le Syndicat lui-même pourra porter la réclamation devant l'autorité ou le tribunal désigné par la loi pour connaître de ces questions.

Article 33.

Mais dans les cas où l'allégation de droit serait inacceptable, ou s'il était notoirement établi que le fait, objet de la dénonciation, apporte le trouble dans la distribution des eaux du canal, telle que les ordonnances la prescrive, ou bien encore si l'auteur de la contravention n'apportait aucune preuve à l'appui de son prétendu droit, le jury rendra sa sentence en se conformant au présent réglement.

Artículo 32.

Cuando el acusado alegare en su defensa fundamentos de derecho, en términos que el objeto de la denuncia no sea el conocimiento de una simple cuestion de hecho, el Jurado se abstendrá de resolver sobre aquella; pudiendo el interesado á quien conviniere ó el mismo Sindicato acudir con su reclamacion ante la autoridad ó tribunal que deba conocer de ella con arreglo á la ley.

Artículo 33.

Pero si la alegacion de fundamentos de derecho fuese improcedente, ó por resultar notoriamente acreditado que el hecho objeto de la denuncia altera la distribucion que de las aguas de la acequia se consigna en las ordenanzas, ó porque no se presentare prueba alguna del supuesto derecho del autor de la contravencion, el jurado resolverá sobre ella en los términos marcados en este Reglamento.

ARTICLE 34.

Le jury ayant arrêté le jugement, le président le proclamera sur l'heure aux parties. Le secrétaire consignera, au livre des sentences du jury, une courte et succincte relation du fait dénoncé et du jugement intervenu ; ce procès-verbal sera signé par tous les membres du jury.

ARTICLE 35.

En faisant connaître la sentence aux parties, le président invitera le délinquant à payer l'indemnité ou le montant de la réparation à laquelle il a été condamné, ainsi que les frais d'expertise, au cas où celle-ci aurait eu lieu. S'il n'est pas donné satisfaction à cet avis, le président assignera au condamné un délai qui ne pourra excéder trois jours, en lui signifiant que, s'il ne s'exécute pas, on aura recours à la contrainte pour le recouvrement de la somme.

ARTÍCULO 34.

Acordado por el jurado el fallo, se anunciará acto continuo por el presidente á las partes. El secretario consignará en el libro de fallos del jurado una breve y suscinta relacion del hecho denunciado y del acuerdo recaido, firmando al pié todos los vocales.

ARTÍCULO 35.

Al hacer saber á las partes el fallo, el presidente invitará al condenado á satisfacer alguna indemnizacion, ó á pagar el importe de alguna reparacion, á que lo verifique, así como los gastos del avalúo pericial en el caso en que se hubiere practicado. Si no satisfaciere estas responsabilidades le señalará un término que no podrá exceder de tres dias para que las haga efectivas, apercibiéndole que de no verificarlo se decretará apremio contra él, para su cobro.

Article 36.

Immédiatement après l'examen des dénonciations portées à l'ordre du jour et le prononcé des jugements, le secrétaire dressera une note qu'il signera et dans laquelle il inscrira les noms des personnes qui auront été condamnées, le montant des sommes à payer par chacune d'elles, la part qui revient au dénonciateur, celle destinée à la communauté, celle encore attribuée au lésé, et enfin la rémunération allouée aux experts pour l'estimation du préjudice. En outre, lorsque le payement n'aura pas été fait au moment même, il ajoutera le délai qui aura été accordé pour satisfaire à la condamnation.

Cette note sera remise le jour même au président du Syndicat.

Article 37.

Le délai accordé par le jury pour le payement des condamnations étant expiré, le président du Syndicat remet-

---

Artículo 36.

Inmediatamente que termine el exámen y fallo de las denuncias señaladas para aquel dia, se sacará por el secretario nota autorizada por él, en que se expresen las personas que hubiesen sido condenadas, el importe de las sumas á que lo hubiere sido cada una de ellas, con expresion de la parte que corresponda al denunciador, de la que deba ingresar en los fondos de la comunidad, de la que corresponda al perjudicado, y de los derechos devengados por los peritos en la estimacion del daño. Además, cuando en el acto no se hubiese hecho abono de estas responsabilidades, se consignará el plazo concedido para hacerlas efectivas.

Esta nota se remitirá en el mismo dia al presidente del Sindicato

Artículo 37.

Una vez trascurrido el plazo que se hubiere señalado por el Jurado para pagar aquellas responsabilidades, el presidente del

tra au receveur une attestation préparée par le secrétaire
sur la note dont traite l'article précédent, afin qu'il soit
procédé sans perte de temps aux poursuites contre le dé-
faillant en se conformant aux dispositions du chapitre III
du présent réglement.

Article 38.

Si les formalités pour les poursuites venaient à démon-
trer que la personne à poursuivre est insolvable, il en sera
rendu compte au Syndicat qui ordonnera l'application de
l'article 164 des ordonnances, afin que le condamné soit
soumis à une peine personnelle équivalente au montant
des responsabilités auxquelles il n'a pu satisfaire.

Article 39.

Au cas où l'auteur d'une contravention payerait, à la
notification qui lui est faite de la sentence par le jury,

Sindicato dará al cobrador una certificacion expedida por el secretario con referencia á la nota á que el artículo anterior se refiere,
para que proceda sin pérdida de tiempo al apremio contra el que
hubiere dado lugar á ello con arreglo á lo dispuesto en el capítulo III
de este Reglamento.

Artículo 38.

Si de las diligencias que para el apremio se practiquen resultare
que la persona contra quien se proceda es insolvente, dada cuenta
de ello al Sindicato, acordará este poner en ejecucion lo prevenido
en el artículo 164 de las ordenanzas, para que el condenado
extinga la pena personal equivalente á las responsabilidades que
no pudiere hacer efectivas.

Artículo 39.

En el caso de que al notificarse por el Jurado el fallo, se abona-

les sommes auxquelles il a été condamné, ces sommes seront réparties comme il est dit à l'article 165 des ordonnances et immédiatement la part revenant à la communauté sera encaissée avec les formalités prescrites au chapitre II de ce règlement.

Ces ordonnances ont été approuvées par décret royal du 10 juillet 1882.

---

ren por el autor de una contravencion las cantidades á cuyo solvencia fuere condenado, una vez hecha la distribucion que expresa el articulo 165 de las Ordenanzas, se dará ingreso inmediatamente en los fondos de la comunidad á la parte que en aquellas candidades corresponda á esta, en la forma que marcan los articulos correspondientes del capitulo 2º de este Reglamento.

Estas ordenanzas fueron aprobadas por Real Orden de 10 de Julio de 1882.

INDICATIONS BIBLIOGRAPHIQUES.

Nous donnons ici les indications bibliographiques exactes des textes documentaires qui nous ont servi pour l'élaboration de ce volume.

I. Murcie.

Ordenanzas y Costumbres de la Huerta de Murcia, compiladas y comentadas por Pedro Díaz Cassou, con un *Estudio preliminar* del Excmo. Sr. D. Francisco Silvela de Levielleuze. Madrid, Establecimiento tipográfico de Fortanet, 1889. In-8º, 159 p.

[Le commentateur que nous avons parfois cité en note et l'auteur de l'Appendice que nous avons reproduit et traduit est Pedro Díaz Cassou.]

II. Almeria.

Ordenanzas de riegos, para las vegas de Almeria et siete pueblos de su rio en 1853. Almeria, Reimpreso por D. Mariano Alvarez Robles, 1885. In-8º, 34 p.

III et IV. Alicante.

Reglamento para el aprovechamiento de las aguas del riego de la Huerta de Alicante, aprobado por el Sr. Jefe superior politico en 30 de Abril de 1849 y puesto en ejecución desde el 1º de Junio. Alicante, Est. tipográfico de Costa y Mira, 1887. Petit in-8º, 30 p.

Reglamento para el Sindicato de riegos de la Huerta de Alicante, aprobado por S. M. en 24 de Enero de 1865. Alicante, Impr. de la Viuda de Juan J. Carratalá, 1865. Petit in-8º, 25 p.

V. Elche.

Ordenanzas de la Comunidad de regantes de las Aguas del Pantano de Elche. Elche, Impr. de Mariano Rigo, 1891. Petit in-8º, 40 p-

VI. Lorca.

Reglamento del Sindicato de riegos de Lorca aprobado por R. O. de 2 de Febrero de 1859, con todas las modificaciones introducidas posteriormente en el mismo. Lorca, Seb. Jodar, impresor, 1898. Petit in-8º, 40 p.

VII. Grenade.

Ordenanzas de la Acequia Gorda del Genil y reglamento para el Sindicato y Jurado. Granada, Impr. de « El Anunciador Granadino », 1883. In-8º, 87 p.

TABLE DES MATIÈRES

6ᵉ *Série. — **Le Régime minier aux Colonies.**

Tome I. — Indes orientales néerlandaises. — Surinam. — Guyane française. — Guyane britannique. — 1902.

Tome II. — Madagascar. — Nouvelle-Calédonie. — Annam-Tonkin. — Algérie. — Tunisie. — Afrique Continentale française. — Guyane française. — Côte-d'Ivoire. — Côte-d'Or. — The British South Africa. — Rhodésia. — 1903.

Tome III. — Colonies allemandes. — Canada. — État Indépendant du Congo. — Cap de Bonne-Espérance. — Natal. — 1903.

7ᵉ *Série. — **Les différents systèmes d'Irrigation.**

Tome I. — Inde Septentrionale, Punjab, Provinces-Unies, Oudh et Provinces Centrales. — Loi sur les canaux secondaires du Punjab. — Birmanie. — Bombay. — Madras. — Les Irrigations en Extrême-Orient. — 1906.

Tome II. — Canada. — États-Unis de l'Amérique du Nord. — 1907.

Tome III. — Espagne.

8ᵉ *Série. — **Les Lois organiques des Colonies.**

Tome I. — Colonies Britanniques : Australie. — Nouvelle-Zélande. — Victoria. — Nouvelle-Galles du Sud. — Confédération Australienne. — Canada. — Nigerie Septentrionale. — Nigerie Méridionale. — Sierra-Leone. — Côte-d'Or. — Territoires du Nord de la Côte-d'Or. — Ashanti. — Afrique Orientale. — Uganda. — Iles Leeward. — Wei-hai-Wei. — 1906.

Tome II. — Colonies françaises : Antilles et Réunion. — Guyane. — Inde. — Sénégal. — Saint-Pierre-et-Miquelon. — Nouvelle-Calédonie. — Etablissements français de l'Océanie. — Nouvelles Hébrides. — Afrique occidentale française. — Dahomey. — Congo français. — Madagascar et dépendances. — Indo-Chine. — Cochinchine. — Tonkin. — Etablissements français de la côte des Somalis. — 1906.

Tome III. — Colonies françaises (*suite*). — Colonies néerlandaises : Indes orientales néerlandaises ; Surinam. — Colonies allemandes. — Colonie italienne de l'Erythrée. — Etat Indépendant du Congo. — 1906.

PUBLICATIONS

DE

L'INSTITUT COLONIAL INTERNATIONAL

36, rue Veydt, à Bruxelles.

BIBLIOTHÈQUE COLONIALE INTERNATIONALE

20 fr. le volume.

1re *Série*. — **La Main-d'œuvre aux Colonies.** Documents officiels sur le contrat de travail et le louage d'ouvrage aux Colonies.

Tome I. — Colonies allemandes. — État Indépendant du Congo. — Colonies françaises. — Indes orientales néerlandaises. — 1895.

Tome II. — Inde britannique. — Colonies anglaises. — 1897.

Tome III. — Colonies françaises (*suite*). — Surinam. — 1898.

2º *Série*. — **Les Fonctionnaires coloniaux.**

Tome I. — Espagne. — France. — 1897.

Tome II. — Pays-Bas. — État Indépendant du Congo. — Inde britannique. — 1897.

3º *Série*. — **Le Régime foncier aux Colonies.**

Tome I. — Inde britannique. — Colonies allemandes. — 1898.

Tome II. — État Indépendant du Congo. — Colonies françaises. — 1899.

Tome III. — Tunisie. — Érythrée. — Philippines. — 1899.

Tome IV. — Indes orientales néerlandaises. — 1899.

Tome V. — Lagos. — Sierra-Leone. — Gambie. — Natal. — Bornéo septentrional britannique. — Cap de Bonne-Espérance. — Rhodésia. — Basutoland. — Iles Salomon. — Iles Fidji. — Côte-d'Or. — 1902.

Tome VI (Premier supplément). — Colonies françaises. — Indes orientales néerlandaises. — Colonies allemandes. — 1905.

4º *Série*. — **Le Régime des protectorats.**

Tome I. — Indes orientales néerlandaises. — Protectorats français en Asie et en Tunisie. — 1899.

Tome II. — Les protectorats français en Afrique et en Océanie. — 1899.

5º *Série*. — **Les Chemins de fer aux Colonies et dans les pays neufs.**

Tome I. — Rapport de la Commission spéciale nommée à Berlin. Conclusions des rapporteurs. — Questionnaire. — Réponses au questionnaire. — 1900.

Tome II. — Congo. — Indian Midland Railway. — The Southern Mahratta Railway. — Usambara. — Sud-Ouest Brésilien. — Chili. — Transsibérien. — Inde portugaise. — 1900.

Tome III. — Tunisie. — Algérie. — Sénégal. — Soudan. — Indes orientales néerlandaises. — Transvaal. — Angola. — 1900.